水声通信信号处理

韩　晶　著

西北工業大學出版社
西　安

【内容简介】 本书阐述了多种水声通信系统针对水声信道条件所采用的信号处理方法。全书分为8章，在介绍水声信道特性的基础上，分别阐述了当前基于单载波、扩频、OFDM与OSDM等调制的水声通信系统在信道估计、均衡、干扰抵消等方面的典型处理方法，并给出了相关的理论仿真与现场实验结果。

本书可供从事水声通信、水声信号处理等相关专业的科研、技术人员以及高年级本科生与研究生阅读、参考。

图书在版编目(CIP)数据

水声通信信号处理 / 韩晶著. —西安 ：西北工业大学出版社，2020.3

ISBN 978-7-5612-7043-1

Ⅰ. ①水… Ⅱ. ①韩… Ⅲ. ①水声通信-信号处理 Ⅳ. ①TN929.3②TN911.7

中国版本图书馆CIP数据核字(2020)第039704号

SHUISHENG TONGXIN XINHAO CHULI

水 声 通 信 信 号 处 理

韩晶 著

责任编辑：华一瑾　　**策划编辑**：华一瑾

责任校对：杨　兰　　**装帧设计**：高永斌　李　飞

出版发行：西北工业大学出版社

通信地址：西安市友谊西路127号　　邮编：710072

电　　话：(029)88493844，88491757

网　　址：www.nwpup.com

印 刷 者：西安五星印刷有限公司

开　　本：787 mm×1 092 mm　1/16

印　　张：15

字　　数：365千字

版　　次：2020年3月第1版　2020年3月第1次印刷

书　　号：ISBN 978-7-5612-7043-1

定　　价：68.00元

前　言

21 世纪是海洋的世纪。海洋不但蕴藏着各种生物、油气以及矿产资源，还是国家经济可持续发展的战略空间，也是国家安全的重要屏障。近年来，随着国家海洋权益的不断拓展及“迈向深海”战略转型步伐的不断加快，海洋信息化技术在工业与国防建设中的意义日益突出。

为实现海洋信息化，目前存在大量基础性技术问题亟待突破，水声通信是其中一项非常关键的支撑技术。其可在水下各设备节点间建立起可靠的无线通信链路，进而以一定的结构拓展为信息网络，从而实现各平台间信息共享，扩大水下环境数据采集与监控的覆盖范围，为海洋勘测、气象研究、灾害预警与生物保护等技术应用提供条件。

然而，水下声环境是一个复杂的时、频、空变信道，其物理特性极为复杂，其中传输的通信信号将产生严重的能量衰减、多径传播以及多普勒效应。为实现可靠、高效的水声通信链路，必须选择合适的通信调制方式与对应的信号处理技术。在此方面，目前相对成熟的空中无线通信技术通常无法直接照搬至水下，而需根据水声信道的实际特性进行针对性设计。

本书主要结合笔者自身的科研与实践，介绍水声通信信号处理技术领域发展历程中的一些主要进展。全书共分为 8 章：第 1 章简要介绍水声通信的基本概念、信道特性与系统结构，并概述各调制体制所涉及的信号处理技术；第 2 章具体讨论水声信道的建模与仿真，包括简单链路预算、射线声学模型解算与实验测量信道仿真；第 3 章介绍单载波调制水声通信与时域信道均衡处理，重点给出联合相位同步均衡算法与空域多通道均衡算法；第 4 章针对单用户直接序列扩频(DSSS)与多用户直接序列码分多址(DS－CDMA)水声通信技术进行阐述，介绍其对应的 RAKE 接收机与自适应均衡接收处理技术；第 5 章讨论正交频分复用(OFDM)水声通信技术,举例说明 Pre－FFT 与 Post－FFT 两类 ICI 抑制的典型方法,并将相关方法扩展至 MIMO－OFDM 系统中,以进一步提升系统的可靠性或数据率;第 6 章涉及水声通信单载波频域均衡技术,其利用类似于 OFDM 的频域均衡处理,在大信道多径扩展条件下可获得远低于时域均衡的计算复杂度;第 7 章介绍当前新兴的正交信分复用(OSDM)水声通信技术,给出其时域过采样处理、Turbo 迭代检测、分块与串行均衡等算法,并针对 MIMO－OSDM 配置,讨论其基于空时、空频分组编码的空间分集系统以及基于各阵元独立数据的空间复用系统;第 8 章简单介绍水声通信网络,并进一步举例仿真评估相关信号处理算法对水声网络整体性能的影响。

本书各章节内容以水声通信领域中相关调制方法与信号处理技术出现的先后顺序进行组织。本书可供从事水声通信、水声信号处理与水声工程相关专业的研究人员、教师及高年级本科生、研究生阅读、参考。但需说明的是,读者在阅读本书前需具备相关方面的背景知识,而本书定位于帮助读者完成由无线通信基础理论向水声通信具体方法的场景迁移与技术拓展。鉴于当前水声通信技术的广博丰富与快速发展,本书从任何意义上都未曾完成对领域内各项技术的全面总结。事实上,本书仅旨在帮助读者初步构建水声通信的基础知识体系,以便于读者快速与领域内各项技术的发展相接轨并启动其自身相关研究。

在写作本书的过程中,笔者深受朋友、同行,尤其是所在西北工业大学航海学院 416 课题组各位老师、同学的鼓励与帮助。张群飞教授阅读了书稿并提出了很多宝贵的意见,何成兵教授为本书第 6 章的撰写提供了技术素材与仿真支持;同时,张玲玲老师以及研究生王玉洁、马胜前、杜玉洁均在本书撰写、排版与校稿环节中协助开展了大量细致的工作。在撰写本书的过程中,笔者曾参阅了相关文献资料。在此一并表示最衷心的感谢!

本书为西北工业大学专著出版基金资助项目。

由于笔者水平与经验有限,书中难免存在不足之处,敬请广大读者批评指正。

著 者

2020 年 1 月

目　　录

第1章 绪　论

1.1 引　言

海洋约占地球表面积的71%，占地球全部水资源的97%，是地球生命的摇篮。同时，海洋蕴藏着丰富的生物、油气以及矿产资源，是人类未来发展的战略空间。目前已知的海洋生物有近20万种，在全球范围内，海洋资源产业的市场价值每年达3万亿美元，且有超过30亿人的生计来自于海洋。然而，人类对赖以生存的海洋仍知之甚少。目前，地球海洋的测绘仅完成约15%，而有75%的海洋物种分布在未被深入考察的海域，且人类对当前海洋气候、灾害与污染威胁等方面的监控与了解均十分有限。

事实上，伴随着当前人类信息技术革命，以及近年来海洋军事战略意义的提升与民用开发需求的日益增长，国内外研究者已普遍开始重视借助于信息技术的效率优势来认知海洋。在此方面，水下无线通信技术将是未来海洋信息化的一项关键性支撑技术，其旨在免除烦冗的布缆作业，并在水下设备间建立起更为灵活的传输链路，以实现对各类信息数据的采集与共享。这项技术在军用方面可以解决如潜艇通信、水雷遥控与水下无人航行器信息传输等问题；而在民用方面（如海洋勘测、气象研究、灾害预警与生物保护等领域）也具有广泛的应用前景。

然而，由于水下环境的诸多特殊性，所以目前相对成熟的空中电磁波无线通信系统与技术无法直接照搬至此场景。这是由于电磁波在海水介质中的传播衰减很大，依据其工作频率，对应的有效传输距离通常低至10 m甚至更短量级。类似地，以光波实现水下无线通信也会受到姿态对准、水体浑浊等方面的严重限制，其可用通信距离也仅在10～100 m量级。而与上述备选媒质相比，声波在水下环境的吸收损失相对较小，因此以其作为载体的水声通信方案是解决水下无线通信尤其是远距离信息传输的主流方法。目前，各类水声通信技术已在近至百米港口级、远至上千千米大洋级的广泛应用中作为解决方案，并且已有多种型号的科研、商用水声通信设备相继投入实际应用。

应该说，水声通信研究能够得以如此快速发展的一个核心助力在于其中信号处理技术的进步。众所周知，通信系统的根本任务在于将发射端调制的信息经信道传输后在接收端准确地完成解调恢复。而在此过程中，信号处理主要负责应对信道衰落等因素所造成的信号畸变与干扰，从而保证传输的可靠性。由此可以看到，水声通信常需面对远远恶劣于空中电磁波通信的信道衰落环境，这导致水声通信信号处理方法大多有别于空中无线通信中的现有方法，也因而使得很多关于空中无线通信的教材在此领域中适用性不强。本书的写作动机即是在这样的背景下产生的，其旨在更专注于水声通信信号处理。本书通过大致梳理近年来相关技术发展的总体脉络，尝试帮助读者初步构建相应的基础知识体系。

1.2 水声通信信道特性

导致水声通信较空中电磁波通信实现困难的主要原因在于水声信道的复杂性，其环境条件随海区、季节等因素的不同而显著变化，且信号衰落效应尤为严重，这为水声通信信号处理提出了独特的挑战。具体而言，水声信道的特征及其对通信系统性能的影响主要包括下述几方面。

(1)水下声速。作为水下通信信号传输的主要媒质，声波在水中的传播速度极低且剖面分布不均匀。下面对这两个因素的影响分别进行讨论。

首先，与空中电磁波速度 $3\times10^8\ \mathrm{m\cdot s^{-1}}$ 相比，水中声波的传播速度极低，仅约为 $1\,500\ \mathrm{m\cdot s^{-1}}$。这一方面将可能导致多径时延扩展与多普勒频率扩展的大幅增加，使得通信信号出现严重畸变失真；另一方面，大的信道传输时延也会对水声通信组网产生很大的影响，即要求网络协议设计具有所谓的延迟容忍能力。

其次，实验测量表明，水下声速并非恒定的，其与温度、压力与盐度等环境因素都存在相关性，具体表现为声速会随水温、深度与盐度的增加而增加，其中以温度的影响最为显著。为描述这一非均匀性，人们习惯以声速剖面表示某一地点不同深度位置所对应的声速值。例如，浅海声速剖面在夏季常呈现负梯度，这是由海面日照辐射加温引起的。根据射线声学理论，声线轨迹总是向低声速区域弯曲，这意味着水声通信信号传输在此情况下将出现较严重的海底反射，从而导致显著的能量损耗与多径扩展。与之相比，深海声速剖面中通常包含两个因素——温度随深度的增加而降低，压力随深度的增加而增加，二者综合作用，会在某深度处产生一个声速的极小值，该深度又被称为深海声道轴。理论与实验都表明，声道轴附近将具有信号能量会聚作用，从而利于实现远程水声通信；相反，深海信道中声线的弯曲还将同时在某些位置产生影区(Shadow Zone)，从而导致水声通信收发端移动至该区域时通信链路的中断。

(2)水下噪声。水下噪声会对水声通信传输造成负面影响。通常而言，一个通信系统的设计总是要求其信号在接收端满足一定的信噪比(SNR)条件。否则，当噪声功率过高时，会导致大量误码的产生，通信系统的可靠性因而迅速下降，甚至最终可能无法实现正常工作。

水下噪声可分为环境噪声与人为噪声两大类，根据应用场景的不同，水声通信系统的噪声成分各有不同。在深、浅海信道中，湍流、海浪等环境噪声占主要成分；而在近岸或存在船舶活动的信道中，人为的工业、航运噪声等的影响会更为显著。此外，这些水下噪声还具有高度的频率依赖性。大致而言，在水声通信系统通常所处的 500 Hz～50 kHz 频率范围内，水下环境噪声级以大约每倍频程 5～6 dB 下降，但是更高的频率反而将导致海水介质分子运动热噪声上升。在进行实际水声通信系统频带选取与功率设定时，这些水下噪声因素的影响都需要考虑在内。

(3)水下声能量传播损失。尽管相比于光、电磁等媒质，声波在水下传输损失较小，但其仍是制约水声通信系统性能的一个关键性因素。具体而言,水声通信信号在水下信道中的能量传播损失可分为扩展损失和吸收损失两类。扩展损失涉及声能量的几何扩展,其不依赖于信号频率,仅随传输距离的增加而增加。相比而言,吸收损失不仅受传输距离的影响,更与信号频率直接相关。其规律为,信号频率越高,其能量传播时的吸收损失越大。

正是上述噪声与信号能量传播损失的频率相关性决定了水声通信的作用距离、系统带宽与中心频率等关键性能参数。在实际中,不同作用距离的水声通信系统一般采用不同的中心频率和系统带宽,例如远程达几十千米距离的水声通信系统带宽常在 1 kHz 以内,中程水声通信系统带宽约为 1～10 kHz,而近程水声通信系统带宽可达数十千赫,乃至上百千赫。这也是目前商用水声通信系统普遍存在多种型号及不同工作频段的原因。

(4)水下声信号畸变。声信号在水下信道中的传播不仅存在着能量衰减,还会经历畸变即波形变换失真,这其中两个关键因素在于水声信道的多径(Multipath)与多普勒(Doppler)效应。

首先,对于多径效应,其产生是由于通信信号在水声信道传输中可沿多条路径到达接收端,其输出将导致通信接收端存在不同延迟信号成分的叠加,从而造成所谓的码间干扰(ISI)。水声信道中的多径效应与通信收发端几何配置以及信道物理特性等均有直接关系。例如,若通信收发端近似仅存在深度差异,即对应垂直信道时,多径效应通常相对缓和;而在通信收发端距离主要归于水平坐标差异,即在水平信道配置下,多径效应将趋向严重。另外,即便同为水平信道条件,浅海与深海信道的多径效应也各有区别。一般而言,浅海信道多径主要由海面、海底反射造成;而深海信道,尤其是远程通信中,多径更多由声波弯曲绕射所产生。相比于空中电磁波通信,由于水下声速极低,这些反射或绕射路径间的路程差将导致水声通信具有更为严重的码间干扰。例如,水声信道的多径时延扩展常可达到 10 ms 量级,若考虑水声通信传输速率为 10 ks·s^{-1}(即每秒 10 k 个符号),则以符号数度量的码间干扰长度可达 100 量级,这将对通信接收端均衡器处理造成很大的复杂度与收敛性方面的压力。

其次,就多普勒效应而言,其主要由通信收发端运动或信道时变因素作用产生,且同样会导致水声通信信号出现复杂畸变。具体而言,一方面,收发端运动将造成通信信号的确定性变换;另一方面,信道媒质的不稳定因素(如海面波浪、洋流内波等)也将引起通信信号的随机性失真。这些变换失真经常相互叠加,最终使得水声通信信号结构发生严重偏离。为简单说明起见,这里仅考虑单一的多普勒因子 v/c(其中 v、c 分别为收发端运动速度与水下声速),由于水下信道中声速 c 值极小,其多普勒效应将远远严重于空中电磁波信道环境。例如,当空中载体以 1 080 km·h^{-1} 高速运动时,其对应多普勒因子仅为 1×10^{-6};而水下节点尽管以 1.5 m·s^{-1} 低速巡航,其对应多普勒因子即可达到 1×10^{-3}。此时假设水声通信信号为窄带,则对应多普勒效应将造成严重的载波频移。进一步,若联合考虑水声信道多径,由于不同传输路径与收发端相对运动方向夹角各异,其对应载波频移也互不相同,故最终将导致接收端信号出现多普勒频率扩展。事实上,我们知道,这种多径时延与多普勒频率域内的扩展分别对应于信道的频率选择性衰落与时间选择性衰落,而正是水声信道存在极为严重的双选择性衰落,使其被公认为当前最具挑战性的通信信道之一。

综上所述,水声信道与空中电磁波信道存在根本区别,其带宽更窄且多径、多普勒效应更强。本书第 2 章将更为详细地对上述水声信道各相关特性的建模仿真进行介绍,以便为通信信号处理的方法设计与性能分析提供基础。

1.3 水声通信系统组成

当代水声通信系统主要采用数字水声通信系统,其组成结构如图 1-1 所示,其主要由信源编、译码,信道编、译码,调制、解调,收、发换能器,模拟信号发射功放和接收调理等模块组成。

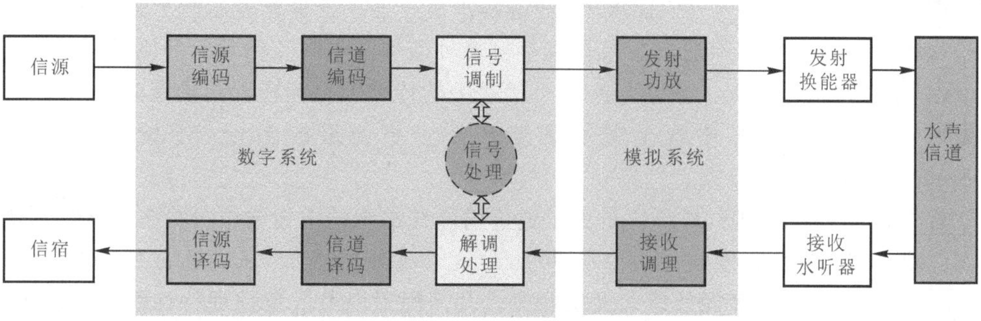

图 1-1 数字水声通信系统组成结构

(1)信源编、译码。信源表示待传输的信息。在水声通信系统中,信源的类型主要有指令状态、遥测参数、语音和图像等。其中,指令状态可用于水下航行器的导航控制与状态反馈等,而遥测参数通常包含由各种水下传感器远程采集的海洋环境参数。这些信源的数据量较小,典型的传输数据率要求在 10~100 $b \cdot s^{-1}$ 量级,故通常无须借助信源编码,但其对误码普遍敏感,因此通信链路的可靠性要求较高。相比而言,语音传输通常用于与潜水员之间的通信,而图像信息主要来自于声呐、光学等水下设备所获取的各型图像。这类信源的特点是误码率容忍度高,但需较快的传输数据率支持,如语音传输的数据率一般要求在 1 $kb \cdot s^{-1}$ 量级,而图像传输的需求数据率可达几十千比特每秒量级。但是,由于水声信道带宽较窄,此时应借助信源压缩编码来降低信源的冗余度,常用的编码形式包括语音 LPC,CELP 编码与图像 JPEG 编码等。对应地,水声通信系统在接收端也需通过信源译码逆变换恢复信源信息。

(2)信道编、译码。不同于信源编码的变换压缩目的,信道编码是在发射信息序列中以可控方式引入冗余,以便接收端具备能力进行误码检测与纠正,从而克服通信信号在水声信道中传输时所遭受的干扰和噪声影响。事实上,由于水声信道是一个极其复杂的时、频、空变随机信道,其中实现低误码率的可靠通信传输相当困难,因此信道编码是实际水声通信系统中经常借助的链路可靠性增强策略。一般而言,水声通信中采用的信道编码技术与空中无线通信并无本质区别,其既包括经典的 BCH、RS 等线性分组码与卷积码等,也包括 20 世纪 90 年代开始逐渐广泛应用的 Turbo 编码以及 LDPC 编码。其中,Turbo 编码由两个或多个相互级联的卷积编码组成,而 LDPC 编码是一种具有稀疏奇偶校验矩阵的分组纠错码,这两种码对应在接收端的译码过程均可采用迭代方式进行,并由此获得更为逼近 Shannon 界的性能,因而在近年来获得了深入的研究。

(3)调制与解调。调制与解调是水声通信系统的核心功能。在发射端,调制的目的是将通信信息转换成适合水声信道传输的信号波形,其包含符号映射、基带调制、脉冲成型与载波上变频中的部分或全部模块。具体而言,符号映射的作用在于首先将信道编码后的二进制信息序列映射为基带符号,随后基带调制将其变换为基带离散发射信号,并最终由脉冲成型与载波上变频设置信号频谱与中心频率,从而生成更适宜水声信道传输的通带连续发射信号形式。应该说,调制方式的选择对水声通信系统的传输距离、数据率和误码率等性能指标均有直接影响,将在1.4节述及相关内容。同样,接收端对应的解调操作即为调制的逆过程。由之前1.2节介绍可知,水声信道会对其中传输的通信信号造成严重的能量衰减与波形畸变。因而在接收端对信号进行解调处理时,必须采用一些特殊的信号处理方法,以尽可能消除或缓解水声信道所造成的负面影响,最终获得更可靠的发射信息序列估计。

(4)模拟信号收、发换能器。为保证作用距离与接收信噪比,水声通信系统在发射端必须将待发射的信号进行功率放大,并通过电声转换器件即换能器将电信号转化成声信号后发送至水声信道。相应地,接收端必须再通过换能器把声信号还原成电信号,以便于采集处理。与空中无线电磁波通信相比,水声换能器的功效类似于天线。此外,接收端模拟处理也是水声通信系统的一个重要环节。一方面,由于中远程水声信道能量衰落使得接收信号十分微弱,其一般要求前级放大10^5~10^6后再送到后级处理。为了提高检测的灵敏度和抗干扰能力,模拟系统需在信号通带外有足够大的衰减以提高信噪比。另一方面,当存在水下航行器等移动节点使得通信距离尺度变化较大时,后级信号将随之在很大的动态范围内变化,甚至出现信号通道阻塞情况。为将数字系统A/D转换输入信号稳定在一定范围内,模拟处理系统还需在高增益前提下实现大动态的自动增益控制。

在本书中,将专注于针对各种水声通信调制解调方案介绍其所对应的接收信号处理方法,如干扰抵消、信道估计与均衡等。除在Turbo均衡处理说明中包含部分信道卷积编译码的简单基础知识外,本书尽量不涉及通信系统组成中其余部分的技术内容。感兴趣的读者请参考其他相关书籍文献了解。

1.4 水声通信信号处理技术

水声通信虽然已有多年的研究历史,但直至20世纪80年代,其技术面貌才发生深刻的变革,这其中的主要原因是数字通信技术的引入,及其与信号处理技术的紧密结合。为此,本节将对水声通信与相关信号处理技术的发展历程进行简单回顾,旨在为本书随后各章内容建立逻辑关联。

1.4.1 水声通信调制

水声通信物理层技术历经20世纪80年代以频移键控(FSK)调制为代表的非相干能量检测技术,到20世纪90年代开始的以单载波相移键控(PSK)、正交振幅调制(QAM)结合时域均衡为代表的相干相位检测技术,再有20世纪90年代中、后期引入的扩频(SS)调制高可靠接收技术,以及进入2000年后出现的以多载波正交频分复用(OFDM)与单载波频域均衡(SC-FDE)为代表的频域处理技术,直至最近新兴的以正交信分复用(OSDM)为代表的泛化调制技术。事实上，上述相关技术多数起源自空中无线通信领域，但同时基于水声信道特性进行了相应的扩展与改进。本小节将对这些水声通信物理层调制方法与相关信号处理技术逐一进行简单介绍。

(1)FSK 调制。水声通信研究最早从 20 世纪 80 年代早期开始，典型技术是以 FSK 调制方式为代表的非相干能量检测技术。一方面，这类方法实现简单且相对稳健，但其带宽利用率较低；受到水声信道带宽的限制，其支持的通信传输数据率普遍不高。最早应用的 FSK 水声通信系统的数据率仅在 1～10 $b \cdot s^{-1}$ 量级，后期随着硬件平台处理能力的提升，人们通过增加频点个数与多频率并行发射等手段部分改善了这一数据率瓶颈。尽管如此，FSK 调制受制于其天然劣势，对应实际系统带宽利用率仍普遍处于 0.1 $b \cdot s^{-1} \cdot Hz^{-1}$ 低量级。另一方面，FSK 水声通信系统在接收端通常仅基于简单的非相干能量检测，就信号处理技术而言，并无实际令人激动的发展。为此，本书中将不再对 FSK 水声通信的相关处理技术进行阐述。

(2)PSK，QAM 调制与单载波时域均衡。从 20 世纪 90 年代早期开始，水声通信出现了以单载波 PSK，QAM 调制结合内嵌锁相环(PLL)时域均衡处理为代表的相干相位检测技术。此技术的初衷即为解决 FSK 调制能量检测的低带宽利用率问题，其对应系统带宽利用率可达 1 $b \cdot s^{-1} \cdot Hz^{-1}$ 以上，因而可显著提高水声通信数据率。另外，PSK，QAM 调制水声通信接收端信号处理的核心是以单载波时域均衡实现相干相位检测。但不同于传统均衡器的简单横向滤波结构，此处均衡器设计还需考虑水声信道严重时变所造成的影响。事实上，相关技术在过去 20 多年内取得了相当大的进展，其中具有里程碑意义的是一种内嵌锁相环的联合相位同步时域均衡算法。简言之，该算法通过自适应判决反馈均衡处理抑制码间干扰，并通过内嵌锁相环跟踪时变载波相位。本书将在第 3 章中对水声通信的这类单载波时域均衡技术进行介绍。

(3)SS 调制。由于 SS 通信具有抗干扰且多径分辨能力强、保密性好等特点，空中 3G 无线通信对此项技术进行了广泛的应用。与之同时，水声通信领域在 20 世纪 90 年代后期也开展了相关技术的研究。具体而言，SS 水声通信是一种特殊的通信方式，分为跳频扩频(FHSS)与直接序列扩频(DSSS)两种。其中，FHSS 调制基于非相干能量检测，而 DSSS 调制基于相干相位检测。类似于之前 FSK 的情况，本书将不对 FHSS 进行专门介绍，而仅专注于涉及实质信号处理的 DSSS 系统，其在接收端需通过相干解扩操作实现处理增益。然而，由于水声信道的时变多径特点，所以 DSSS 通信系统需借助于特殊设计的 RAKE 接收机或均衡处理以提高系统的可靠性。本书第 4 章将对 DSSS 调制系统与其信号处理技术进行介绍。

(4)OFDM 调制与 SC－FDE 处理。2000 年之后，伴随着空中 4G 无线通信发展的黄金时期，水声通信技术水平也得到了快速的提升。这一时期的一个重要主题是高速，即寻求在水下场景尤其中近程应用中以更大带宽实现更高数据率的水声通信。但此目标下，人们逐渐发现，之前近乎已成为标准的 PSK 调制与单载波时域均衡技术在通信带宽进一步展宽时存在一些固有问题。具体而言，随着带宽展宽，信道多径码间干扰将跨过更多符号，即通信系统频率选择性衰落更为严重。此时，自适应时域均衡器需使用更多抽头的横向滤波器，通常在数十甚至上百个左右。这一方面会导致高计算复杂度；另一方面，过长的滤波器长度会影响均衡系数的收敛性能，导致接收端需要大量训练符号，且不能有效跟踪信道时变。

为解决上述问题，水声通信研究者开始关注以 OFDM 与 SC－FDE 为代表的频域均衡技术。其中，OFDM 多载波调制可使频率选择性衰落信道转化为并行平坦衰落信道，因而在接收端可借助于快速傅里叶变换(FFT)实现单抽头频域均衡降低计算复杂度。但是，OFDM 对多普勒效应较为敏感，受到水声信道时变的影响，OFDM 水声通信信号将存在严重的载波间干扰(ICI)。为应对此问题，必须引入更为复杂的接收端均衡处理算法。此外，OFDM 还将导致较之单载波调制更高的峰平功率比，因而能量效率较低，不利于实现远程通信。在此方面，受到空中无线通信的启发，人们近年来对基于 SC－FDE 处理的水声通信方法也进行了重点研究。简单而言，SC－FDE 处理仍基于单载波信号，但其在接收端先将信号转换至频域进行均衡，之后再反变换回时域进行符号检测。这样的操作可使单载波调制获得与 OFDM 调制相类似的均衡处理复杂度。本书将在第 5 章和第 6 章分别对 OFDM 与 SC－FDE 系统与其信号处理技术进行介绍。

(5)OSDM 泛化调制。时至今日，尽管 OFDM 与 SC－FDE 仍被视为实现高速水声通信的两项主流技术，但鉴于 OFDM 系统具有峰平功率比高、对多普勒敏感等缺点，而 SC－FDE 系统也具有调制信号能量、带宽管理不灵活等问题，水声通信研究者事实上已经开始着手寻找下一代水声通信的调制体制。这其中，从 2014 年起被引入水声通信的 OSDM 调制技术具有代表性。

具体而言，OSDM 是一种新兴的泛化调制方式，其引入“符号矢量”的概念，当符号矢量长度为 1 时即为 OFDM 调制，而当符号矢量长度取整个分块长度 K 时即为 SC－FDE 系统。换言之，OSDM 可在物理层提供一种更为灵活的调制框架，使传统 OFDM 与 SC－FDE 被统一为此框架下的两个极端特例，而若在$[1,K]$之间设置其他符号矢量长度时，即为对 OFDM 与 SC－FDE 方法特性(即峰平功率比与带宽管理灵活性)的不同程度折中。不难看出，OSDM 调制有望实现当前 OFDM 与 SC－FDE 两大主流水声通信技术阵营的融合，并进一步获得更为灵活的系统配置。但与此同时，OSDM 的信号结构存在明显区别，导致其在接收端无法直接套用类似于 OFDM 与 SC－FDE 的频域均衡策略，尤其是在时变信道中 OSDM 系统将导致一种新的信号干扰结构——矢量间干扰(IVI)，因此需要针对性设计其所特有的水声通信接收处理方法。本书将在第 7 章对这一新兴 OSDM 调制的相关技术内容进行具体介绍。

(6)空间处理技术。在时间、频率域信号处理基础上，水声通信研究者早自 20 世纪 90 年代起就开始关注并引入各种空间域处理，相关技术可大致分为空间分集与空间复用两类。一方面，由于水声信道时变多径结构导致的复杂双选择性衰落，可靠性一直是水声通信系统最大的问题之一。为消除信道衰落并提高通信可靠性，分集是一种有效途径。在此方面，较之早期 FSK 系统中的频率或时间分集方法，为避免牺牲带宽利用率，之后 PSK 等系统普遍采用了接收端空间分集处理。该方法在通信接收端采用间隔足够远的多阵元接收，同时将各阵元通道上独立衰落的接收信号经过特殊处理后合并，从而实现空间分集增益并提高系统性能。此外，除过接收端配置，空间分集还可在发射端借助于空时或空频编码实现，后一种方案对于接收端平台尺度有限即难以保证足够间隔的多阵元处理时尤为有用。

另一方面，受到水声信道带宽限制，传输数据率也一直是水声通信的主要短板。如前文所述，水声通信系统的可用带宽随着作用距离的拉远而相应降低。相关研究者于2000年根据当时水声通信系统的诸次现场实验性能，总结出了水声通信传输数据率的经验上界为40 $km\times kb\cdot s^{-1}$。应该说，时至今日，国内外虽已有不少实验研究报道结果超越此界，甚至实现高于100 $km\times kb\cdot s^{-1}$的指标，但公平而论，这些高速链路的成功建立事实上主要依赖于良好的实验水文条件，尚不具备普适性，可靠的工业级高速水声通信仍十分困难。在此方面，近年来空中无线通信中兴起的多输入多输出(MIMO)空间复用技术将可为水声通信这一问题提供新的借鉴思路。该技术在通信发射与接收端均使用多个阵元，并将信号经由各阵元实现空间域并行发射与接收，借此水声通信系统可在不增加频带占用的前提下成倍地提升传输数据率。

在第3～7章中，将针对不同调制方式的水声通信系统分别给出其相应的一些空间分集或空间复用等信号处理方法。

1.4.2 水声通信网络

早在20世纪90年代末期，伴随着水声通信调制解调等物理层技术的快速发展，世界各国研究者即已开始将目光投向研究和开发水声通信网络。目前为止，水声网络化技术仍是水声通信领域的研究热点之一，其主要研究目的在于将基本的水下点对点通信链路聚合扩展为包含多个节点的通信网络，同时实现整个网络运行的协调与高效。水声通信网络的研究内容事实上更为广泛，其既涵盖1.4节中所述的物理层调制技术，也包含数据链路层介质访问、网络层路由选择以及功率控制等问题。但在本书中，仅重点关注水声通信网络场景下的信号处理技术，而对网络协议设计等不做深入探讨。

具体而言，水声通信网络中所引入的一个新问题是多用户检测。不难理解，在多用户情况下，水声通信信号传输将不仅受到信道时变多径引起的码间干扰等因素影响，还会由于用户共享信道而导致产生多址干扰(MAI)。为实现多用户通信，一种较为常规的方法是采用基于扩频调制信号的直接序列码分多址(DS-CDMA)技术。对应地，DS-CDMA水声通信系统的接收处理可分为单用户检测与多用户检测两类。其中，单用户检测技术仅利用期望用户的扩频码与定时信息，算法相对简单，易于实现，但未考虑其他干扰用户，受多址干扰影响较大。相比而言，多用户检测技术同时利用期望用户与干扰用户的扩频码与定时信息，算法相对复杂，但能够部分抑制甚至全部抵消多址干扰，从而提高期望用户信号的接收性能。本书将在第4章中具体介绍DS-CDMA水声通信所涉及的单用户检测与多用户检测方法，并在第8章中以建立一个简单的水声通信网络为例，仿真比较相关信号处理方法对网络整体性能的影响。

1.5 本书的内容安排

全书内容共分8章，重点针对水声通信链路与网络中各调制技术及其所对应的通信信号处理方法展开。各章节的内容安排如下。

第1章为全书的引言。引言中简要介绍了水声通信所需面对的信道环境特性，给出了水声通信系统的组成结构与基本原理，同时大致回顾了水声通信的发展历程，并由此引出本书随后各章的主要内容。

第2章对水声通信信道的建模仿真进行讨论。首先，基于声呐方程介绍了简单的水声信道链路预算。其次，在射线声学理论的框架内，给出了水声通信信道建模的相关模型与对应解算方法，包括声线轨迹解算、本征声线搜索、声线传播损失解算、平均传播损失声场解算以及信道冲激响应仿真；并在此基础上，展示了一个基于 Visual C++与 MFC 编程实现的水声信道仿真软件 HJRAY。最后，基于实验信道测量介绍了一种具体的实验水声信道建模仿真方法。

第3章对单载波调制及其时域均衡技术进行讨论。首先，给出了单载波调制的信号模型，并举例展示了信道多径与时变因素对通信系统性能的影响。其次，列举了信道时域均衡器的基本结构，包括线性均衡器、判决反馈均衡器与分数间隔均衡器，并简单说明了时域均衡器权系数更新所常用的自适应算法，包括 LMS 与 RLS 算法。最后，基于统一时变相位信道模型，介绍了联合相位同步均衡算法与其空域多通道扩展。这些方法是近年来单载波调制水声通信时域均衡的主流方法，其通过分数间隔判决反馈均衡抑制码间干扰，并内嵌锁相环对时变载波相位进行跟踪，因而可获得更好的信道均衡性能。

第4章对扩频调制技术进行讨论。首先，介绍了单用户直接序列扩频通信，并针对水声信道的多径与多普勒特性，给出了两种改进的 RAKE 接收机结构，其分别集成锁相环与重采样滤波以实现信道时变跟踪。其次，介绍了两类基于时域自适应均衡器的水声扩频通信接收处理方法。其一是符号判决反馈均衡器，它对先前的判决符号进行反馈，以符号速率更新；其二是码片假设反馈均衡器，它对假设码片序列进行反馈，以码片速率更新，因而可更敏捷地对时变信道进行跟踪。最后，讨论了多用户直接序列码分多址水声通信，并分别介绍了其基于单用户检测与多用户检测的接收处理算法。这些算法是对直接序列扩频系统相关算法的扩展，其中单用户检测算法进行了空域扩展，给出了空时二维 RAKE 接收机与均衡器，多用户检测算法在此基础上进一步联合串行干扰抵消，从而获得更强的多址干扰抑制能力。

第5章对多载波 OFDM 调制技术进行讨论。首先，给出了 OFDM 调制的基本原理，介绍了其在时不变信道条件下的基础接收算法，包括信道估计与频域均衡等，并进而建立了时变水声信道条件下 OFDM 系统的 ICI 信号模型。其次，为实现 OFDM 水声通信系统中的 ICI 抑制，将现有方法分为 Pre-FFT 与 Post-FFT 处理两类，并作为示例分别给出了基于部分 FFT 处理与基于分块均衡处理的 OFDM 时变信道接收技术。其中，部分 FFT 处理可被归类为一种 Pre-FFT 处理方法，其将 OFDM 分块在时域上划分为多个子段并分别 FFT 输出后加权求和以消除 ICI；相比而言，分块均衡处理是一种 Post-FFT 处理方法，其在频域内即 OFDM 解调 FFT 操作之后执行，可利用信道频响矩阵的近似带状结构实现低复杂度 ICI 均衡。最后，简单介绍了空间分集与空间复用 MIMO-OFDM 系统原理，并具体针对空间复用系统将部分 FFT 处理与分块均衡处理扩展至 MIMO 场景。

第6章对单载波频域均衡技术进行讨论。首先，给出了单载波频域均衡处理的系统模型与基本原理，并介绍了其与 OFDM 系统处理方法的异同。其次，建立了时变水声信道条件下的单载波频域均衡算法，分析了统一时变相位信道模型对均衡器输出性能的影响，给出了时变相位估计与补偿方法。再次，结合空间多通道频域均衡和自适应判决反馈时域均衡处理，构建了一种混合时频域均衡算法，以实现更好的信道衰落抑制能力。在此基础上，最后简单介绍了空间复用 MIMO 配置下单载波频域均衡的扩展算法。

第 7 章对 OSDM 泛化调制技术进行讨论。首先，对比传统 OFDM 系统，介绍了 OSDM 的调制解调过程与符号矢量结构。推导表明，时不变信道条件下 OSDM 系统可在各符号矢量间实现去耦检测；但在考虑水声信道的时变因素时，类比于 OFDM 系统中的 ICI，OSDM 系统各符号矢量间将出现 IVI。其次，针对 IVI 抑制问题，分别介绍了基于时域过采样、Turbo 迭代检测与基扩展模型等不同的 OSDM 水声通信接收处理方法。三种方法分别采用载波频偏、时变相位畸变与复指数基扩展模拟接收端前端重采样后的水声信道时变，并力求通过一种特殊的变换域均衡使 OSDM 接收处理实现与传统 OFDM 相接近的计算复杂度。最后，进一步扩展给出空间分集与空间复用 MIMO - OSDM 的系统结构与接收处理方法。相关方法事实上也可被认为是对传统 MIMO - OFDM 处理的泛化。

第 8 章基于 OPNET 软件平台对水声通信网络进行简单介绍。首先，给出了水声通信信道的 OPNET 仿真，即根据水声信道的具体特性，说明了 OPNET 管道阶段的自定义设计，其中主要包括传播时延、接收功率与背景噪声等几个阶段。其次，介绍了在节点域内的水声通信节点建模，并在进程域内对水声通信网络协议进行了实现，给出了各层协议对应的状态转移图，其中重点在于实现介质访问控制协议的 RTS - CTS - DATA - ACK 握手流程与网络向量分配数据冲突避免机制。最后，利用示例建立了一个包含 1 个主节点与 5 个传感器节点的水声通信网络，并在此基础上对水声通信网络进行配置与仿真，其中主节点物理层分别采用第 4 章中给出的单用户与多用户检测水声扩频通信技术。通过比较证明，多用户检测处理技术能够更好地克服冲突，实现数据检测，因此可以获得更高水声通信网络的吞吐量，从而减少因为数据包重发所造成的传输延时以及能量消耗。

第2章　水声信道建模仿真

水声信道是水声通信系统设计的关键问题所在，它具有严重的多途与时变特性，声波在其中的传输行为十分复杂。通常对应于各种不同的信道特性，需要进行不同的通信系统设计。因此，本章将首先针对海洋水声信道特性进行仿真建模，为水声通信系统研究建立平台。具体而言，本章主要包含三部分内容：①基于声呐方程的链路预算；②基于射线声学模型的水声信道仿真建模；③基于实验测量的水声信道仿真建模。

2.1　水声信道的链路预算

2.1.1　声呐方程

链路预算(Link Budget)是无线通信中一种常用的性能分析方法，用以对通信信号经过信道传输后在接收机前端的信噪比进行预测。针对水声通信，对其链路预算需要使用被动声呐方程[1]

$$\mathrm{SNR}=\mathrm{SL}-\mathrm{TL}-(\mathrm{NL}-\mathrm{DI}) \tag{2-1}$$

式中：SL为发射声源级，用以描述发射端声信号的强弱；TL为传播损失，用以度量发射信号在信道中传播一定距离后对应声强度的衰减；NL为环境噪声级，用以表征水声信道各类环境噪声强弱；DI为接收端换能器(阵)的指向性指数。上述各参数的具体定义为

$$\mathrm{SL}=10\lg(I_1/I_0) \tag{2-2}$$

$$\mathrm{TL}=10\lg(I_1/I_r) \tag{2-3}$$

$$\mathrm{NL}=10\lg(I_N/I_0) \tag{2-4}$$

$$\mathrm{DI}=10\lg(I_N/I_{ND}) \tag{2-5}$$

式中：lg表示以10为底取对数；I_1是发射端换能器声轴方向上距离声中心1 m处的声强；I_r是接收端距离处的声强度；I_N是测量带宽内无指向性接收对应的噪声强度；I_{ND}是测量带宽内实际指向性接收对应的噪声强度；I_0是参考声强，$I_0\approx 0.67\times 10^{-22}\ \mathrm{W\cdot cm^{-2}}$。这些声呐方程参数的单位均为分贝(dB)。可以看出，其中SL，DI参数与具体发射接收端设备相

关，而 TL，NL 参数与水声信道特性相关，下面将分别针对传播损失与环境噪声参数进行叙述。

2.1.2 传播损失

声波在介质中的传播损失，主要由扩展损失和吸收损失两部分组成。扩展损失是指声信号从声源向外扩展时由几何效应导致的能量衰减，又称为几何损失。理论表明，无限均匀介质空间对应球面扩展损失，而对于非均匀有限介质空间，扩展损失大小与介质中的声速分布和界面条件有关。吸收损失是指声信号在信道传播过程中的吸收、散射以及声能泄漏出声道所导致的能量衰减。其中，吸收是由海水介质中黏滞、热传导以及其他弛豫过程引起的，而散射与泄漏是由海洋环境中存在的泥沙、气泡、浮游生物等悬浮粒子以及介质的不均匀性所导致的。

对应地，声信号在水声信道中的总传播损失可表示为

$$\mathrm{TL}=n\times 10\lg r+\alpha r\times 10^{-3} \tag{2-6}$$

式中：等号右边第一项为扩展损失，r 为声波传播距离，m；n 为传播因子，它与声波的传播方式和传播路径有关，根据不同的传播条件，n 取不同的数值。例如，当以球面波扩展传播时，$n=2$，而以柱面波扩展传播时，$n=1$。上式等号右边第二项为吸收损失，α 为吸收因子，$\mathrm{dB\cdot km^{-1}}$，它是信号频率 f 的函数，其取值通常由经验公式给出，如 Thorp 公式[2]，即

$$\alpha=\frac{0.11f^2}{1+f^2}+\frac{44f^2}{4\,100+f^2}+3.0\times 10^{-4}f^2+3.3\times 10^{-3} \tag{2-7}$$

作为示例，图 2-1 具体给出了对应于通常水声通信系统工作频率范围 $10^2\sim10^6$ Hz 情况下的吸收因子。

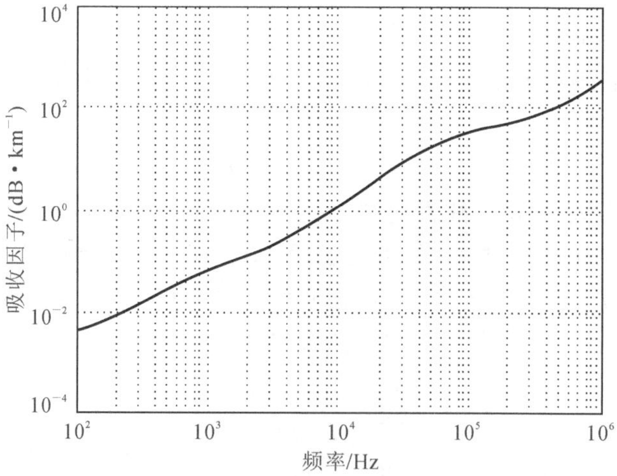

图 2-1 水声信道吸收因子

2.1.3 环境噪声

海洋环境噪声是海洋介质的重要声学性质，对水声信号的检测和估计有重要影响，是水

声通信信道主要的背景干扰之一。海洋环境噪声是复杂多变的，与所处海域、水听器位置、近区和远区的气象条件以及频率等因素均有关系。海洋实验观察表明：在低频（低于 10 Hz）情况下，环境噪声主要由海洋湍流噪声构成；在 50～500 Hz 频带内，环境噪声主要由人类活动造成，包括交通噪声和工业噪声等，具体噪声级受海域位置影响很大；海面粗糙度是更高频段（500 Hz～50 kHz）内的噪声源，具体噪声级与海面风速直接相关；最后，在 50 kHz 以上的高频段，海洋分子运动热噪声是环境噪声的主导因素。具体而言，海洋环境噪声可以由著名的 Wenz 模型进行描述[3]，即

$$\left.\begin{aligned}
&NL_{Turbulence}=17-30\lg(f)\\
&NL_{Shipping}=40+20(D-0.5)+26\lg(f)-60\lg(f+0.03)\\
&NL_{Wind}=50+7.5(w^{0.5})+20\lg(f)-40\lg(f+0.4)\\
&NL_{Thermal}=-15+20\lg(f)
\end{aligned}\right\}\tag{2-8}$$

式中：$NL_{Turbulence}$，$NL_{Shipping}$，NL_{Wind} 与 $NL_{Thermal}$ 分别表示湍流噪声、航运噪声、海面噪声与热噪声；f 为频率，kHz；w 为海洋表面的风速，$m \cdot s^{-1}$；D 为水域航运密度，取值范围为[0,1]，数值越高表示密度越大。

由以上各类环境噪声合成的总噪声可以表示为

$$NL_{Total}=10\lg\left(10^{\frac{NL_{Turbulence}}{10}}+10^{\frac{NL_{Shipping}}{10}}+10^{\frac{NL_{Wind}}{10}}+10^{\frac{NL_{Thermal}}{10}}\right)\tag{2-9}$$

根据式(2-8)与式(2-9)，图 2-2 给出了 3 级海况、中等航运密度情况下，水声通信信道中各类环境噪声的噪声级。

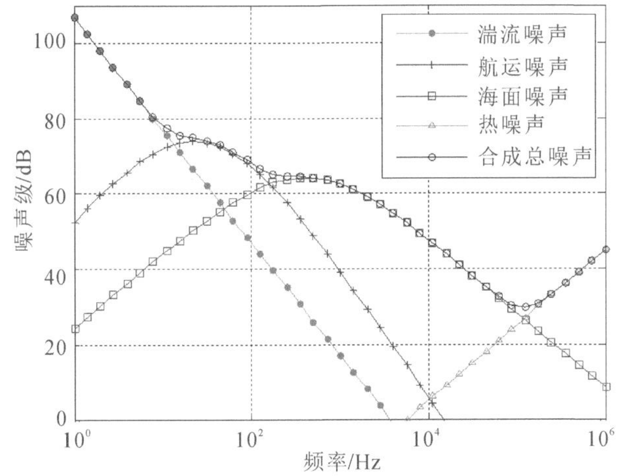

图 2-2　水声信道环境噪声级

2.1.4　链路预算

在给定通信系统参数如发射功率与换能器阵增益的前提下，基于以上各小节建立的水声信道模型，可以对水声信道进行链路预算，并简单地对水声通信系统性能进行分析。

此处为方便起见，以 20 km 通信距离为界，将水声通信分为中近程与远程情况分别加以分析。假定发射声源级为 190 dB，通信系统工作带宽为 1 kHz，水声信号的扩展传播损失因子为 $n=2$，在不考虑发射换能器阵增益的情况下，基于式(2-1)，可以得到对应于中近程与远程水声通信链路的接收端信噪比，分别如图 2-3(a)和(b)所示。

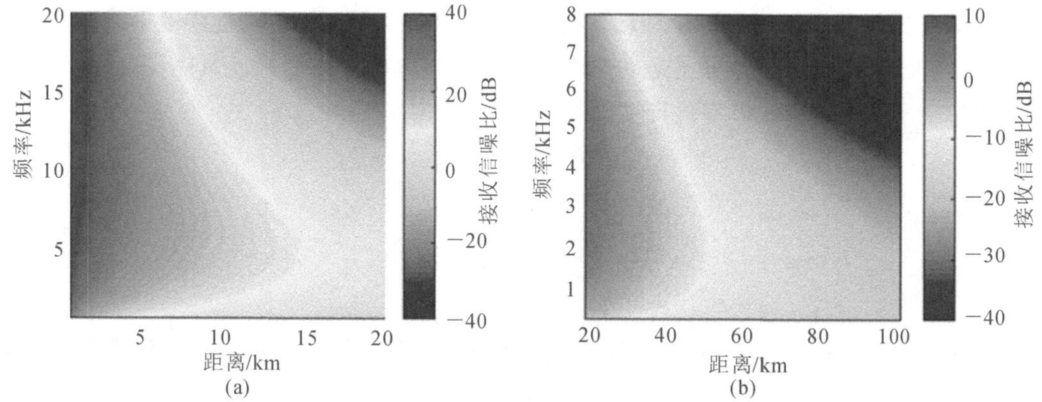

图 2-3　水声通信系统链路的接收端信噪比

(a)中近程；(b)远程

由图 2-3 可见：在中近程情况下，接收端信噪比较高，同时可以选择的频带相对较宽；而在远程情况下，在所有频率上接收信噪比均低于 10 dB，而且可以选择的系统频带相对较窄，这将对水声通信系统的性能造成很大的影响。因此，基于以上分析，对远程水声通信而言，系统调制方式通常选择抗噪性能好、可靠性高的 FSK 或扩频调制。另外，从图 2-3 中可以看出，水声通信系统存在一个最佳工作频率，使得接收端信噪比最高，通信系统性能最好。之所以如此，是因为在给定频带范围内，随着频率的增加，一方面水声信道的传播损失将随之增加，但另一方面水声信道环境噪声将随之降低，最佳工作频率正是由这两个因素综合作用产生的，如图 2-4 所示。

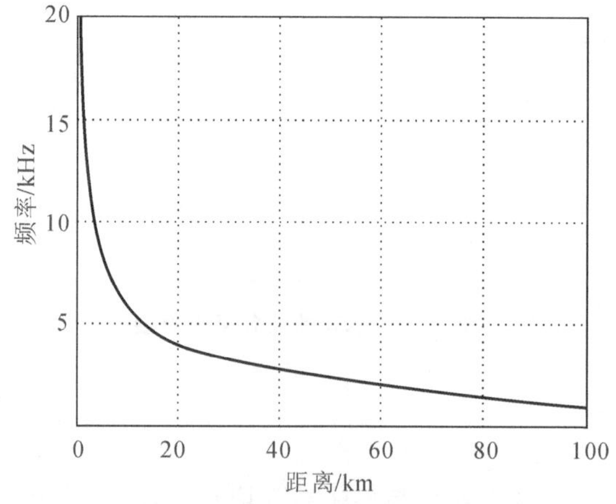

图 2-4　水声通信系统最佳工作频率

2.2　基于射线声学模型的水声信道仿真建模

水声信道对水声通信系统的影响主要体现在两方面：一方面是对信号的传播损失即能量衰减；另一方面是对信号的波形变换，其中多径扩展以及多普勒频移等确定性变换将导致接收波形畸变，而海面散射等随机性变换将导致信息损失。采用 2.1 节给出的链路预算方法只能对上述第一方面的水声信道能量特性进行简单分析，为此本节将进一步对水声信道波形变换效应进行仿真，以最终建模信道冲激响应。

研究声信号在信道中的传播有两种方法：波动声学方法和射线声学方法。其中，波动声学通过求解满足定解条件的波动方程解来获取声场信息，但当频率增高时，需要计算的阶数也随之成正比地增加。因此，对大量当前水声通信应用的工作频率而言，出于实际计算量的考虑，采用简正波方法的复杂度往往较大[4]。

相比而言，射线声学将声波的传播看作是一束无数条垂直于等相位面的声线的传播，具有更加直观的物理概念以及更低的计算复杂度。并且当频率增高时，射线声学理论模型的精确度也相应提高。基于以上原因，当前绝大多数水声通信系统的仿真设计是建立在射线声学理论基础上的[5]。本章的一项重要内容是应用射线声学理论，建立特别针对水声通信系统研究的水声信道仿真软件——HJRAY，并给出信道冲激响应模型。为此，在本节中将对相关的信道仿真建模算法进行介绍，随后在下节中将具体给出程序界面与应用实例。

2.2.1　声线轨迹解算

射线声学用以进行声线轨迹解算的方程是由波动方程在一定的近似条件下得到的。具体而言，波动方程如下[1]：

$$\nabla^2 p - \frac{1}{c^2}\frac{\partial^2 p}{\partial t^2} = 0 \tag{2-10}$$

式中：∇为梯度算符；p 与 c 分别为声压与声速，它们是位置(x,y,z)的函数。若波动方程有如下形式的解：

$$p(x,y,z,t) = A(x,y,z)\mathrm{e}^{\mathrm{j}[\omega t - k_0\varphi(x,y,z)]} \tag{2-11}$$

式中：A 为振幅；k_0 为波数；φ 为程函。则将式(2-11)带入式(2-10)，可得

$$\frac{\nabla^2 A}{A} - \left(\frac{\omega}{c_0}\right)^2 \nabla\varphi \cdot \nabla\varphi + \left(\frac{\omega}{c}\right)^2 - \mathrm{j}\,\frac{\omega}{c_0}\left(\frac{2\,\nabla A}{A}\cdot\nabla\varphi + \nabla^2\varphi\right) = 0 \tag{2-12}$$

要使式(2-12)成立，需使其实部等于零，即

$$\frac{\nabla^2 A}{A} - \left(\frac{\omega}{c_0}\right)^2 \nabla\varphi \cdot \nabla\varphi + \left(\frac{\omega}{c}\right)^2 = 0 \tag{2-13}$$

对于式(2-13)，若其满足高频近似条件

$$\frac{1}{k_0^2}\frac{\nabla^2 A}{A} \ll \left(\frac{c_0}{c}\right)^2 \tag{2-14}$$

则可以导出

$$(\nabla\varphi)^2=\left(\frac{c_0}{c}\right)^2=n^2(x,y,z) \tag{2-15}$$

式中：c_0 为起始声速。设 s 为计算声线，则式(2-15)也可写作

$$\frac{\mathrm{d}}{\mathrm{d}s}(\nabla\varphi)=\nabla n \tag{2-16}$$

式(2-15)与式(2-16)是射线声学理论的基本方程——程函方程的两种形式，由它们可以解算出具体的声线轨迹。例如，假定声线位于 xOz 平面内，且声速仅与坐标 z 有关，即 $c=c(z)$，由公式(2-16)有

$$\frac{\mathrm{d}}{\mathrm{d}s}\left(\frac{c_0}{c}\cos\theta\right)=0 \tag{2-17}$$

$$\frac{\mathrm{d}}{\mathrm{d}s}\left(\frac{c_0}{c}\sin\theta\right)=-\frac{c_0}{c^2}\frac{\mathrm{d}c}{\mathrm{d}z} \tag{2-18}$$

式中：θ 是声线与水平方向的夹角，单位为°。

根据式(2-17)可知，比值 $\cos\theta/c(z)$ 沿声线各处始终不变，即在起始值 $c=c_0$，$\theta=\theta_0$ 给定后，有

$$\frac{\cos\theta}{c(z)}=\frac{\cos\theta_0}{c_0} \tag{2-19}$$

式(2-19)即为 Snell 定理或折射定理，它是射线声学的基本定律。而另一方面，由式(2-18)可得

$$\frac{\mathrm{d}\theta}{\mathrm{d}s}=\frac{\cos\theta}{n}\frac{\mathrm{d}n}{\mathrm{d}z}=-\frac{\cos\theta}{c}\frac{\mathrm{d}c}{\mathrm{d}z} \tag{2-20}$$

此公式用以具体计算声线轨迹。

具体到本章的讨论，射线声学模型将使用二维声速，$c=c(x,z)$，即其同时是深度与距离的函数。假定声线位于 xOz 平面内，对于这种情况可以类似上述推导得到如下方程[6]：

$$\left.\begin{aligned}&\frac{\mathrm{d}\theta}{\mathrm{d}x}=\frac{\tan\theta}{c}\frac{\partial c}{\partial x}-\frac{1}{c}\frac{\partial c}{\partial z}\\&\frac{\mathrm{d}z}{\mathrm{d}x}=\tan\theta\\&\frac{\mathrm{d}t}{\mathrm{d}x}=\frac{1}{c}\frac{1}{\cos\theta}\end{aligned}\right\} \tag{2-21}$$

为计算方便起见，将上式略作调整，可得[7]

$$\left.\begin{aligned}&\frac{\mathrm{d}\cos\theta}{\mathrm{d}x}=\sin\theta\left(\frac{\sin\theta}{c\cos\theta}\frac{\partial c}{\partial x}-\frac{1}{c}\frac{\partial c}{\partial z}\right)\\&\frac{\mathrm{d}\sin\theta}{\mathrm{d}x}=\cos\theta\left(-\frac{\sin\theta}{c\cos\theta}\frac{\partial c}{\partial x}+\frac{1}{c}\frac{\partial c}{\partial z}\right)\\&\frac{\mathrm{d}z}{\mathrm{d}x}=\frac{\sin\theta}{\cos\theta}\\&\frac{\mathrm{d}t}{\mathrm{d}x}=\frac{1}{c}\frac{1}{\cos\theta}\end{aligned}\right\} \tag{2-22}$$

此处将采用式(2－21)与式(2－22)对声线轨迹进行解算。可以看到,相关微分方程组在一般声速场条件下不存在解析解,因此需采用适当的数值算法迭代求解,一种可行的方法是采用 4 阶 Runge－Kutta 方法[8]。

现在介绍的 HJRAY 软件采用三次样条内插算法拟合信道中任意距离深度位置处的声速值,同时采用线性内插算法解算任意距离位置处的海底深度,并将解算得到的声速与海底信息矩阵传递给声线轨迹解算模块,用以进一步解算各条声线的传播轨迹。HJRAY 声线轨迹解算的流程如图 2－5 所示。

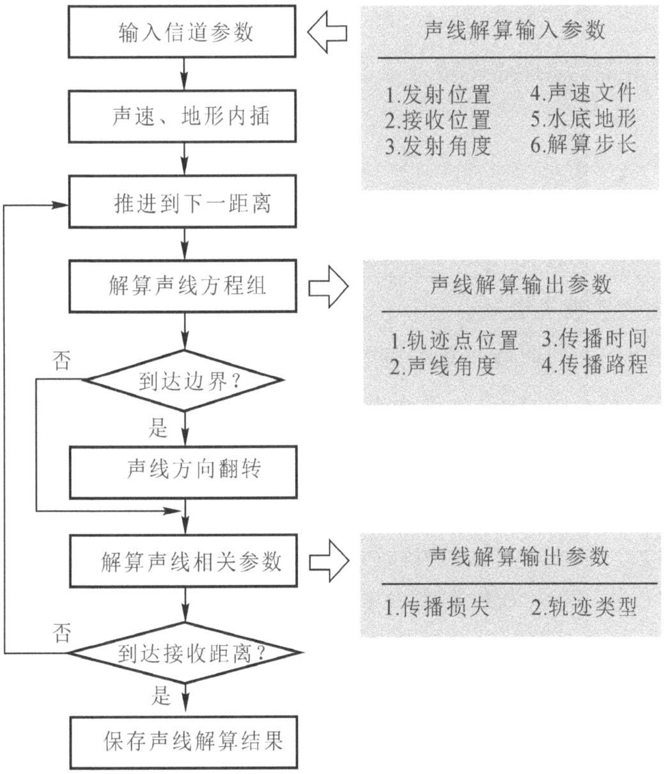

图 2－5　声线轨迹解算流程

2.2.2　本征声线搜索

2.2.1 小节给出了对单条普通声线的轨迹解算方法,在本小节中将给出到达水声信道某一特定位置点的所有声线的确定方法,即本征声线的搜索算法。

从数学角度看,搜索本征声线是一个求根的问题,但在一般声速场条件下此问题不存在解析解,因此通常通过数值计算方法如“打靶法”进行本征声线的搜索。简单地说,打靶法是以一个初始角度出射一条声线,考察该声线在接收点距离处的深度偏差,根据偏差修正声线出射角,重复这一过程,直至声线打中目标即接收位置点。该算法计算量相对较大,但是其通用性好,能够应用于各种声场条件下,为此,HJRAY 软件采用此算法进行本征声线解算。

此外，在适当简化条件下，搜索本征声线也存在一些快速算法，能够在一定程度上降低算法复杂度。但是，由于这些算法的使用通常对声场条件有一定的限制，为保证通用性，本书将不再对这些快速算法进行具体介绍。

本征声线解算对水声通信信道仿真研究具有重要意义，通过求解由通信系统发射端到接收端位置的本征声线轨迹与相关参数，可以确定出水声通信信道的多径结构，从而能够进一步仿真合成出信道冲激响应。随后的 2.2.5 小节将对此问题进行讨论。

2.2.3 声线传播损失解算

声线在其到达位置点的传播损失 TL 定义为

$$\mathrm{TL}=-10\lg L \tag{2-23}$$

式中：L 为损失因子，可分为 4 个组成部分，即

$$L=DSAR \tag{2-24}$$

式中：D 为发射端归一化指向性因子；S 为声线几何扩展损失因子；A 为吸收损失因子；R 为海面海底反射散射损失因子。

上述 4 个参数中，D 的取值与具体通信设备相关，A 参数可利用式(2-7)得到，而对于扩展损失 S 的解算，需要基于 2.2.1 小节中给出的声线轨迹解算获得。具体来讲，如图 2-6 所示，声线发射掠射角为 θ_1，在距离为 r 的解算位置点 Z 处的到达掠射角为 θ_2，在其两侧绘出垂直夹角为 $\Delta\theta$ 的一对辅助声线，它们到达解算位置点 Z 处的垂直间距为 Δh。假定在夹角 $\Delta\theta$ 内，发射声功率为 ΔP，根据射线声学的基本原理，声能量将不“泄漏”出由两辅助声线组成的声束。可以知道，在发射端参考单位距离处的声强为

$$I_1=\frac{\Delta P}{\Delta A_1} \tag{2-25}$$

式中：ΔA_1 是辅助声线在参考单位距离处所张的面积，有

$$\Delta A_1=2\pi\cos\theta_1\Delta\theta \tag{2-26}$$

在解算距离 r 处，同样

$$I_2=\frac{\Delta P}{\Delta A_2} \tag{2-27}$$

式中：ΔA_2 是辅助声线在解算距离 r 处所张的面积，有

$$\Delta A_2=2\pi r\Delta l=2\pi r\Delta h\cos\theta_2 \tag{2-28}$$

因此，声线在解算距离 r 处的扩展损失因子为

$$S=\frac{I_2}{I_1}=\frac{\Delta\theta}{r\Delta h}\ \frac{\cos\theta_1}{\cos\theta_2} \tag{2-29}$$

除声线的扩展与吸收损失之外，海底海面的反射散射也将使传播声线产生能量衰减。其中，海底反射损失因子 R_b 可以采用以下 Rayleigh 公式计算[1]：

$$R_b=\left(\frac{m\cos\theta_i-\sqrt{n^2-\sin^2\theta_i}}{m\cos\theta_i+\sqrt{n^2-\sin^2\theta_i}}\right)^2 \tag{2-30}$$

式中：θ_i 为入射角；$m=\rho_b/\rho_w$，$n=c_w/c_b$，ρ_b 与 ρ_w 分别是海底沉积层与海水介质的密度，c_b 与 c_w 分别是海底沉积层与海水介质中的声速。

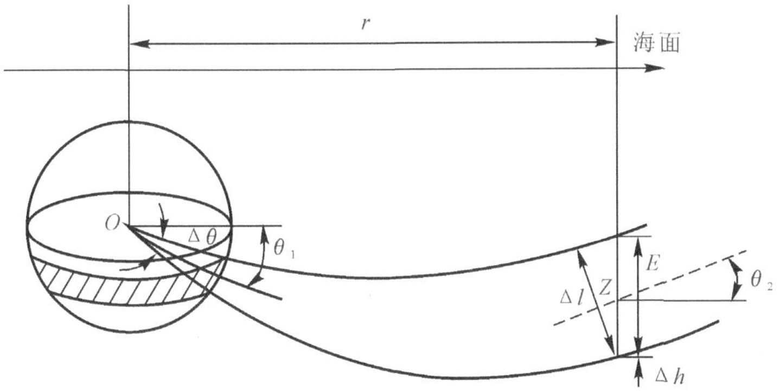

图 2-6　声线扩展传播损失计算示意图

另外，海面散射损失 Γ_s 可采用以下经验模型解算[9]：

$$\Gamma_s=-10\lg R_s=\begin{cases}-10\lg(1-0.57g), & g<1.4\\ 7, & g\geqslant 1.4\end{cases} \tag{2-31}$$

$$g=\frac{8\pi\sigma f\sin\theta}{3} \tag{2-32}$$

式中：R_s 为海面散射损失因子；g 为海面粗糙度参数；σ 为表面波高的均方根；f 为声信号频率，kHz；θ 为掠射角。

2.2.4　平均传播损失声场解算

根据传统射线声学理论，计算声场中某点的非相干损失因子，可通过对经过该点的所有声线的损失因子非相干求和实现。但是上述基于本征声线的算法计算量很大，其数值解也将受到本征声线搜索算法稳定性的限制，同时此方法常会因声线轨迹交会而导致一些奇异点的产生。具体来说，导致奇异点产生的声线轨迹交会包含两种：其一是由反射或绕射造成的翻转声线交会，如图 2-7(a)所示，声线 2,3 在 r_0 距离位置由于声线 3 的反射出现交会；其二是由声线轨迹数值解因素造成非翻转声线交会，如图 2-7(b)所示，声线 2,3 在 r_0 距离位置出现交会。为解决此问题，本书介绍一种基于声线理论计算非相干传播损失平均声场的快速数值算法——声线分组法。该方法不需要解算本征声线以及额外的微分方程，同时通过特殊设计的数值算法避免了因声线轨迹交会而导致的奇异点。具体来说，声线分组法是通过对发射声线分组，并对各组声线束损失因子在距离深度平面分格内的加权平均进行非相干求和计算平均声场矩阵。

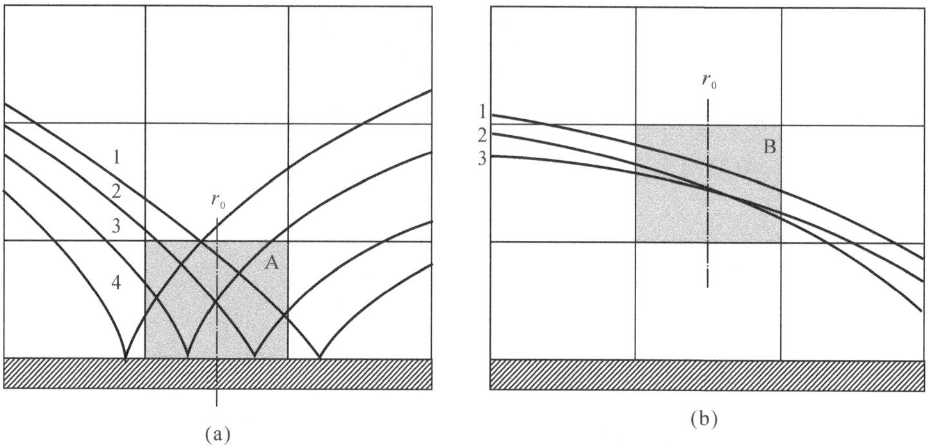

图 2-7　声线交会产生原理

(a)翻转声线交会;(b)非翻转声线交会

2.2.4.1　总体解算步骤

声线分组法求解非相干平均传播损失声场可分为以下 5 个步骤:

第一步,以间距 G_x,G_z 将距离-深度平面划分成网格,并在选定角度范围内以小间距 $d\theta$ 由声源发射一定数量声线。

第二步,解算所有声线在当前网格列 n 中轴距离 $r=(n-\frac{1}{2})G_x$ 处的到达深度,并根据声线当前的轨迹类型进行划分,将具备以下两个条件的声线作为一组:

1)发射角度相邻连续;

2)在到达当前解算距离前经历了相同的轨迹翻转。

第三步,在声线组内由相邻两声线构成声线束,依次解算各声线束在当前网格(m,n)中的损失因子。若有多个声线束穿过同一网格,则采用加权平均计算网格平均损失因子,即

$$\overline{L_i(m,n)}=\sum_k w_k\overline{L_k} \tag{2-33}$$

式中:$\overline{L_i(m,n)}$表示声线组 i 在网格(m,n)内的平均损失因子;$\overline{L_k}$ 为当前声线组中声线束 k 在网格内的平均损失因子;w_k 为该声线束对应的损失因子加权值。

第四步,对所有声线组在网格(m,n)中的损失因子求和,计算总传播损失 $\overline{L(m,n)}$,即

$$\overline{L(m,n)}=\sum_i\overline{L_i(m,n)} \tag{2-34}$$

第五步,推进解算到下一解算距离,即 $n+1$ 网格列。

重复第二至第五步的解算过程直到终止距离处结束,解算总体流程如图 2-8(a)所示。平均声场解算结果将由一个二维矩阵给出,其元素(m,n)表示对应声场网格内的平均传播损失,而声场中任意位置点的传播损失可由毗邻二维矩阵元素双线性内插求得。

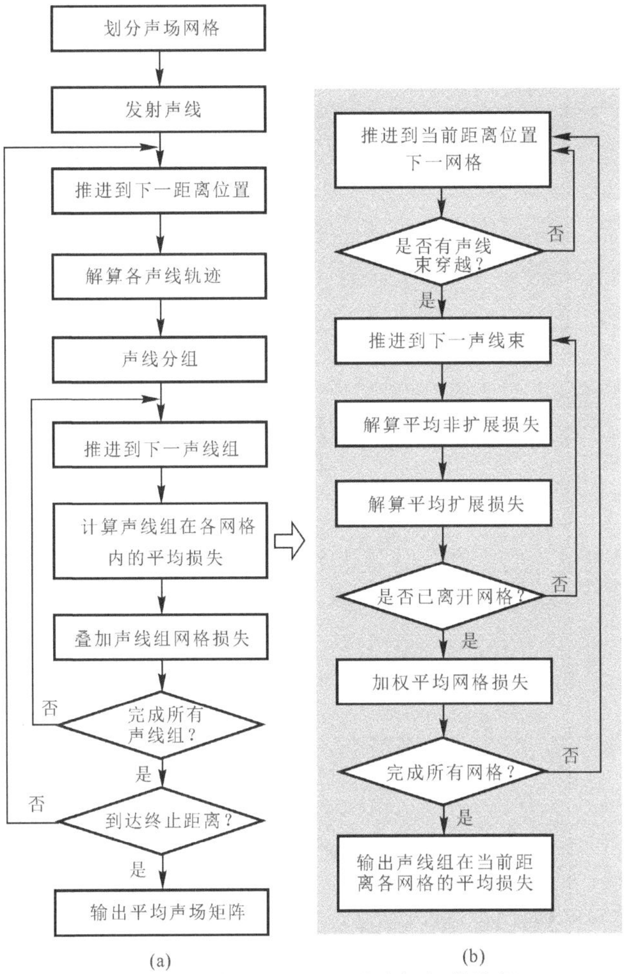

图 2－8　声线分组法平均声场解算流程

(a)声线分组法解算主流程；(b)声线组网络平均损失解算流程

2.2.4.2　声线组网格内平均损失因子计算

上述介绍了声线分组法声场解算的总体步骤，此处具体对第三步即声线组 i 在网格 (m,n) 内平均损失因子 $\overline{L_i(m,n)}$ 的计算方法进行展开，它分为以下三个方面。

(1)声线束平均非扩展损失。这里将式(2－24)中的 D,A,R 统称为非扩展损失因子，由于组成声线束的两条边界声线在网格中的非扩展损失互不相同，因此采用线性插值计算声线束 k 在网格中心位置处的平均非扩展损失因子 $\overline{DAR_k}$。

(2)声线束平均扩展损失。由于在扩展损失计算式(2－29)中，声线束在网格中不同距离处有不同的 Δh，因此取平均间距 $\overline{\Delta h}$ 为声线束在网格左右边界距离处垂直间距的平均值，进一步近似为在网格中心距离处的垂直间距，即

$$\overline{\Delta h}=\frac{1}{2}[(\Delta h)_1+(\Delta h)_r]\approx(\Delta h)_m \tag{2-35}$$

式中：$(\Delta h)_1$，$(\Delta h)_r$ 与 $(\Delta h)_m$ 分别表示为声线束边界声线在网格左侧、右侧以及中心距离

处的垂直间距，如图 2-9 中所示声线束 1。因此根据式(2-29)，声线束 k 的平均扩展损失计算公式为

$$\overline{S_k}=\frac{\Delta\theta}{(n-\frac{1}{2})G_x\overline{\Delta h}}\frac{\cos\theta_1}{\cos\theta_2} \tag{2-36}$$

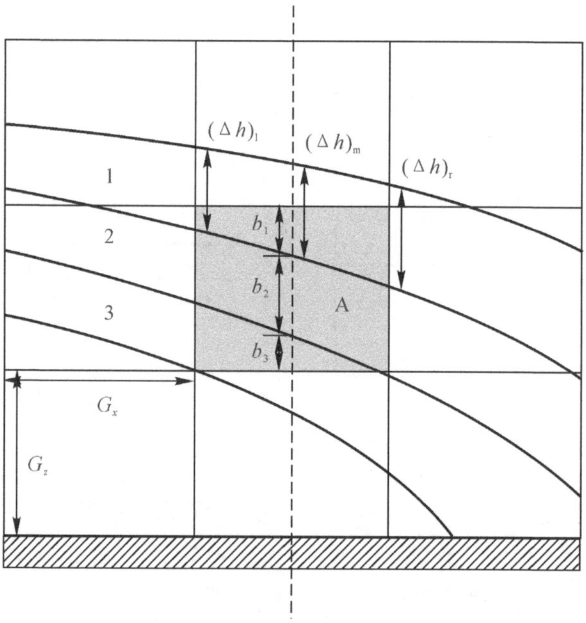

图 2-9 网格内声线束损失因子加权平均示意图

(3)网格内各声线束损失因子加权平均。当声线组内存在多个声线束穿过网格时，采用以下的加权因子 w_k 计算网格的平均损失因子

$$w_k=\frac{b_k}{b} \tag{2-37}$$

式中：b_k 表示穿过网格的声线束 k 在网格内中轴上的截段长度；b 为穿过网格的所有声线束的中轴截段长度之和，即 $b=\sum_k b_k$。如图 2-9 所示，声线束 1,2,3 在网格 A 内中轴上的截段长度分别为 b_1,b_2,b_3，总截段长度和 $b=G_z$。

至此，将式(2-24)、式(2-36)、式(2-37)带入式(2-33)，可以得到声线组 i 在网格 (m,n) 内平均损失因子 $\overline{L_i(m,n)}$ 的计算式，即

$$\overline{L_i(m,n)}=\sum_k\frac{b_k}{b}\left\{\left[\frac{\Delta\theta}{(n-\frac{1}{2})G_x\overline{\Delta h_k}}\frac{\cos\theta_1}{\cos\theta_2}\right]\cdot\overline{DAR_k}\right\} \tag{2-38}$$

计算网格内平均损失因子的具体流程如图 2-8(b)所示。需要注意的是，在上述声线组网格损失计算中并未涉及本征声线求解。

2.2.4.3 消除人为奇异点

声线分组法传播损失声场解算可以在一定程度上避免在传播损失声场解算结果中人为

引入的奇异点，具体来说有以下几方面。

(1)通过划分声场网格，求解各声线束在网格内的平均损失，省去了大计算量的本征声线求解，并因而也避免了由本征声线求解所带来的数值稳定性问题。

(2)通过声线分组，并限定在声线组内进行声线束扩展损失解算，我们避免了因翻转声线交会造成的奇异点。例如在图 2-7(a)中，距离 r_0 位置处，四条声线将被分为两组，网格 A 的总损失因子将由包含声线 1,2 与包含声线 3,4 的两个声线组在网格内的损失因子求和得到，从而避免了因计算由声线 2,3 组成声线束的扩展损失而导致在网格 A 出现奇异点。

(3)进一步通过网格内损失因子的加权平均，能够避免因某种数值解因素导致的在声线组内出现的非翻转声线交会，例如在图 2-7 (b)中，此时声线 2,3 的交会虽不能通过声线分组避免，但是由于其式(2-37)对应的加权值为 0，因此也不会导致在网格 B 出现奇异点。

在 2.3.3 小节中，将给出一个具体的声线分组法计算非相干平均声场的实例，并将其解算结果与另一种有限元声场求解方法[10]进行比较。

2.2.5　水声信道建模仿真

2.2.5.1　时不变水声信道

根据射线声学的观点，信号自声源发出，沿各不同路径的声线到达接收点，总的接收信号是通过接收点的所有声线传输信号的干涉叠加。简单起见，首先假设各路径在一定的通信持续期间内具有足够稳定性，此时水声信道可近似为静态时不变信道，其对应冲激响应为延迟 τ 的一维函数，即

$$c(\tau)=\sum_{p=1}^{P}\alpha_p \mathrm{e}^{\mathrm{j}\varphi_p}\delta(\tau-\tau_p) \tag{2-39}$$

式中：$\delta(\cdot)$为 Dirac 冲激函数；p 为信道中的路径个数；α_p，φ_p，τ_p 分别为第 p 条路径的幅度、相位与延迟，相关路径参量可由前述本征声线解算获得。进而将其与发射信号卷积得到水声信道响应输出信号，有

$$r(t)=\int_{-\infty}^{\infty}c(\tau)s(t-\tau)\mathrm{d}\tau \tag{2-40}$$

代入式(2-39)，有

$$r(t)=\sum_{p=1}^{P}\alpha_p \mathrm{e}^{\mathrm{j}\varphi_p}s(\tau-\tau_p) \tag{2-41}$$

式中：$s(t)$，$r(t)$分别为发射信号与经水声信道传输后的接收信号。

2.2.5.2　时变水声信道

不同于前面介绍的时不变信道情况，在实际环境中的水声信道事实上难以始终保持为静态。这里的主要原因在于声波在海水中的传播速度较低(仅约为 1 500 $\mathrm{m\cdot s^{-1}}$)，因而水声通信收发端的相对运动、海面波浪以及海水介质内的湍流等非稳因素都可能造成严重的多普勒效应。为此，水声信道在实际中通常被建模为时变信道，其冲激响应需表征为时间与延迟的二维函数，即 $c(\tau,t)$，对应在接收端的信道响应输出信号为

$$r(t)=\int_{-\infty}^{\infty}c(\tau,t)s(t-\tau)\mathrm{d}\tau \tag{2-42}$$

类似于式(2－39),同样可采用路径参量化方法对时变水声信道的冲激响应进行描述,其一般性表达式为

$$c(\tau,t)=\sum_{p=1}^{P}\alpha_p(t)\mathrm{e}^{\mathrm{j}\varphi_p(t)}\delta\left[\tau-\tau_p(t)\right] \tag{2-43}$$

即与时不变信道不同,此时各路径的幅度、相位与延迟都为时间函数。因此可以看出,此模型较为复杂,不利于实现接收端信道估计与均衡处理。从可行性角度考虑,实际水声通信系统对水声信道中的多普勒效应通常进行不同程度的简化,下面将具体给出一些常用的时变水声信道简化模型。

(1)统一多普勒频偏模型。作为一种最简情况,此模型假设水声信道中各路径存在统一且恒定的多普勒效应,且该效应可由简单的多普勒频移描述,则有

$$c(\tau,t)=\sum_{p=1}^{P}\alpha_p\mathrm{e}^{\mathrm{j}2\pi f_{\mathrm{d}}t}\delta(\tau-\tau_p) \tag{2-44}$$

由此可以看到,此处各路径的幅度$\{\alpha_p\}$与延迟$\{\tau_p\}$均保持时不变,而路径相位表示为$\varphi_p(t)=2\pi f_{\mathrm{d}}t$,其中,$f_{\mathrm{d}}$为多普勒频移。统一多普勒频偏模型通常可应用于中远程水平信道水声通信,其收发端距离深度比远大于1,使各有效路径的发射与到达角度集中在较小区间内,从而具有相类似的多普勒效应;同时,中远程水声通信工作带宽较窄,带宽内的多普勒效应可由单一频偏简单近似。

(2)统一时变相位模型。统一时变相位模型仍基于信道路径统一多普勒假设,但不再将多普勒效应近似为单频,而是采用时变相位畸变进行模拟,其对应的信道模型为

$$c(\tau,t)=\sum_{p=1}^{P}\alpha_p\mathrm{e}^{\mathrm{j}\theta(t)}\delta(\tau-\tau_p) \tag{2-45}$$

式中:$\varphi_p(t)=\theta(t)$表示各路径统一的时变相位畸变。容易知道,此模型相比于式(2－44)中的统一多普勒频偏模型将具有更好的多普勒表征能力,例如其可支持在通信持续期内多普勒随时间而出现的变化(不再假设为恒定),但其同时也意味着接收端需采用更为复杂的多普勒补偿方法。

(3)统一多普勒因子模型。以上两个信道模型事实上仅适用于窄带通信系统,然而水声通信由于中心频率较低,通常是宽带系统。对于宽带信号的多普勒效应,若仍采用简单的单一频偏进行描述,则可能造成较严重的模型失配,这是因为宽带信号不同频率成分所对应的多普勒频率偏移可能存在明显区别。此时,一种更为精确的描述方法是采用多普勒压扩因子,对应式(2－44)中的信道模型可改写为

$$c(\tau,t)=\sum_{p=1}^{P}\alpha_p\mathrm{e}^{\mathrm{j}\varphi_p}\delta\left[\tau-(\tau_p+at)\right] \tag{2-46}$$

此模型即为统一多普勒因子模型,其中,a为各路径统一的多普勒因子。

(4)多重多普勒因子与路径延迟模型。若进一步去除式(2－46)中的统一多普勒假设,即不同信道路径历经不同轨迹,并因而具有不可忽略的多普勒因子差异,则对应的信道模型为

$$c(\tau,t)=\sum_{p=1}^{P}\alpha_p\mathrm{e}^{\mathrm{j}\varphi_p}\delta\left[\tau-(\tau_p+a_pt)\right] \tag{2-47}$$

即多尺度多延迟(MSML)模型,其中,a_p 为第 p 条路径的多普勒因子。HJRAY 软件中即采用式(2-47)仿真水声信道,其对应的信道响应仿真解算的流程如图 2-10 所示。

需要最后说明的是,以上式(2-39)给出的时不变水声信道模型以及式(2-44)~式(2-47)给出的时变水声信道模型均仅针对于物理信道,且没有考虑广义信道的带限作用。事实上,在对通信系统进行理论分析时,普遍直接对包含发射与接收滤波器在内的广义信道进行统一处理。此时,受物理信道与通信系统收发端的带限作用,上述信道模型中的 Dirac 冲激函数需由带限复合滤波器响应代替。另外,由于实际水声信道环境的差异极大,很多情况下信道可能具有富散射(Rich Scattering)特性,即信道中包含大量传输路径,此时上述路径参量化信道模型的稀疏表示将较为低效。为方便起见,本书将在后续章节理论分析更多采用广义信道的等效基带离散模型,从第 3 章开始述及这一问题。

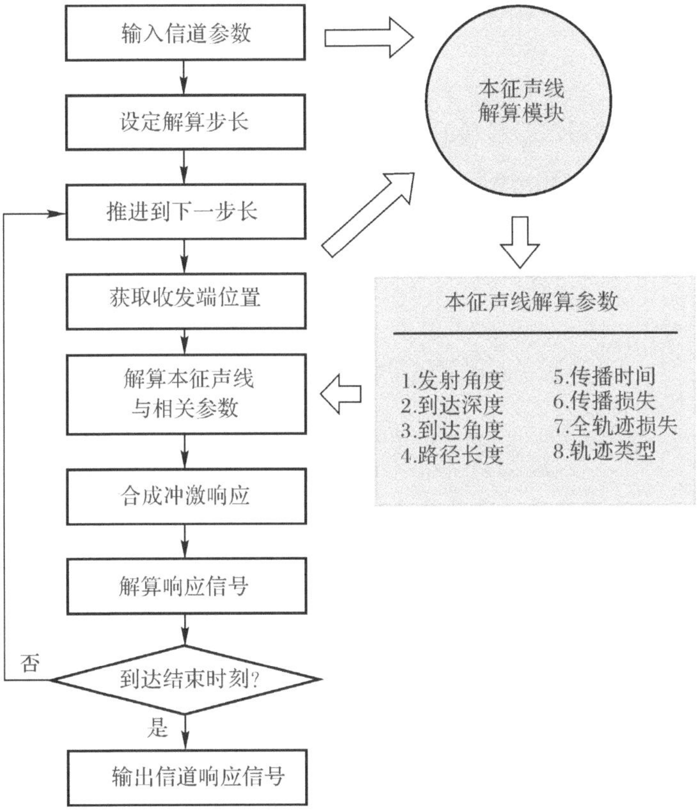

图 2-10　水声通信信道响应解算流程

2.2.5.3　水声信道的衰落特性

大量研究与测量表明,水声通信信道是一种典型的双扩展通信信道,即其同时具有多径时间扩展与多普勒频率扩展特性。此节将根据式(2-43)所表征的水声信道冲激响应模型讨论水声信道的衰落特性及其对水声通信系统的影响。

(1)水声信道具有多径效应,即由发射端位置发射的声信号将经过多条传输路径到达通信接收端。这些路径在浅海区主要由界面(海面、海底等)边界反射形成,而在深海区主要由不同出射掠角的声线在传播过程中发生弯曲造成。各传播路径的历经轨迹可由射线声学的本征声线解算获得,各路径的传输时延互不相同,因此导致信道响应接收信号的时间扩展,其程度通常由最大多径相对时延差参数 $\tau_{\max}$ 进行表征。以式(2-43)描述的水声信道冲激响应为例,有

$$\tau_{\max}=\max_{1\leqslant p\leqslant P}\{\tau_p\}-\min_{1\leqslant p\leqslant P}\{\tau_p\} \tag{2-48}$$

(2)水声信道具有时变特性,即由发射端位置发射的声信号在到达通信接收端时将受到多普勒效应畸变,这是由发射机与接收机之间的相对运动或水声信道中的介质不稳定引起的。由于水声通信一般采用宽带信号,其不同频率成分对应不同的多普勒频移;同时,由于水声信道各传播路径的历经轨迹不同,其产生的多普勒因子也互不相同,这些因素将导致信道响应接收信号的频率扩展,通常由最大多普勒扩展参数 $\Delta f_{\max}$ 进行表征,有

$$\Delta f_{\max}=\frac{v_{\max}}{c}\cdot f_{\mathrm{h}} \tag{2-49}$$

式中:$v_{\max}$ 为沿不同路径通信收发端的最大相对径向运动速度,$\mathrm{m\cdot s^{-1}}$;c 为声波的传播速度,$\mathrm{m\cdot s^{-1}}$;f_{h} 为传输信号频带的上限频率,Hz。

信道多径效应在时域内的时间扩展对应于频域内的频率选择性衰落。为便于理解,假设一个简单的时不变信道,路径数为 $p=2$,且各路径幅度、相位分别为 $\alpha_1=\alpha_2=1$、$\varphi_1=\varphi_2=0$,则此信道的传递函数为

$$H(\omega)=\mathrm{e}^{\mathrm{j}\omega\tau_1}(1+\mathrm{e}^{\mathrm{j}\omega\tau_{\max}}) \tag{2-50}$$

上述传递函数的幅频特性为

$$|H(\omega)|=|1+\mathrm{e}^{\mathrm{j}\omega\tau_{\max}}|=2\left|\cos\frac{\omega\tau_{\max}}{2}\right| \tag{2-51}$$

由此可见,多径效应使得水声信道对不同频率有不同的衰减,即造成频率选择性衰落。两个响应零点所对应的频率间距称为多径信道的相干带宽,它与最大多径相对时延差的关系为

$$B_{\mathrm{coh}}\approx\frac{1}{\tau_{\max}} \tag{2-52}$$

式中:B_{coh} 为相干带宽。

信道时变效应在频域内的多普勒扩展对应于时域内的时间选择性衰落。而对于时间选择性衰落,通常采用相干时间进行描述,它与最大多普勒扩展的关系为

$$T_{\mathrm{coh}}\approx\frac{1}{\Delta f_{\max}} \tag{2-53}$$

式中:T_{coh} 为相干时间。可以知道,相干时间是信道时变快慢的一个测度——相干时间越长,信道变化越慢;反之,信道变化越快。因此,从衰落角度来看,多普勒扩展引起的衰落与时间有关,故称之为时间选择性衰落。

正是基于以上原因,双扩展信道通常又被称为双选择性衰落信道,水声信道通常具有严重的双选择性衰落。一般而言,对于浅海水声信道,其多径时间扩展在几毫秒至数百毫秒的

量级，其多普勒扩展在 1～100 Hz 的量级。一方面，水声信道的多径效应将造成严重的码间干扰。为保证可靠传输，不引起明显的频率选择性衰落，可采用以下两种方法：其一，使得通信信号的频带小于多径信道相干带宽 B_{coh}，但此方法将极大地限制通信系统的传输速率；其二，使用如信道均衡等接收算法对多径信道频率响应进行补偿，此方法可以突破相干带宽对通信速率的限制，但将增加系统处理的复杂度。另一方面，水声信道的时变效应将造成严重的时间衰落。为保证可靠的通信传输，需要对信道多普勒进行补偿。对于双扩展水声信道，定义信道扩展因子为时间扩展与频率扩展之乘积，若信道是过扩展的（Overspread），即信道扩展因子接近 1 或超过 1，则此时水声通信系统通常只能采用非相干调制，而不能使用相干调制。

综上所述，水声信道特性对水声通信系统设计具有重要的影响，HJRAY 软件的目的就在于模拟水声信道的双扩展特性，为评估水声通信系统性能建立平台，下节将对 HJRAY 软件的功能与应用实例进行介绍。

2.3　水声信道仿真软件 HJRAY

基于 2.2 节的水声信道模型与解算方法，本节将具体给出 HJRAY 软件的程序实现与应用实例。

2.3.1　程序功能说明

水声信道仿真是水声通信研究的一个重要辅助手段。由于水声信道的复杂性，它对水声通信系统的设计与性能分析起着至关重要的影响。因此，当前领域内研究者常常借助水声信道仿真对通信系统进行原理性检验，以提高后期实际实验的成功率。至今为止，人们已经设计出多种水下声信道的仿真方法，但是当前绝大多数水声通信系统的仿真设计是建立在射线理论基础上的[5]。

Ocean Acoustics Library[11] 集中给出了当前各种声传播模型解算软件，包括 BELLHOP，Ray 等，但是由于这些软件多运行在 DOS 环境下，其操作比较困难，需要借助于复杂的命令行参数，并且由于只输出解算结果参数而不具备图形显示功能，需要借助于 MATLAB 等外部程序进行绘图。一些研究者进一步给出了应用于水声通信的信道仿真，这些软件基于 MATLAB 或 C 程序实现，具备一定的图形输出能力，但功能相对简单。

为此，本书介绍了海洋信道仿真软件 HJRAY，其程序操作界面如图 2－11 所示。对比其他现有的海洋信道仿真软件，HJRAY 软件具有以下优势。首先，丰富的仿真模型，允许用户使用内置的理论经验模型或真实的现场环境测试数据，包括声速剖面、海底地形、海底反射损失等。其次，集成多种功能，除解算声线、声场的基本功能外，还具有解算移动平台信道时变冲激响应及接收信号的能力，更方便应用于水声通信研究。再次，采用 Visual C＋＋与 MFC 类库多线程编程实现，具有标准的 Windows 窗口程序界面风格以及完整的图形可视化功能。

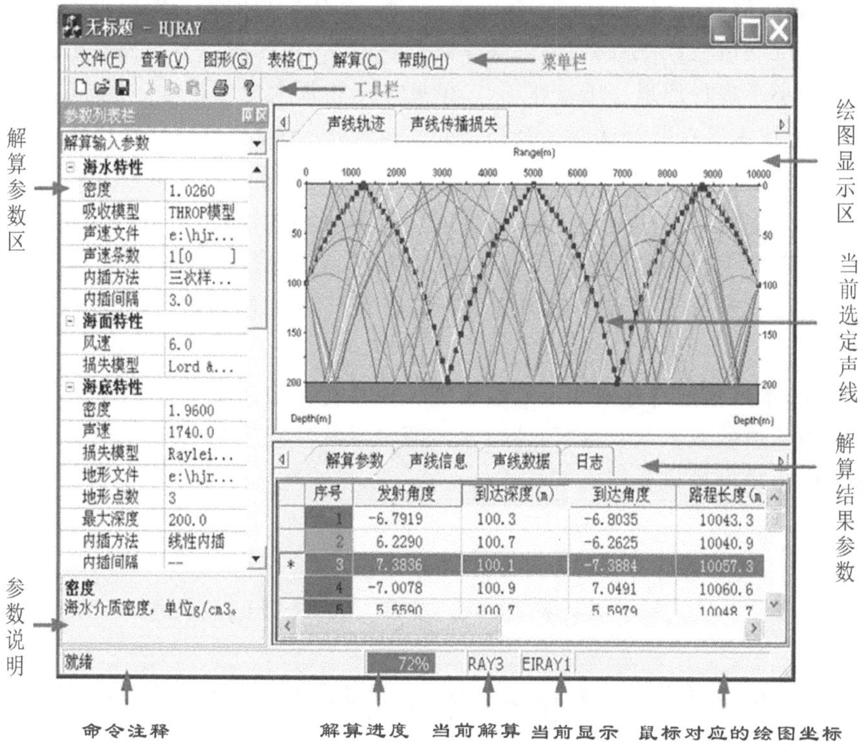

图 2-11 HJRAY 仿真程序操作界面

现在首先给出 HJRAY 的模块结构以及操作界面的简单说明；然后给出 HJRAY 各模块功能的应用实例；最后，以一个具体的直接序列扩频通信系统为例，显示 HJRAY 仿真海洋水声信道对信号的变换作用以及对通信系统性能的影响。

2.3.2 程序模块结构

HJRAY 软件本质上是一个海洋声传播信道时变冲激响应函数的估计器。它由三个核心模块组成：海洋环境仿真模块、声线轨迹解算模块以及信号响应合成模块。海洋环境仿真模块用以实现对海洋环境各种物理特性包括海底、海面以及声速剖面等进行模拟；声线轨迹解算模块用以实现对声线轨迹的解算以及本征声线的搜索；信号响应解算模块用以合成信道时变冲激响应与信道响应输出信号。具体来讲，HJRAY 包含以下主要解算功能：

1)普通声线与本征声线轨迹解算；

2)声线全轨迹传播损失解算；

3)传播损失声场解算；

4)信道时变冲激响应及信道输出信号解算。

HJRAY 软件的模块结构如图 2-12 所示。其中，海洋环境仿真模块主要完成声速剖面内插拟合、海底地形的内插拟合、海水介质的吸收损失解算、海面海底反射散射损失解算等功能。具体来说，HJRAY 采用三次样条内插算法拟合信道中任意距离深度位置处的声速值，采用线性内插算法解算任意距离位置处的海底深度，并将解算得到的声速与海底信息矩阵传递给声线轨迹解算模块，用以进一步解算各条声线的传播轨迹。水声信道的吸收损失由式(2-7)给出，在整个仿真过程中，吸收系数保持不变。海底海面反射散射损失解算分别由式(2-30)与式(2-31)计算。除了提供上述各种内置的海洋环境仿真的理论模型或经验模型，HJRAY 还允许用户直接输入现场实验的实测数据模型以提高仿真真实度。

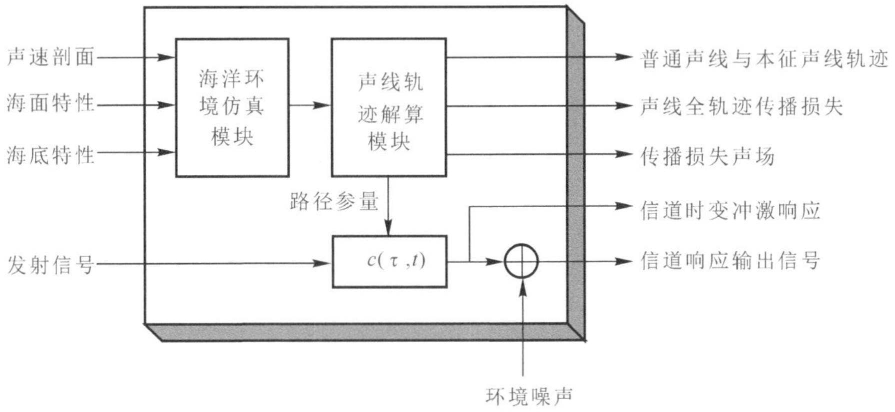

图 2-12　HJRAY 信道仿真软件的模块结构

声线轨迹解算模块用以解算由式(2-21)与式(2-22)给出的射线声线方程，搜索连接通信发射接收端的本征声线，并获取各条声线到达角度、传播时延等参数。在此基础上，信号响应合成模块可以进一步获得信道时变冲激响应以及通信接收端的信道输出信号，具体计算由式(2-42)与式(2-43)给出。另外，HJRAY 在计算各声线的轨迹与能量衰减的基础上，可进一步获得整个水声信道的非相干传播损失声场，具体计算由式(2-38)与式(2-34)给出。

2.3.3　程序应用实例

2.3.3.1　仿真参数设置

为演示 HJRAY 软件功能，下面分别采用浅海近程与深海远程两种水声信道仿真参数配置，见表 2-1。

表 2-1　HJRAY 水声信道仿真参数设置

参　数	浅海近程水声信道	深海远程水声信道
发/收端布深	30 m/120 m	1 000 m/1 000 m
发/收端距离	10 km	100 km
接收端运动	静止；水平 0.2 $\mathrm{m \cdot s^{-1}}$	静止
海况	3 级	3 级
声速剖面	实测声速	Munk 声速
海底特性	深度 200 m，泥沙	深度 5 000 m，泥沙

在表 2-1 中，第一种配置为近岸浅海水声信道，采用实测声速剖面并经过 HJRAY 软

件三次样条内插后，如图 2－13(a)所示。第二种配置为深海 SOFAR 水声信道，其声速剖面基于一个 Munk 模型生成[1]，有

$$v(z)=v_0\{1+\varepsilon[e^{-\eta}-(1-\eta)]\} \tag{2-54}$$

$$\eta=\frac{2(z-1\ 300)}{1\ 300} \tag{2-55}$$

式中：$v_0=1\ 500\ \mathrm{m\cdot s^{-1}}$，$\varepsilon=7.37\times10^{-2}$。HJRAY 软件给出对应的声速剖面如图 2－13(b)所示。

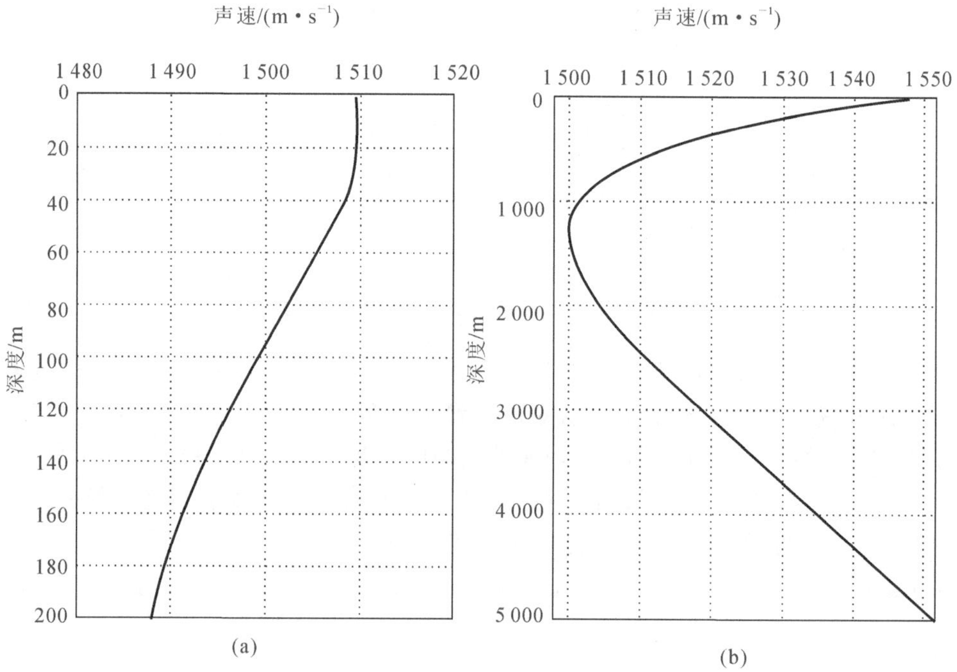

图 2－13 HJRAY 仿真水声信道声速剖面

(a)近岸浅海；(b)深海

2.3.3.2 普通声线与本征声线轨迹解算

一方面，为了更好地演示水声信道声速对声线传播的影响，这里采用深海远程水声信道仿真配置。图 2－14 为相应的普通声线轨迹解算绘图结果，表 2－2 给出了其中发射仰角分别为－10°，0°，10°三条典型声线的参数解算结果。由图 2－14 可见，首先，在水声信道声轴以上区域，声速呈负梯度，声线向下弯曲；而在水声信道声轴以下区域，声速呈正梯度，声线向上弯曲；可见，声线总是弯向声速小的方向。其次，偏离声轴较远的声线路程最长，但最先到达；沿着声轴传播的声线路程最短，但最后到达。沿着声道轴传播的声线最密集，携带的能量最大。以上这些特征与射线声学理论分析相吻合[1]，从而部分程度上验证了 HJRAY 软件的正确性。

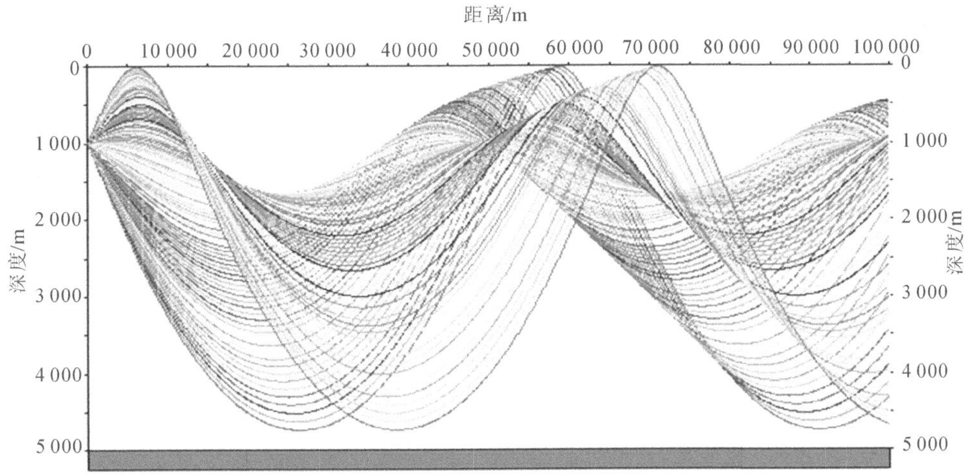

图 2-14　HJRAY 深海远程水声信道声线轨迹

表 2-2　HJRAY 深海远程水声信道声线参数解算结果

序　号	发射角度/(°)	到达深度/m	到达角度/(°)	路程长度/m	传播时间/s	传播损失/dB
1	−10.000 0	106 5.1	10.123 1	100 746.7	66.577 52	109.4
2	0.000 0	104 7.8	−1.381 2	100 045.4	66.664 47	99.1
3	10.000 0	2 993.5	5.108 8	100 696.1	66.509 91	108.4

另一方面，采用浅海近程水声信道仿真配置对 HJRAY 软件本征声线解算功能进行演示。其中几条主要的本征声线，其声线轨迹与对应的参数解算结果如图 2-15 和表 2-3 所示。由图 2-15 和表 2-3 可见，发射端与接收端之间不存在直达多径，各条本征声线在行进过程中都经过若干次海面、海底反射，水声信道有效的多径时延扩展约为 40 ms，这将对水声通信系统造成重要影响。

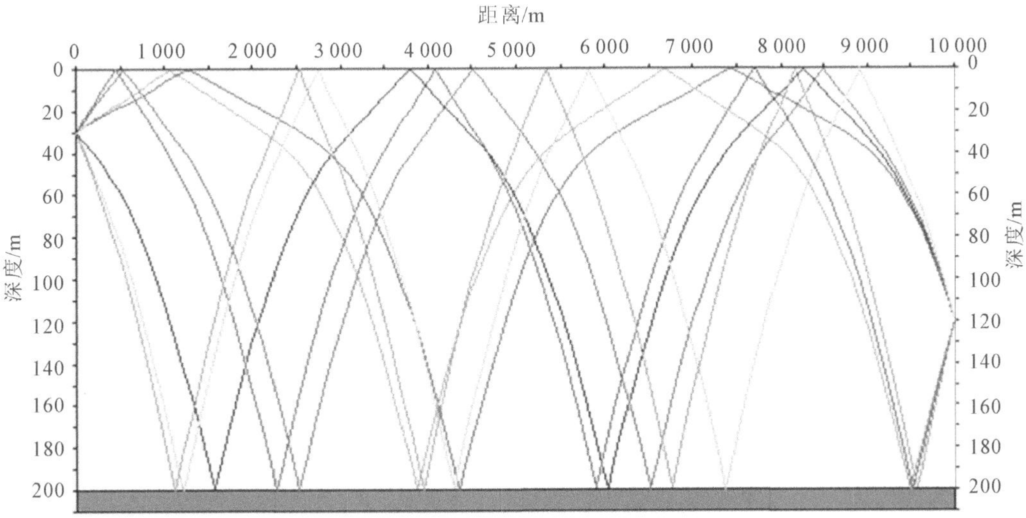

图 2-15　HJRAY 浅海近程水声信道声线轨迹

表 2-3　HJRAY 浅海近程水声信道声线参数解算结果

序　号	发射角度/(°)	到达深度/m	到达角度/(°)	路程长度/m	传播时间/s	传播损失/dB
1	1.483 1	120.2	−7.529 6	10 025.3	6.656 59	91.0
2	1.719 2	120.5	7.593 7	10 038.0	6.672 75	90.5
3	−2.594 2	120.4	−7.834 1	10 049.0	6.683 63	90.0
4	3.223 3	120.3	−8.058 0	10 053.4	6.685 76	94.6
5	3.816 9	120.0	8.299 4	10 088.5	6.716 77	104.9
6	−5.068 4	119.9	−8.936 7	10 088.5	6.716 77	104.9
7	−5.871 1	119.9	9.414 3	10 109.6	6.735 88	106.6

2.3.3.3　传播损失声场解算

采用深海远程水声信道仿真配置进行 HJRAY 软件传播损失声场解算，计算方法采用本章中给出的声线分组法（见 2.2.4 小节）。为验证算法正确性，将其解算结果与有限元方法（由 BELLHOP 程序实现[11]）进行比较。为简单起见，在此将限制发射声线角度区间，以避免引入海面海底反射损失计算，对应声线轨迹解算结果如图 2-16 所示。图 2-16 和图 2-17 分别给出了 HJRAY 与 BELLHOP 的传播损失声场解算结果。

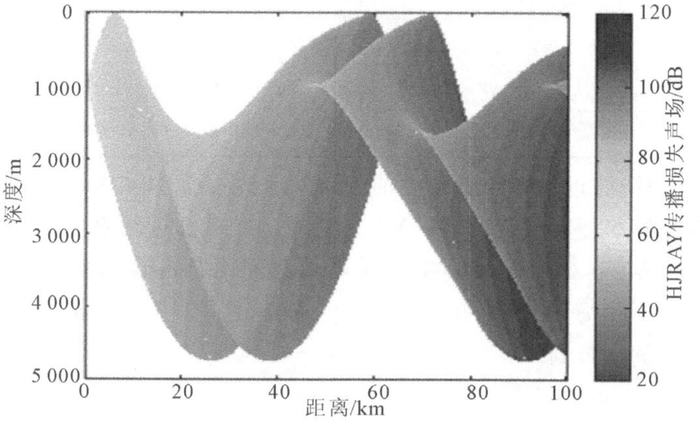

图 2-16　HJRAY 深海远程水声信道传播损失声场解算结果

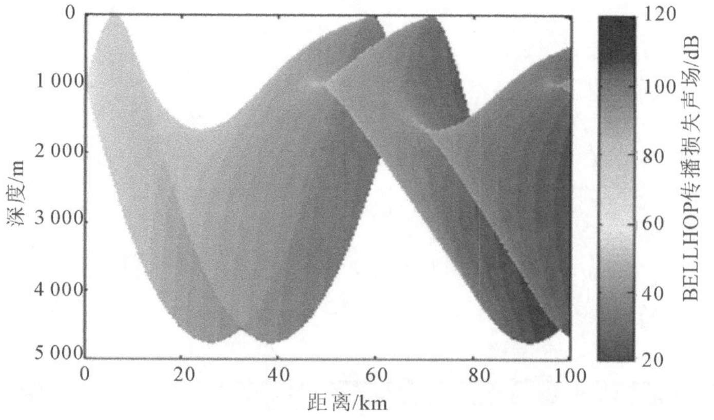

图 2-17　BELLHOP 深海远程水声信道传播损失声场解算结果

由图 2-16 和图 2-17 可知，两种方法的非相干传播损失声场解算结果具有很好的一致性，通过实际数值计算求出两声场的平均差异仅为 0.4 dB，两解算声场的差异主要集中在焦散线附近。为进行更清晰的定量比较，取出两声场在 1 000 m 深度的切片，如图 2-18 所示，从中也可以看到除过两个焦散区域外，在整个解算距离范围内两条传播损失曲线近乎重合；在大约 48 km 的第一个焦散区域处，BELLHOP 计算的传播损失为 10.12 dB，其中扩展损失仅为 3.86 dB，近似为一个奇异点，而 HJRAY 在对应点的计算结果为 53.67 dB，在一定程度上减轻了由声线交会所导致的传播损失减小的程度。此外在计算耗时方面，声线分组法因为不需要额外解算微分方程等原因，实际测试表明可以缩短解算用时约 30% 以上。

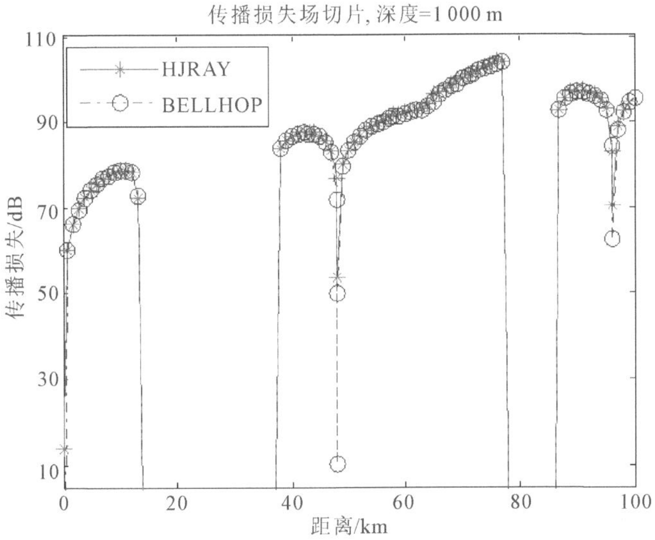

图 2-18　非相干平均传播损失声场解算结果比较

2.3.3.4　信道冲激响应及信道输出信号解算

在图 2-15 与图 2-16 给出的浅海近程水声信道本征声线解算的基础上，下面进一步给出 HJRAY 的信道时变冲激响应解算功能及其对一个示例水声通信系统的影响。此处通信系统采用直接序列扩频方案，其参数设置见表 2-4。假定水声通信发射接收端存在 $0.2\ \mathrm{m \cdot s^{-1}}$ 的相对运动，则通过 HJRAY 得到的水声信道时变冲激响应与接收端信道响应信号(取前 5 ms)解算结果如图 2-19 所示。

表 2-4　扩频水声通信系统仿真参数设置

参　数	数　值
中心频率	5 kHz
码片速率	2 kHz
数据传输率	$31.7\ \mathrm{b \cdot s^{-1}}$
扩频处理增益	63

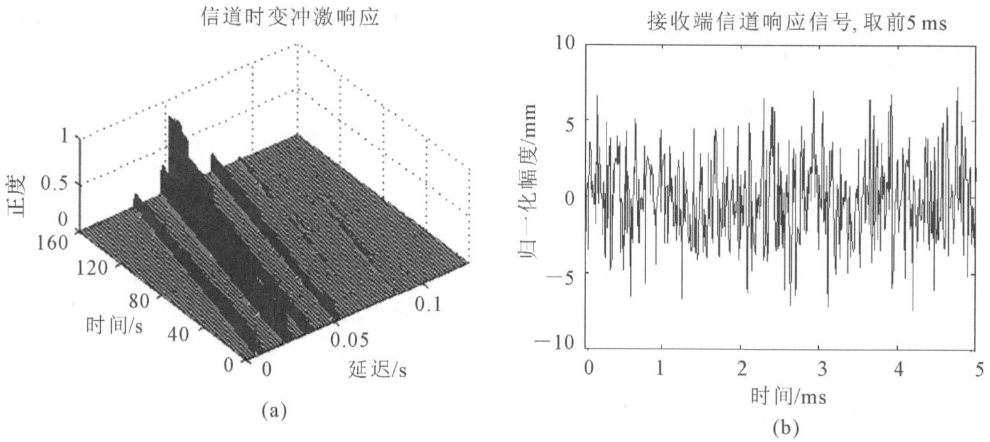

图 2-19　HJRAY 水声信道冲激响应与接收端信道响应信号解算结果

(a)信道时变冲激响应；(b)接收端响应信号

进一步对接收信号进行解调分析，假定发射声源级为 188 dB，图 2-20(a)(b)分别给出了接收端静止或 0.2 m·s^{-1} 相对运动时直接序列扩频水声通信系统的解调散点图，图 2-20(c)给出了两种情况下的误码率性能曲线。由图中可以看出：一方面当接收端静止，发射声源级在 182 dB 时，直接序列扩频系统仍能够实现可靠解调，这证明了扩频系统在低信噪比下具有良好的性能；另一方面当接收端以一定速度运动时，星座图相对发散，解调性能有所下降，这说明扩频相干解调对于多普勒频移比较敏感，要求进一步改进系统同步跟踪以及多普勒补偿算法，具体方法将在第 4 章中介绍。

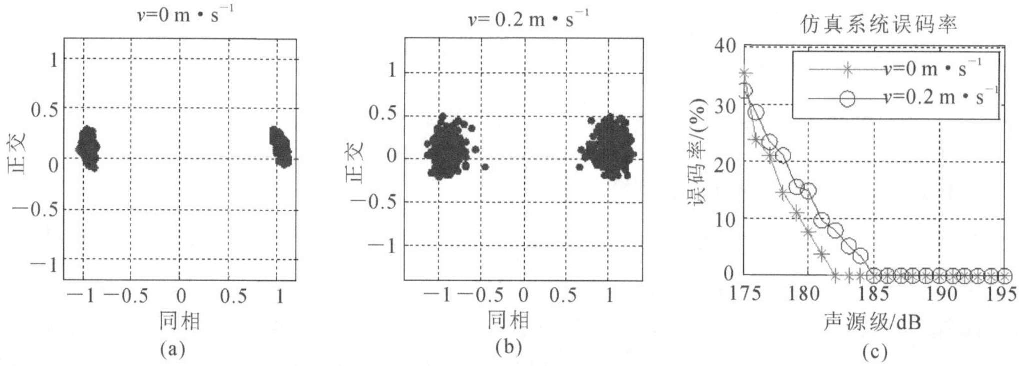

图 2-20　直接序列扩频水声通信系统仿真解调结果

(a)接收端静止；(b)接收端 0.2 m·s^{-1} 相对运动；(c)误码率性能曲线

2.4　基于实验测量的水声信道建模仿真

上述 2.2 节与 2.3 节先后介绍基于射线声学的水声信道仿真，这类仿真方法具有概念清晰、运行方便的特点，但是也存在以下两个主要局限：首先，模型解算需要输入大量的试验区水文资料，如声速梯度与水底地形等，对这些参数的详细测量是非常烦琐的；其次，受到模型精度等因素的影响，通常情况下很难保证仿真结果与实际实验结果间的相似性。

为解决这些问题，需要对实验多径时变信道进行实际测量，而不是完全的数值仿真。在此方面，Tsimenidis 等人较早通过具体测量获得信道多径结构，并采用自回归方法仿真最大能量路径的时变幅值，给出了一种水声双扩展信道的仿真方法[12]。本节在此基础上进一步对信道全部有效多径的时变幅度以及多普勒时间压扩因素进行测量仿真，并以一个实际直接序列扩频水声通信系统为例对仿真与实验结果进行比较。

2.4.1　实验信道测量

基于实验测量的水声信道仿真采用的信道模型与传统基于射线声学理论水声信道仿真所采用的信道模型基本一致，同为式(2-43)，不同的是，在此处模型中各参数不再通过对水声环境各物理过程的理论模型或经验模型进行解算得到，而是直接对实验水声信道进行测量获得。

通常水声通信信道测量基于宽带信号如线性调频信号的自相关脉冲压缩原理进行。线性调频信号的波形表示为

$$s(t)=\cos(2\pi f_0 t+\pi\beta t^2+\varphi_0) \tag{2-56}$$

式中：f_0 与 φ_0 分别为起始频率与初始相位。信号瞬时频率是时间的线性函数，有

$$f(t)=f_0+\beta t \tag{2-57}$$

式(2-57)中 β 为扫频系数。设信号扫频带宽为 B，线性调频时宽为 T，则有

$$\beta=\frac{B}{T} \tag{2-58}$$

线性调频信号的自相关函数为

$$R(\tau)=\frac{\sqrt{BT}}{BT}\sin\left[\pi BT\left(1-\frac{|\tau|}{T}\right)\right]\cos(2\pi f_0\tau) \tag{2-59}$$

从式(2-59)可以看出，当时宽带宽积 BT 取值越大，则线性调频自相关函数的包络越接近为一个冲激函数，这就是所谓脉冲压缩。因此，通过发射一组适当时宽带宽积设置的线性调频脉冲并在接收端使用匹配滤波器检测，即可对应获得实验水声信道冲激响应模型中时变参数的一组时域采样值。

2.4.2　实验信道建模仿真

水声信道时变因素包含两方面，即时变幅值与时变延迟。对于水声信道各路径的时变幅值，可以在实际信道测量的基础上通过自回归(Auto-Regressive)模型对其进行建模[12-13]。

一方面，自回归模型将高斯白噪声通过全极点滤波器以仿真水声信道各路径时变幅度。p 阶自回归模型的功率谱结构为[14]

$$P(\mathrm{e}^{\mathrm{j}\omega})=\frac{\sigma^2}{\left|1+\sum_{k=1}^{p}a_k\mathrm{e}^{-\mathrm{j}\omega k}\right|^2} \tag{2-60}$$

式中：$P(\mathrm{e}^{\mathrm{j}\omega})$为功率谱；$\sigma^2$ 为输入白噪声方差；$a_1,a_2,\cdots,a_p$ 为模型参数。对于自回归模型参数的解算需要借助 Yuler-Walker 方程，其形式为

$$r(m)=\begin{cases}-\sum_{k=1}^{p}a_k r(m-k), & m\geqslant 1\\ -\sum_{k=1}^{p}a_k r(k)+\sigma^2, & m=0\end{cases} \tag{2-61}$$

式中：r 为路径时变幅值序列自相关函数，可由信道检测估计得到，即

$$\hat{r}(k)=\frac{1}{N}\sum_{n=0}^{N-1-n}\alpha(n+k)\alpha^*(n),\ k=0,\cdots,p \tag{2-62}$$

另一方面，由发射接收端相对运动引起的水声信道各路径的时变延迟，可对其多普勒时间压扩效应进行建模，方法为

$$y_i(t)=s[(1+\Delta_i)t] \tag{2-63}$$

式中：$s(t)$为发射信号；$y_i(t)$为第 i 条路径的多普勒压扩信号；Δ_i 为对应的多普勒因子，可以通过信道测量得到，有

$$\hat{\Delta}_i=\frac{T_0}{T_i}-1 \tag{2-64}$$

式中：T_0 为信道测量信号的发射周期；T_i 为在接收端检测到的第 i 条路径的时延间距。

通过上述基于信道测量与建模的方法，即可对水声通信时变多径信道进行仿真。现在就将以一个具体的直接序列扩频水声通信系统为例，检验并比较其在仿真信道与实验信道下的解调性能。

2.4.3 仿真实例

2006 年 1 月，进行了水声通信湖上实验，实验区域水深 40～100 m，无明显的温跃层，声速呈现微弱负梯度，收/发水听器布放深度约为 3 m，采用单阵元接收，通信距离 2 km。实验信道测量使用线性调频信号的扫频带宽为 4 kHz，时宽为 200 ms。

实验信道测量结果如图 2-21 所示。信道典型的多径结构如图 2-21(a)所示，其中主要包含两条多径，根据分析对应于直达路径与海面反射路径，由于收发端布放位置较浅，因此两条多径到达时间间隔很近，多径延迟在 1 ms 以内。图 2-21(b)给出了整个观测期间信道的时变多径结构，从中可见各路径位置随着时间逐渐前移，对应多普勒因子基本保持稳定，为 3.75×10^{-4}。图 2-22 给出了测量得到的两条路径的时变幅度，受到信道时变因素影响，信道各路径的幅度随时间变化，其结果显示直达路径在整个观测期间内相比海面反射路径具有更大的能量。

图 2-23 给出了采用 AR 模型对信道路径时变的仿真结果。图 2-23(a)(b)给出了两个实测路径的多普勒频率扩展功率谱，其中，直达路径频率扩展较小，在 0.1 Hz 以内；相比而言，海面反射路径受到海面波动的影响，具有更大的频率扩展，约为 0.4 Hz。图 2-23(c)(d)给出了两个路径的自回归模型仿真多普勒频率扩展功率谱，其模型阶数为 50，可以看出仿真功率谱与实测功率谱具有较好的一致性。

在实际实验中，扩频水声通信信号紧随信道检测信号发射，假设在此期间信道统计特性大致保持稳定，在前面对实测信道仿真的基础上，进一步对扩频水声通信系统性能进行仿真，并将仿真结果与实验结果进行比较。

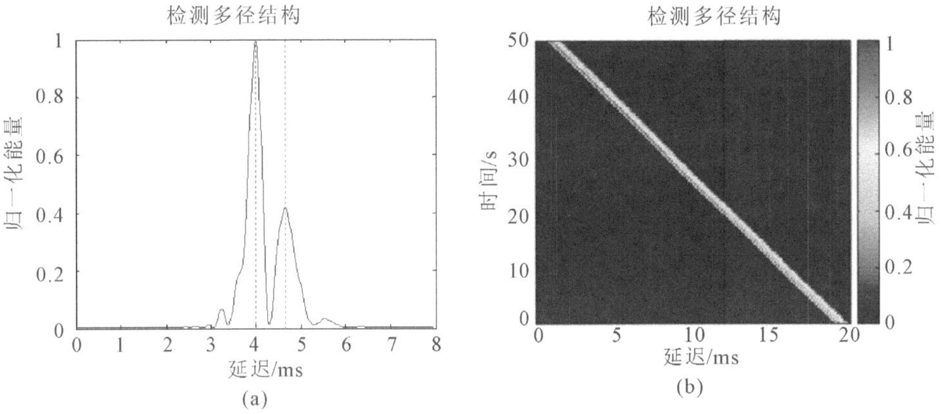

图 2-21　实验水声信道结构测量结果

(a)信道典型的路径结构;(b)观测期间信道的时变路径结构

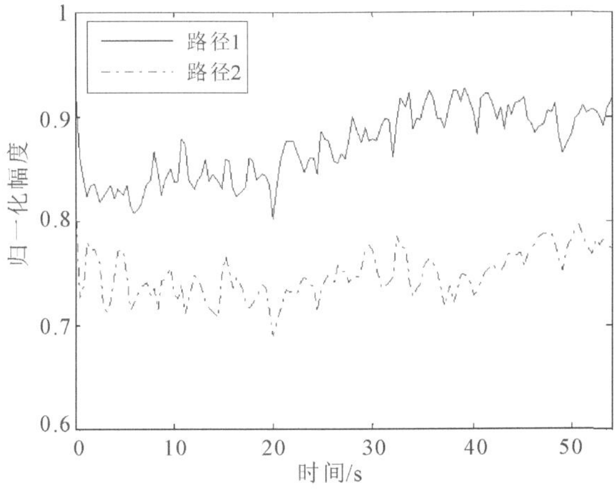

图 2-22　实验水声信道各路径时变幅值

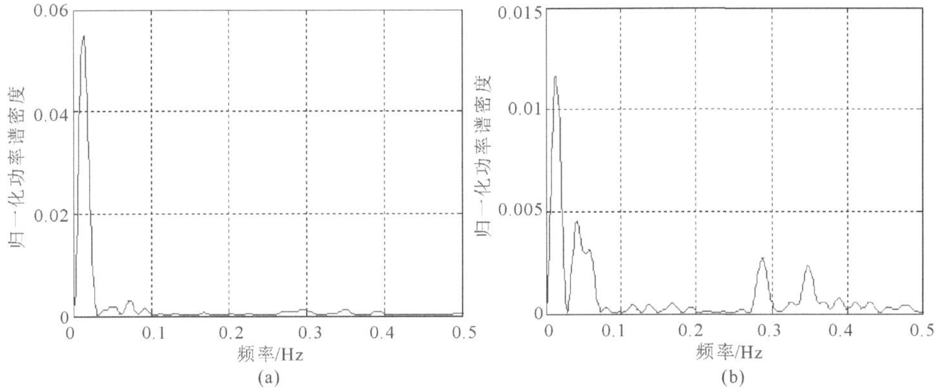

图 2-23　实验水声信道各路径功率谱

(a)多普勒功率谱-实测路径 1;(b)多普勒功率谱-实测路径 2;

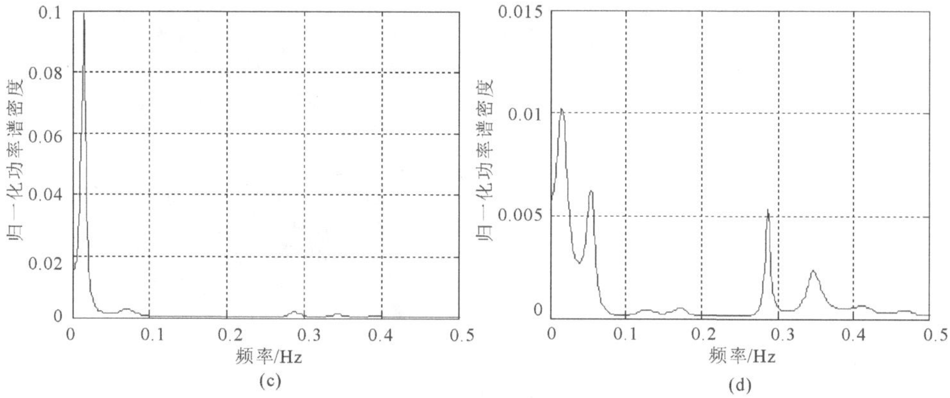

续图 2-23　实验水声信道各路径功率谱

(c)多普勒功率谱-仿真路径 1;(d)多普勒功率谱-仿真路径 2

图 2-24(a)给出了实验系统与仿真系统的解调载波相位。由图 2-24(a)可知,其中仿真系统根据测量得到的信道时变特性,采用恒定的多普勒因子,其载波相位近似为时间的线性函数;实验系统受到信道中随机因素的影响,其载波相位存在一定程度的抖动。通过比较计算,两系统的载波相位差在约 4π 内,仿真系统较好地对实验系统时变进行了拟合。图 2-24(b)给出了扩频因子为 31,63 时实验系统与对应仿真系统的解调输出信噪比。受到实验环境中机械动力噪声的影响,测量得到系统接收端的信噪比约为 −5 dB。由图 2-24(b)可见,采用静态仿真信道,由于未考虑对多普勒时间压扩效应,所以其输出信噪比高于实际实验结果约 3～4 dB;相比而言,采用此处给出的时变仿真信道,系统解调结果能够更好地拟合实验系统的解调性能,相对于实际实验结果,输出信噪比结果平均偏差仅约为 0.45 dB。

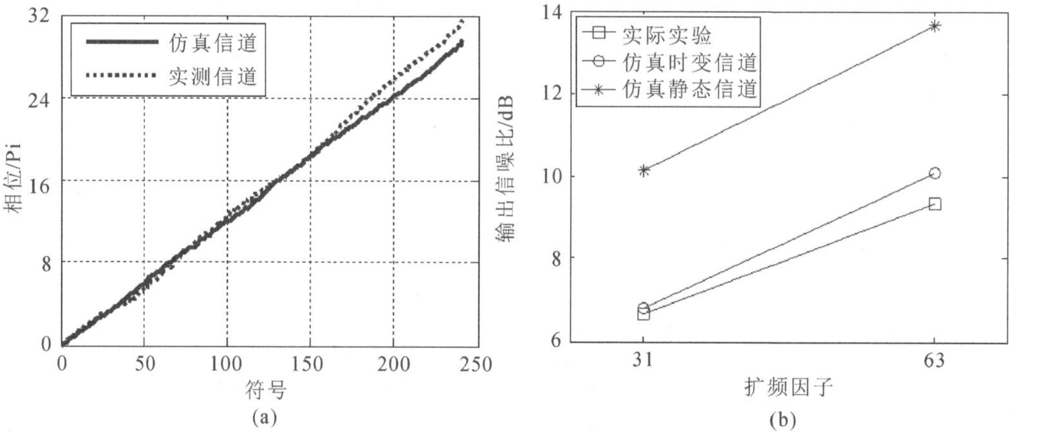

图 2-24　实验扩频水声通信系统解调性能

(a)解调载波相位;(b)解调输出信噪比

参考文献

[1] 刘伯胜,雷家煜. 水声学原理[M]. 哈尔滨:哈尔滨船舶工程学院出版社,1993.

[2] URICK R. Principles of underwater sound[M]. 3rd ed. New York:McGraw-Hall,1983.

[3] WENZ G M. Acoustic ambient noise in the ocean:spectra and sources[J]. Journalof the Acoustical Society of America,1962,34(12):1936 - 1956.

[4] ETTER P C. Underwater acoustic modeling and simulation[M]. London: Spon Press,2003.

[5] KILFOYLE D B,BAGGEROER A B. The state of the art in underwater acoustic telemetry[J]. IEEE Journal of Oceanic Engineering,2000,25(1):4 - 27.

[6] BOWLIN J B,SPIESBERGER J L,DUDA T F,et al. Ocean acoustical ray-tracing software RAY[R]. WHOI - 93 - 10,Woods Hole:Woods Hole Oceanographic Institution,1992.

[7] DUSHAW B D,COLOSI J A. Ray tracing for ocean acoustic tomography[M]. Technical Memorandum APL - UW TM 3 - 98,Seattle:Applied Physics Laboratory,University of Washington,1998.

[8] BURDEN R L,FAIRES J D. Numerical analysis[M]. 9th ed. New York:Cengage Learning,2011.

[9] LORD G E,PLEMONS T D. Characterization and simulation of underwater acoustic Signals Reflected from the Sea Surface[J]. Journal of the Acoustical Society of America,1978,63(2):378 - 385.

[10] PORTER M B,LIU Y C. Finite-element ray tracing[J]. Proc of the International Conference on Theoretical and Computational Acoustics,1994,947 - 956.

[11] PORTER M B. Ocean Acoustics Library. http://oalib. hlsresearch. com/.

[12] TSIMENIDIS C C,SHARIF B S,HINTON O R,et al. Analysis and modelling of experimental doubly-spread shallow-water acoustic channels[J]. Proc. IEEE Oceans Conference,2005,2:854 - 858.

[13] BADDOUR K E,BEAULIEU N C. Autoregressive modeling for fading channel simulation[J]. IEEE Transaction on Wireless Communications,2005,4(4):1650 - 1662.

[14] 胡广书. 数字信号处理:理论、算法与实现[M]. 北京:清华大学出版社,1997.

第3章 单载波时域均衡

单载波调制是指仅基于单个载波进行信息传输的调制方式，此命名更多是为与近年来出现的OFDM等多载波调制方式相对应，但其在水声通信中的使用更早一些，可追溯至20世纪90年代初期，为此本书将遵循技术发展历程首先对单载波水声通信进行介绍。就目的而言，单载波调制在水声通信中的应用主要是解决早期FSK调制所存在的低带宽利用率问题。考虑到水声通信系统的可用带宽极为有限，FSK调制仅能实现低数据率通信链路，因而在需要较高速率传输的水下应用场合不再适用，为此人们转而寻求单载波调制这一具有更高带宽利用率的技术解决方案。

然而，单载波调制在数据率性能上的优势是以通信可靠性与接收处理复杂度为代价的。具体而言，相比于FSK调制的非相干能量检测，典型的单载波调制如PSK、QAM等需实现相干相位检测，在具有严重多径与多普勒效应的水声信道环境下，后者的难度将远超于前者。甚至于在20世纪80年代相当长的时间内，研究者通常认为水声通信中采用相干相位检测不可行。在此方面的突破性进展来源于Stojanovic等学者提出的联合相位同步时域均衡技术，其首次在单载波系统中有效地同时实现了水声信道的抗多径与多普勒衰落处理，这在水声通信技术发展史上具有重要意义。本章将对该项技术展开针对性介绍。

具体而言，本章将首先给出单载波调制的基本原理与信号模型，并说明水下信道各因素对其性能的影响；其次，本章将在对信道均衡器结构与自适应算法介绍的基础上，具体给出联合相位同步时域均衡处理的理论算法与仿真结果；最后，本章还将进一步给出该算法在空域多通道系统中的推广。

3.1 单载波调制原理

3.1.1 信号模型

单载波调制系统在发射端首先将待发射位序列分组，并将各组以某一星座结构D映射为一个发射符号[1]。具体而言，以2^Q阶调制为例，其采用的调制星座D中包含2^Q个符号点位，故每次需将Q个连续信息位分组映射为一个发射符号。一些典型的星座结构如图3-1所示。容易知道，当Q值增加时，单一发射符号将携带更多信息，通信系统因而将获得更高的带宽利用率；但与此同时，Q 值的增大也将使星座图中各符号点位间距变小，导致通信系统的可靠性下降。换句话说，单载波调制阶数的选取需在数据率与误码率性能之间进行合理折中。以当前水声通信系统为例，其尽管迫切需要提高带宽利用率以缓解信道带宽有限所造成的数据率瓶颈，考虑到水声信道严重的双选择性衰落，当前实际系统实现仍普遍选取 $2^Q \leqslant 16$ 的低阶调制，以确保可用的通信误码率[2-3]。

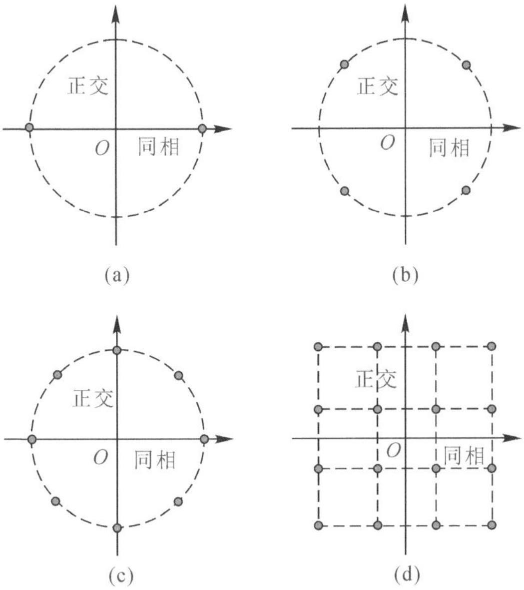

图 3-1　典型调制星座结构图

(a)BPSK；(b)QPSK；(c)8PSK；(d)16QAM

在符号映射基础上，单载波调制生成的基带发射信号为

$$s(t)=\sum_i d_i p_{\mathrm{T}}(t-iT_{\mathrm{s}}) \tag{3-1}$$

式中：d_i 为发射符号；$p_{\mathrm{T}}(t)$ 表示通信系统的发射端滤波器响应；T_{s} 表示各符号的时间宽度。此信号随后上变频搬移到载频带，并以实部发射到信道中。假设物理信道的冲激响应为 $c_{\mathrm{PHY}}(t)$，且通信系统的接收端滤波器响应为 $p_{\mathrm{R}}(t)$，则对应基带接收信号可表示为

$$r(t)=\sum_i d_i c(t-iT_{\mathrm{s}})+\xi(t) \tag{3-2}$$

此处，$c(t)=p_{\mathrm{T}}(t)*c_{\mathrm{PHY}}(t)*p_{\mathrm{R}}(t)$，其中，$*$ 表示卷积，即 $c(t)$ 为联合发射接收端滤波器的广义信道冲激响应，$\xi(t)$ 为加性噪声。

将此基带接收信号在 $t=kT_{\mathrm{s}}, k=0,1,2,\cdots$ 时刻采样，可有

$$r_k=\sum_i d_i c_{k-i}+\xi_k \tag{3-3}$$

式中使用了离散时域信号的下标简写形式，即 $r_k=r(kT_{\mathrm{s}})$、$\xi_k=\xi(kT_{\mathrm{s}})$ 以及 $c_{k-i}=c(kT_{\mathrm{s}}-iT_{\mathrm{s}})$。相比于第 2 章中对物理信道的数值模拟，此处考虑的是广义信道，因此不再寻求基于物理信道路径参数 $\{(\alpha_p,\varphi_p,\tau_p)\mid p=1,2,\cdots,P\}$ 进行底层建模，而是直接以最终的基带离散冲激响应参数 $\{c_l\}$ 表征信道。由式(3-3)可知，在理想情况下，若

$$c_l=c(lT)=\begin{cases}1, & l=0\\0, & l\neq 0\end{cases} \tag{3-4}$$

则有

$$r_k=d_k+\xi_k \tag{3-5}$$

即单载波调制通信系统中仅存在噪声干扰，而不存在码间干扰。此时，如果所有噪声采样$\{\xi_k\}$为独立同分布高斯随机变量，则信道又被称为加性高斯白噪声（AWGN）信道，其符号判决可简化为在调制星座D中寻找与r_k距离最近的符号点位实现，即

$$\tilde{d}_k=\underset{d\in D}{\mathrm{argmin}}\left|r_k-d\right| \tag{3-6}$$

然而，在实际通信系统中，式(3-4)给出的广义信道冲激响应条件通常并不满足，此情况下接收信号表达式(3-3)可被改写为

$$r_k=d_kc_0+\sum_{i\neq k}d_ic_{k-i}+\xi_k \tag{3-7}$$

对应单载波调制通信系统中将出现码间干扰，其由式(3-7)等号右侧第二项表征。

另外还需注意的是，式(3-2)给出的接收信号模型事实上限定了时不变信道，其并未考虑信道时变因素。类似于2.2.5小节中的“统一时变相位模型”引入统一的时变相位畸变，则对应接收信号模型为

$$r(t)=\sum_i d_ic(t-iT_s)e^{j\theta(t)}+\xi(t) \tag{3-8}$$

式中：$\theta(t)$给出信道的时变相位畸变。对其进一步离散采样，有

$$r_k=e^{j\theta_k}\sum_i d_ic_{k-i}+\xi_k \tag{3-9}$$

对比式(3-3)与式(3-7)，此时在码间干扰之外，还需要额外处理$\{\theta_k\}$对应的信道时变，这些因素共同作用，将导致严重的双选择性衰落。此时，单载波调制通信系统接收端不能简单采用式(3-6)给出的符号检测方法，而必须在判决器之前进行信道均衡处理，否则将导致误码率性能的显著恶化。

3.1.2 信道因素影响

为更直观地展示信道多径与时变因素对单载波调制系统性能的影响，下面将给出两个具体的仿真实例。这里单载波系统采用正交相移键控（QPSK）星座调制，中心频率为6 kHz，通信系统发射接收端滤波器由滚降系数为0.2的升余弦滤波器模拟，并且在仿真中未施加信道噪声。

首先，以时不变信道考察信道多径因素的影响。假设水声信道中包含3条路径，各路径的相对时延分别为[0,4.3,9.7] ms，归一化路径幅度为[1,0.4,0.3]，则其对应单载波通信系统的解调散点图如图3-2(a)所示。可以看到，尽管未引入信道噪声，码间干扰的存在足以使得解调后的符号点位相比于图3-1(b)中的标称调制点位出现显著弥散。其次，进一步引入信道时变以考察信道多普勒因素的影响。此处设置与时不变信道相同的路径时延幅度参数，但假设信道各路径中还存在统一的多普勒因子1×10^{-4}，对应的单载波解调散点图如图3-2(b)所示。与图3-2(a)对比可见，其解调符号点位在弥散的同时出现了额外的环形结构，这是由信道多普勒效应引入的符号相位旋转所造成的。

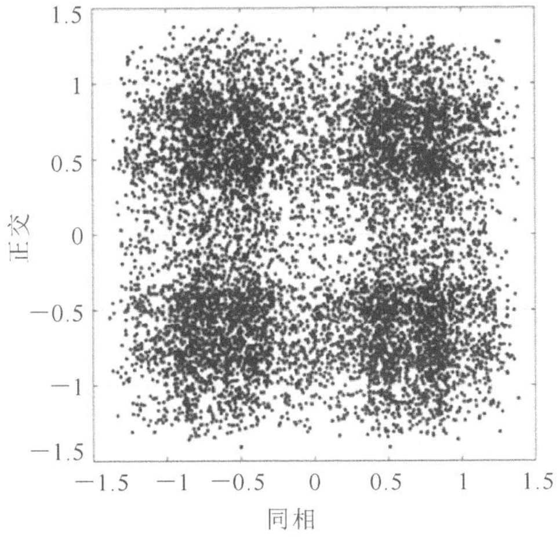

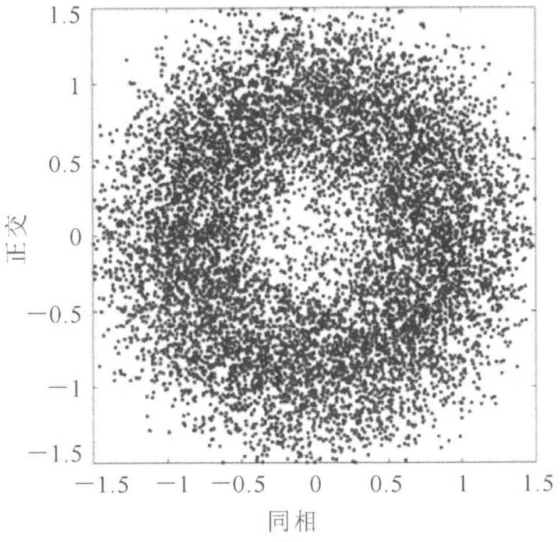

图 3-2　单载波通信系统的解调散点图

(a)未引入信道噪声；(b)引入信道时变

综上可知，在信道噪声之外，信道多径与多普勒也将导致解调符号点位的严重偏离。因而，必须寻找合适的信号处理方法以应对这些信道衰落因素，从而避免在最终符号判决时出现大量误码。在此方面，本章将着重讨论单载波时域均衡技术，并针对水声通信介绍当前广泛应用的几种典型算法。

3.2　均衡器结构

时域信道均衡器按照结构分类，可分为线性均衡器与非线性均衡器。其中，线性均衡器通常由横向滤波处理实现，而非线性均衡器主要包括判决反馈均衡(DFE)与最大似然序列估计(MLSE)两种算法[4-5]。鉴于最大似然序列估计器具有指数复杂度，在多径时延扩展较长的信道中难以实现，本书仅对水声通信中更为常用的判决反馈均衡器进行介绍。

3.2.1　线性均衡器

不同于式(3-3)，实际通信系统仅考虑有限长度的信道冲激响应，设离散时间信道冲激响应采样长度为 $L+1$，对应采样值为 $\{c_l \mid l=0,1,\cdots,L\}$，则式(3-3)的卷积关系可被改写为

$$r_k = \sum_{l=0}^{L} c_l d_{k-l} + \xi_k \tag{3-10}$$

此接收信号采样序列随后输入均衡器以补偿信道衰落。对时不变信道而言，其衰落主要来自于多径时延扩展所造成的频率选择性衰落。

时域线性均衡器对应一个横向滤波器结构，如图 3-3 所示，假设其中包含 $N+1$ 个抽头，且各抽头权系数为 $\{w_n \mid n=-N,-N+1,\cdots,0\}$，则此均衡器输出的符号估计是

$$\hat{d}_k = \sum_{n=-N}^{0} w_n^* r_{k-n} \tag{3-11}$$

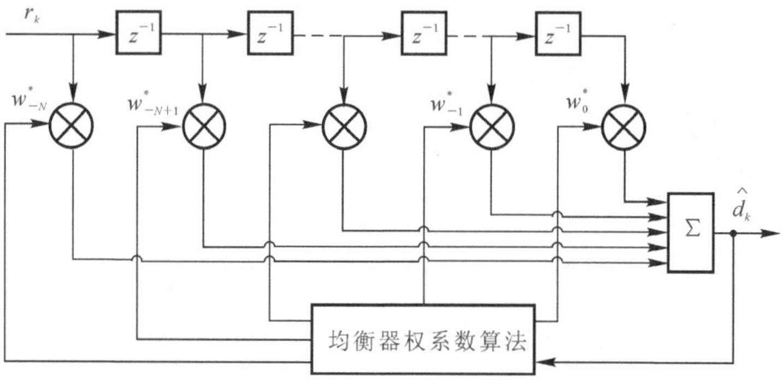

图 3-3　线性均衡器结构

为计算均衡器权系数$\{w_n\}$，通常情况下可采用迫零(ZF)准则或最小均方误差(MMSE)准则[4-5]。其中，ZF 准则简单地将均衡器构造为信道响应的逆滤波器，以完全抵消信道频率选择性衰落，但其也将同时在信道频谱深衰落位置造成严重的噪声增强现象。在此方面，基于 MMSE 准则的信道均衡器具有更好的抗衰落稳健性，下面将介绍其原理。具体而言，线性均衡器输出的均方误差可以表示为

$$J_{\text{Linear}}=E\{|d_k-\hat{d}_k|^2\}=E\left\{\left|d_k-\sum_{n=-N}^{0}w_n^*r_{k-n}\right|^2\right\} \tag{3-12}$$

根据正交性原理，满足J_{Linear}最小化的$\{w_n\}$应使得误差$e_k=d_k-\hat{d}_k$正交于信号序列$\{r_{k-n}\}$，$-N\leqslant n\leqslant 0$，即

$$E\{r_{k-n}e_k^*\}=\mathrm{E}\left\{r_{k-n}\left(d_k^*-\sum_{i=-N}^{0}w_ir_{k-i}^*\right)\right\}=0 \tag{3-13}$$

经简化有

$$\sum_{i=-N}^{N}w_iR_{ni}=g_n,\quad -N\leqslant n\leqslant 0 \tag{3-14}$$

式中：$g_n=E\{d_k^*r_{k-n}\}$且$R_{ni}=E\{r_{k-n}r_{k-i}^*\}$。

可以看到，式(3-14)即为对应均衡器系数$\{w_n\}$的$2N+1$个线性方程组。为对其求解，此处进行以下三项重要假设。

(1)通信发射符号为独立同分布随机变量，各符号以等概率映射到归一化调制星座中各点位，即其均值为 0 且方差为 1，有

$$E\{d_pd_q^*\}=\delta_{pq} \tag{3-15}$$

式中：δ_{pq}为 Kronecker 冲激。

(2)类似之前 AWGN 信道，通信接收端噪声采样$\{\xi_k\}$为独立同分布随机变量，各采样服从高斯分布，其均值为 0 且方差为σ^2，有

$$E\{\xi_p\xi_q^*\}=\sigma^2\delta_{pq} \tag{3-16}$$

(3)通信发射符号与噪声采样之间相互独立，即对于任意p,q值，有

$$E\{d_p\xi_q^*\}=0 \tag{3-17}$$

由式(3 - 14)中的参数可有

$$g_n = E\{d_k^* \sum_{l=0}^{L} c_l d_{k-n-l}\} + E\{d_k^* \xi_{k-n}\} = \sum_{l=0}^{L} c_l E\{d_k^* d_{k-n-l}\} + 0 = c_{-n} \tag{3-18}$$

类似地，有

$$R_{ni} = \mathrm{E}\{\sum_{l=0}^{L} c_l d_{k-n-l} \sum_{j=0}^{L} c_j^* d_{k-i-j}^*\} + \mathrm{E}\{\xi_{k-n}\xi_{k-i}^*\} = \sum_{l=0}^{L}\sum_{j=0}^{L} c_l c_j^* E\{d_{k-n-l} d_{k-i-j}^*\} + \sigma^2 \delta_{ni} = \sum_{l=0}^{L} c_l c_{l+n-i}^* + \sigma^2 \delta_{ni} \tag{3-19}$$

基于上述参数值，即可对线性方程组式(3 - 14)进行求解。

为更方便起见，还可将式(3 - 14)表示成矩阵向量形式，有

$$\boldsymbol{R}\boldsymbol{w} = \boldsymbol{g} \tag{3-20}$$

式中，$\boldsymbol{R}$ 是元素$\{R_{ni}\}$组成的$(N+1)\times(N+1)$维矩阵，$\boldsymbol{g}=[g_{-N}, g_{-N+1}, \cdots, g_0]^{\mathrm{T}}$ 是长度 $N+1$ 的列向量，而 $\boldsymbol{w}=[w_{-N}, w_{-N+1}, \cdots, w_0]^{\mathrm{T}}$ 是均衡器抽头权系数列向量。容易知道，式(3 - 20)的解为

$$\boldsymbol{w}_{\mathrm{opt}} = \boldsymbol{R}^{-1}\boldsymbol{g} \tag{3-21}$$

式(3 - 21)即为 MMSE 准则下的线性均衡器权系数。如式(3 - 19)所示，此时线性均衡器权系数计算显式考虑了噪声方差，因而可以部分缓解 ZF 准则在信道频谱深衰落位置的噪声增强效应。

3.2.2　判决反馈均衡器

相比于线性均衡器，判决反馈均衡器中包含额外的反馈横向滤波器，其结构如图 3 - 4 所示，其中前馈、反馈抽头个数分别为 $N+1$ 与 M。可以看出，此均衡器是非线性的，其反馈滤波器通过对先前判决符号进行反馈，可进一步消除前馈滤波器残留的码间干扰，从而得到较之线性均衡器更好的性能[4-5]。

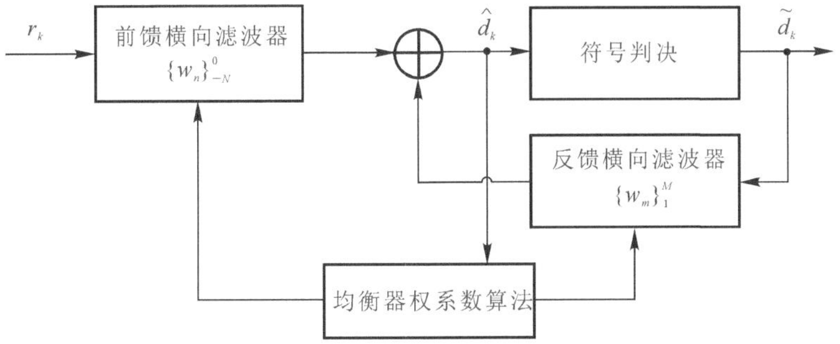

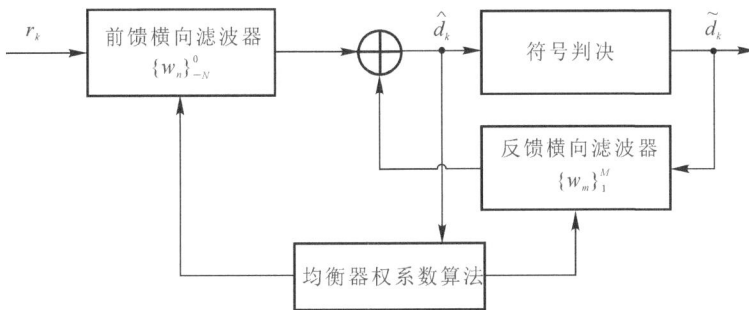

图 3 - 4　判决反馈均衡器结构

如图 3 - 4 所示，判决反馈均衡器的输出为

$$\hat{d}_k=\sum_{n=-N}^{0}w_n^* x_{k-n}+\sum_{m=1}^{M}w_m^*\tilde{d}_{k-m} \tag{3-22}$$

式中：$\tilde{d}_{k-1},\cdots,\tilde{d}_{k-M}$ 为先前检测判决符号。此处同样以 MMSE 准则求解最优的均衡器权系数，对应输出符号的均方误差为

$$J_{\mathrm{DFE}}=E\{|d_k-\hat{d}_k|^2\}=E\left\{\left|d_k-\sum_{n=-N}^{0}w_n^* x_{k-n}-\sum_{m=1}^{M}w_m^*\tilde{d}_{k-m}\right|^2\right\} \tag{3-23}$$

基于正交性原理使上式最小化，可得

$$\begin{cases}E\{r_{k-n}e_k^*\}=0, & n=-N,-N+1,\cdots,0\\ E\{\tilde{d}_{k-m}e_k^*\}=0, & m=1,2,\cdots,M\end{cases} \tag{3-24}$$

为便于分析起见，理想化假设均衡器反馈分支不存在误码，即 $\tilde{d}_k=d_k$，则由正交化原理式(3-24)中的第二个等式，式中

$$\begin{aligned}E\{\tilde{d}_{k-m}e_k^*\}&=E\left\{d_{k-m}\left(d_k-\sum_{i=-N}^{0}w_i^* r_{k-i}-\sum_{j=1}^{M}w_j^* d_{k-j}\right)^*\right\}=\\&E\{d_{k-m}d_k^*\}+\sum_{i=-N}^{0}w_iE\{d_{k-m}r_{k-i}^*\}+\sum_{j=1}^{M}w_jE\{d_{k-m}d_{k-j}^*\}=\\&-\sum_{i=-N}^{0}w_ic_{m-i}^*-w_m\end{aligned} \tag{3-25}$$

故可得均衡器反馈分支权系数为

$$w_m=-\sum_{i=-N}^{0}w_ic_{m-i}^*,\quad 1\leqslant m\leqslant M \tag{3-26}$$

由式(3-26)可以看到，均衡器反馈分支的求解事实上基于前馈分支，为此进而考虑正交化原理式(3-24)中的第一个等式，式中

$$\begin{aligned}E\{r_{k-n}e_k^*\}&=E\left\{r_{k-n}\left(d_k-\sum_{i=-N}^{0}w_i^* r_{k-i}-\sum_{j=1}^{M}w_j^* d_{k-j}\right)^*\right\}=\\&E\{r_{k-n}d_k^*\}+\sum_{i=-N}^{0}w_iE\{r_{k-n}r_{k-i}^*\}+\sum_{j=1}^{M}w_jE\{r_{k-n}d_{k-j}^*\}=\\&c_{-n}-\sum_{i=-N}^{0}w_i\left(\sum_{l=0}^{L}c_lc_{l+n-i}^*+\sigma^2\delta_{ni}\right)-\sum_{j=1}^{M}w_jc_{j-n}=\\&c_{-n}-\sum_{i=-N}^{0}w_i\left(\sum_{l=0}^{-n}c_lc_{l+n-i}^*+\sigma^2\delta_{ni}\right)\end{aligned} \tag{3-27}$$

在式(3-27)最后一行等式推导中代入了反馈系数式(3-26)，并假设反馈分支长度不小于信道多径扩展，即 $M\geqslant L$。至此，有均衡器前馈分支权系数为

$$\sum_{i=-N_1}^{0}w_iR'_{ni}=g_n,\ -N\leqslant n\leqslant 0 \tag{3-28}$$

式中

$$g_n=c_{-n} \tag{3-29}$$

$$R'_{ni}=\sum_{l=0}^{-n}c_lc_{l+n-i}^*+\sigma^2\delta_{ni} \tag{3-30}$$

式(3-28)与式(3-26)即为 MMSE 准则判决反馈均衡器权系数的最优解。但需说明

的是,在实际工程中,均衡器反馈分支事实上有可能存在判决误码,这将导致错误传播(Error Propagation)。为避免此问题的发生,通常在实际通信系统中需要定期发送已知的训练序列。

3.2.3　分数间隔均衡器

前述的线性均衡器结构中,均衡器抽头的间隔为符号周期 T_s,即以符号速率采样进行均衡,该方法会导致均衡器性能相对于采样时刻的选取较为敏感[4]。为更好地解释这一问题,下面将对单载波系统接收端的信号频谱进行分析。此处仍考虑式(3-2)给出的接收信号,以传统符号速率 T_s 对其采样,假定采样时刻为 $t=kT_s+\tau_0$,有

$$r(kT_s+\tau_0)=\sum_i d_i c(kT_s-iT_s+\tau_0)+\xi(kT_s+\tau_0) \tag{3-31}$$

所得离散信号的频谱为

$$X_D(f)=\frac{1}{T_s}\sum_n X(f-\frac{n}{T_s})e^{j2\pi(f-n/T_s)\tau_0} \tag{3-32}$$

式中:$X(f)$为连续信号 $r(t)$的频谱。若通信信号在发射端经过升余弦脉冲成型滤波,且滚降因子为 $0<\beta<1$,则对应 $X(f)$的最大延伸频率为

$$F_{\max}=\frac{1+\beta}{2T_s} \tag{3-33}$$

易知,一方面,若接收端以符号速率采样,则其采样频率将低于奈奎斯特频率,即 $1/T_s<2F_{\max}$,此时式(3-32)中的 $X_D(f)$事实上是 $X(f)$的混叠谱。

而另一方面,若均衡器权系数为$\{w_l\}$,$l=-N,\cdots,0,\cdots,N$,则其频谱为

$$W_D(f)=\sum_{l=-N}^{N} w_l e^{-j2\pi f l T_s} \tag{3-34}$$

进一步得到均衡器输出端离散信号的频谱为

$$Y_D(f)=W_D(f)\sum_n X(f-\frac{n}{T_s})e^{j2\pi(f-n/T_s)\tau_0} \tag{3-35}$$

式(3-35)表明,符号速率均衡器只能补偿接收信号混叠后的频率响应 $X_D(f)$,而不能补偿信道自身的频谱 $X(f)$,而由式(3-32)可知接收信号的混叠频率响应与 τ_0 相关,因此符号速率均衡器的处理性能将受到具体采样时刻选取的影响。

分数间隔均衡器即为解决此问题而引入,其使用不低于奈奎斯特频率对输入信号进行采样[4]。仍以前面的升余弦通信信号为例,将其均衡器抽头间隔设置为 $T'_s<T_s/(1+\beta)$,即有 $1/T'_s>2F_{\max}$,此时对应均衡器输出信号频谱为

$$Y'_D(f)=W'_D(f)\sum_n X(f-\frac{n}{T'_s})e^{j2\pi(f-n/T'_s)\tau_0} \tag{3-36}$$

考虑到以 T' 抽样不发生混叠,则有

$$Y'_D(f)=W'_D(f)X(f)e^{j2\pi f\tau_0},\quad |f|\leqslant\frac{1}{2T'_s} \tag{3-37}$$

而在均衡器输出端,分数间隔均衡器仍以符号速率输出,其输出信号频谱为

$$\sum_n W'_D\left(f-\frac{n}{T_s}\right)X\left(f-\frac{n}{T_s}\right)e^{j2\pi(f-n/T_s)\tau_0} \tag{3-38}$$

由式(3－37)与式(3－38)可知，分数间隔均衡器在因符号速率抽样造成混叠前补偿了信道的固有失真，换言之，$W_D'(f)$有能力补偿任意的定时相位，因而消除了接收端采样时刻τ_0选取的敏感性。

3.2.4 算法性能仿真

下面以一个简单的例子对本节中线性与判决反馈均衡算法的性能进行仿真。此处单载波通信采用 QPSK 调制，假设信道响应阶数为$L=24$(即码间干扰跨越 24 个相邻符号)，各延迟抽头服从瑞利分布，其相互独立且功率相等。为了显示时域信道均衡器所带来的性能提升，这里以无信道均衡处理的单载波通信系统作为基准，并对前馈分支长度为$N=8,16,32$的线性均衡器，以及前馈、反馈分支长度分别为$N=32,M=16$的判决反馈均衡器进行性能比较。

具体而言，上述处理方法在接收信噪比(SNR)为[0:2:20]dB 条件下的误比特率(BER)性能曲线如图 3－5 所示。可以看到，受到码间干扰的严重影响，无信道均衡处理情况下误比特率约在 50%，且不随接收信噪比的增加而降低，故此时单载波通信系统已完全失效。相比而言，接收端均衡器的引入可部分缓解码间干扰，其对系统误比特率的改善效果较为明显。但值得注意的是，均衡器输出性能与其长度设置也存在相关性。例如，当本仿真中设置$N=8$时，一方面，均衡器前馈分支中不能容纳完整的信道时延扩展，导致均衡器的码间干扰抑制能力受到影响，而随着前馈分支长度的增加，尤其当其可跨越整个信道多径扩展时，线性均衡器的误比特率逐渐下降；另一方面，若进一步采用判决反馈均衡结构，即额外引入反馈分支，则系统性能较之线性均衡器又可获得新的提升。

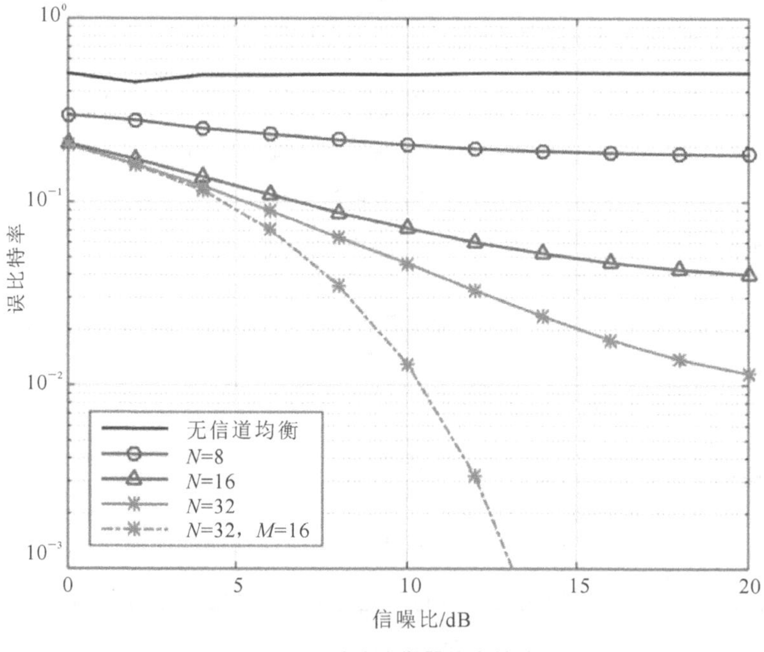

图 3－5　时域均衡器仿真性能

3.3　均衡器自适应算法

3.2 节给出了均衡器结构，其权系数可由式(3-14)、式(3-28)与式(3-26)等直接计算得到。但需注意的是，这些算法均为单次处理，且要求信道冲激响应先验已知，这在实际单载波水声通信系统中通常是难以适用的。事实上，由于信道响应在接收端未知，上述公式在实际使用时需在均衡器前端额外加入信道估计器；但即便如此，考虑到水声信道具有明显的时变性，基于单次处理算法获得的均衡器权系数将很快因信道变化而失配，从而导致随后均衡性能恶化。

相比而言，本节将讨论的均衡器自适应权系数更新算法能够较好地解决上述问题。其基于训练或判决符号进行迭代处理，通常不需要借助显式的信道估计。对应在单载波水声通信系统接收端，随着采样数据源源不断地输入，自适应均衡器可以符号速率实现连续的权系数更新，从而跟踪信道变化，缓解因“过期”均衡器配置而导致的通信性能下降。具体就算法而言，时域信道均衡器自适应权系数更新常用算法包括最小均方(LMS)算法与递归最小二乘(RLS)算法[6-7]，本节将分别对这两种算法的原理进行说明，并在之后给出其性能仿真。

3.3.1　LMS 算法

LMS 算法基于最速下降的思想。设线性均衡器包含 N 个抽头，均衡器权系数为 $\{w_n\}$，同时令在第 k 个符号时刻均衡器中存储的信号采样为 $\{r_{k,n}\}$，其中 $0\leqslant n\leqslant N-1$，则此时均衡器输出符号估计为

$$\hat{d}_k=\sum_{n=0}^{N-1}w_n^* r_{k,n}=\boldsymbol{w}^{\mathrm{H}}\boldsymbol{r}_k \tag{3-39}$$

式(3-39)向量内积形式中

$$\boldsymbol{w}=[w_0,w_1,\cdots,w_{N-1}]^{\mathrm{T}} \tag{3-40}$$

$$\boldsymbol{r}_k=[r_{k,0},r_{k,1},\cdots,r_{k,N-1}]^{\mathrm{T}} \tag{3-41}$$

因此，均衡器输出端第 k 个符号的估计误差为

$$e_k=d_k-\hat{d}_k=d_k-\boldsymbol{w}^{\mathrm{H}}\boldsymbol{r}_k \tag{3-42}$$

根据 MMSE 准则，设

$$J(\boldsymbol{w})=E\{|e_k|^2\}=E\{|d_k-\boldsymbol{w}^{\mathrm{H}}\cdot\boldsymbol{r}_k|^2\} \tag{3-43}$$

使 $J(\boldsymbol{w})$ 最小化，与式(3-21)类似，可得到均衡器的最优权系数为

$$\boldsymbol{w}_k=\operatorname{argmin}J(\boldsymbol{w})=\boldsymbol{R}_k^{-1}\xi_k \tag{3-44}$$

式中：$\boldsymbol{R}_k=\mathrm{E}\{\boldsymbol{r}_k\boldsymbol{r}_k^{\mathrm{H}}\}$，$\xi_k=E\{\boldsymbol{r}_k d_k^*\}$。容易知道，在时不变信道情况下，$\boldsymbol{R}_k$ 与 ξ_k 事实上与 k 无关，此时所得结果类似于式(3-21)。在统计信号处理理论中，上式最优权系数对应的滤波器称为 Wiener 滤波器[8]。

但与式(3-44)中的单次处理不同，LMS 算法基于最速下降方法迭代求解式(3-43)，其表达式为

$$\boldsymbol{w}_{k+1}=\boldsymbol{w}_k-\frac{1}{2}\mu\cdot\nabla_w J \tag{3-45}$$

式中：μ 为算法更新步长；$\nabla_w J$ 为均方误差当前针对权系数的梯度，有[6]

$$\nabla_w J = -2E\{\boldsymbol{r}_k e_k^*\} \tag{3-46}$$

将式(3-46)带入式(3-45)，并使用瞬时值代替统计平均值，可得

$$\boldsymbol{w}_{k+1} = \boldsymbol{w}_k + \mu \boldsymbol{r}_k e_k^* \tag{3-47}$$

式(3-47)即为 LMS 算法的递推公式，均衡器可根据当前符号误差 e_k 更新调整权系数。但由于每次迭代解算时基于瞬时的梯度估计，因此它并不严格地沿真实的最速下降路径获得最优权系数。一般来说，LMS 算法简单，具有计算量小、易于实现等特点，但收敛速度较慢[6-7]。

3.3.2 RLS 算法

相比 LMS 算法，RLS 是一种收敛更快的自适应算法，其基本思想不是使估计误差的均方值达到最小，而是使估计误差的加权平方和最小，对应代价函数为

$$J(\boldsymbol{w}) = \sum_{i=0}^{k} \lambda^{k-i} \left| d_i - \boldsymbol{w}^{\mathrm{H}} \cdot \boldsymbol{r}_i \right|^2 \tag{3-48}$$

式中：λ 为遗忘因子，有 $0<\lambda<1$。使 $J(\boldsymbol{w})$ 最小化，有最优权系数为

$$\boldsymbol{w}_k = \boldsymbol{R}_k^{-1} \boldsymbol{u}_k \tag{3-49}$$

式中

$$\boldsymbol{R}_k = \sum_{i=0}^{k} \lambda^{k-i} \boldsymbol{r}_i \boldsymbol{r}_i^{\mathrm{H}} \tag{3-50}$$

$$\boldsymbol{u}_k = \sum_{i=0}^{k} \lambda^{k-i} \boldsymbol{r}_i d_i^* \tag{3-51}$$

RLS 算法以递推方式获取权系数最优解，有

$$\boldsymbol{R}_k = \lambda \boldsymbol{R}_{k-1} + \boldsymbol{r}_k \boldsymbol{r}_k^{\mathrm{H}} \tag{3-52}$$

$$\boldsymbol{u}_k = \lambda \boldsymbol{u}_{k-1} + \boldsymbol{r}_k d_k^* \tag{3-53}$$

令 $\boldsymbol{P}_k = \boldsymbol{R}_k^{-1}$，则根据矩阵求逆引理，可得

$$\boldsymbol{P}_k = \frac{1}{\lambda}(\boldsymbol{P}_{k-1} - \boldsymbol{\kappa}_k \boldsymbol{r}_k^{\mathrm{H}} \boldsymbol{P}_{k-1}) \tag{3-54}$$

式中：$\boldsymbol{\kappa}_k$ 称为 Kalman 增益向量，其形式为

$$\boldsymbol{\kappa}_k = \frac{\boldsymbol{P}_{k-1} \boldsymbol{r}_k}{\lambda + \boldsymbol{r}_k^{\mathrm{H}} \boldsymbol{P}_{k-1} \boldsymbol{r}_k} \tag{3-55}$$

进而，式(3-49)可化简为递推关系，有[6]

$$\boldsymbol{w}_k = \boldsymbol{P}_k u_k = \boldsymbol{w}_{k-1} + \boldsymbol{\kappa}_k \varepsilon_k \tag{3-56}$$

式中

$$\varepsilon_k = d_k - w_{k-1}^{\mathrm{H}} \cdot r_k \tag{3-57}$$

为先验估计误差，即使用上一个时刻的均衡器系数 $\boldsymbol{w}_{k-1}$ 估计当前符号 d_k 所对应的符号估计误差。

观察上述 RLS 算法式(3-56)，可以发现此时均衡器权系数随时间的更新量是一个 N 维矢量，因此每个抽头系数都受 $\boldsymbol{\kappa}_k$ 向量中一个单独元素的控制，这样可达到快速收敛的目

的。因此，RLS 算法弥补了 LMS 算法的不足，收敛速度更快，适于跟踪快速变化的信道，但是其代价是计算量有所增加[6-7]。

3.3.3　算法性能仿真

下面将对基于 LMS 与 RLS 算法的自适应均衡器收敛性能进行仿真。考虑一个 QPSK 单载波通信系统，其中心频率为 6 kHz，符号速率为 2 kb・s^{-1}。通信发射帧中包含 600 个符号，且头部 300 个符号为训练符号，并使用升余弦滤波器进行脉冲成型，滚降系数为 0.2。简单起见，假设水声信道中仅包含两条路径，路径延迟分别为[0,2]个符号宽度，对应幅度为[1,0.5]，且系统中不存在噪声干扰。在接收端，均衡器采用判决反馈结构，其前馈、反馈分支长度分别为 $N=32$，$M=16$。图 3-6 给出在一个通信帧之内，各自适应算法与参数配置所对应的符号估计误差收敛曲线。

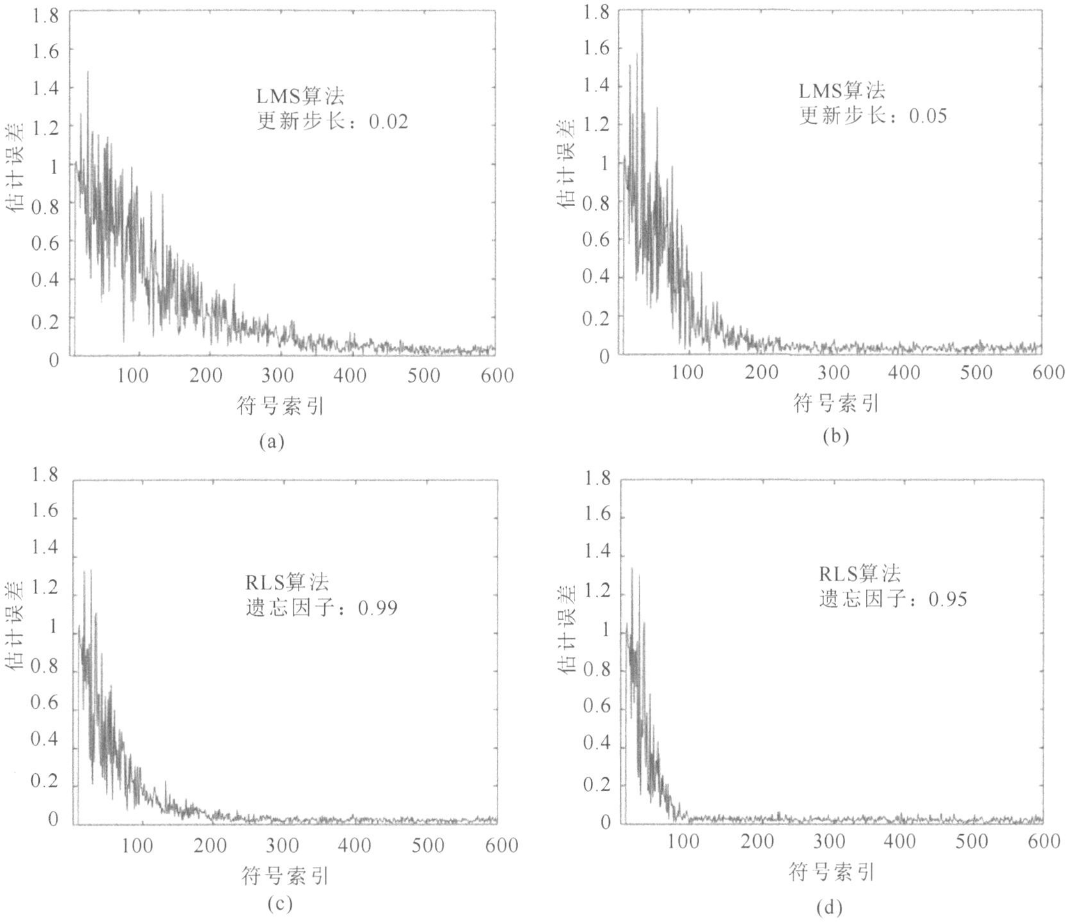

图 3-6　自适应均衡器符号误差收敛曲线

(a)LMS 算法，$\mu=0.02$；(b)LMS 算法，$\mu=0.05$；(c)RLS 算法，$\lambda=0.99$；(d)RLS 算法，$\lambda=0.99$

一方面，可以看到，由于未引入信道时变，各自适应算法所对应均衡器都能实现最终收敛。但总体而言，RLS 算法的收敛速度较之 LMS 算法更快。例如，若设置 RLS 算法且遗

忘因子 $\lambda=0.99$,则均衡器输出在本帧大约第 200 个符号即达到稳态,这意味着可以适当削减训练符号个数,以降低通信系统开销。相比而言,若设置 LMS 算法且更新步长为 $\mu=0.02$,则均衡器输出在本帧大约第 400 个符号才达到稳态,这意味着若使用此设置可能需要进一步增加训练符号数量。另一方面,还可看到,对于 LMS 算法使用更大的更新步长或对于 RLS 算法使用更小的遗忘因子均可获得更快的收敛速度。但这是以降低均衡器收敛后的稳定性为代价的,因此这些自适应参数在实际工程应用中需小心选择,在下节的仿真中将进一步谈及这一问题。

3.4 联合相位同步均衡算法

3.4.1 算法说明

以上给出的均衡器能够有效补偿多径信道的频率选择性衰落,并且采用自适应权系数更新算法也可对缓慢变化的信道响应具备一定的适配能力。但在实际水声信道的时变条件下,上述经典的自适应均衡算法通常仍显不足。这其中一个主要原因是,水声信道中的信号传输存在较为严重的相位起伏,其变化速度常超出均衡器权系数的更新速度,使上述自适应算法无法收敛,最终导致单载波水声通信相干接收失效。对于这一问题,一种具有里程碑意义的算法是 20 世纪 90 年代 Stojanovic 等学者提出的联合相位同步均衡器[9],其仍基于自适应权系数更新以跟踪相对缓慢的信道幅度变化,但同时显式引入了锁相环(PLL)以对快速起伏的载波相位进行联合同步。实验研究表明,此改进时域均衡器可有效提升单载波通信在时变水声信道中的性能,本节将对该算法进行介绍。

具体而言,水声通信系统采用单载波相位调制,不同于前述经典均衡器基于式(3-2)的信号模型,联合相位同步均衡器显式考虑相位畸变,因而其基于式(3-8)给出的统一时变相位模型,对应的均衡器结构如图 3-7 所示。可以看到,其采用判决反馈均衡,但前馈分支基于分数间隔采样,采样频率为 $T_s/2$。之所以如此,是因为水声信道多普勒对宽带信号存在时间压扩效应,会造成通信接收端符号同步困难,分数间隔抽头设置的目的即是降低均衡器性能对采样时刻的敏感性。

一方面,假设均衡器前馈部分抽头数为 $N=N_1+N_2+1$,其对应第 k 个符号的输入信号向量为

$$\boldsymbol{r}_k=[r(kT_s+N_1T_s/2),\cdots,r(kT_s-N_2T_s/2)]^{\mathrm{T}} \tag{3-58}$$

此均衡器前馈部分每隔一个符号间隔 T_s 产生一个输出,并联合载波相位补偿,有

$$\rho_k=\boldsymbol{a}_k^{\mathrm{H}}\cdot\boldsymbol{r}_k\mathrm{e}^{-\mathrm{j}\hat{\theta}_k} \tag{3-59}$$

式中:$\boldsymbol{a}_k$ 为 $N\times1$ 均衡器前馈部分权系数向量;$\hat{\theta}_k$ 是载波相位估计。

另一方面,设均衡器反馈部分抽头数为 M,对应第 k 个符号的判决向量为

$$\tilde{\boldsymbol{d}}_k=[\tilde{d}_{k-1},\tilde{d}_{k-2},\cdots,\tilde{d}_{k-M}]^{\mathrm{T}} \tag{3-60}$$

相应地,均衡器反馈部分输出为

$$\varphi_k=\boldsymbol{b}_k^H\tilde{\boldsymbol{d}}_k \tag{3-61}$$

式中：$\boldsymbol{b}_k$ 为 $M\times 1$ 均衡器反馈部分权系数。

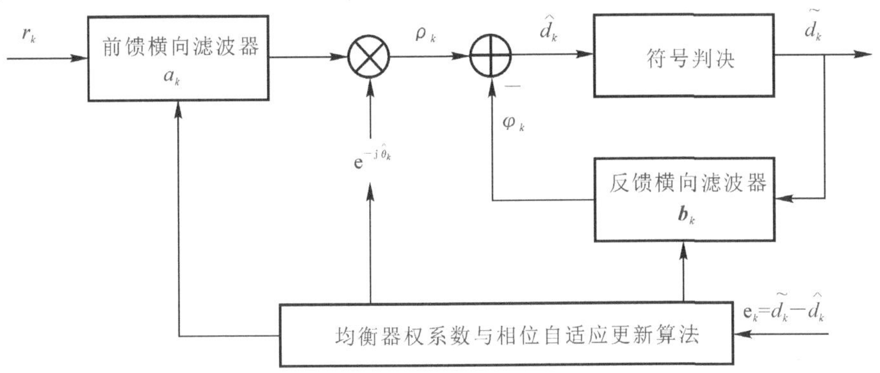

图 3-7　联合相位同步均衡器结构

因此，联合相位同步均衡器输出端的第 k 个符号估计为

$$\hat{d}_k=\rho_k-\varphi_k \tag{3-62}$$

对应估计误差为

$$e_k=d_k-\hat{d}_k \tag{3-63}$$

基于此误差，均衡器采用自适应算法对权系数与载波相位进行迭代联合优化。举例而言，若采用 LMS 算法求解，则需分别计算均方误差 $J=\mathrm{E}\{|e_k|^2\}$ 相对于前馈、反馈分支权系数的梯度，有

$$\nabla_a J=2E\left\{\frac{\partial e_k}{\partial \boldsymbol{a}_k^*}e_k^*+e_k\frac{\partial e_k^*}{\partial \boldsymbol{a}_k^*}\right\}=2E\{[-\boldsymbol{r}_k\mathrm{e}^{-\mathrm{j}\hat{\theta}_k}]\cdot e_k^*+e_k\cdot 0\}=-2E\{\boldsymbol{r}_k e_k^*\}\mathrm{e}^{-\mathrm{j}\hat{\theta}_k} \tag{3-64}$$

$$\nabla_b J=2E\left\{\frac{\partial e_k}{\partial \boldsymbol{b}_k^*}e_k^*+e_k\frac{\partial e_k^*}{\partial \boldsymbol{b}_k^*}\right\}=2E\{[\tilde{\boldsymbol{d}}_k]\cdot e_k^*+e_k\cdot 0\}=2E\{\tilde{\boldsymbol{d}}_k e_k^*\} \tag{3-65}$$

以及对载波相位的梯度，即

$$\begin{aligned}\nabla_\theta J&=E\left\{\frac{\partial e_k}{\partial \hat{\theta}_k}e_k^*+e_k\frac{\partial e_k^*}{\partial \hat{\theta}_k}\right\}=E\{[-\rho_k\cdot(-\mathrm{j})]e_k^*-e_k[\rho_k^*\cdot\mathrm{j}]\}\\&=-2E\{\mathrm{Im}\{\rho_k e_k^*\}\}=-2E\{\mathrm{Im}\{\rho_k[d_k^*+\varphi_k^*]\}\}\end{aligned} \tag{3-66}$$

式中：Im{·}表示取复数虚部。根据 LMS 算法迭代公式有

$$\boldsymbol{a}_{k+1}=\boldsymbol{a}_k+\mu\cdot\boldsymbol{r}_k e_k^*\mathrm{e}^{-\mathrm{j}\hat{\theta}_k} \tag{3-67}$$

$$\boldsymbol{b}_{k+1}=\boldsymbol{b}_k-\mu\cdot\tilde{\boldsymbol{d}}_k e_k^* \tag{3-68}$$

式中：μ 为均衡器权系数的更新步长。同样对于载波相位，有

$$\Phi_k=\mathrm{Im}\{\rho_k(d_k^*+\varphi_k^*)\} \tag{3-69}$$

$$\hat{\theta}_{k+1}=\hat{\theta}_k+\mu_\theta\Phi_k \tag{3-70}$$

式(3-70)中：μ_θ 为载波相位的更新步长。

为保证联合相位同步均衡器的正常运作，单载波水声通信需分帧传输，其每帧结构如图 3-8 所示。基于此结构，水声通信接收端首先根据头部的同步段完成信号帧同步，确定均衡器的抽头延迟位置；随后，将训练符号段输入均衡器进行自适应迭代，以在收敛后获得权系数与载波相位的初始化估计;最终,在数据段均衡器切换至判决模式,继续跟踪信道时变,并输出最终的符号判决。不难理解,通过周期进行的各帧同步,通信系统可有效重置因多普勒压扩效应累积所造成的均衡器“抽头滑动”(即有效信号段移出前馈滤波器);同时,基于定期的均衡器重训练,通信系统也可避免跨帧出现判决反馈错误传播现象。

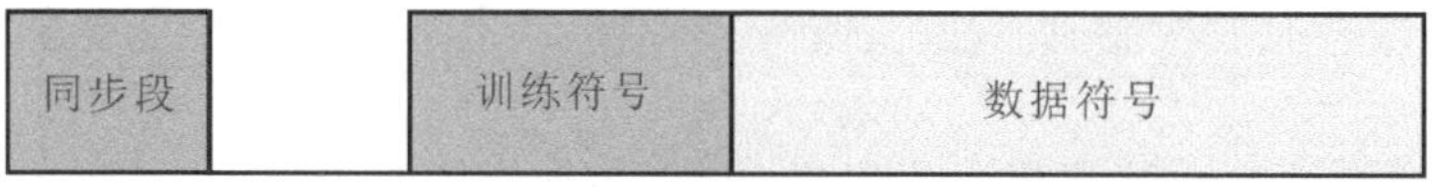

图 3-8　单载波时域均衡水声通信帧结构

此外,为增强水声信道跟踪能力与稳健性,Stojanovic 等学者还进一步针对前述方法提出了两点改进。

其一,在式(3-70)给出的相位更新中采用二阶锁相环,对应的载波相位迭代公式为

$$\hat{\theta}_{k+1}=\hat{\theta}_k+\mu_{\theta 1}\Phi_k+\mu_{\theta 2}\sum_{i=0}^{k}\Phi_i \tag{3-71}$$

式中:$\mu_{\theta 1}$ 与 $\mu_{\theta 2}$ 为二阶锁相环系数。

其二,对式(3-67)与式(3-68)中 a_k、b_k 权系数的更新换用具备更快速收敛能力的 RLS 或其改进算法,受篇幅所限,这里将不再对这些自适应算法的使用进行一一阐述。

理论分析与仿真试验研究都表明[2,9],联合相位同步时域均衡器能够同时补偿多径时变水声信道造成的码间干扰与载波相位漂移,从而使得单载波通信性能获得显著改善。但需指出的是,此算法也存在一个广为所知的问题,即自适应均衡算法的性能对相关参数设置较为敏感,需要合理调参,这在实际工程使用中有时会造成困难[10]。下节将对联合相位同步均衡器的性能进行分析。

3.4.2　算法性能仿真

此处仍考虑一个 QPSK 单载波通信系统,其中心频率为 6 kHz,符号速率为 2 kb·s^{-1}。设通信各个发射帧中包含 1 200 个符号,且其头部 320 个符号为训练符号,并使用升余弦滤波器进行脉冲成型,滚降系数为 0.2。水声信道响应阶数为 $L=8$,各延迟抽头服从瑞利分布,其功率相等且相互独立。不同的是,此处的水声信道仿真中额外加入信道时变,以评估本节中的联合相位同步时域均衡算法相对于之前经典时域均衡算法的性能优势。为公平起见,在接收端,均衡器统一采用判决反馈结构,其前馈、反馈分支长度分别为 $N=32$,$M=16$,且权系数更新基于 RLS 算法进行,并固定遗忘因子 $\lambda=0.99$。因此,相关算法间的唯一区别仅在于有无联合锁相环进行相位同步。

具体而言,这里将水声信道时变简化近似为各路径间统一的多普勒频移。此情况下,传统判决反馈均衡(无锁相环)与联合相位同步均衡(有锁相环)算法的性能比较如图 3-9 所示。其中,$f_d=0$ 曲线对应时不变信道条件下的系统性能,其在本图中作为基准,给出各种时变信道均衡处理的性能下界。从图 3-9 中可以看到:随着 f_d 取值的增加,传统判决反馈均衡器性能明显恶化;当达到 $f_d=1$ Hz 时,传统判决反馈均衡器输出端误比特率仅在 10^{-1} 量级。相比而言,联合相位同步均衡器采用额外的锁相环跟踪时变相位(本例中锁相环参数分别设置为 $\mu_{\theta 1}=0.01$ 与 $\mu_{\theta 2}=0.001$),其性能最接近于时不变性能下界。

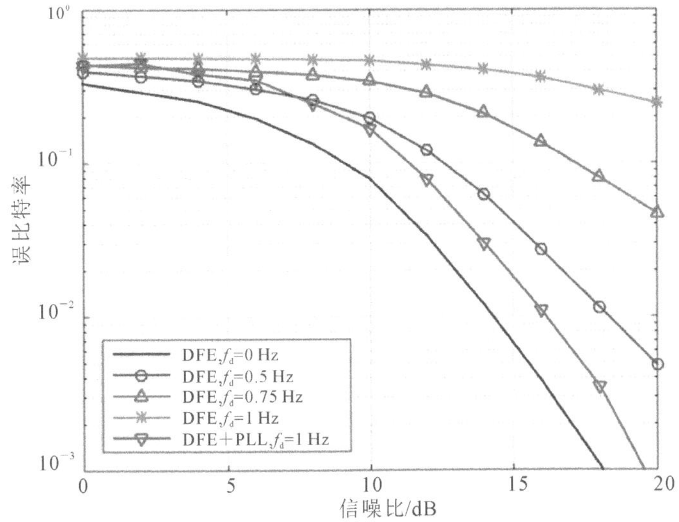

图 3-9　信道多普勒频移条件下的联合相位同步均衡算法性能比较

再以一个仿真实例讨论自适应均衡算法参数的敏感性问题。此处考虑更复杂一些的信道时变情况，即各信道路径间既存在共同的相位畸变，又存在各自独立的多普勒扩展。在这一信道中，对于共同的相位畸变，仍以多普勒频移模拟并固定 $f_d=0.1$ Hz，其由锁相环进行补偿；而对于各路径独立的多普勒扩展，设置了 5 种配置，即 $f_{sp}=[0.2:0.2:1.0]$Hz，这部分信道时变将只能借助于均衡器各抽头权系数的更新进行跟踪。如前文所述，均衡器抽头权系数更新的速度与稳定性受 RLS 算法遗忘因子 λ 值影响，为此这里考察当前仿真实例中 λ 设置对最终系统误比特率性能的影响，具体结果如图 3-10 所示。

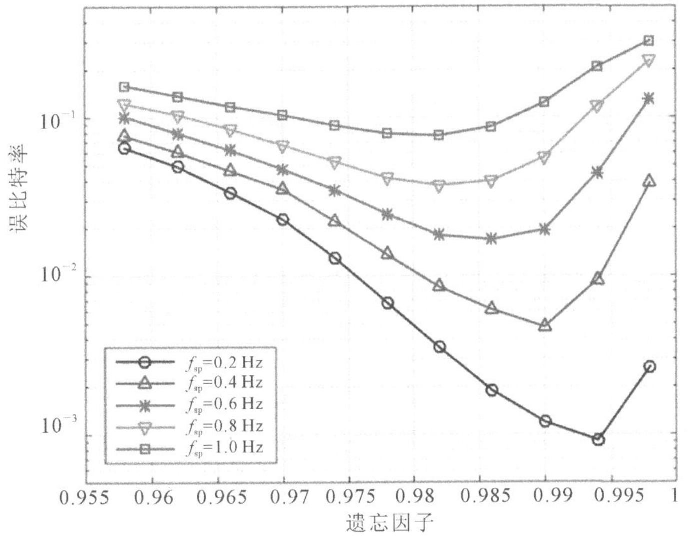

图 3-10　自适应均衡算法参数选择对系统性能的影响

从图 3-10 中可以看出，不同多普勒扩展 f_{sp} 情况下，系统均存在一个最优的遗忘因子设置，但取值各不相同。直观理解，这是由于更低的参数取值将导致稳定性不足(易受噪声影响)，而更高的取值会迟滞抽头权系数对信道时变的跟踪(易受多普勒影响)，两种情况都将导致更高的系统误比特率，但不同信道不尽相同。具体在实际工程场合，这些算法参数的选择需基于诸多因素折中考虑，其最优取值通常难以准确获得，这是本章介绍的时域自适应均衡算法共同存在的一个问题。

3.5 空域多通道均衡算法

3.5.1 算法说明

在上节给出的联合相位同步均衡算法中，单载波水声通信接收端仅涉及单个换能器通道，本节将进一步考虑在接收端引入阵列，即采用空域多通道处理以进一步提升均衡器算法性能。需说明的是，当谈及阵列处理时，人们或许自然会联想到波束形成(Beamforming)，但这并不是此处通信接收多通道处理的内涵。具体而言，波束形成处理是在不同接收阵元通道设置相应的加权系数，使波束对准信号入射方向，并通过多通道合并(Combining)处理获得接收指向性增益。其要求阵列中的阵元间距足够小，使得各通道信号完全相关，仅存在因信号入射角度所造成的延迟差别。而此处讨论更一般的情况，对阵元间距不作限定，即允许各通道间存在不同的冲激响应，而非简单的延迟关系。

事实上，当接收机各通道信道响应不再相同时，仍可通过多通道合并获得通信系统的性能提升，此时的处理增益称之为空间分集增益[5]。空间分集是均衡之外补偿衰落信道损害的另一种有效技术，其思路与波束形成不同，事实上通常要求各阵元被充分分隔，让对应各通道信号经历独立的信道衰落，使得接收端总存在质量较好的信号“备份”，从而有机会利用多通道合并实现系统性能改善。

就空间分集对应的多通道合并方法而言，前期在空中无线通信领域人们已就其进行了广泛研究。例如，一些行之有效的多通道合并策略包括选择性合并、等增益合并与最大比合并等[11]。其中，选择性合并单独将具有最高信噪比的接收通道与符号判决器直接相连；而等增益合并与最大比合并则根据各通道信道响应信息，预先将所有接收通道以一定加权系数进行同相化合并，再最终输出给符号判决。但这些经典多通道合并方法在水声通信中事实上难以使用，其原因有二：其一，这些方法均以具备瞬时信道响应先验信息为前提，这对多径时变的水声信道而言是不好实现的；其二，这些方法没有考虑与信道均衡器相结合，因而无法实现总体性能的联合优化。

为解决这些问题，Stojanovic 等学者在上节单通道联合相位同步时域均衡算法的基础上，进一步将其与空域多通道合并处理相结合，提出了对应的多通道均衡算法版本[12]。假设单载波水声通信系统的接收端包含 V 个通道，其对应第 v 个通道的接收信号为

$$r_v(t)=\sum_i d_i c_v(t-iT_s)e^{j\theta_v(t)}+\xi_v(t) \tag{3-72}$$

式中：$c_v(t)$与$\xi_v(t)$分别为第 v 个通道对应的信道响应与噪声；$\theta_v(t)$为通道内的载波相位。对应地，该均衡器的结构如图 3-11 所示，其 V 个前馈分支分别对应 V 个接收通道，这些通道随后合并，且共用同一个反馈分支。此外，由于不同通道内的载波相位不同，所以该均衡

器在各前馈分支使用了独立的锁相环进行相位同步。

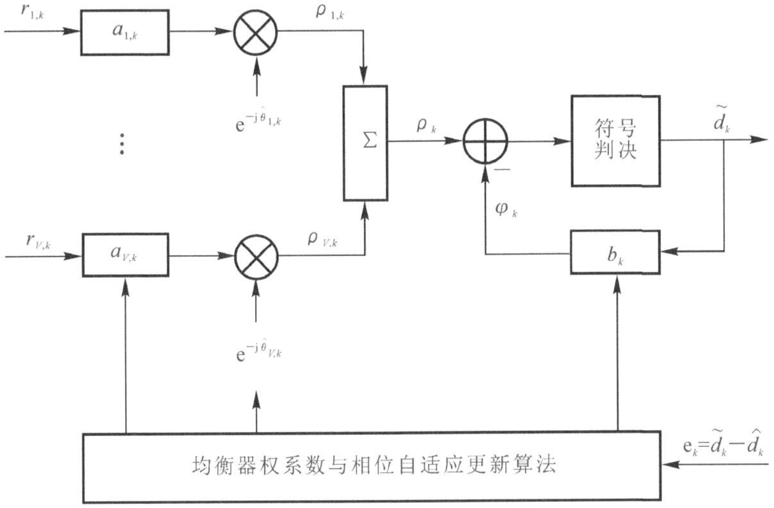

图 3-11　空域多通道联合相位同步均衡器结构

具体而言，一方面，空域多通道均衡器各前馈分支仍基于 $T_s/2$ 分数间隔采样，且抽头数为 $N=N_1+N_2+1$，因此对应第 v 个通道在第 k 个符号时刻的输入信号向量为

$$\boldsymbol{r}_{v,k}=[r_v(kT_s+N_1T_s/2),\cdots,r_v(kT_s-N_2T_s/2)]^{\mathrm{T}} \tag{3-73}$$

设 $\boldsymbol{a}_{v,k}$ 与 $\hat{\theta}_{v,k}$ 分别为权系数向量与载波相位估计，则对应通道的前馈分支输出为

$$\rho_{v,k}=\boldsymbol{a}_{v,k}^{\mathrm{H}}\cdot\boldsymbol{r}_{v,k}\mathrm{e}^{-\mathrm{j}\hat{\theta}_{v,k}} \tag{3-74}$$

另一方面，由于反馈分支的唯一性，设抽头数为 M，则其对应的符号判决向量与反馈分支输出将仍可由前面式(3-60)与式(3-61)表示。因此，空域多通道均衡器的最终符号估计可表示为

$$\hat{d}_k=\sum_{v=1}^{V}\rho_{v,k}-\varphi_k=[\boldsymbol{a}_{1,k}^H,\cdots,\boldsymbol{a}_{V,k}^H,-\boldsymbol{b}_k^H]^H\begin{bmatrix}\boldsymbol{r}_{1,k}\mathrm{e}^{-\mathrm{j}\hat{\theta}_{1,k}}\\ \vdots\\ \boldsymbol{r}_{V,k}\mathrm{e}^{-\mathrm{j}\hat{\theta}_{V,k}}\\ \tilde{\boldsymbol{d}}_k\end{bmatrix} \tag{3-75}$$

LMS 算法权系数迭代公式为

$$\boldsymbol{a}_{v,k+1}=\boldsymbol{a}_{v,k}+\mu\cdot\boldsymbol{r}_{v,k}\mathrm{e}_k^*\mathrm{e}^{-\mathrm{j}\hat{\theta}_{n,k}},\quad v=1,2,\cdots,V \tag{3-76}$$

$$\boldsymbol{b}_{k+1}=\boldsymbol{b}_k-\mu\cdot\tilde{\boldsymbol{d}}_k e_k^* \tag{3-77}$$

而采用二阶锁相环的载波相位迭代公式为

$$\Phi_{v,k}=\mathrm{Im}\{\rho_{v,k}e_k^*\} \tag{3-78}$$

$$\hat{\theta}_{v,k+1}=\hat{\theta}_{v,k}+\mu_{\theta1}\Phi_{v,k}+\mu_{\theta2}\sum_{i=0}^{k}\Phi_{v,i},\quad v=1,2,\cdots,V \tag{3-79}$$

同理，由于此处空域多通道均衡器的权系数增加至 $VN+M$ 个，且具有 V 个联合锁相环，因此可以考虑采用 RLS 等具有更快收敛特性的自适应算法以减少所需训练符号的数目。

3.5.2 算法性能仿真

下面进行一个简单的仿真以显示空域多通道均衡算法的性能优势。此处的仿真设置与图 3-9 中基本相同,但多普勒频移固定取 $f_d=0.5$ Hz,同时考虑接收端的阵元通道数 V 分别为 1~4 的情况。易知,阵元数为 1 对应前述单通道联合相位同步均衡,而阵元数 2~4 则采用本节给出的空域多通道均衡算法。假设各个阵元对应水声信道响应阶数均为 $L=8$,且阵元间距足够大,从而使得各信道响应之间彼此不相关,最终的单载波系统误比特率如图 3-12 所示。从图 3-12 中可以看到,当接收端通道数增加时,单载波系统将获得更多的空间增益,其性能也随之显著提升,这与以复杂度换性能的预期是一致的。但同时需说明的是,为提供空域处理通道间的独立性,在实际工程应用中通常需将阵元间距设置为大于 10 倍信号波长,考虑到水声通信信号的工作频率较低,这事实上对通信系统所处平台的尺度也提出了相应的要求。

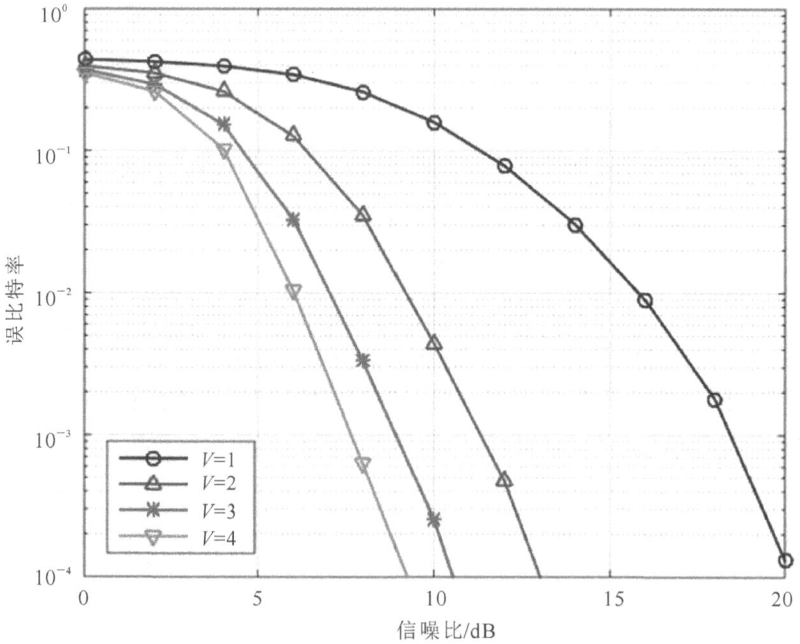

图 3-12 空域多通道联合相位同步均衡器性能仿真

参考文献

[1] WILSON S K, WULSON S, BIGLIERI E. Transmission techniques for digital communications[M]. London:Academic Press,2016.

[2] KILFPYLE D B, BAGGEROER A B. The State of the art in underwater acoustic telemetry[J]. IEEE Journal of Oceanic Engineering,2000,25(1):4-27.

[3] STOJANOVIC M. Recent Advances in high-speed underwater acoustic communications[J]. IEEE Journal of Oceanic Engineering,1996,21(2):125-136.

[4] PROAKIS J G, SALEHI M. Digital communications [M]. 5th ed. New York: McGraw-Hill,2008.

[5] GOLDSMITH A. Wireless communications[M]. Cambridge: Cambridge University Press,2005.

[6] HAYKIN S. Adaptive filter theory[M]. 4th ed. New York:Prentice-Hall,2002.

[7] DINIZ P S R. Adaptive filtering:algorithms and practical implementation[M]. 3rd ed. New York:Springer,2008.

[8] KAY S T. Fundamentals of statistical signal processing, volume I: estimation theory[M]. Englewood Cliffs,NJ:Prentice-Hall,1993.

[9] STOJANOVIC M,CATIPOVIC J A,PROAKIS J G. Phase-coherent digital communications for underwater acoustic channels[J]. IEEE Journal of Oceanic Engineering,1994,19(1): 100－111.

[10] LIU L,ZHOU S,CUI J. Prospects and problems of wireless communications for underwater sensor networks[J]. Wireless Communications and Mobile Computing, 2008,8(8):977－994.

[11] 张贤达,保铮. 通信信号处理[M]. 北京:国防工业出版社,2000.

[12] STOJANOVIC M,CATIPOVIC J,PROAKIS J. Adaptive multichannel combining and equalization for underwater acoustic communications[J]. Journal of the Acoustical Society of America,1993,94(3):1621－1631.

第4章 扩频调制

扩频调制是一种传统的可靠通信技术，其在水声通信中的研究与应用起源于20世纪90年代中后期，彼时空中无线3G通信正经历快速发展，作为其核心基础的扩频调制与码分多址等技术也逐渐被关注并借鉴到水下。事实上，这一时期内基于PSK等的单载波调制与其相干相位检测技术已在水声通信领域被广泛研究，人们很快发现，这类高速调制方法对接收端信噪比要求较高，且建立的链路可靠性较差。作为互补技术，FSK调制虽仍可以带宽利用率为代价实现低信噪比下的稳健传输，但其频点能量检测受信道深衰落影响较大，同时难于支持隐蔽或多用户通信。与之对比，扩频调制在这些方面具有优势，其信号形式天然具有抗衰落与低截获属性，且便于通过码分多址实现多用户通信能力。

但应注意的是，水声信道环境的特殊性也为扩频通信系统的接收处理提出了新的挑战。以直接序列扩频系统为例：一方面，传统RAKE接收机仅针对信道多径进行分集而未考虑信道时变，因此在水声信道多普勒效应作用下将导致处理增益显著损失；另一方面，自适应均衡处理在扩频通信所处低信噪比环境下应用也存在困难，为保证其可靠性，传统方法在解扩处理之后以符号速率进行参数更新，但这又将导致其更新频度随码片序列增长而下降，因而无法跟踪快速时变的水声信道，即出现信噪比与多普勒处理的矛盾。此外，对以直接序列码分多址实现的多用户水声通信而言，由于共享信道的原因，系统接收端还必须对各用户之间存在的多址干扰(MAI)进行处理。本章内容即以解决上述各问题为目的而展开针对性介绍。

本章将首先讨论单用户直接序列扩频水声通信技术，在介绍其基本原理与调制方法基础上，给出对应的时域RAKE接收机与自适应均衡器处理算法。之后在此基础上，进一步介绍多用户直接序列码分多址水声通信技术，并分别介绍基于单用户检测与多用户检测的空时二维接收处理算法，以抑制此时信道中存在的多址干扰。

4.1 扩频通信基本原理

4.1.1 扩频通信的概念

扩频通信的理论基础是信息论中的Shannon定理，其中有关信道容量的计算公式为[1]

$$C=B\log_2\left(1+\frac{P_s}{P_n}\right) \tag{4-1}$$

式中:C 为信道容量,bit・s^{-1};B 为信道带宽,Hz;P_s 与 P_n 分别为信号与高斯白噪声功率,W。Shannon 公式表明在给定信噪比 P_s/P_n 且无误码情况下信道的理论容量 C 与该信道带宽 B 的关系。从此公式还可以得出一个重要结论,即为实现给定的信息传输速率,可以使用不同的带宽和信噪比的组合。换言之,信噪比和信道带宽可以互换。扩频通信系统正是利用这一理论,将信道带宽扩展许多倍以换取信噪比指标上的松弛,故可增强系统的抗干扰能力。

扩频通信是一种信息传输带宽远大于信息自身带宽的通信方式,通信系统中包含两个完全同步的伪随机序列发生器,分别与发射端调制器与接收端解调器相连接。在发射端,调制信号在发射到信道之前,其频带被扩大若干倍;而在接收端,接收信号的频带相应地被缩小相同倍数,从而抑制信道噪声并检测恢复出发射端的传输信息。

4.1.2　扩频通信的特点

扩频通信的主要特点概括如下。

(1)抗干扰能力强。抗干扰能力强是扩频通信最基本的特点。扩频系统的频谱扩展越宽,获得的处理增益越高,抗干扰能力就越强。接收端采用与发射端同步的扩频码解扩后,有用信号得到恢复,而其他窄带干扰信号的频谱被展宽,使得落入信息带宽内的干扰强度大大降低,从而实现了干扰抑制。

(2)保密性好。保密性好是扩频通信最初在军事通信中获得应用的主要原因。由于扩频系统使用伪随机码进行信号处理,经调制后的数字信息类似于随机噪声。在接收端进行解扩时,只有采用与发射端同步的扩频码才能正确恢复出发送信息,而在未知伪随机码时破译是较为困难的,因此具有低截获概率特性,一定程度上实现了信息保密。此外,由于扩频信号的频谱被扩展到较宽的频带内,其功率谱密度也可随之降低,所以具有低检测概率特性,实现了信号隐蔽。

(3)具有抗衰落、抗多径干扰能力。由于扩频通信系统在发射端进行频率扩展,其信道中的传输信号占据较宽的频带,小部分频谱位置的衰落不会导致整个信号频谱产生严重畸变,因此,扩频系统具有潜在的抗频率选择性衰落的能力,可以缓解多径信道的时间弥散效应,抑制通信系统接收端的码间干扰。

(4)具有多址能力,易于实现码分多址。扩频通信系统中采用伪随机序列进行信号处理,在实际的通信系统中还可以利用不同的伪随机序列作为不同用户的地址码,从而实现码分多址(CDMA)通信。本章 4.3 节与 4.4 节将具体阐述多用户 CDMA 水声通信技术。

4.1.3　扩频伪随机序列

在扩频系统中,信号频谱的扩展是通过扩频码实现的,扩频码的选择通常使用具有类似于噪声性质的伪随机序列,具体来说包含以下几点[2]。

(1)平衡特性:伪随机序列中的 0 和 1 的个数接近相等。

(2)游程特性:将一个伪随机序列中连续出现 0 或 1 的子序列称为游程,而连续的 0 或 1 的个数称为游程长度。一般而言,伪随机序列中长度为 1 的游程应占游程总数的 1/2,长

度为 n 的游程占游程总数的 $1/2^n$。

(3)相关特性：伪随机序列应具有类似于白噪声的自相关与互相关特性，以利于接收时的同步跟踪以及多用户检测。此处，伪随机序列的周期自相关函数 R 与互相关函数 X 分别定义为

$$R(l)=\frac{1}{I}\sum_{i=0}^{I-1}q(i)q(i+l) \tag{4-2}$$

$$X(l)=\frac{1}{I}\sum_{i=0}^{I-1}p(i)q(i+l) \tag{4-3}$$

式中：$\{p(i)\}$，$\{q(i)\}$为以±1取值且周期为 I 的伪随机序列码片(chip)脉冲值。

在实际工程应用中，扩频通信通常选用的伪随机序列包括 m 序列、Gold 序列、Kasami 序列以及 Walsh 序列等，下面将对这些序列进行简要介绍。

4.1.3.1 m 序列

m 序列是最长线性反馈移位寄存器的简称，它是由带线性反馈的移位寄存器产生的周期最长的一种序列。具体而言，对于 n 级线性反馈移位寄存器，其可产生序列的最长周期通常为 $I=2^n-1$。线性反馈移位寄存器结构如图 4-1 所示。其中，移位寄存器状态用 a_i 表示，取值为 0 或 1；反馈线连接状态用 c_i 表示，有 $c_i=1$ 表示此线连通，$c_i=0$ 表示此线断开。为理论分析方便起见，此类寄存器结构也常以多项式形式表示，即

$$f(x)=c_0+c_1x+c_2x^2+\cdots+c_nx^n=\sum_{i=0}^{n}c_ix^i \tag{4-4}$$

方程式(4-4)称为特征方程或特征多项式。另外还需引入本原多项式概念，若一个 n 次多项式 $f(x)$满足下列条件：

1)$f(x)$为既约的；

2)$f(x)$可整除 x^I+1，$I=2^n-1$；

3)$f(x)$除不尽 x^i+1，$i<I$，

则称 $f(x)$为本原多项式。

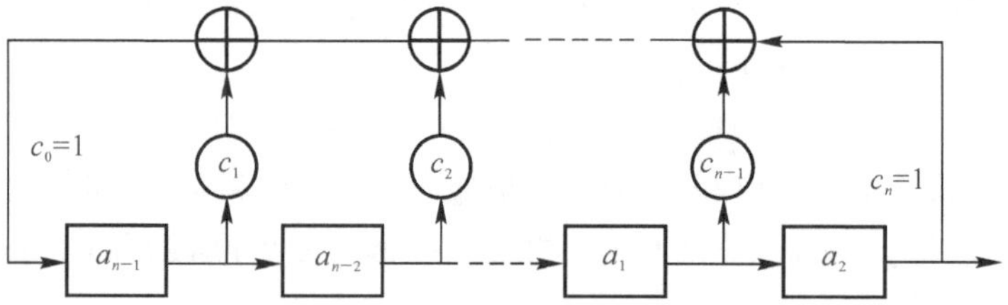

图 4-1 线性反馈移位寄存器结构

可以证明，反馈移位寄存器能产生 m 序列的充要条件：反馈移位寄存器的特征多项式为本原多项式[1]。例如，对于 $n=7$ 的情况，其一个本原多项式为 x^7+x^3+1，其表示对应的线性反馈移位寄存器连接状态为 $c_0=c_3=c_7=1$ 且 $c_1=c_2=c_4=c_5=c_6=0$，以此寄存器结构将可生成周期为 $I=127$ 的 m 序列。

m 序列具有良好的游程特性与平衡特性，其每个周期中包含 2^{n-1} 个取值 1 与 $2^{n-1}-1$

个取值 0,且长度为 k 的游程数目占游程总数的 2^{-k},$1\leqslant k\leqslant n-1$。此外,m 序列的周期自相关函数为

$$R(l)=\begin{cases}1, & l=0\\ -1/I, & l=1,2,\cdots,I-1\end{cases} \tag{4-5}$$

从式(4-5)中可以看到,m 序列具有近似理想的伪随机序列性质,同时生成方式较为简单,因而在现有各类扩频通信系统中被广泛应用。

4.1.3.2　Gold 序列与 Kasami 序列

尽管 m 序列具有良好的自相关特性,但是在多用户 CDMA 系统中,事实上还要求扩频序列具有较小的互相关峰值。相比而言,在此方面 Gold 序列[3-4]与 Kasami 序列[5]具有较 m 序列更好的周期互相关特性,下面将分别进行介绍。

可以证明,存在长度为 $I=2^n-1$ 的 m 序列对,其中两序列呈现三值周期互相关函数,即[6]

$$\Phi_{\mathrm{G}}(l)\in\left\{-\frac{1}{I}t(n),-\frac{1}{I},\frac{1}{I}[t(n)-2]\right\} \tag{4-6}$$

式中:$t(n)$为

$$t(n)=\begin{cases}2^{(n+1)/2}+1, & n\text{ 为奇数}\\ 2^{(n+2)/2}+1, & n\text{ 为偶数}\end{cases} \tag{4-7}$$

此时,将这对 m 序列称为优选序列(Preferred Sequences)。

由一对优选序列通过 I 次循环移位以及模 2 相加操作,并将原优选序列包含在内,则总共可生成 $I+2$ 个序列,这些序列称作为 Gold 序列。Gold 序列具有良好的相关特性,其任意一对序列的互相关函数与任意一个序列的非峰值自相关函数取值都是三值的,取值如式(4-6)。

但是,Gold 序列的互相关特性仍不是最优的。事实上,对于包含 M 个序列的序列集合中的任意一对周期为 I 的二进制序列之间,存在互相关下界为

$$\Phi_{\mathrm{b}}\geqslant\sqrt{\frac{M-1}{MI-1}} \tag{4-8}$$

这个下界称为 Welch 下界[6]。当 I 和 M 都很大时,上式可近似为 $\Phi_{\mathrm{b}}\approx 1/\sqrt{I}$,对于长度为 $I=2^n-1$ 的 Gold 序列,有互相关下界 $\Phi_{\mathrm{b}}\approx 2^{-n/2}$。将 Gold 序列的互相关峰值 $t(n)/I$ 与此下界进行比较,可以看出:当 n 为奇数时,Gold 序列的互相关峰值是下界的$\sqrt{2}$倍;当 n 为偶数时,Gold 序列的互相关峰值是下界的 2 倍。

相对而言,Kasami 序列的互相关特性可实现最优。Kasami 序列集合中包含 $M=2^{n/2}$ 个序列,其生成步骤类似于 Gold 序列,将 m 序列与其 $2^{n/2}+1$ 间隔采样序列进行 $2^{n/2}-1$ 次循环移位以及模 2 相加操作,结果将形成一个新的序列集,将原 m 序列包含在内,称这些序列为 Kasami 序列。Kasami 序列的互相关函数与非峰值自相关函数取值也都是三值的[6],即

$$\Phi_K(l) \in \left\{-\frac{2^{n/2}+1}{I}, -\frac{1}{I}, \frac{2^{n/2}-1}{I}\right\} \tag{4-9}$$

从式(4-9)中可以得到，Kasami 序列的互相关取值满足式(4-9)给出的互相关下界，即 Kasami 序列在此意义上是最优的。

4.1.3.3 Walsh 序列

Walsh 码是一种广泛应用于 CDMA 空中无线通信系统的正交编码，其可由 Hadamard 矩阵的行(或列)向量构成。具体而言，二阶 Hadamard 矩阵形式为

$$\boldsymbol{H}_2 = \begin{bmatrix} 1 & 1 \\ 1 & -1 \end{bmatrix} \tag{4-10}$$

而高阶 Hadamard 矩阵可基于递推公式产生，即

$$\boldsymbol{H}_{2I} = \begin{bmatrix} \boldsymbol{H}_I & \boldsymbol{H}_I \\ \boldsymbol{H}_I & -\boldsymbol{H}_I \end{bmatrix} \tag{4-11}$$

式中：$I = 2^n$；$\boldsymbol{H}_I$ 为 I 阶 Hadamard 矩阵。不难看出，在理想同步对准前提下，以上 Hadamard 矩阵行(列)向量所对应的 Walsh 序列具有理想的正交结构，因此在实际应用中，Walsh 序列通常被用作地址码以区分通信信道中不同的用户。

4.1.4 扩频通信系统类型

按照具体调制方式的不同，扩频通信系统还可进一步细分为以下两种基本类型。

(1)跳频扩频(FHSS)。跳频扩频基于频移键控调制方式实现。在通信发射端，其根据伪随机序列发生器产生序列选择发送信号的载频，由此产生的信号称为跳频信号，即跳频信号具有伪随机时变的载波频率。在通信接收端，其按照相同的载波频率伪随机图样对接收信号进行解调，从而获得传输信息。跳频扩频通常应用于水声信道较为恶劣，通信传输不能保证信号相位相干检测的情况。

(2)直接序列扩频(DSSS)。直接序列扩频基于相移键控调制方式实现。在通信发射端，其根据伪随机序列发生器产生序列设置发送信号相位，由此产生的信号即为直接序列扩频信号或简称为直扩信号。容易知道，直扩信号较之原始信号将具有更宽的信号频谱。类似地，在通信接收端，按照相同的伪随机序列对接收信号进行解扩，即可获得传输信息。直接序列扩频采用信号相位相干检测，其带宽利用率相比跳频扩频而言更高，但同时接收端不再是简单的能量检测，而需涉及更为复杂的信号处理方法。

4.1.5 直接序列扩频调制解调

如第 1 章所述，本书仅就直接序列扩频技术进行介绍，其典型的系统结构如图 4-2 所示。其中，发射端原始的数据符号为$\{d(k)\}$，其符号速率为 R，符号宽度为 $T=1/R$。直接序列扩频系统将其首先乘以由伪随机序列发生器生成的码片序列$\{q(i)\}$，这里码片速率设置为 $R_q = IR$，即对应码片宽度为

$$T_q = 1/R_q = T/I \tag{4-12}$$

则在第 k 个符号间隔内，待发射数据不再是单一符号值 $d(k)$，而是其所对应的 I 长度符号扩展序列

$$d(k,i)=d(k)q(i),\quad i=0,\cdots,I-1 \tag{4-13}$$

由此，直接序列扩频系统的基带发射信号为

$$s(t)=\sum_{k}\sum_{i=0}^{I-1}d(k,i)p_{\mathrm{T}}(t-kT-iT_{\mathrm{q}}) \tag{4-14}$$

式中：$p_{\mathrm{T}}(t)$表示发射端码片成型滤波器响应。

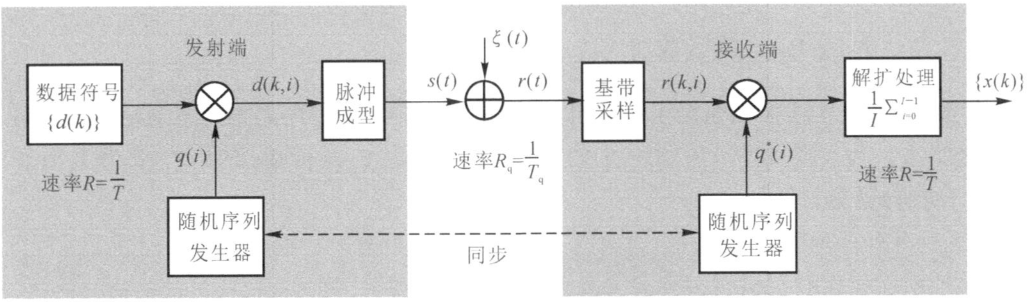

4－2　**直接序列扩频通信系统结构**

对应地，直接序列扩频系统基带接收信号可表示为

$$r(t)=\sum_{k}\sum_{i=0}^{I-1}d(k,i)c(t-kT-iT_{\mathrm{q}})+\xi(t) \tag{4-15}$$

式中：$c(t)$为广义信道冲激响应；$\xi(t)$为噪声项。简单起见，这里先暂时假定式(3－4)给出的加性高斯白噪声信道条件，此时以码片速率采样，即

$$r(k,i)=r(t)\big|_{t=kT+iT_{\mathrm{q}}} \tag{4-16}$$

$$\xi(k,i)=\xi(t)\big|_{t=kT+iT_{\mathrm{q}}} \tag{4-17}$$

则可以得到对应基带采样为

$$r(k,i)=d(k,i)+\xi(k,i) \tag{4-18}$$

直接序列扩频系统随后对接收信号进行解扩操作，有

$$x(k)=\frac{1}{I}\sum_{i=0}^{I-1}q^{*}(i)r(k,i)=d(k)+\xi(k) \tag{4-19}$$

式中：$\xi(k)=I^{-1}\sum_{i=0}^{I-1}q^{*}(i)\xi(k,i)$ 为解扩噪声项，且假定了伪随机序列具有单位幅值，即对于任意 i 均有$|q(i)|^{2}=1$。

设噪声采样$\{\xi(k,i)\,|\,i=0,1,\cdots,I-1\}$为独立同分布，其均值为 0 且方差为 σ^{2}，则易知解扩后 $\xi(k)$的方差为 σ^{2}/I，对比传统单载波调制公式(3－5)，此处式(4－19)中的信噪比事实上提升了 I 倍。即直接序列扩频系统的处理增益为

$$G=10\log_{10}I \tag{4-20}$$

另外，若信道中还存在窄带干扰，则通过解扩，期望信号的频带将被压缩恢复到原始带宽，而干扰信号被扩展到较宽的频带，相当于降低了在期望信号频带内的干扰功率。正是这些原因使得直接序列扩频系统尤其适用于在远程低信噪比条件下实现可靠的水声通信链路。

4.2 直接序列扩频接收处理

4.1节仅针对加性高斯白噪声信道中的直接序列扩频接收处理进行了介绍，本节将进一步考虑实际水声信道条件。此时，由于信道存在多径传播与多普勒效应，因而分别给出两类算法——时域RAKE接收机与时域自适应均衡器以应对信道衰落影响并改善通信系统性能。

4.2.1 时域RAKE接收处理

事实上，直接序列扩频系统采用了自相关特性良好的扩频序列，因而具有一定的多径干扰抑制能力。为具体分析，考虑一个时不变信道包含 p 条传播路径，并采用类似于式(2-39)的信道模型，即

$$c(\tau)=\sum_{p=1}^{P}\bar{\alpha}_p\delta(\tau-\tau_p) \tag{4-21}$$

式中：$\bar{\alpha}_p=\alpha_p e^{j\varphi_p}$ 为第 p 条路径的复幅度；τ_p 为路径延迟。简单起见，不再涉及发射接收端滤波器响应，同时假定各路径与首达路径之间的相对时延不超过符号宽度 T 且均包含整数个码片间隔，即

$$\tau_p-\tau_1=l_pT_q \tag{4-22}$$

式中：l_p 为整数，不失一般性有 $0=l_1<l_2<\cdots<l_p<I$。

在此情况下，若通信接收端以首达路径进行同步，则在第 k 个符号间隔内的接收码片为

$$r(k,i)=\bar{\alpha}_1d(k,i)+\sum_{p=2}^{P}\bar{\alpha}_pd_p(k,i)+\xi(k,i) \tag{4-23}$$

式中

$$d_p(k,i)=\begin{cases}d(k-1)q(I-l_p+i), & i=0,1,\cdots,l_p-1\\ d(k)q(i-l_p), & i=l_p,l_p+1,\cdots,I-1\end{cases} \tag{4-24}$$

从式(4-24)中可以看出，式(4-23)中等号右侧第二项为多径干扰项，由各非首达路径产生，其包含前一发射符号 $d(k-1)$ 和期望符号 $d(k)$。

对于接收码片 $\{r(k,i)\}$，直接序列扩频系统类似式(4-19)执行解扩，则有

$$x(k)=\bar{\alpha}_1d(k)+\sum_{p=2}^{P}\bar{\alpha}_pR_p(k)+\xi(k) \tag{4-25}$$

式中

$$R_p(k)=d(k-1)\left[\frac{1}{I}\sum_{i=0}^{l_p-1}q^*(i)q(I-l_p+i)\right]+d(k)\left[\frac{1}{I}\sum_{i=l_p}^{I-1}q^*(i)q(i-l_p)\right] \tag{4-26}$$

在理想情况下，当扩频码片序列具有白噪声相关特性即 $I^{-1}\sum q^*(i)q(i+l)=\delta_l$，其中 δ_l 为Kronecker冲激，则根据式(4-26)可知 $R_p(k)=0$，即多径干扰被完全消除。对实

际系统而言，完全抑制信道多径是困难的，但直接序列扩频仍能在相当程度上缓解码间干扰，即此时式(4-25)等号右侧第二项为相对小量，故可忽略其信号结构而归入噪声项做统一处理，即

$$x(k)=\bar{\alpha}_1 d(k)+\zeta(k) \tag{4-27}$$

式中：$\zeta(k)$为干扰与噪声的合并项。

时域 RAKE 接收机的思想正是在式(4-27)的基础上产生的。具体来说，以上直接序列扩频接收将非同步路径信号作为多径干扰并进行抑制，因此没有充分利用所有到达路径信号能量。为进一步提高通信系统性能，可采用另一种接收处理形式，其利用扩频序列的自相关特性分离多径分量，并将各路径信号作为时间分集进行合并以获得额外增益，此处理方法即为 RAKE 接收机，也就是多径分集接收机。定义 $\boldsymbol{q}=[q(0),q(1),\cdots,q(I-1)]^{\mathrm{T}}$ 为扩频序列向量，$\boldsymbol{r}_p(k)$为对应符号 k 且与 p 条路径同步的 I 长度基带接收信号向量，即

$$[\boldsymbol{q}_p(k)]_i=r(t)\big|_{t=\tau_p+kT+iT_{\mathrm{q}}},\quad i=0,1,\cdots,I-1 \tag{4-28}$$

则直接序列扩频 RAKE 接收机多径分集合并输出符号估计为

$$\hat{d}(k)=\sum_{p=1}^{P}A_p\left[\frac{\boldsymbol{q}^{\mathrm{H}}\boldsymbol{q}_p(k)}{I}\right] \tag{4-29}$$

此处，A_p 为加权系数，其可根据具体分集合并策略确定。例如，若基于式(4-27)且采用最大比合并，则有

$$A_p=\frac{\bar{\alpha}_p^*}{\sum_{n=1}^{P}|\bar{\alpha}_n|^2} \tag{4-30}$$

不难看出，以上时域 RAKE 接收机处理需使用信道路径数 p、幅度$\{\bar{\alpha}_p\}$与同步时延位置$\{\tau_p\}$等先验信息。实际工程应用时，这些信息可在帧同步阶段通过信道估计提前获取。另外，还应注意的是，至此考虑的都仅是时不变信道条件，而对水声信道这样的严重时变环境而言，直接使用式(4-29)的标准 RAKE 接收机将导致解扩处理增益显著下降。为应对这一问题，本小节接下来的内容将进一步分别介绍其两种改进方法，即联合锁相环(PLL)与多普勒跟踪(DT)的 RAKE 接收机。

4.2.1.1　锁相环 RAKE 接收机

锁相环 RAKE(PLL-RAKE)接收机的处理结构如图 4-3 所示。其采用式(2-45)给出的统一时变相位信道模型，并相应在标准 RAKE 接收机基础上引入锁相环以实现相位估计与补偿，即

$$\hat{d}(k)=\mathrm{e}^{-\mathrm{j}\hat{\theta}(k)}\sum_{p=1}^{P}A_p\left[\frac{\boldsymbol{q}^{\mathrm{H}}\boldsymbol{r}_p(k)}{I}\right] \tag{4-31}$$

此处，$\hat{\theta}(k)$是第 k 个符号位置的载波相位估计，其可类似于之前 3.4 节联合相位同步均衡器中的式(3-69)与式(3-71)获得，有

$$\Phi(k)=\angle\{\hat{d}(k)\cdot\tilde{d}^*(k)\} \tag{4-32}$$

$$\hat{\theta}(k+1)=\hat{\theta}(k)+\mu_{\theta1}\Phi(k)+\mu_{\theta2}\sum_{i=0}^{k}\Phi(k) \tag{4-33}$$

式中：$\tilde{d}(k)$表示第k个符号判决，$\angle\{\cdot\}$为求相角操作。不难看出，此处式(4－32)与式(4－33)是基于符号估计与判决间的相位差进行的二阶锁相环处理。

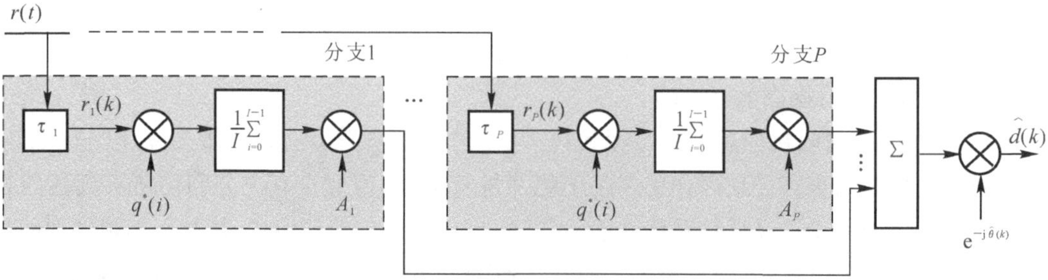

图 4－3　锁相环 RAKE 接收机结构

4.2.1.2　多普勒跟踪 RAKE 接收机

多普勒跟踪 RAKE(DT－RAKE)接收机的处理结构如图 4－4 所示。其采用式(2－47)给出的多重多普勒因子与路径延迟信道模型，以显式考虑各路径间存在的多普勒因子差异。对应地，不同于 PLL－RAKE 接收机在多径分集合并后统一进行时变相位补偿的方法，DT－RAKE 接收机逐分支进行重采样以克服各路径的多普勒时间压扩。假设 DT－RAKE 接收机在第p个分支符号k位置的多普勒因子估计是$\hat{a}_p(k)$，则其进行多普勒补偿需设置重采样频率，即

$$f_{s,p}=[1+\hat{a}_p(k)]f_s \tag{4-34}$$

式中：f_s为标称采样频率。此重采样操作可基于多相滤波器实现[7]，并进而类似式(4－28)获得第p个分支上的重采样信号向量，最终 DT－RAKE 接收机仍可基于式(4－29)输出符号估计。此外，当获得符号判决后，还可以在接收机各分支中分别进行多普勒因子跟踪，有

$$\Phi_p(k)=\angle\{\hat{d}_p(k)\tilde{d}^*(k)\} \tag{4-35}$$

$$\hat{a}_p(k+1)=\hat{a}_p(k)+\mu_{a1}\Phi_p(k)+\mu_{a2}\sum_{i=0}^{k}\Phi_p(k) \tag{4-36}$$

式中：$\hat{d}_p(k)$为单独对第p个分支解扩后的符号k估计。

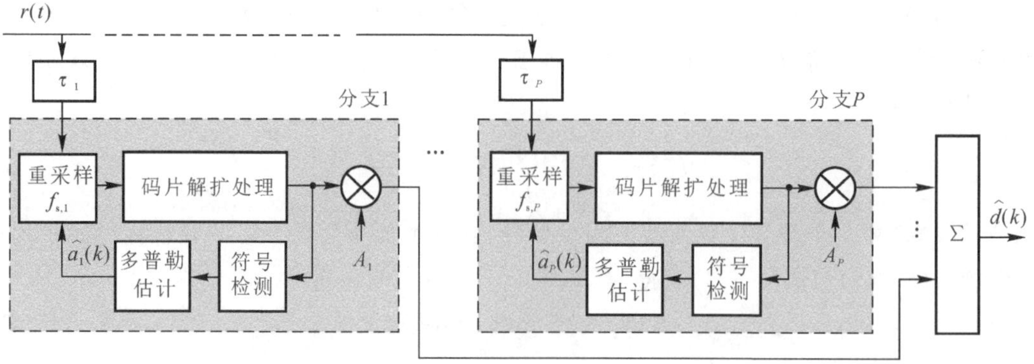

图 4－4　多普勒补偿 RAKE 接收机结构

4.2.2　时域自适应均衡处理

4.2.1 小节给出了基于时域 RAKE 接收机的水声扩频通信信号处理方法，该类方法利用扩频序列的自相关特性分辨信道多径，并对多径信号作为时间分集合并。事实上，对于水声信道时变多径效应的另一类有效补偿处理手段是采用均衡器进行信道均衡。在此方面，本小节将介绍两类水声直接序列扩频系统中应用的时域自适应均衡算法——符号判决反馈均衡与码片假设反馈均衡。

4.2.2.1　符号判决反馈均衡器

符号判决反馈均衡(SDFE)算法与 3.4 节中联合相位同步均衡算法相类似，其结构如图 4-5 所示。仍设均衡器前馈、反馈抽头个数为 $N=N_1+N_2+1$ 与 M，同时扩频符号与码片间隔分别为 T 与 T_q。一方面，此均衡器前馈部分采用分数间隔采样，采样速率为码片速率的两倍，即 $T_q/2$，故在 $kT+iT_q$ 时刻均衡器前馈部分的存储信号向量为

$$\boldsymbol{r}(k,i)=[\boldsymbol{r}(kT+iT_q+N_1T_q/2),\cdots,\boldsymbol{r}(kT+iT_q-N_2T_q/2)]^{\mathrm{T}} \tag{4-37}$$

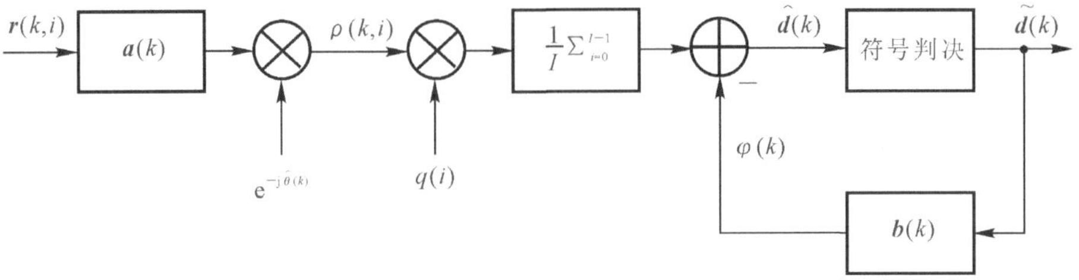

图 4-5　直接序列扩频符号判决反馈均衡器结构

对应均衡器前馈部分的输出为

$$\rho(k,i)=\boldsymbol{a}^{\mathrm{H}}(k)\boldsymbol{r}(k,i)\mathrm{e}^{-\mathrm{j}\hat{\theta}(k)} \tag{4-38}$$

另一方面，均衡器反馈部分返回符号判决 $\tilde{\boldsymbol{d}}(k)=[\tilde{\boldsymbol{d}}(k-1),\tilde{\boldsymbol{d}}(k-2),\cdots,\tilde{\boldsymbol{d}}(k-M)]^{\mathrm{T}}$，即在符号 k 时刻均衡器反馈部分的输出为

$$\varphi(k)=\boldsymbol{b}^{\mathrm{H}}(k)\tilde{\boldsymbol{d}}(k) \tag{4-39}$$

由式(4-38)和式(4-39)可以知道，直接序列扩频系统符号判决反馈均衡器最终输出的符号估计为

$$\begin{aligned}\hat{\boldsymbol{d}}(k)=&\frac{1}{I}\sum_{i=0}^{I-1}q^*(i)\rho(k,i)-\varphi(k)=\\&\frac{1}{I}\sum_{i=0}^{I-1}q^*(i)\left[\boldsymbol{a}^{\mathrm{H}}(k)\boldsymbol{r}(k,i)\mathrm{e}^{-\mathrm{j}\hat{\theta}(k)}\right]-\boldsymbol{b}^{\mathrm{H}}(k)\tilde{\boldsymbol{d}}(k)\end{aligned} \tag{4-40}$$

式(4-40)给出的均衡器结构中集成了码片解扩操作，且参数 $\boldsymbol{a}$、$\boldsymbol{b}$、$\hat{\theta}$ 以符号速率进行自适应更新，其迭代求解类似于第 3 章中的联合相位同步均衡算法。可以看到，采用符号判决反馈均衡器，当直接序列扩频系统码片速率一定时，增加频率扩展因子 I 将使得符号间隔增加。而在快速时变水声信道中，更大的符号间隔意味着自适应算法单次迭代所对应的信道时变更加严重，因此将导致均衡器跟踪性能下降，出现系统接收解调性能随频率扩展因子

增加而恶化的情况。

4.2.2.2 码片假设反馈均衡器

由前文 4.2.2.1 小节可知，在一些快速时变环境中，若信道特性在一个符号间隔内变化明显，以符号速率更新均衡器参数将可能无法正常收敛从而导致不可靠的判决。为此，考虑使用以码片速率更新的自适应均衡器，此类均衡器能够对具有更大多普勒扩展的水声信道进行跟踪。但是在信噪比较低的情况下，由于无法实现相对可靠的码片判决，多数码片均衡器基于线性结构而没有引入判决反馈，这将有可能导致出现噪声谱增强现象[6]。为解决这个问题，需要设计一种新的方法以在直接序列扩频系统接收端解扩操作执行之前提供可靠的码片判决。在此方面，Stojanovic 等学者提出了一种码片假设反馈均衡(CHFE)算法[8]，它采用码片速率更新并对假设码片序列而非实际判决进行反馈，从而能够较有效地跟踪补偿水声信道的快速时变。

具体而言，以二进制符号调制为例，此时 CHFE 算法分别假设直接序列扩频系统发射符号$\{d(k)\}$取值为$+1$或-1，并对两种假设在当前符号周期内进行码片速率的自适应判决反馈均衡处理，之后选择具有较低判决误差的假设符号作为最终判决，同时保留选定假设对应的接收机参数以进行下一个符号处理。CHFE 算法结构如图 4－6 所示。

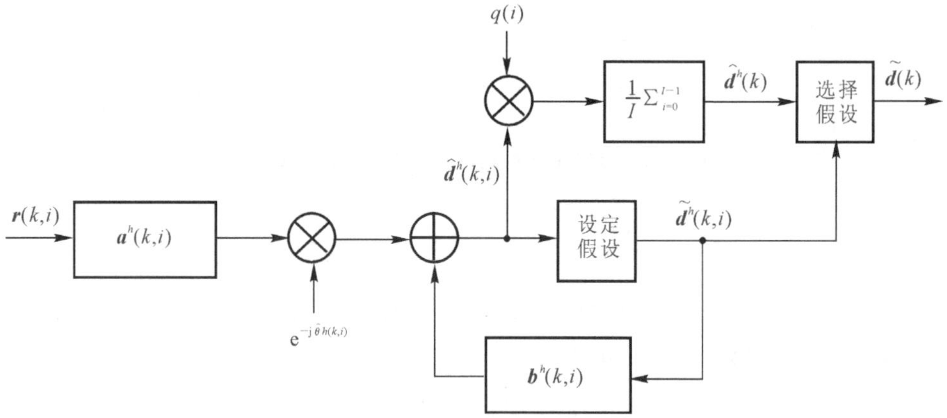

图 4－6　直接序列扩频码片假设反馈均衡器结构

更具体来说，CHFE 算法执行以下步骤。

第一步，对当前符号的扩频序列进行假设。若符号的调制阶数为 H，则其需进行 H 次假设以对应所有可能的发射符号，此时在第 k 个符号间隔内有

$$\tilde{\boldsymbol{d}}^h(k,i)=d^h(k)q(i),\quad h=1,\cdots,H \tag{4-41}$$

式中：$d^h(k)$为接收端对发射符号 $d(k)$的第 h 个假设；$\tilde{\boldsymbol{d}}^h(k,i)$为经扩频操作之后对应的假设码片序列。

第二步，对应于各假设情况分别采用 3.4 节给出的联合相位同步自适应均衡进行处理，并将假设码片序列作为判决进行反馈，从而得到当前码片的估计为

$$\hat{\boldsymbol{d}}^h(k,i)=\boldsymbol{a}^{h\mathrm{H}}(k,i)\boldsymbol{r}(k,i)\mathrm{e}^{-\mathrm{j}\hat{\theta}^h(k,i)}-\boldsymbol{b}^{h\mathrm{H}}(k,i)\tilde{\boldsymbol{d}}^h(k,i) \tag{4-42}$$

式中：$\boldsymbol{a}^h$ 与 $\boldsymbol{b}^h$ 分别码片假设反馈均衡器前馈、反馈权系数向量；$\hat{\theta}^h$ 为相位估计；$\boldsymbol{r}$ 为均衡器前馈部分存储的信号向量；$\tilde{\boldsymbol{d}}^h$ 为均衡器反馈部分存储的假设码片序列；$\hat{d}^h$ 为对当前码片的估计。应当注意的是，相比于之前 SDFE 算法式(4-40)，此处 CHFE 算法式(4-42)中均衡器参数是以码片速率进行更新的。

第三步，对应于各假设输出的码片估计序列进行相关解扩，有

$$\hat{d}^h(k)=\frac{1}{I}\sum_{i=0}^{I-1}q^*(i)\hat{d}^h(k,i) \tag{4-43}$$

式中：$\hat{d}^h(k)$为对应于第 h 个假设的符号估计。之后，选择具有较小误差的假设作为最终符号判决结果，即

$$\tilde{d}(k)=d^{\tilde{h}}(k) \tag{4-44}$$

式中

$$\tilde{h}=\arg\min_{h=1,\cdots H}\{|d^h(k)-\hat{d}^h(k)|^2\} \tag{4-45}$$

并将获胜假设所对应的滤波器系数以及相位估计保留到下一符号。

由上述可见，码片假设反馈均衡器以增加计算复杂度为代价，可获得相比符号判决反馈均衡器更强的信道时变跟踪能力，从而解决符号判决反馈均衡器随频率扩展因子增加而导致系统性能恶化的问题。

4.2.3　算法性能实验与仿真

在本节以上算法介绍的基础上，此处将借助于实验与仿真来具体分析比较各种水声直接序列扩频通信系统接收处理算法的性能。

4.2.3.1　实验与仿真环境配置

基于 2005 年 1 月采集的扩频水声通信湖上实验数据进行分析。通信系统的主要参数配置见表 4-1，对应实验水声信道参数设置见表 4-2。在 5 km，10 km，25 km 通信距离处，采用线性调频脉冲信号进行信道响应测量，得到信道多径结构如图 4-7(a)～(c)所示。其中最大多径时延约在 10 ms 以内，且在整个通信持续时间内路径个数与路径时延位置基本保持稳定，但是受到信道时变因素影响，各路径的相对幅度随时间缓慢变化。另外，为获得更加灵活的信道设置以全面考察算法性能，本小节还借助第 2 章中的 HJRAY 软件建立起仿真水声信道，其信道参数采用模拟浅海近程配置，具体见表 4-2，对应多径结构如图 4-7(d)所示。可以看到，仿真水声信道中主要包含两条传输路径。

表 4-1　扩频水声通信系统参数

参　数	数　值
调制方式	DPSK
码片速率	2 kHz
扩频序列	31、63、127
传输数据率	64.5 b·s^{-1}、31.7 b·s^{-1}、15.7 b·s^{-1}

表 4-2　实验与仿真水声信道参数

参　数	实验信道	仿真信道
距离	5～25 km	5 km
布深	6 m/22 m	6 m/22 m
声速	微弱负梯度	如图 2-13 (a)所示
水深	40 ～100 m	100 m

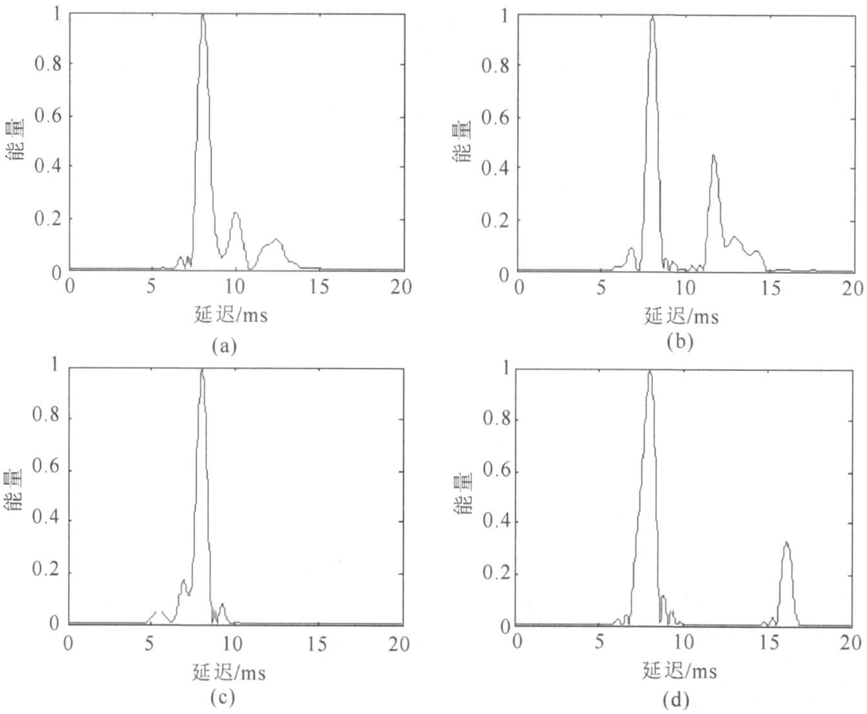

图 4-7 实验与仿真水声信道多径结构

(a)实验水声信道,5 km;(b)实验水声信道,10 km;(c)实验水声信道,25 km;(d)仿真水声信道,5 km

4.2.3.2 实验与仿真结果分析

水声直接序列扩频通信接收算法性能的实验结果见表 4-3。可以看到,在 5 km,10 km,25 km 通信距离处,接收端的输入信噪比均小于 10 dB。在此情况下,传统 PSK 相位相干通信方式无法实现可靠解调;相比而言,扩频通信无论采用 DT-RAKE,SDFE 或 CHFE 算法均完成了无误码传输。并且通过进一步比较可知:一方面,接收端输出信噪比大致随通信距离的减小与扩频序列长度的增大而提高;另一方面,由于实验水声信道的时变特性,CHFE 算法具有更好的适应性,其较 DT-RAKE 与 SDFE 算法具有更高的输出信噪比。

表 4-3 水声直接序列扩频通信实验结果

距离/km	输入信噪比/dB	多普勒因子	序列长度	输出信噪比/dB		
				DT-RAKE	SDFE	CHFE
5	7	3.7×10^{5}	31	17.3	20.2	24.1
			63	19.6	19.0	25.9
			127	20.9	20.0	27.2
10	4	4.0×10^{-4}	31	15.8	18.6	20.2
			63	17.8	17.9	22.4
			127	19.6	18.4	25.8
25	0	2.9×10^{-4}	31	10.6	11.5	14.2
			63	16.6	16.5	20.8
			127	15.8	13.6	18.3

图4-8给出了对通信距离10 km、扩频序列长度$I=31$的数据帧处理后得到的各算法解调性能。其中,图4-8(a)给出了接收机输入端的码片星座图,受到信道多径与低信噪比的影响,其已完全闭合;图4-8(b)给出了解调符号的载波相位,可以看到,系统存在一个近似匀速的相位漂移;图4-8(c)给出了SDFE算法与CHFE算法迭代的输出均方误差(MSE),可以看到,尽管CHFE算法输出的码片MSE较大,但是经过解扩后,其符号MSE性能优于SDFE算法,且进入稳态后具有更小的抖动;最后,图4-8(d)~(f)分别给出了采用DT-RAKE算法、SDFE算法与CHFE算法接收机输出端的符号星座图,可以看到,符号星座点均完全分离,因此系统能够实现正确解调。

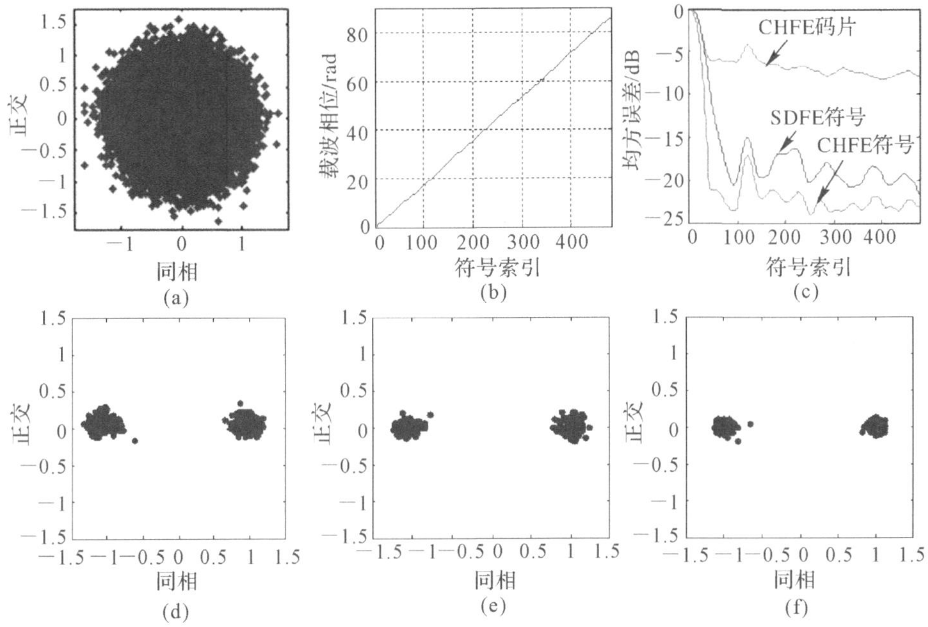

图4-8 实验数据帧解调结果

(a)接收机输入端的码片星座图;(b)解调符号的载波相位;(c)SDFE与CHFE算法速化输出均方误差(MSE)

(d)DT-RAKE算法接收机输出端符号星座图;(e)SDFE算法接收机;输出端符号星座图;

(f)CHFE算法接收机输出端符号星座图

进一步基于HJRAY生成的仿真水声信道研究各算法的信道时变跟踪性能,具体结果由图4-9给出。其中,系统接收端输入信噪比固定为-4 dB,图4-9(a)给出了扩频序列长度为$I=31$,不同多普勒频移情况下各算法对应的输出信噪比。可以看到,此时DT-RAKE算法与CHFE算法能够跟踪信道时变,其性能基本保持稳定,而PLL-RAKE算法与SDFE算法性能随多普勒频移的增加而逐渐下降。图4-9(b)给出了多普勒频移为1.5 Hz时,不同扩频序列长度下各算法对应的输出信噪比,可以看到,DT-RAKE算法与CHFE算法性能能够正常随扩频序列长度的增加而提高。相比而言,由于随序列长度的增加各符号内的信道时变也同时增大,因此PLL-RAKE算法与SDFE算法性能反而出现下降。

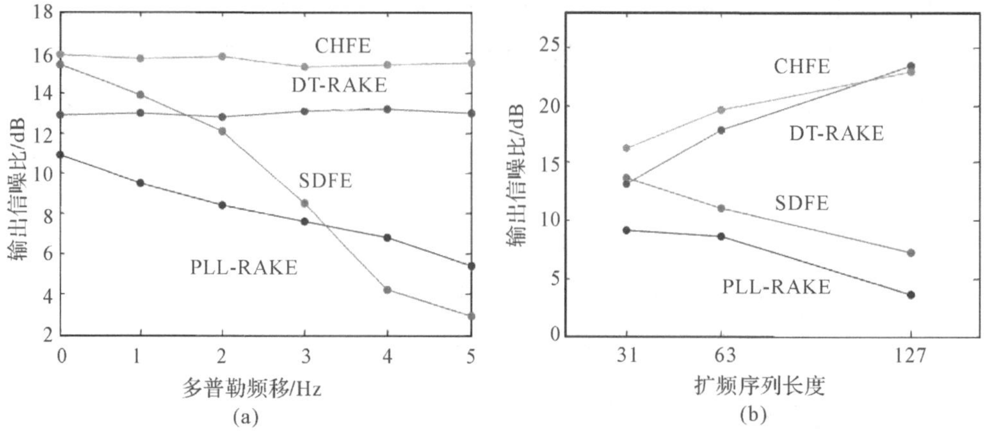

图 4-9 仿真数据帧解调结果

(a)扩频序列长度为 $I=31$ 时,不同多普勒频移情况下各算法对应的输出信噪比;

(b)多普勒频移为 1.5 Hz 时,时,不同扩频序列长度下各算法对应的输出信噪比

4.3 多址技术基本原理

前面 4.2 节中的研究对象仅限于包含一个发射机和一个接收机的单用户直接序列扩频通信系统,在其基础上,本章随后部分将进一步针对多用户直接序列码分多址(DS-CDMA)通信系统进行讨论。这里所谓多用户通信即多址通信,是指多个用户同时共享一定的传输信道资源的通信方式。具体而言,同空中无线通信一样,水声通信的基本多址体制包括频分多址、时分多址与码分多址三类。本节将首先介绍这些多址技术的基本原理并引出直接序列码分多址概念。

4.3.1 频分多址

频分多址(FDMA)是把通信系统的总频带资源划分为若干个等间隔的频道(或称信道),并分别分配给不同用户使用的一种多址技术。在 FDMA 通信系统中,要求不同用户的发射信号在频域上相互正交。具体而言,此场景中两个信号 $s_1(t)$ 和 $s_2(t)$ 的正交是用其频谱 $S_1(f)$ 和 $S_2(f)$ 之间的互相关或内积定义的,即

$$\langle S_1,S_2\rangle=\int_{-\infty}^{\infty}S_1(f)S_2^*(f)\mathrm{d}f=0 \tag{4-46}$$

为做到这一点,FDMA 系统中的用户频道应该互不重叠,且通常需要在各个频道之间插入一定保护频带,以保证式(4-46)可被更精确地满足。FDMA 系统的工作方式由图 4-10(a)给出。可以看到,其中包含 K 个用户,分别占据 K 个信道,各用户在任何时刻都可以发射信号,彼此互不影响。

FDMA 系统具有结构简单、接收处理复杂度低的特点,但是受到水声信道传播衰减等因素的影响,水声通信系统可用的工作带宽十分有限,由于 FDMA 信道为特定用户所独占,当其不使用时,信道处于空闲状态而通常不能被其他用户使用,从而导致信道资源浪费,这

对于水声多用户通信是很不利的。

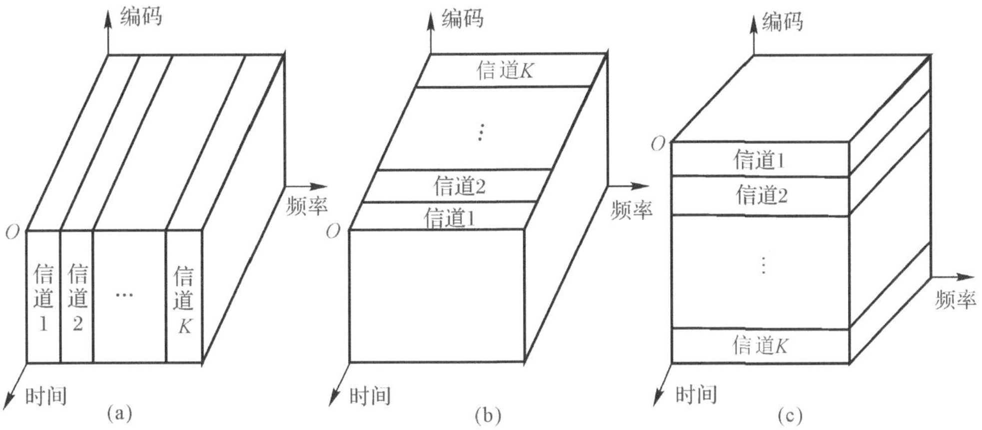

图 4-10 多多址技术原理[2]

(a)FDMA 系统工作方式;(b)TDMA 系统工作方式;(c)CDMA 系统工作方式

4.3.2 时分多址

在时分多址系统(TDMA)中,各用户使用信道的方式是按照时隙分配的。各时隙以循环的方式分配给每个用户,在每个时隙内只有一个用户发射或接收。同样,TDMA 通信系统要求信号正交;在时域中,两个信号 $S_1(t)$和 $S_2(t)$的正交定义为它们之间的互相关或内积等于零,即

$$\langle S_1, S_2 \rangle = \int_{-\infty}^{\infty} S_1(t) S_2^*(t) \mathrm{d}t = 0 \tag{4-47}$$

TDMA 系统的工作方式由图 4-10(b)给出,可以看出,TDMA 系统中各个用户时隙不能出现任何重叠。为了保证这种正交性,通常需要在各个时隙之间插入保护时间。保护时间的作用是保证两个相邻用户的发射信号不会在同一时刻取非零值,等价于使得它们在任何时间的乘积都等于零,即令式(4-47)成立。

TDMA 系统能够将每帧数目不等的时隙分配给不同的用户,因此可以根据不同用户的需求,方便地实现不同的传输速率。但是,由于 TDMA 系统要求通信各用户端只能在规定的时隙中发送和接收信号,因而必须在严格的帧同步、时隙同步与位同步的条件下工作,对传播时延与多径时延扩展很大的水声信道而言,保证 TDMA 水声通信同步与时隙分配效率是比较困难的。

4.3.3 码分多址

前述时分多址与频分多址是将信道资源分配给不同用户的传统方法。在 FDMA 中,所有用户虽然可以同时连续发射信号,但其占用的频带互不相同;在 TDMA 中,所有用户占用相同的频带,但必须按照不同的时隙分配发射信号。因此,在时频域内,这两种多址技术实际上只让一个发射用户占据一个条带,每个用户本质上是在一种等效的单信道环境工作,以此避免出现多用户干扰。相比而言,码分多址(CDMA)系统基于扩频调制,其为各用户

分配不同的扩频序列，通过扩频序列的正交性来实现各用户信号的正交。设两个信号 $s_1(t)$ 和 $s_2(t)$ 使用的扩频码分别为 $c_1(t)$ 与 $c_2(t)$，则

$$\langle c_1, c_2 \rangle = \int_{-\infty}^{\infty} c_1(t) c_2^*(t) \mathrm{d}t = 0 \tag{4-48}$$

CDMA 系统的工作方式由图 4-10(c)给出。可以看出，CDMA 系统允许用户信号在时域和频域内都相互重叠，即允许多个用户在相同的时间内共享相同的频带。此时，为了保证信号正交性，需要特别设计对应于各用户的扩频序列以尽量保证式(4-48)近似成立。

4.3.4 多址干扰与远近效应

本小节将对基于 DS-CDMA 的多用户水声通信进行研究。DS-CDMA 系统继承了单用户直接序列扩频系统抗衰落、抗干扰能力强的优点，适合应用于水声通信环境。同时，DS-CDMA 系统还具有软容量特性，即 CDMA 系统中的用户个数不存在绝对限制，只是随着用户数的增加所有用户的接收性能会相应降低。这是由于在实际 DS-CDMA 系统中不同用户之间的扩频序列不可能完全正交，从而导致其他用户信号对当前期望用户的接收处理造成所谓多址干扰。

具体而言，考虑一个 DS-CDMA 系统中共包含有 U 个用户。假设第 u 个用户的扩频码片序列为 $\{q_u(i)\}$，其在第 n 时刻的发射符号为 $d_u(k)$，且该用户到达通信接收端的信道响应为

$$c_u(\tau) = \sum_{p=1}^{P_u} \bar{\alpha}_{u,p} \delta(\tau - \tau_{u,p}) \tag{4-49}$$

式中：P_u、$\bar{\alpha}_{u,p}$ 与 $\tau_{u,p}$ 分别为路径条数、路径复幅度与延迟。以此用户 u 为期望用户并对准其首达路径采样接收，在此条件下进行干扰信号模型分析。这里，为使推导简化，假定各用户之间首达路径相互同步，即

$$\tau_{j,1} - \tau_{u,1} = 0 \tag{4-50}$$

式中：$u, j = 0, 1, \cdots, U$，并且类似于 4.2.1 小节，设用户自身各路径之间相对延迟不超过符号宽度且包含整数个码片，即

$$\tau_{u,p} - \tau_{u,1} = l_{u,p} T_{\mathrm{q}} \tag{4-51}$$

式中，$\{l_{u,p}\}$ 为整数，不失一般性有 $0 = l_{u,1} < l_{u,2} < \cdots < l_{u,P} < I$。

此多用户情况下，第 k 个符号间隔内的接收码片为

$$r(k,i) = \bar{\alpha}_{u,p} d_u(k,i) + \sum_{p=2}^{P_u} \bar{\alpha}_{u,p} d_{u,p}(k,i) + \sum_{j \neq u} \sum_{p=1}^{P_j} \bar{\alpha}_{j,p} d_{j,p}(k,i) + \xi(k,i) \tag{4-52}$$

式中

$$d_u(k,i) = d_u(k) q_u(i), \quad i = 0, \cdots, I-1 \tag{4-53}$$

为用户 u 在第 k 个符号间隔内的符号扩展序列，而

$$d_{u,p}(k,i) = \begin{cases} d_u(k-1) q_u(I - l_{u,p} + i), & i = 0, 1, \cdots, l_{u,p} - 1 \\ d_u(k) q_u(i - l_{u,p}), & i = l_{u,p}, l_{u,p}+1, \cdots, I-1 \end{cases} \tag{4-54}$$

进一步对式(4-52)中接收信号以期望用户码片序列 $\{q_u(i)\}$ 执行解扩，则有

$$x_u(k) = \bar{\alpha}_{u,1} d_u(k) + \sum_{p=2}^{P_u} \bar{\alpha}_{u,p} R_{uu,p}(k) + \sum_{j \neq u} \sum_{p=1}^{P_j} \bar{\alpha}_{j,p} R_{uj,p}(k) + \xi_u(k) \tag{4-55}$$

式中：$\xi_u(k)=I^{-1}\sum_{i=0}^{I-1}q_u^*(i)\xi(k,i)$ 为噪声项，而

$$R_{uj,p}(k)=d_j(k-1)\left[\frac{1}{I}\sum_{i=0}^{l_{j,p}-1}q_u^*(i)q_j(I-l_{j,p}+i)\right]+ d_j(k)\left[\frac{1}{I}\sum_{i=l_{j,p}}^{I-1}q_u^*(i)q_j(i-l_{j,p})\right] \tag{4-56}$$

式(4-55)可被视为之前式(4-25)在多用户条件下的扩展。尽管对其推导已进行了原理性简化(未考虑用户异步与非整数码片路径延迟)，但仍可从中了解 DS-CDMA 系统干扰信号模型的基本属性。具体而言，式(4-55)等号右边第二项为(同一用户信号的)多径干扰项，而第三项是(不同用户信号的)多址干扰项。对于多径干扰，之前式(4-25)的讨论中已有阐述，故此处将重点放在多址干扰。可以看到，由于不同用户的扩频序列在有相对时延情况下不能完全正交，因此式(4-55)中多址干扰项将不为零。另外，更为严重的是，若一个或多个其他用户距离接收端较之期望用户更近，则它们的接收信号能量可能远大于期望用户的接收信号能量，则有

$$\sum_{p=1}^{P_j}|\bar{\alpha}_{j,p}|^2 \gg \sum_{p=1}^{P_u}|\bar{\alpha}_{u,p}|^2 \tag{4-57}$$

此时，式(4-55)中多址干扰项将成为 $x_u(k)$ 的主要部分，使得系统接收端无法完成正确判决，这种情况在多用户通信中一般称为远近效应。为解决这些问题，4.4 节将具体介绍 DS-CDMA 系统的接收处理方法，以实现对水声信道衰落与多址干扰的联合抑制。

4.4 DS-CDMA 接收处理

本节中介绍的 DS-CDMA 系统接收处理方法可被大致分为单用户检测与多用户检测两类。其中，基于单用户检测的 DS-CDMA 通信系统仅使用期望用户的扩频码与同步信息进行符号检测，其本质上与 4.2 节给出的单用户直接序列扩频接收处理相类似，但此时需额外考虑多址干扰对系统性能的影响。为此，本节将直接序列扩频时间一维处理算法扩展至空间域，在 4.4.1 小节与 4.4.2 小节中分别介绍两类空时 DS-CDMA 水声通信接收算法，即空时二维 RAKE 接收算法与空时二维均衡接收算法。

与单用户检测相比，多用户检测(Multiuser Detection)将同时使用期望用户以及干扰用户的扩频码与同步信息进行符号检测，其主要用以解决 CDMA 系统存在的多址干扰与远近效应的问题，虽复杂度更高，但借助于更多的先验信息，有望获得较之单用户检测更好的 DS-CDMA 通信系统性能。事实上，多用户检测在空中无线通信领域并非一个新的主题，早在 20 世纪 80—90 年代，人们已对其进行了广泛研究[9]，但考虑到水声信道时变多径环境条件的复杂性，相关技术在水声通信中的使用仍存在困难。

举例而言，最佳多用户检测器采用 Viterbi 算法进行最大似然序列估计以获取期望用户最有可能的发射序列，其具有指数复杂度，在具有大多径扩展的水声通信环境下通常无法实

际实现。一类重要的次最佳检测是线性多用户检测器，其包括解相关多用户检测器和最小均方误差多用户检测器等，主要原理是通过对接收信号进行线性变换以实现用户间去耦或对期望用户符号进行线性估计。这类方法模型结构相对简单，但在水声通信中的使用需涉及大矩阵求逆，因而也导致高计算复杂度。相比而言，另一类次最佳检测器是非线性干扰抵消多用户检测器，具体包括串行干扰抵消（SIC）[10]与并行干扰抵消（PIC）[11]两种处理算法，其基本原理是利用已检测的用户信号重构期望用户信号中的干扰成分，并从接收信号中相应删除，由此来尽量抑制多用户系统中的多址干扰。这类干扰抵消方法的主要优点在于简单，且算法的复杂度相对较低，因而更具工程可实现性。作为说明，本节中 4.4.3 小节与 4.4.4 小节将以串行干扰抵消为例，将其分别与单用户检测的空时 RAKE 与均衡处理算法相结合，给出适用于 DS－CDMA 水声通信的多用户检测算法。

4.4.1 基于单用户检测的空时二维 RAKE 接收处理

空时二维 RAKE 接收机（2D－RAKE）首先在空中无线通信中被提出[12]，其基于时域一维 RAKE 接收机，在时域内仍是将各路径信号作为时间分集，利用扩频序列的自相关特性分解多径分量，然后再合并以获得分集增益，但是其空域处理允许采用不同的方法。为此，可进一步将空时二维 RAKE 接收机细分为两类，即基于空间分集（SD）与空间波束形成（SBF）的 RAKE 接收算法。

4.4.1.1 空间分集 RAKE 接收机

空间分集 RAKE（SD－RAKE）接收机是一种最简单的空时算法，它在空域与时域内同时采用分集处理，结构如图 4－11 所示。

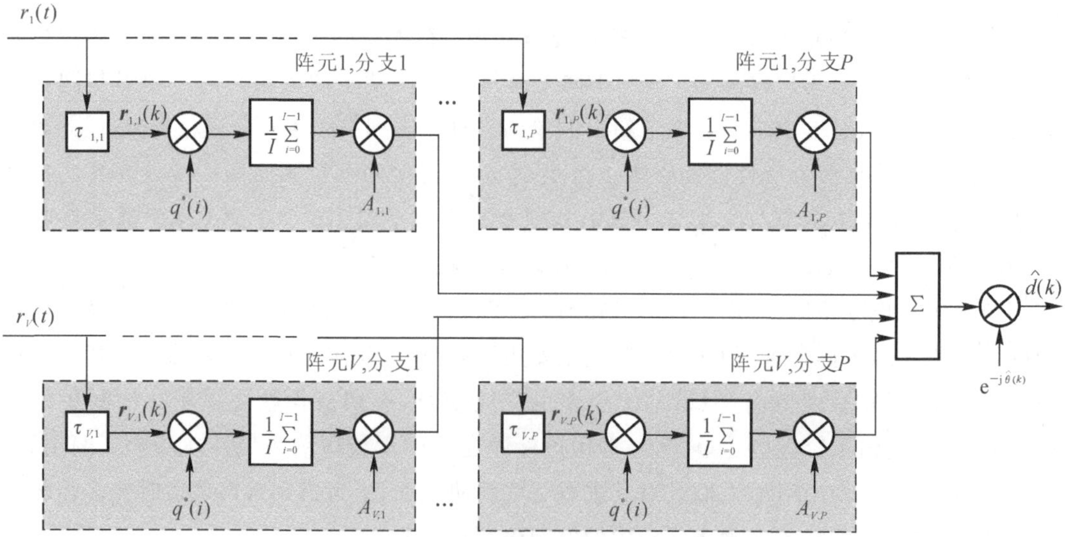

图 4－11　空间分集 RAKE 接收机结构

由图 4－11 可以看到，其中 DS－CDMA 系统接收端共有 V 个阵元，且各阵元包含 p 个

RAKE 分支。设这些分支的相对时延为$\{\tau_{v,p}\}$，分别对准期望用户各路径信号的到达时刻，同时对应分集合并系数为$\{A_{v,p}\}$，期望用户扩频序列为 $\boldsymbol{q}$，则空间分集 RAKE 接收机的输出符号估计可以表示为

$$\hat{d}(k)=\mathrm{e}^{-\mathrm{j}\hat{\theta}(k)}\sum_{v=1}^{V}\sum_{p=1}^{P}A_{v,p}\left[\frac{\boldsymbol{q}^{\mathrm{H}}\boldsymbol{r}_{v,p}(k)}{I}\right] \tag{4-58}$$

式(4-58)可被视为式(4-31)的直接扩展。这里$\boldsymbol{r}_{v,p}(k)$为各 RAKE 分支对应期望用户符号 k 的阵元接收信号向量，其中 I 个元素取值类似于式(4-28)；$\hat{\theta}(k)$为对应的载波相位估计，其可同样由式(4-32)与式(4-33)求解。容易知道，上述算法在各阵元接收信号相互独立时能够获得一定的空间分集增益，但是在多用户环境下，由于未对多址干扰进行抑制，因此受远近效应的影响系统性能将出现下降。

4.4.1.2　空间波束形成 RAKE 接收机

与空间分集 RAKE 接收机不同，空间波束形成 RAKE(SBF-RAKE)接收机在空域采用自适应波束形成抑制多址干扰。为实现波束形成，事实上要求接收端阵列中的阵元间距足够小，使得各通道信号完全相关，同时此情况下对期望用户信号在各阵元上可取相同的同步时刻，即

$$\tau_p=\tau_{1,p}=\tau_{2,p}=\cdots=\tau_{V,p},\qquad p=1,2,\cdots,P \tag{4-59}$$

具体而言，此处空间波束形成 RAKE 接收机结构如图 4-12 所示。

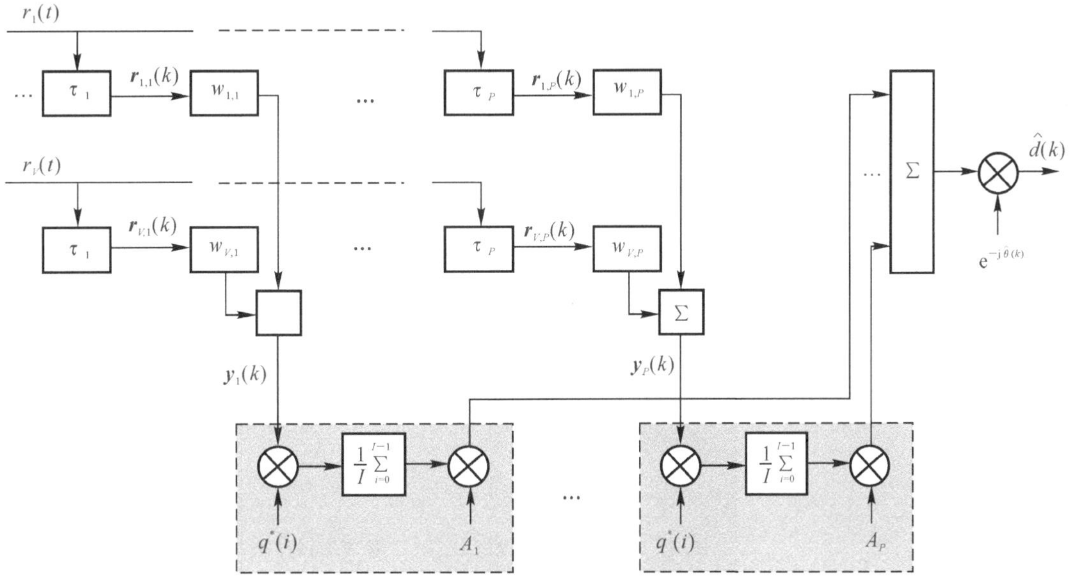

图 4-12　空间波束形成 RAKE 接收机结构

由图 4-12 可知，空间波束形成 RAKE 接收机首先在空域内采用自适应阵列处理，即将各阵元输出进行加权求和以形成波束，分别指向期望用户的不同路径波达方向，从而对期望用户信号得到最大输出，同时减小来自其他方向的干扰信号能量，达到克服远近效应与多

址干扰的目的。之后，空间波束形成 RAKE 接收机在时域内仍采用期望用户多径分集合并，同时以锁相环消除由水声信道多普勒效应所引起的相位抖动。以上处理最终得到的空间波束形成 RAKE 接收机输出为

$$\boldsymbol{y}_p(k)=\sum_{v=1}^{V} w_{v,p}^{*}(k)\boldsymbol{r}_{v,p}(k) \tag{4-60}$$

$$\hat{d}(k)=\mathrm{e}^{-\mathrm{j}\hat{\theta}(k)}\sum_{p=1}^{P} A_p\left[\frac{\boldsymbol{q}^{\mathrm{H}}\boldsymbol{y}_p(k)}{I}\right] \tag{4-61}$$

式中：$\{w_{v,p}\}$为自适应波束形成加权系数，其取值可基于符号判决误差，即

$$\mathrm{e}(k)=\tilde{d}(k)-\hat{d}(k)=\tilde{d}(k)-\sum_{p=1}^{P}\sum_{v=1}^{V} w_{v,p}^{*}(k)\left[\frac{A_p\mathrm{e}^{-\mathrm{j}\hat{\theta}(k)}}{I}\boldsymbol{q}^{\mathrm{H}}\boldsymbol{r}_{v,p}(k)\right] \tag{4-62}$$

以 LMS 或 RLS 等自适应算法进行求解。

4.4.2 基于单用户检测的空时二维均衡处理

空时二维均衡器是对时域一维均衡器的扩展，其利用对接收端各阵元通道信号联合处理以提高系统性能。之前 3.5 节已述及，在单载波调制中，空时二维均衡能够较之时域一维均衡更有效地克服由多径引起的码间干扰[13]。此处，对多用户 DS－CDMA 系统而言，空时二维均衡也可隐含对多址干扰实现抑制[14]。

4.4.2.1 符号判决反馈空时二维均衡器

符号判决反馈空时二维均衡器(ST－SDFE)结构如图 4－13 所示，其结构与时域一维符号判决反馈均衡器相类似。图中，一方面，均衡器前馈部分包含 V 个通道，分别对应于不同的接收阵元，以将所有阵元信号进行联合处理；另一方面，均衡器为进一步抑制多径干扰引入判决反馈，且各接收通道共用同一反馈分支。

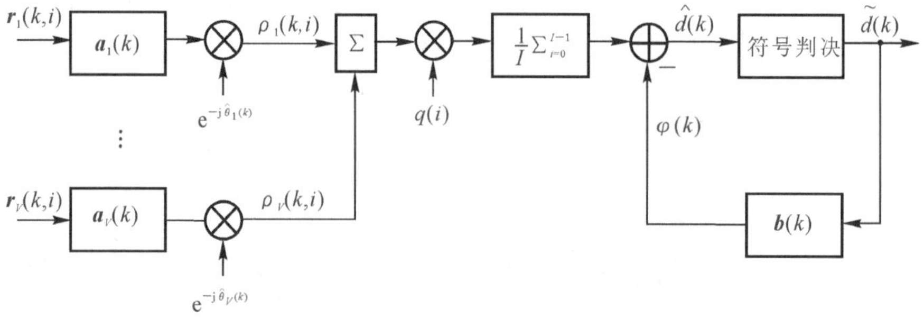

图 4－13 符号判决反馈空时二维均衡器结构

具体而言，一方面，空时二维均衡器前馈部分仍采用 $T_{\mathrm{q}}/2$ 分数码片间隔采样，类似于式(4－37)，定义 $kT+iT_{\mathrm{q}}$ 时刻均衡器前馈部分第 v 个阵元通道存储的接收信号向量为 $\boldsymbol{r}_v(k,i)$，则该前馈通道的滤波输出为

$$\rho_v(k,i)=\boldsymbol{a}_v^{\mathrm{H}}(k)\boldsymbol{r}_v(k,i)\mathrm{e}^{-\mathrm{j}\hat{\theta}_v(k)} \tag{4-63}$$

式中：$\boldsymbol{a}_v$ 为第 v 个前馈通道的抽头权系数列向量；$\hat{\theta}_v$ 为第 v 个前馈通道的载波相位校正量。另一方面，对比图 4-5，空时二维均衡器反馈分支结构等同于时域一维情况，故其输出即为式(4-39)。进一步结合对输出信号序列的相关解扩，便得到符号判决反馈空时二维均衡器输出的符号估计，有

$$\hat{d}(k)=\frac{1}{I}\sum_{i=0}^{I-1}q^*(i)\sum_{v=1}^{V}\rho_v(k,i)-\varphi(k)=$$
$$\frac{1}{I}\sum_{i=0}^{I-1}q^*(i)\sum_{v=1}^{V}\boldsymbol{a}_v^{\mathrm{H}}(k)\boldsymbol{r}_v(k,i)\mathrm{e}^{-\mathrm{j}\hat{\theta}_v(k)}-\boldsymbol{b}^{\mathrm{H}}(k)\tilde{\boldsymbol{d}}(k) \tag{4-64}$$

此处，$\{q(i)\}$ 为期望用户码片序列，均衡器的系数 $\{\boldsymbol{a}_v\}$、$\boldsymbol{b}$、$\{\hat{\theta}_v\}$ 以符号速率进行自适应更新，整个迭代过程基于符号误差

$$\mathrm{e}(k)=\tilde{d}(k)-\hat{d}(k) \tag{4-65}$$

符号判决反馈空时二维均衡器能够在一定程度上抑制码间干扰与多址干扰，但其与对应时域一维均衡器相类似，当 DS-CDMA 系统使用的码片速率一定时，增加频率扩展因子 I 将使得符号间隔增加，导致自适应算法单次迭代周期延长，从而不利于跟踪快速信道时变。

4.4.2.2　码片假设反馈空时二维均衡器

对于快速时变的水声环境，信道在一个符号间隔内变化明显，此时以符号速率更新将可能无法正常收敛从而导致不可靠的判决，为此需采取码片速率更新。码片假设反馈空时二维均衡器(ST-CHFE)结合空域、时域处理以同时抑制码间干扰与多址干扰，并且通过对假设码片序列而非实际判决进行反馈，能够有效地跟踪并补偿水声信道的快速时变效应，其结构如图 4-14 所示。

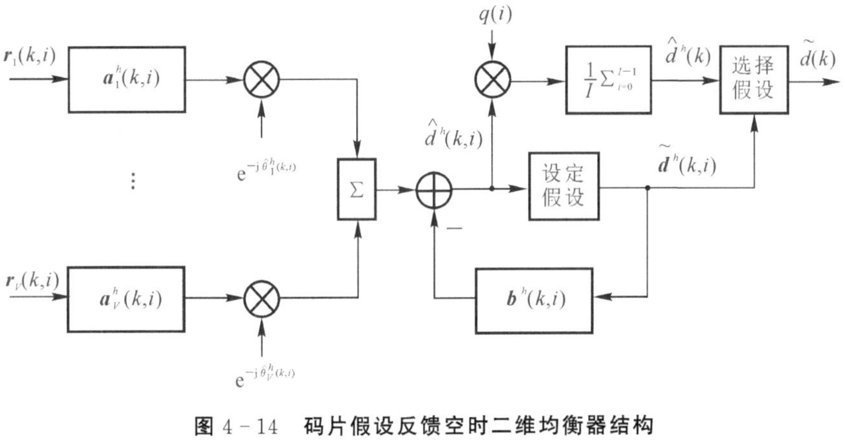

图 4-14　码片假设反馈空时二维均衡器结构

具体而言，ST-CHFE 算法对期望用户每种发射符号情况进行假设，并在当前符号周期内分别进行码片速率的多通道自适应判决反馈均衡处理，之后选择具有较低误差的假设作为数据判决。具体来说，码片假设反馈空时二维均衡器执行以下步骤。第一步，类似于式(4-41)对期望用户的当前符号进行假设，即设 $d^h(k)$ 为接收端对期望用户符号的第 h 个假

设，$\widetilde{d}^h(k,i)$为其对应的假设码片序列。第二步，对应于各假设分别采用多通道联合相位同步自适应均衡器进行处理，并将假设码片序列作为判决进行反馈，从而得到当前码片的估计，有

$$\hat{d}^h(k,i)=\sum_{v=1}^{V}\boldsymbol{a}_v^{h\mathrm{H}}(k,i)\boldsymbol{r}_v(k,i)\mathrm{e}^{-\mathrm{j}\hat{\theta}_v^h(k,i)}-\boldsymbol{b}^{h\mathrm{H}}(k,i)\widetilde{\boldsymbol{d}}^h(k,i) \tag{4-66}$$

式中：$\boldsymbol{a}_v^h$ 与$\boldsymbol{b}^h$ 分别为均衡器前馈、反馈权系数向量；$\{\hat{\theta}_v^h\}$为各前馈通道相位；$\widetilde{\boldsymbol{d}}^h$ 为均衡器反馈部分存储的对先前码片的假设。第三步与对应时域一维均衡器处理相同，即基于式(4-43)进行假设符号解扩，并基于式(4-44)与式(4-45)选取最终获胜的符号判决。

可以看到，此处码片假设反馈空时二维均衡器与其对应时域一维均衡器相类似，以增加计算复杂度为代价，期望获得相比符号判决反馈空时二维均衡器更强的信道时变跟踪能力。

4.4.3 联合多用户检测的空间波束形成 RAKE 接收处理

由 4.4.1.2 小节已知，基于单用户检测的空间波束形成 RAKE 接收机通过自适应阵列处理，将波束方向指向期望用户的波达方向，并克服来自其他方向的干扰用户信号。但是采用此方法，在干扰用户与期望用户位置相距较近的情况下，各用户信号的波达方向将无法通过空间波束进行区分，导致接收机不能可靠地克服远近效应与多址干扰，系统性能因而下降。

为应对这一问题，本小节将空时二维 RAKE 接收处理与多用户检测相结合，介绍一种串行干扰抵消空间波束形成 RAKE 接收机(SIC-SBF-RAKE)，其结构如图 4-15 所示。

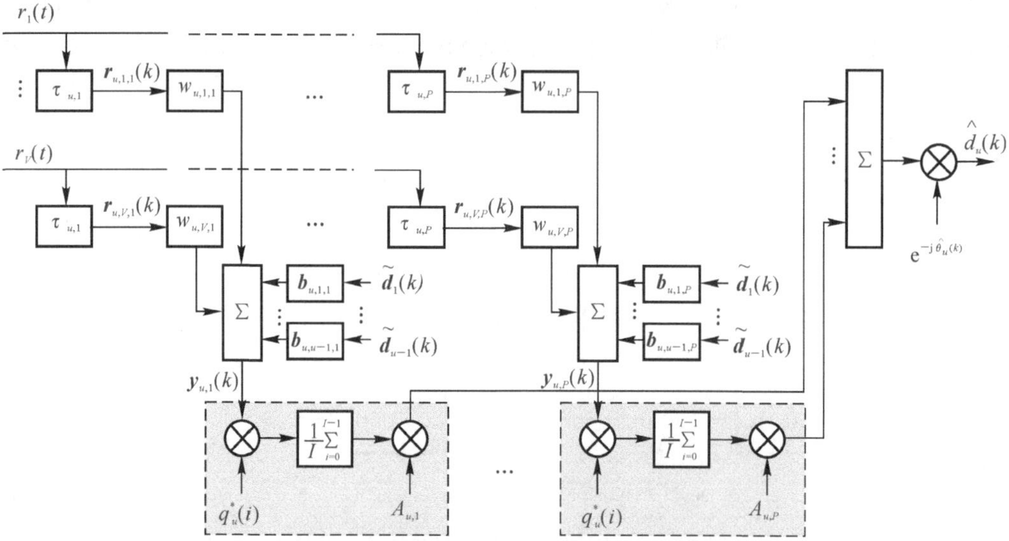

图 4-15　串行干扰抵消空间波束形成 *RAKE* 接收机结构

其中，多用户检测基于串行干扰抵消实现，其按功率递减的顺序解调用户信号，每次仅检测一个用户，并根据判决结果在下一用户解调前从接收信号中抵消掉当前用户引入的多址干扰。具体而言，仍设 DS-CDMA 系统包含 U 个用户，且接收端有 V 个阵元。不失一般性，设用户 $u=1,2,\cdots,U$ 在接收端到达信号功率依次递减，则对于第 u 个用户，其在空域波

束形成后输入时域 RAKE 接收机第 p 个分支的信号为

$$\boldsymbol{y}_{u,p}(k)=\sum_{v=1}^{V}w_{u,v,p}^{*}(k)\boldsymbol{r}_{u,v,p}(k)-\sum_{j=1}^{u-1}\boldsymbol{b}_{u,j,p}^{\mathrm{H}}(k)\tilde{\boldsymbol{d}}_{j}(k) \tag{4-67}$$

式中：$\boldsymbol{r}_{u,v,p}$ 为期望用户各 RAKE 分支的阵元接收信号；$\{w_{u,v,p}\}$ 为对应自适应波束形成权系数；$\tilde{\boldsymbol{d}}_j$ 为前级处理输出的强用户判决序列；$\boldsymbol{b}_{u,j,p}$ 为串行干扰抵消权系数。对于式(4-67)，可以看到其等号右边第一项用以形成指向期望用户 u 的第 p 条路径波达方向的波束，以对干扰信号进行空间滤除；而第二项实现串行干扰抵消，以进一步抵消由强用户引起的空时二维 RAKE 接收机中残余的多址干扰。

将各分支信号进行时域 *RAKE* 加权合并，其最终输出符号估计为

$$\hat{d}_u(k)=\mathrm{e}^{-\mathrm{j}\hat{\theta}_u(k)}\sum_{p=1}^{P}A_{u,p}\left[\frac{\boldsymbol{q}_u^{\mathrm{H}}y_{u,p}(k)}{I}\right] \tag{4-68}$$

式中：$\boldsymbol{q}_u$ 为期望用户 u 对应的扩频序列；$A_{u,p}$ 为 *RAKE* 分集合并权系数；$\hat{\theta}_u$ 为集成锁相环的载波相位估计，用以消除水声信道中的相位抖动。采用自适应算法，可对式(4-67)中的波束形成权系数$\{w_{u,v,p}\}$与串行干扰抵消权系数$\boldsymbol{b}_{u,j,p}$ 进行联合迭代求解，其基于符号估计误差，即

$$\mathrm{e}_u(k)=\tilde{d}_u(k)-\hat{d}_u(k) \tag{4-69}$$

式中：$\tilde{d}_u(k)$为期望用户 u 的当前符号判决。借助于上述串行干扰抵消的引入，联合多用户检测空时二维 RAKE 接收机，相比于单用户检测空间波束形成二维 RAKE 接收机将可获得更强的抗干扰能力。

4.4.4　联合多用户检测的空时二维均衡处理

与将多用户检测引入空时二维 RAKE 接收机相类似，可将多用户检测与 4.4.2 小节中的空时二维均衡器相结合，从而增强均衡器对多址干扰的抑制能力，进一步提高判决器输入端的信号干扰比。具体而言，本小节介绍两种用于异步 DS-CDMA 水声通信的联合多用户检测空时二维均衡器，它们同样集成了串行干扰抵消实现多用户检测，并分别采用符号速率与码片速率进行参数更新以适应不同的水声信道环境。

4.4.4.1　串行干扰抵消符号判决反馈空时二维均衡器

串行干扰抵消符号判决反馈空时二维均衡器(SIC-ST-SDFE)的结构如图 4-16 所示。可以看到，它在符号判决反馈空时二维均衡器中引入串行干扰抵消。由图 4-16 可知，首先此均衡器前馈部分包含 V 个阵元通道，类似于式(4-63)，均衡器对于期望用户 u 在第 v 个前馈通道内的输出可写为

$$\rho_{u,v}(k,i)=\boldsymbol{a}_{u,v}^{\mathrm{H}}(k)\boldsymbol{r}_v(k,i)\mathrm{e}^{-\mathrm{j}\hat{\theta}_{u,v}(k)} \tag{4-70}$$

式中：$\{\boldsymbol{a}_{u,v}\}$为前馈通道的抽头权系数向量；$\{\hat{\theta}_{u,v}\}$为通道的载波相位校正量。其次，空时二维均衡器反馈部分返回对期望用户先前符号的判决，用以辅助实现多径信道码干扰消除，此部分的输出为

$$\varphi_{u,u}(k)=\boldsymbol{b}_{u,u}^{\mathrm{H}}(k)\tilde{\boldsymbol{d}}_u(k) \tag{4-71}$$

式中：$\tilde{\boldsymbol{d}}_u$ 为期望用户 u 的均衡器符号判决反馈向量；$b_{u,u}$ 为反馈分支的抽头权系数向量。最后，引入串行干扰抵消单元以对来自强用户的多址干扰进行抑制，其对应的干扰消除项为

$$\varphi_{u,j}(k,i)=\sum_{j=1}^{u-1}\boldsymbol{b}_{u,j}^{\mathrm{H}}(k)\tilde{\boldsymbol{d}}_j(k,i) \tag{4-72}$$

式中：$\{\tilde{\boldsymbol{d}}_j\}$ 为对应于前级处理输出的各强用户的判决码片序列；$\{\boldsymbol{b}_{u,j}\}$ 为串行干扰抵消权系数向量。

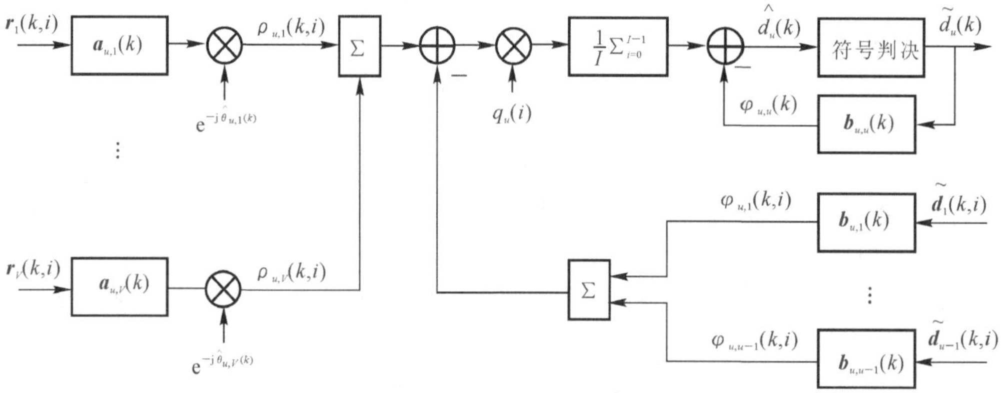

图 4-16　串行干扰抵消符号判决反馈空时二维均衡器结构

最终，对空时二维均衡器的输出进行相关解扩，可得均衡器对应于期望用户 u 的输出符号估计为

$$\hat{\boldsymbol{d}}_u(k)=\frac{1}{I}\sum_{i=0}^{I-1}q_u^*(i)\left[\sum_{v=1}^{V}\rho_{u,v}(k,i)-\sum_{j=1}^{u-1}\varphi_{u,j}(k,i)\right]-\varphi_{u,u}(k) \tag{4-73}$$

式中：$\{q_u(i)\}$为期望用户码片序列。同样，此均衡器的参数$\{\boldsymbol{a}_{u,v}|v=1,2,\cdots,V\}$、$\{\boldsymbol{b}_{u,j}|j=1,2,\cdots,u\}$与$\{\hat{\theta}_{u,v}\}$均以符号速率进行自适应更新，其迭代过程基于符号估计误差 $e_u(k)$。可以预期，在慢时变水声环境中，SIC - ST - SDFE 算法相比于基于单用户检测的 ST - SDFE 算法具有更强的抗干扰能力。

4.4.4.2　串行干扰抵消码片假设反馈空时二维均衡器

对异步 DS - CDMA 水声通信而言，应用 4.4.2.2 小节给出的 ST - CHFE 算法，由于其基于单用户检测，系统性能将受多址干扰影响。最佳的 DS - CDMA 系统假设反馈均衡方法是对所有 U 个用户各符号位置处的 2^U 种发射符号组合分别进行假设，选出具有最小误差的假设。但在此情况下，假设次数将随 U 值指数增长，其过高的计算复杂度将使得实际工程应用受到限制。为此，本书介绍一种串行干扰抵消码片假设反馈空时二维均衡器(SIC - ST - CHFE)，其结构如图 4 - 17 所示。可以看到，一方面，此均衡器采用对假设码片而非实际判决进行反馈，能够以码片速率进行更新，实现快速时变水声信道跟踪；另一方面，通过引入串行干扰抵消单元实现联合多用户检测，接收机能够更好地消除多址干扰对符号判决的影响。同时，此算法的总假设次数与用户数 U 仍保持线性关系。

具体而言,SIC－ST－CHFE 算法对应于期望用户 u 当前符号的各种假设分别采用多通道联合相位同步自适应均衡处理,同时将前级处理输出的强用户判决码片序列连同期望用户的假设码片序列一并反馈,从而得到当前码片的估计为

$$\hat{\boldsymbol{d}}_u^h(k,i)=\sum_{v=1}^{V}\boldsymbol{a}_{u,v}^{h\mathrm{H}}(k,i)\boldsymbol{r}_v(k,i)\mathrm{e}^{-\mathrm{j}\hat{\theta}_{u,v}^h(k,i)}-\sum_{j=1}^{u-1}\boldsymbol{b}_{u,j}^{h\mathrm{H}}(k,i)\tilde{\boldsymbol{d}}_j(k,i)-\boldsymbol{b}_{u,u}^{h\mathrm{H}}(k,i)\tilde{\boldsymbol{d}}_u^h(k,i) \tag{4-74}$$

式中:$\tilde{\boldsymbol{d}}_u^h$ 为期望用户的假设反馈码片序列;$\{\tilde{\boldsymbol{d}}_j\}$为前级处理输出的强用户判决码片序列;$\{a_{u,v}^h\}$为当前假设对应的均衡器前馈部分权系数;$\{\hat{\theta}_{u,v}^h\}$为此时的相位估计;$\boldsymbol{b}_{u,u}^h$ 为均衡器假设反馈分支权系数,负责消除符号间干扰;$\{\boldsymbol{b}_{u,j}^h\}$为均衡器串行干扰抵消分支权系数,负责消除系统残留多址干扰。最终,此均衡器输出的码片估计序列在解扩后执行类似于式(4－44)与式(4－45)的符号判决,并将获胜假设所对应的均衡器系数以及相位估计保留到下一符号。

此外,不难发现,要完成对所有 U 个用户的检测,上述 SIC－ST－CHFE 算法涉及的总假设次数仅为 HU 次,因此不会引入指数计算复杂度。

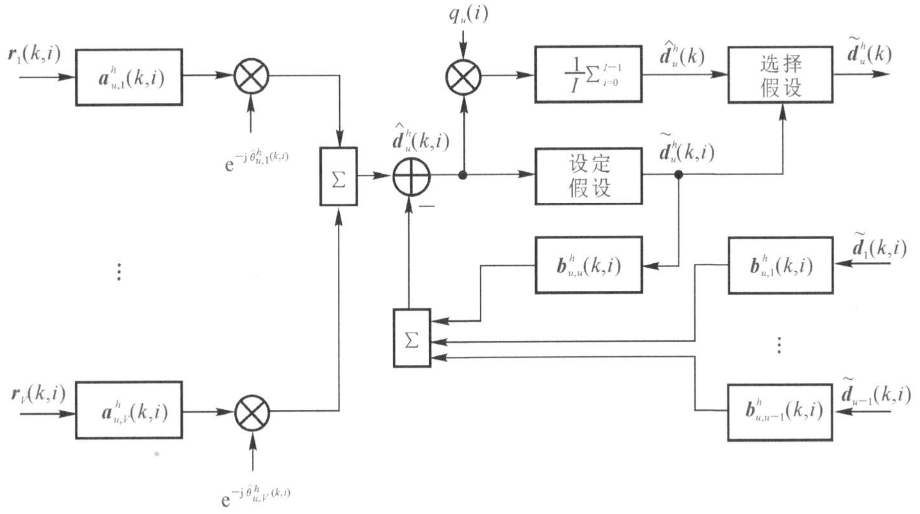

图 4－17 串行干扰抵消码片假设反馈空时二维均衡器结构

4.4.5 算法性能实验与仿真

在之前各小节介绍的基础上,现在将分别借助实验与仿真,分析比较各种多用户 DS－CDMA 水声通信接收处理算法的实际性能。此处采用的实验与仿真环境配置见 4.2.3 小节中表 4－1、表 4－2 以及图 4－7。

具体来说,DS－CDMA 通信信号由 5 km 实验数据帧合成,通过仿真产生线列阵 4 阵元接收信号,阵元间距取载波半波长,分别模拟夹角 60°或 0°的两个用户的到达信号。采用各种接收处理算法的数据处理结果由表 4－4 与表 4－5 给出。其中,表 4－4 对应于用户夹角

60°情况，此时不同方向用户的接收信噪比近似同为 7 dB，通过空时二维处理，各单用户检测算法可实现 MAI 抑制，引入 SIC 未产生额外的性能增益；相比而言，表 4-5 对应于用户夹角 0°情况，此时用户 1 与用户 2 的接收信噪比分别约为 7 dB 与 0 dB，单用户检测算法抑制 MAI 能力下降，而采用基于 SIC 的多用户检测算法可以获得更好的系统性能。

表 4-4 多用户水声扩频通信实验结果(一)

通信距离/km	用户信号夹角	扩频序列长度	用 户	输出信噪比/dB					
				SBF-RAKE	ST-SDFE	ST-CHFE	SIC-SBF-RAKE	SIC-ST-SDFE	SIC-ST-CHFE
5	60°	31	1	20.5	22.4	24.8	20.2	22.8	24.3
			2	19.7	21.8	24.8	20.0	21.7	24.0
		63	1	19.1	21.0	25.0	18.7	21.3	25.0
			2	18.8	20.3	25.0	18.6	20.1	24.7
		127	1	17.3	19.1	28.0	17.4	18.6	27.6
			2	16.7	18.9	27.4	16.6	18.1	27.0

表 4-5 多用户水声扩频通信实验结果(二)

通信距离/km	用户信号夹角	扩频序列长度	用 户	输出信噪比/dB					
				SBF-RAKE	ST-SDFE	ST-CHFE	SIC-SBF-RAKE	SIC-ST-SDFE	SIC-ST-CHFE
5	0°	31	1	19.3	20.2	20.0	19.8	20.8	24.6
			2	16.4	17.4	12.6	17.0	18.5	15.8
		63	1	16.1	15.6	22.3	16.5	15.9	24.7
			2	13.4	13.5	6.9	14.6	13.7	16.6
		127	1	16.2	16.3	23.0	17.0	16.7	27.5
			2	12.4	13.0	5.4	12.7	13.3	19.0

图 4-18 与图 4-19 分别给出了用户夹角为 60°以及 0°情况下，对应于用户 2、扩频序列长度为 31 的实验数据帧采用本节各种接收处理算法的性能。其中，图 4-18(a)～(c)给出了三种基于单用户检测的 SBF-RAKE 算法、ST-SDFE 算法与 ST-CHFE 算法相对于时域一维处理算法的输出均方误差性能；可以看到，采用空时二维处理，算法具有更高的输出信噪比。类似地，图 4-19(a)～(c)给出三种基于多用户检测的 SIC-SBF-RAKE 算法、SIC-ST-SDFE 算法与 SIC-ST-CHFE 算法相对于基于单用户检测算法的输出均方误差性能；可以看到，各种多用户检测算法通过引入 SIC 具有更强的 MAI 抑制能力，其输出信噪比性能得到进一步改善。另外，图 4-18(d)～(f)与图 4-19(d)～(f)给出各算法输出端对应的符号星座图，从中可以看到，所有星座图完全分离，因此各算法均可实现无误码解调。

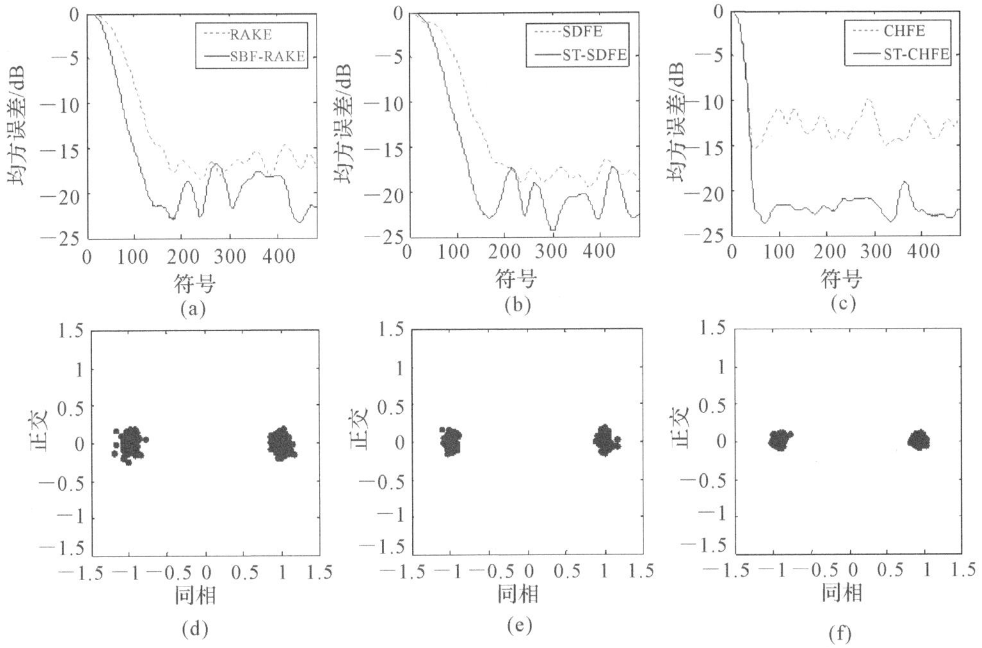

图 4-18　多用户 DS-CDMA 实验数据解调结果(用户 2,夹角 60°)

(a)SBF-RAKE 算法输出端均方误差;(b)ST-SDFE 算法输出端均方误差;

(c)ST-CHFE 算法输出端均方误差;(d)SBF-RAKE 算法输出端符号星座图;

(e)ST-SDFE 算法输出端符号星座图;(f)ST-CHFE 算法输出端符号星座图

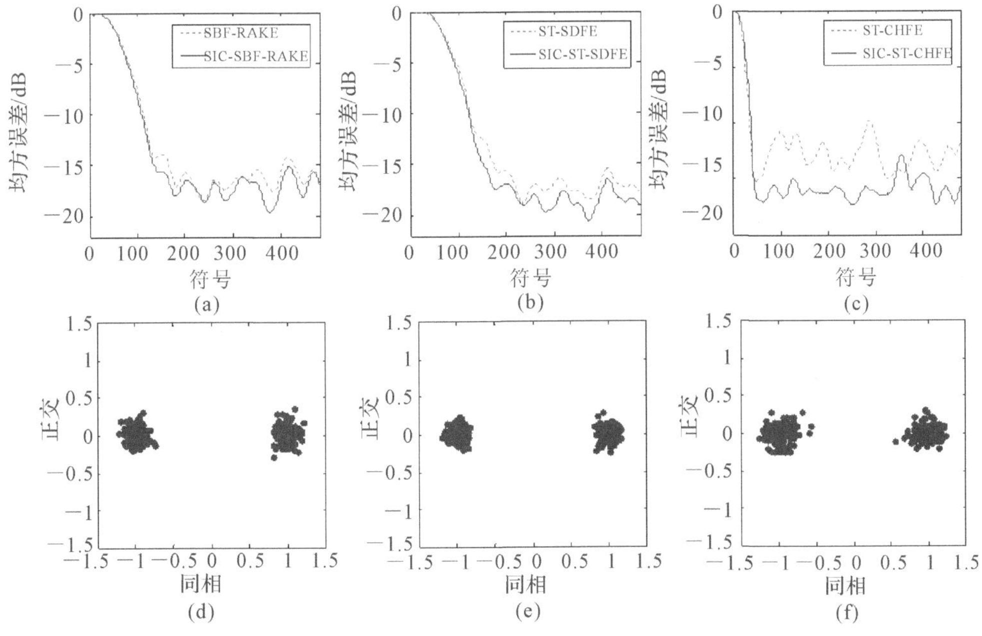

图 4-19　多用户 DS-CDMA 实验数据解调结果(用户 2,夹角 0°)

(a)SIC-SBF-RAKE 算法输出端均方误差;(b)SIC-ST-SDFE 算法输出端均方误差;

(c)SIC-ST-CHFE 算法输出端均方误差;(d)SIC-SBF-RAKE 算法输出端符号星座图;

(e)SIC-ST-SDFE 算法输出端符号星座图;(f)SIC-ST-CHFE 算法输出端符号星座图

以上的实验数据分析证明了本节中各多用户 DS－CDMA 接收处理算法的有效性。为更全面的评价算法性能，进一步基于如图 3－17(d)所示的仿真水声信道进行研究。仍采用两用户、四阵元接收配置，用户信号到达夹角取 60°与 0°，设置扩频序列为 Kasami－15，且弱用户的接收端输入信噪比固定为 10 dB，算法仿真结果由图 4－20 与图 4－21 给出。

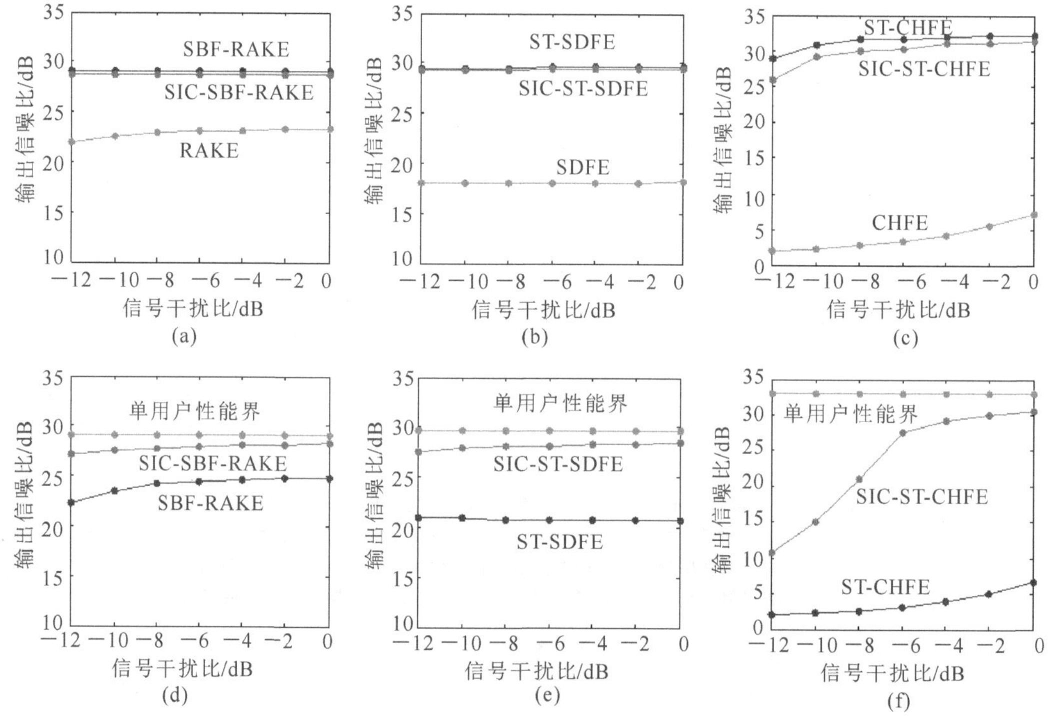

4－21　**多用户** DS－CDMA **仿真数据解调结果(无信道时变)**

(a)用户信号到达夹角为 60°时(SBF－RAKE，SIC－SBF－RAKE，RAKE)；

(b)用户信号到达夹角为 60°时(ST－SDFE，SIC－ST－SDFE，SDFE)；

(c)用户信号到达夹角为 60°时(ST－CHFE，SIC－ST－CHFE，CHFE)；

(d)用户信号到达夹角为 0°时(单用户性能界)(SIC－SBF－RAKE，SBF－RAKE)；

(e)用户信号到达夹角为 0°时(单用户性能界)(SIC－ST－SDFE，ST－SDFE)；

(f)用户信号到达夹角为 0°时(单用户性能界)(SIC－ST－CHFE，ST－CHFE)

其中，图 4－20 给出了在仿真信道无时变情况下，相对于不同信干比(SIR)各算法的输出信噪比性能。具体来说，一方面，图 4－20(a)～(c)对应于用户信号到达夹角为 60°，此时时域一维处理无法完全消除 ISI 与 MAI，其中，由于 CHFE 算法的码片估计在解扩操作之前进行，因此受 MAI 影响最大，在低 SIR 情况下几乎无法完成解调。相比而言，通过采用空时二维处理，各单用户检测算法与多用户检测算法性能相近，都可以完成对 ISI 与来自不同方向用户 MAI 的抑制，较之时域一维处理具有更高的输出信噪比，同时随着 SIR 的降低各算法性能基本保持稳定。另一方面，图 4－21(d)～(f) 对应于用户信号到达夹角为 0°，此时各单用户检测算法对来自相同方向用户 MAI 的抑制能力有限，对比图 4－21(a)～(c)，其性能有不同程度的下降。相比而言，通过引入 SIC，多用户检测算法能够获得更高的输出信噪比，其性能更接近于单用户性能界。

图4-21所示为SIR固定为0 dB情况下，相对于不同的仿真信道多普勒频移，各算法的输出信噪比性能。其中，图4-21(a)对应于用户信号到达夹角为60°，此时随着多普勒频移的增加，SBF-RAKE与ST-SDFE算法的输出信噪比逐渐下降，而作为比较，ST-CHFE算法以码片速率进行更新，因此能够更好地跟踪信道时变，其输出信噪比性能几乎保持恒定。类似地，图4-21(b)对应于用户信号到达夹角为0°，此时同样有SIC-ST-CHFE算法性能优于SIC-SBF-RAKE算法与SIC-ST-SDFE算法。此结果与理论预期相符，即码片速率更新算法较之符号速率更新算法更适用于快速时变的水声信道。

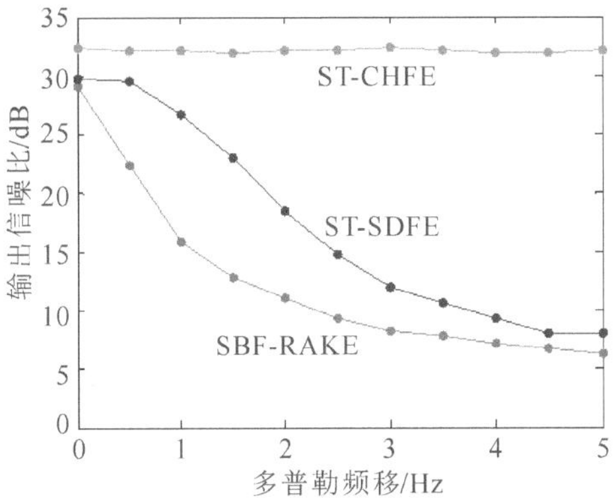

(a)

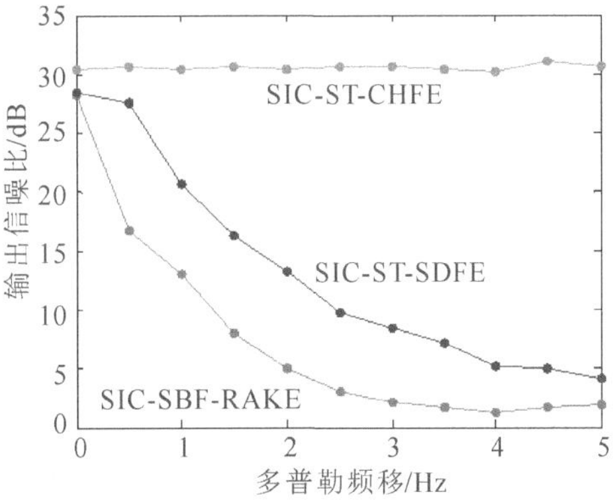

(b)

4-21 **多用户DS-CDMA仿真数据解调结果(有信道时变)**

(a)用户信息到达夹角为60°时(ST-CHFE,SF-SDFE,SBF-RAKE);

(b)用户信号到达夹角0°时(SIC-ST-CHFE,SIC-ST-SDFE,SIC-SBF-RAKE)

参考文献

[1] 樊昌信，张甫翊，徐炳祥，等. 通信原理[M]. 5版. 北京：国防工业出版社，2001.

[2] 张贤达，保铮. 通信信号处理[M]. 北京：国防工业出版社，2000.

[3] GOLD R. Optimum binary Sequences for spread spectrum multiplexing[J]. IEEE Transactions on Information Theory，1967，13(4)：619-621.

[4] GOLD R. Maximal Recursive sequences with 3-valued recursive cross correlation functions[J]. IEEE Transactions on Information Theory，1968，14(1)：154-156.

[5] KASAMI T. Weight distribution formula for some class of cyclic codes[R]. Technical Report No. R-285，Urbana：Coordinated Science Laboratory，University of Illinois，1966.

[6] PROAKIS J G，SALEHI M. Digital Communications[M]. 5th ed. New York：McGraw-Hill，2008.

[7] 胡广书. 数字信号处理：理论、算法与实现[M]. 北京：清华大学出版社，1997.

[8] STOJANOVIC M，FREITAG L. Hypothesis-feedback equalization for direct-sequence spread-spectrum underwater communications[J]. Proc MTS/IEEE Oceans Conference，2000，1：123-129.

[9] VERDU S. Multiuser detection [M]. Cambridge. U. K. : Cambridge University Press, 1998.

[10] PATEL P, HOLTZMAN J. Analysis of a simple successive interference cancellation scheme in DS/CDMA system[J]. IEEE Journal on Selected Areas in Communications, 1994, 12(5): 796 - 807.

[11] VARANASI M K, AAZHANG B. Multistage detection in asynchronous code-division multiple-access communications[J]. IEEE Transactions on Communications, 1990, 38(4): 509 - 519.

[12] KHALAJ B H, PAULRAJ A, KAILATH T. 2D RAKE receivers for CDMA cellular systems[J]. Proc IEEE Global Telecommunications (GLOBECOM) Conference, 1994, 1: 400 - 404.

[13] STOJANOVIC M, CATIPOVIC J, PROAKIS J. Adaptive multichannel combining and equalization for underwater acoustic communications[J]. Journal of the Acoustical Society of America, 1993, 94(3): 1621 - 1631.

[14] STOJANOVIC M, FREITAG L. Multichannel detection for wideband underwater acoustic CDMA communications[J]. IEEE Journal of Oceanic Engineering, 2006, 31(3): 685 - 695.

第 5 章　多载波 OFDM 调制

不同于 PSK 与 QAM 等单载波调制，多载波调制是将系统可用带宽划分成若干子带，并在各子带内使用不同载波并行传输数据信息的通信方式。多载波调制符号的时频占用情况与单载波调制存在明显差异。具体来说，单载波调制中各符号在频域上均覆盖整个带宽，而若不考虑脉冲成型滤波，其在时域上仅占用一个较窄的符号间隔。对高速水声通信而言，此结构将导致很长的码间干扰；若以第 3 章给出的时域均衡处理，将需使用包含大量抽头的均衡器结构，其复杂度高，且自适应算法收敛困难。与之相反，多载波调制采用频域并行传输体制，其符号占用较窄频带，但在时域上具有更大展宽，因而码间干扰影响降低，接收机信道均衡处理可大为简化。

本章将具体介绍正交频分复用（OFDM）调制水声通信技术。一方面，OFDM 是目前空中无线 4G 通信中一种广泛使用的多载波调制方式，其在水声通信中的使用大约在 2000 年后才逐渐开始。OFDM 调制同样具有简化码间干扰均衡处理的优势，且其各子带之间部分重叠，仅以维持信号正交性的最小频率间隔，故可实现更高的带宽利用率，从而在带宽受限的水声信道中提高通信速率。另一方面，OFDM 存在峰平功率比的问题，其通常仅可用于近程水声通信场景。此外，更为关键的是，OFDM 对信道时变敏感，在具有强多普勒效应的水声信道中将出现严重的载波间干扰（ICI），导致通信性能大幅损失。在此方面，Shengli Zhou 等诸多学者开展了大量且深入的 OFDM 时变信道接收技术研究[1]，并完成了相关技术的逐步实用化，本章将对其中部分典型的处理方法进行介绍。

本章首先给出 OFDM 调制的基本概念、原理与信号模型；其次，将分别介绍 OFDM 时变信道接收的两类典型技术——Partial FFT 处理与分块均衡处理；再次，将基于单发射机的 OFDM 调制进一步扩展到 MIMO 通信场景，并说明在 MIMO - OFDM 体制下新的信号模型与其系统原理；最后，对应于之前单发射机的情况，分别给出 MIMO - OFDM 时变信道接收所使用的 Partial FFT 处理与分块均衡处理方法。

5.1　OFDM 基本原理

5.1.1　OFDM 调制解调

OFDM 调制将发射符号放置于相互正交的多个子载波（Subcarrier）上并行传输。具体而言，设总共有 K 个子载波，考虑基带系统，其子载波频率分别为

$$f_k = k\Delta f, \quad k=0,1,\cdots,K-1 \tag{5-1}$$

式中：Δf 为子载波频率间隔。在这些子载波上一次性并行传输的 K 个调制符号$\{d_k\}$称为一个 OFDM 分块(Block)，若分块的时间宽度为 T，则对应 OFDM 分块的调制信号为

$$s(t) = \frac{1}{\sqrt{T}}\sum_{k=0}^{K-1} d_k \mathrm{e}^{\mathrm{j}2\pi f_k t} = \sum_{k=0}^{K-1} d_k \varphi_k(t), \quad 0 \leqslant t \leqslant T \tag{5-2}$$

式中：只需设置子载波频率间隔

$$\Delta f = \frac{1}{T} \tag{5-3}$$

则各子载波间满足标准正交，即

$$\langle \varphi_k, \varphi_l \rangle = \int_0^T \varphi_k(t)\varphi_l^*(t)\mathrm{d}t = \frac{1}{T}\int_0^T \mathrm{e}^{\mathrm{j}2\pi(k-l)\Delta f t}\mathrm{d}t = \delta_{k-l}, \quad k,l=0,1,\cdots,K-1 \tag{5-4}$$

对应的 OFDM 基带信号频谱为

$$\frac{1}{\sqrt{T}}\int_0^T s(t)\mathrm{e}^{-\mathrm{j}2\pi f t}\mathrm{d}t = \sum_{k=0}^{K-1} d_k G(f-f_k) \tag{5-5}$$

式中：子载波间正交性反映为

$$G(f) = \frac{1}{T}\int_0^T \mathrm{e}^{-\mathrm{j}2\pi f t}\mathrm{d}t = \frac{\sin(\pi f T)}{\pi f T}\mathrm{e}^{-\mathrm{j}\pi f T} \tag{5-6}$$

图 5-1 给出了 8 个子载波的频谱，可以看到各子载波对应子带虽相互重叠，但由于 $G(l/T)=\delta_l$，因此在子载波频点$\{f_k\}$位置的信号频谱值仍为$\{d_k\}$。

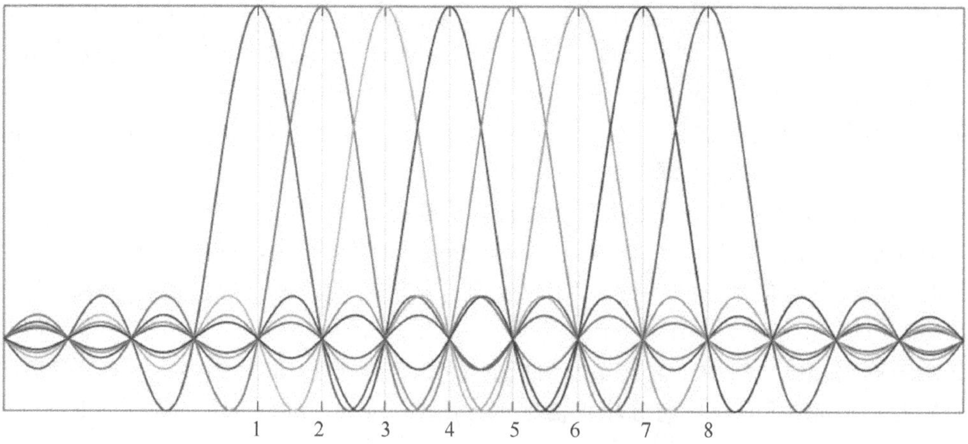

图 5-1　OFDM 子载波的正交性示意图

OFDM 解调即是基于上述信号正交性实现。便于理解起见，此处暂时仅考虑最简单的加性高斯白噪声信道，有接收信号 $r(t)=s(t)+\xi(t)$，其中，$\xi(t)$为信道噪声。在接收端基带处理中，OFDM 解调采用类似于式(5-5)的傅里叶变换，并随后在子载波频点$\{f_k\}$位置采样，有采样值

$$x_k = d_k + z_k \tag{5-7}$$

式中

$$z_k = \frac{1}{\sqrt{T}}\int_0^T \xi(t)\,\mathrm{e}^{-\mathrm{j}2\pi f_k t}\,\mathrm{d}t \tag{5-8}$$

为第 k 频点位置的噪声采样。由式(5-7)，最终 OFDM 符号判决在频域获得，若设 D 为发射符号$\{d_k\}$的调制星座，则有

$$\tilde{d}_k = \underset{d \in D}{\operatorname{argmin}} \left| x_k - d \right| \tag{5-9}$$

5.1.1.1　离散傅里叶变换实现

以上对 OFDM 调制解调的讨论基于连续信号形式，事实上在数字通信系统中需要将其离散化。具体而言，对式(5-2)给出的 OFDM 调制信号分块以 $T_s = T/K$ 为周期进行时域采样，可得分块内的第 i 个采样为

$$s_i = \sqrt{T_s} \cdot s(iT_s) = \frac{1}{\sqrt{K}}\sum_{k=0}^{K-1} d_k \mathrm{e}^{\mathrm{j}\frac{2\pi}{K}ki} \tag{5-10}$$

式中：$i=0,1,\cdots,K-1$。由此可知，基带离散 OFDM 调制信号生成可基于离散反傅里叶变换(IDFT)实现。但需注意的是，此处为后续数学推导方便起见，实际上使用了酉变换版本的 IDFT 处理(即系数设置为 $1/\sqrt{K}$ 而非标准版本的 $1/K$)。因此，基于式(5-10)，基带离散 OFDM 调制信号事实上可进一步由矩阵向量形式表示，即

$$\boldsymbol{s} = \boldsymbol{F}_K^{\mathrm{H}} \boldsymbol{d} \tag{5-11}$$

式中：$\boldsymbol{d} = [d_0, d_1, \cdots, d_{K-1}]^{\mathrm{T}}$ 为 K 长度 OFDM 符号分块；$\boldsymbol{s} = [s_0, s_1, \cdots, s_{K-1}]^{\mathrm{T}}$ 为 K 长度发射信号分块；$\boldsymbol{F}_K$ 为 $K \times K$ 维离散傅里叶变换(DFT)酉矩阵，即有 $\boldsymbol{F}_K \boldsymbol{F}_K^{\mathrm{H}} = \boldsymbol{I}_K$，其中 $\boldsymbol{F}_K$ 的第 i 行第 k 列元素定义为

$$[\boldsymbol{F}_K]_{i,k} = \frac{1}{\sqrt{K}}\mathrm{e}^{-\mathrm{j}\frac{2\pi}{K}ki}, \quad k,i = 0,1,\cdots,K-1 \tag{5-12}$$

基于类似的方法，由于 OFDM 解调只需求解 K 个子载波频点$\{f_k\}$位置的信号频谱，故其同样可通过对 K 个基带接收信号采样 $r_i = \sqrt{T_s} \cdot r(iT_s)$ 进行 DFT 处理实现，即有

$$x_k = \frac{1}{\sqrt{K}}\sum_{i=0}^{K-1} r_i \mathrm{e}^{-\mathrm{j}\frac{2\pi}{K}ki} \tag{5-13}$$

式中：$k=0,1,\cdots,K-1$。对应地，基带离散 OFDM 解调以矩阵向量形式表示为

$$\boldsymbol{x} = \boldsymbol{F}_K \boldsymbol{r} \tag{5-14}$$

式中：$\boldsymbol{r} = [r_0, r_1, \cdots, r_{K-1}]^{\mathrm{T}}$ 为 K 长度接收信号分块；$\boldsymbol{x} = [x_0, x_1, \cdots, x_{K-1}]^{\mathrm{T}}$ 为 K 长度 OFDM 解调信号分块。

同时，式(5-11)与式(5-14)也表明，OFDM 调制解调事实上可分别通过 IFFT 与 FFT 算法实现。这些快速算法将显著降低 IDFT 与 DFT 处理的计算复杂度，例如其对应的复数乘法次数将由 K^2 降低至 $(K/2)\log_2 K$，在通常情况下这会使得 OFDM 系统的实现更为高效。

5.1.1.2　峰平功率比

峰平功率比(PAPR)是有关通信信号的一个重要特性指标。对连续信号而言，其定

义为

$$\text{PAPR}=\frac{\max\{|s(t)|^2\}}{\mathrm{E}\{|s(t)|^2\}} \tag{5-15}$$

而对离散信号的定义为

$$\text{PAPR}=\frac{\max\{|s_i|^2\}}{\mathrm{E}\{|s_i|^2\}} \tag{5-16}$$

由于通信发射端的功率放大器不是理想的线性器件，超过一定幅度的信号输入将导致非线性失真，所以若信号具有较高的峰平功率比，则通常需要发射机大幅的功率回退(Backoff)以尽量避免信号在峰值部分出现失真，这是因为这样的失真在接收端是较难处理的。但与此同时，这样的回退操作也将使得对信号平均功率放大不足，从而导致发射机能量效率低下。换言之，在通信信号设计时，如不考虑其他因素，希望信号峰平功率比能够尽量低。

接下来，简单分析 OFDM 信号的峰平功率比。一般而言，由于功率放大器属于模拟器件，所以严格意义上 PAPR 值应基于式(5-16)进行计算。例如，对直流信号而言，其值为 1；而对单频信号而言，其值为 0.5。但对 OFDM 等复杂信号而言，其峰平功率比的解析分析通常较为困难，为此忽略脉冲滤波等因素的影响，仅基于式(5-16)对其离散信号形式进行概念性简化讨论。具体而言，假设 OFDM 发射符号$\{d_k\}$独立同分布，且为单位功率即$E\{|d_k|^2\}=1$，则由式(5-10)可知 OFDM 信号平均功率为

$$\mathrm{E}\{|s_i|^2\}=\frac{1}{K}\sum_{k=0}^{K-1}E\{|d_k|^2\}=1 \tag{5-17}$$

而对于 OFDM 信号峰值功率，在极端情况下，假设发射符号$\{d_k\}$取值全部相同，则此时将在 s_0 采样出现信号峰值，有

$$\max\{|s_i|^2\}=|s_0|^2=K \tag{5-18}$$

故 OFDM 离散发射信号的 PAPR 值等于分块长度 K。在一般情况下，OFDM 信号的 PAPR 值虽不至于达到此最大值，但也将远大于单载波信号，导致 OFDM 系统能量效率较低。正是基于这一原因，OFDM 通常不被用于远程水声通信，但其仍是近程条件下的常用技术选择，这是由于 OFDM 系统在接收处理简便性方面的优势，将在下一小节谈及这一问题。

5.1.2 时不变信道接收

5.1.2.1 循环前缀

在上节对 OFDM 调制解调的讨论中，仅假设了简单的 AWGN 信道。事实上，对存在时延扩展的多径信道而言，OFDM 连续分块之间需要额外插入适当的保护间隔以简化接收端处理。在此方面，一种常用的保护间隔形式是在各个 OFDM 分块头部插入循环前缀(CP)。

具体而言，设时不变多径信道的基带冲激响应为$\boldsymbol{c}=[c_0,c_1,\cdots,c_L]^{\mathrm{T}}$，$L$ 为信道阶数，同时考虑式(5-11)中的 OFDM 信号分组 $s=[s_0,s_1,\cdots,s_{K-1}]^{\mathrm{T}}$，则如图 5-2 所示，CP 段信号$\boldsymbol{s}_{\mathrm{cp}}=[s_{-K_g},s_{-K_g+1},\cdots,s_{-1}]^{\mathrm{T}}$ 事实上是由其所在 OFDM 分块的尾部信号段复制搬移而来的，即

$$s_i = s_{i+K}, \quad i=-K_g, -K_g+1, \cdots, -1 \tag{5-19}$$

经此 CP 插入操作，OFDM 发射端实际发射分组为$[\boldsymbol{s}_{cp}^T, \boldsymbol{s}^T]^T$，其长度为 $K+K_g$。对应地，OFDM 接收端在解调之前需要将 CP 段移除。

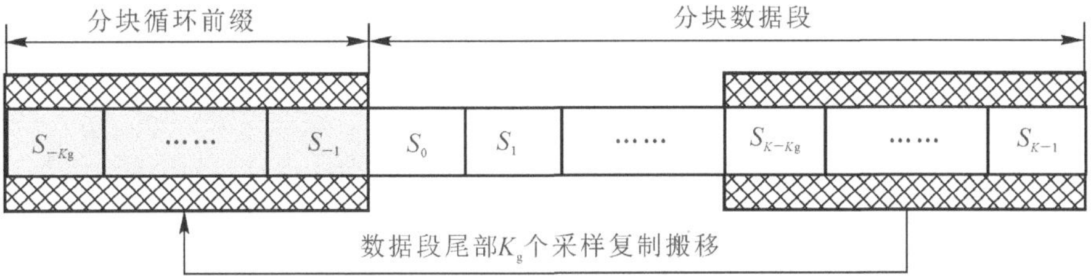

图 5-2　OFDM 分块循环前缀示意图

注意，CP 段长度的设置应不小于信道时延扩展阶数，即 $K_g \geqslant L$。这样做的目的是避免在 OFDM 前后信号分块之间造成块间干扰(IBI)。事实上，由于在发射、接收端分别进行了添加、移除 CP 的操作，OFDM 在时不变多径信道中的接收信号模型为

$$\boldsymbol{r} = \tilde{\boldsymbol{C}}\boldsymbol{s} + \boldsymbol{\xi} \tag{5-20}$$

式中：$\boldsymbol{\xi} = [\xi_0, \xi_1, \cdots, \xi_{K-1}]^T$ 为信道噪声；

$$\tilde{\boldsymbol{C}} = \begin{bmatrix} c_0 & & & & & & c_L & \cdots & c_1 \\ c_1 & \ddots & & & & & & \ddots & \vdots \\ \vdots & & \ddots & & & & & & c_L \\ c_L & & & \ddots & & & & & \\ & \ddots & & & \ddots & & & & \\ & & \ddots & & & c_0 & & & \\ & & & \ddots & & c_1 & c_0 & & \\ & & & & \ddots & \vdots & \vdots & \ddots & \\ & & & & & c_L & c_{L-1} & \cdots & c_0 \end{bmatrix} \tag{5-21}$$

为 $K \times K$ 维循环信道矩阵，即其第 1 列为$[\boldsymbol{c}^T, \boldsymbol{0}_{1\times(K-L-1)}]^T$，其后各列相对于前一列逐次循环下移一个元素。

5.1.2.2　信道均衡

正是式(5-21)中信道矩阵 $\tilde{\boldsymbol{C}}$ 的循环结构使得 OFDM 低复杂度均衡成为可能。具体而言，将式(5-11)与式(5-20)代入式(5-14)，可得接收端的 OFDM 基带解调分块形式为

$$\boldsymbol{x} = \boldsymbol{F}_K \tilde{\boldsymbol{C}} \boldsymbol{F}_K^H \boldsymbol{d} + \boldsymbol{z} \tag{5-22}$$

式中：$\boldsymbol{z} = \boldsymbol{F}_K \boldsymbol{\xi} = [z_0, z_1, \cdots, z_{K-1}]^T$ 为 OFDM 解调后分块内包含的噪声成分。

此处需要进一步使用循环矩阵的 DFT 对角化性质[2]，有

$$\tilde{\boldsymbol{C}} = \boldsymbol{F}_K^H \boldsymbol{C} \boldsymbol{F}_K \tag{5-23}$$

且 $\boldsymbol{C}$ 为包含 $\tilde{\boldsymbol{C}}$ 特征值的 $K \times K$ 维对角矩阵，其对角线元素为信道的 K 个频率响应值，即

$$C = \mathrm{diag}\{[H_0, H_1, \cdots, H_{K-1}]^T\} \tag{5-24}$$

式中

$$H_k = \sum_{l=0}^{L} c_l \mathrm{e}^{-\mathrm{j}2\pi lk/K}, k=0,1,\cdots,K-1 \tag{5-25}$$

因此，将式(5－23)的信道矩阵对角化分解代入式(5－22)，则可立即得到

$$\boldsymbol{x}=\boldsymbol{Cd}+\boldsymbol{z} \tag{5-26}$$

并且，由于信道频率响应矩阵 $\boldsymbol{C}$ 为对角矩阵，所以式(5－26)可改写为

$$x_k=H_k d_k+z_k, \quad k=0,1,\cdots,K-1 \tag{5-27}$$

由式(5－27)可知，OFDM 信号在经过时不变多径信道传输后，各子载波信道之间不存在彼此干扰而仍保持正交。换言之，在频域上，OFDM 通信系统有能力将一个频率选择性衰落信道转化为多个并行的平坦衰落信道。基于此特性，与前述单载波时域均衡方式不同，OFDM 通常采用频域信道均衡以降低接收端的处理复杂度。根据式(5－27)，OFDM 在各子载波上调制的符号可实现独立均衡。例如，基于 ZF 准则的第 k 个子载波符号估计为

$$\hat{d}_k=\frac{1}{H_k}x_k \tag{5-28}$$

而基于 MMSE 准则的第 k 个子载波符号估计为

$$\hat{d}_k=\frac{H_k^*}{|H_k|^2+\sigma^2}x_k \tag{5-29}$$

式中：$\sigma^2=E\{|z_k|^2\}$为噪声方差。

接下来简单对比一下此处 OFDM 频域均衡与之前单载波时域均衡的计算复杂度。不难发现，对应于每个符号估计的求解，其复杂度与信道均衡器抽头个数直接相关。如第 3 章所述，单载波时域均衡器抽头分支通常需跨越整个信道多径扩展 $L+1$，因此若以平方复杂度的 RLS 算法求解为例，其输出单个符号所涉及的复杂度约为 $O(L^2)$量级。对水声信道这种大时延扩展信道而言，由于信道阶数 L 值可达几十甚至上百，其对应时域均衡复杂度通常较高。相比而言，OFDM 将信道分解为并行的频率平坦衰落子信道，其各子信道中的符号估计仅涉及式(5－28)或式(5－29)给出的单抽头频域均衡器，因而单符号估计复杂度不再受信道多径扩展影响，其复杂度极低。这是 OFDM 通信系统的主要优势所在，并且正是基于这一原因，尽管 OFDM 存在信号峰平功率比高等问题，其目前已事实上成为近程水声通信的主流方式之一。

然而需同时指明的是，OFDM 这种频域去耦合逐载波(Per-Carrier)处理方法虽在降低接收端信道均衡复杂度方面具有显著优势，但其也会导致通信系统在抗衰落可靠性方面的问题。具体而言，OFDM 没有利用频率选择性衰落信道中所固有的多径分集，其在深衰落频点位置所对应的子信道上信噪比可能很低，因而容易造成误码。为此，在实际工程应用中，OFDM 系统通常需要结合信道编码或空间分集等处理手段，即通过编码或分集增益来改善抗衰落性能。下面将在 5.4 节中对基于空间分集的 MIMO－OFDM 系统进行介绍。

5.1.2.3　信道估计

与基于自适应算法的单载波时域均衡不同，式(5－28)或式(5－29)给出的 OFDM 频域

均衡利用了信道先验信息，故此情况下 OFDM 接收机需在信道均衡处理前首先进行信道估计。考虑到水声信道的严重时变性，其信道相干时间较短，因此 OFDM 水声通信系统常选择在每一分块内部基于导频符号(Pilot Symbols)分别完成对应的信道估计，而不采用需跨多个 OFDM 分块实现的信道估计方式。

具体而言，仍考虑时不变信道情况，假设信道响应的阶数为 L，则需从 OFDM 分块内的 K 个调制符号中选取 $P>L$ 个作为导频符号。这些导频符号专用于信道估计，因此对 OFDM 系统接收端而言是事先已知的。设 P 个导频符号所处子载波的索引集合为 $S_P=\{k_0,k_1,\cdots,k_{P-1}\}$，依据式(5-26)与式(5-27)，可得这些导频符号所对应的信道输入/输出关系为

$$\begin{bmatrix} x_{k_0} \\ x_{k_1} \\ \vdots \\ x_{k_{P-1}} \end{bmatrix} = \begin{bmatrix} H_{k_0} & & & \\ & H_{k_1} & & \\ & & \ddots & \\ & & & H_{k_{P-1}} \end{bmatrix} \begin{bmatrix} d_{k_0} \\ d_{k_1} \\ \vdots \\ d_{k_{P-1}} \end{bmatrix} + \begin{bmatrix} z_{k_0} \\ z_{k_1} \\ \vdots \\ z_{k_{P-1}} \end{bmatrix} \tag{5-30}$$

定义 $\{\boldsymbol{x}^{(\mathrm{P})}=[x_{k_0},x_{k_1},\cdots,x_{k_{P-1}}]^{\mathrm{T}},\boldsymbol{z}^{(\mathrm{P})}=[z_{k_0},z_{k_1},\cdots,z_{k_{P-1}}]^{\mathrm{T}}$，以及

$$\boldsymbol{F}^{(\mathrm{P})}=\begin{bmatrix} 1 & \mathrm{e}^{-\mathrm{j}\frac{2\pi}{K}k_0} & \cdots & \mathrm{e}^{-\mathrm{j}\frac{2\pi}{K}k_0 L} \\ 1 & \mathrm{e}^{-\mathrm{j}\frac{2\pi}{K}k_1} & \cdots & \mathrm{e}^{-\mathrm{j}\frac{2\pi}{K}k_1 L} \\ \vdots & \vdots & \ddots & \vdots \\ 1 & \mathrm{e}^{-\mathrm{j}\frac{2\pi}{K}k_{P-1}} & \cdots & \mathrm{e}^{-\mathrm{j}\frac{2\pi}{K}k_{P-1} L} \end{bmatrix} \tag{5-31}$$

$$\boldsymbol{D}^{(\mathrm{P})}=\mathrm{diag}\{[d_{k_0},d_{k_1},\cdots,d_{k_{P-1}}]^{\mathrm{T}}\} \tag{5-32}$$

式中：$\mathrm{diag}\{\boldsymbol{x}\}$ 表示以向量 $\boldsymbol{x}$ 为对角线元素的对角矩阵。由此，式(5-30)可进一步改写为

$$\boldsymbol{x}^{(\mathrm{P})}=\boldsymbol{D}^{(\mathrm{P})}\boldsymbol{F}^{(\mathrm{P})}\boldsymbol{c}+\boldsymbol{z}^{(\mathrm{P})} \tag{5-33}$$

基于式(5-33)，可以采用最小二乘(LS)方法对信道响应向量 $\boldsymbol{c}$ 进行估计。由发射符号的单位功率属性，即 $\boldsymbol{D}^{(\mathrm{P})H}\boldsymbol{D}^{(\mathrm{P})}=\boldsymbol{I}_P$，可以得到

$$\hat{\boldsymbol{c}}=(\boldsymbol{F}^{(\mathrm{P})\mathrm{H}}\boldsymbol{F}^{(\mathrm{P})})^{-1}\boldsymbol{F}^{(\mathrm{P})\mathrm{H}}\boldsymbol{D}^{(\mathrm{P})\mathrm{H}}\boldsymbol{x}^{(\mathrm{P})} \tag{5-34}$$

式(5-34)给出的信道估计求解较为复杂，其涉及对一个$(L+1)\times(L+1)$维方阵求逆，具有立方复杂度，即 $O(L^3)$。事实上，可通过合理选择导频位置而使得算法简化。具体而言，一种常用的方法是等间距设置导频索引，例如，若 K/P 为整数，则设置

$$k_p=pK/P,\quad p=0,1,\cdots,P-1 \tag{5-35}$$

将有$\boldsymbol{F}^{(\mathrm{P})\mathrm{H}}\boldsymbol{F}^{(\mathrm{P})}=P\boldsymbol{I}_{L+1}$，因此式(5-34)可简化改写为

$$\hat{\boldsymbol{c}}=\frac{1}{P}\boldsymbol{F}^{(\mathrm{P})\mathrm{H}}\boldsymbol{D}^{(\mathrm{P})\mathrm{H}}\boldsymbol{x}^{(\mathrm{P})} \tag{5-36}$$

其无须进行矩阵求逆，同时左乘$\boldsymbol{F}^{(\mathrm{P})\mathrm{H}}$ 可通过 P 维的 IFFT 算法实现，因此信道估计的计算量可大幅降低。

5.1.2.4 补零后缀

至此讨论的 OFDM 系统信号分块中均采用的是 CP 保护间隔;事实上,OFDM 系统信号分块还可采用另一种补零后缀(ZP)的保护间隔形式。与 CP 保护间隔中信号复制前插的处理方式不同,ZP 保护间隔的结构如图 5-3 所示,其是在基带 OFDM 分块信号的尾部添加 K_g 个零值采样点。同样地,为避免 IBI 的影响,此处要求 $K_g \geqslant L$。

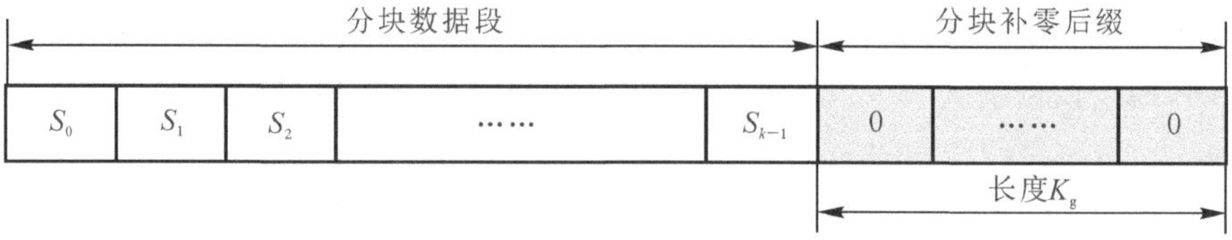

图 5-3　OFDM **分块补零后缀示意图**

ZP 处理相比于 CP 的主要优势在于可节省发射功率[1]。显然,对多径时延扩展较长的水声信道而言,CP-OFDM 系统中发射端生成 CP 段再在接收端将其丢弃可能造成不小的功率损失。相比而言,ZP-OFDM 系统中保护间隔不消耗额外的发射功率,且其接收端将保留分块内所有 $K+K_g$ 个采样。此外,ZP-OFDM 接收端处理的复杂度相比于 CP-OFDM 并无显著增加。

为说明后一点,考虑时不变信道条件下的 ZP-OFDM 信号模型,其可类似式(5-20)表示为

$$\boldsymbol{r}_{zp}=\widetilde{\boldsymbol{C}}_{zp}\boldsymbol{s}+\boldsymbol{\xi}_{zp} \tag{5-37}$$

由于不需舍弃 ZP 段,接收分块长度将为 $K+K_g$,即有 $\boldsymbol{r}_{zp}=[r_0,r_1,\cdots,r_{K+K_g-1}]^{\mathrm{T}}$,$\boldsymbol{\xi}_{zp}=[\xi_0,\xi_1,\cdots,\xi_{K+K_g-1}]^{\mathrm{T}}$,而此时信道矩阵可分解为

$$\widetilde{\boldsymbol{C}}_{zp}=\begin{bmatrix}\widetilde{\boldsymbol{C}}_{zp}^{(1)}\\ \widetilde{\boldsymbol{C}}_{zp}^{(2)}\end{bmatrix} \tag{5-38}$$

式中:$\widetilde{\boldsymbol{C}}_{zp}^{(1)}$ 为 $K\times K$ 维 Toeplitz 矩阵,有

$$\widetilde{\boldsymbol{C}}_{zp}^{(1)}=\begin{bmatrix} c_0 & & & & & & & & \\ c_1 & \ddots & & & & & & & \\ \vdots & & \ddots & & & & & & \\ c_L & & & \ddots & & & & & \\ & \ddots & & & \ddots & & & & \\ & & \ddots & & & c_0 & & & \\ & & & \ddots & & c_1 & c_0 & & \\ & & & & \ddots & \vdots & \vdots & \ddots & \\ & & & & & c_L & c_{L-1} & \cdots & c_0 \end{bmatrix} \tag{5-39}$$

而$\widetilde{\boldsymbol{C}}_{zp}^{(2)}$ 为 $K_g\times K$ 维矩阵,有

$$\widetilde{\boldsymbol{C}}_{\mathrm{zp}}^{(2)}=\begin{bmatrix} & & c_L & \cdots & c_1 \\ & & & \ddots & \vdots \\ & & & & c_L \\ 0 & & \cdots & & 0 \\ \vdots & & & & \vdots \\ 0 & & \cdots & & 0 \end{bmatrix} \tag{5-40}$$

对此，可采用例如“重叠相加（OA）”方法操作 ZP－OFDM 的接收分块，即将$\boldsymbol{r}_{\mathrm{zp}}$尾部 K_{g} 个元素加至首部以使分块恢复 K 长度，可得

$$\boldsymbol{r}'_{\mathrm{zp}}=\widetilde{\boldsymbol{C}}'_{\mathrm{zp}}\boldsymbol{s}+\boldsymbol{\xi}'_{\mathrm{zp}} \tag{5-41}$$

式中

$$\boldsymbol{r}'_{\mathrm{zp}}=\begin{bmatrix} r_0+r_K \\ \vdots \\ r_{K_{\mathrm{g}}-1}+r_{K+K_{\mathrm{g}}-1} \\ r_{K_{\mathrm{g}}} \\ \vdots \\ r_{K-1} \end{bmatrix},\quad \boldsymbol{\xi}'_{\mathrm{zp}}=\begin{bmatrix} \xi_0+\xi_K \\ \vdots \\ \xi_{K_{\mathrm{g}}-1}+\xi_{K+K_{\mathrm{g}}-1} \\ \xi_{K_{\mathrm{g}}} \\ \vdots \\ \xi_{K-1} \end{bmatrix} \tag{5-42}$$

不难发现，式（5－41）中的$\widetilde{\boldsymbol{C}}'_{\mathrm{zp}}$ 将与式（5－21）中的 $\widetilde{\boldsymbol{C}}$ 具有相同形式。换言之，此处 OA 操作目的在于将信道响应的线性卷积恢复为循环卷积。

基于式（5－41）中$\widetilde{\boldsymbol{C}}'_{\mathrm{zp}}$ 矩阵的循环结构，便可类似于 CP－OFDM 那样进行信道矩阵对角化，并进而实现低复杂度逐载波信道均衡。唯一需注意的是，OA 操作可能导致噪声非白化，但在实际工程中，这样的影响常被忽略。因此，可以说，无论采用 CP 或 ZP 保护间隔，OFDM 信道均衡等接收端处理事实上并无本质区别，为此本书将仅针对 CP 保护间隔情况进行讨论。具体关于 OFDM 系统采用 CP 或 ZP 保护间隔的详细比较请参见本章参考文献[3]。

5.1.3　时变信道接收

一方面，在时不变信道条件下，OFDM 系统各子载波在接收端仍保持彼此正交，其可采用逐载波频域均衡以高效消除码间干扰；考虑到水声信道的大时延扩展特性，OFDM 水声通信在这一点上具有优势。但另一方面，现实的水声信道存在不可避免的多普勒时变；在此环境条件下，OFDM 信号的子载波正交性将被破坏，从而导致 ICI 的出现，这对通信系统性能会造成严重影响。在本小节中，将首先给出时变信道条件下 OFDM 系统的 ICI 数学模型，之后再对 ICI 抑制方法进行简单介绍。

5.1.3.1　ICI 数学模型

OFDM 系统的 ICI 结构直接由所采用的时变信道模型决定。此处将考虑两种时变信道形式——统一时变相位模型与一般化时变响应模型，并给出各自条件下对应的 ICI 数学模型。

（1）统一时变相位信道模型。之前第 3 章单载波时域均衡算法介绍中已使用过这一信

道模型，此处以矩阵向量形式给出其对应的 OFDM 接收分块为

$$\boldsymbol{r}=\widetilde{\boldsymbol{\Theta}}\widetilde{\boldsymbol{C}}\boldsymbol{s}+\boldsymbol{\xi} \tag{5-43}$$

此式几乎所有参数定义与式(5-20)中一致，唯一的新参数 $\widetilde{\boldsymbol{\Theta}}$ 表示时变相位畸变，其为 $K\times K$ 维对角矩阵，有

$$\widetilde{\boldsymbol{\Theta}}=\mathrm{diag}\{\widetilde{\boldsymbol{\theta}}\} \tag{5-44}$$

式中：$\widetilde{\boldsymbol{\theta}}=[\mathrm{e}^{\mathrm{j}\theta_0},\mathrm{e}^{\mathrm{j}\theta_1},\cdots,\mathrm{e}^{\mathrm{j}\theta_{K-1}}]^{\mathrm{T}}$，$\{\theta_k\}$ 为信道时变相位。对应 OFDM 解调分块为

$$\boldsymbol{x}=\boldsymbol{F}_K\widetilde{\boldsymbol{\Theta}}\widetilde{\boldsymbol{C}}\boldsymbol{s}+\boldsymbol{z}=\boldsymbol{\Theta}\boldsymbol{C}\boldsymbol{d}+\boldsymbol{z} \tag{5-45}$$

由式(5-24)可知，$\boldsymbol{C}=\boldsymbol{F}_K\widetilde{\boldsymbol{C}}\boldsymbol{F}_K^{\mathrm{H}}$ 为信道频率响应对角矩阵，而

$$\boldsymbol{\Theta}=\boldsymbol{F}_K\widetilde{\boldsymbol{\Theta}}\boldsymbol{F}_K^{\mathrm{H}} \tag{5-46}$$

为 $K\times K$ 维循环矩阵，其第 1 列取值为[2]

$$\frac{1}{\sqrt{K}}\boldsymbol{F}_K\widetilde{\boldsymbol{\theta}} \tag{5-47}$$

可以看到，与式(5-26)时不变条件下的信道矩阵对角化结构不同，式(5-45)中统一时变相位导致总信道矩阵 $\boldsymbol{\Theta}\boldsymbol{C}$ 实际是满矩阵。

(2)一般化时变响应信道模型。更一般地，直接使用时变信道冲激响应建模水声信道。假设 $c_{k,l}$ 表示第 k 时刻在第 l 延迟位置的信道冲激响应采样，则对应的 OFDM 接收分块仍可表示为式(5-20)，但其中信道矩阵需改写为

$$\widetilde{\boldsymbol{C}}=\begin{bmatrix}
c_{0,0} & & & & & & c_{0,L} & \cdots & c_{0,1}\\
c_{1,1} & c_{1,0} & & & & & & \ddots & \vdots\\
\vdots & & \ddots & & & & & & c_{L-1,L}\\
c_{L,L} & & & \ddots & & & & & \\
 & c_{L+1,L} & & & \ddots & & & & \\
 & & \ddots & & & c_{K-L-1,0} & & & \\
 & & & \ddots & & c_{K-L,1} & c_{K-L,0} & & \\
 & & & & \ddots & \vdots & \vdots & \ddots & \\
 & & & & & c_{K-1,L} & c_{K-1,L-1} & \cdots & c_{K-1,0}
\end{bmatrix} \tag{5-48}$$

同时，OFDM 解调分块虽仍可表示为式(5-26)，但其中 $\boldsymbol{C}$ 也不再为对角矩阵，而通常为满矩阵，其第 i 行第 i' 列元素值为 $[\boldsymbol{C}]_{i,i'}=H_{i-i',i'}$，且[4]

$$H_{q,i}=\frac{1}{K}\sum_{k=0}^{K-1}\sum_{l=0}^{L}c_{k,l}\,\mathrm{e}^{-\mathrm{j}\frac{2\pi}{K}(li+kq)} \tag{5-49}$$

正是非对角时变信道矩阵 $\boldsymbol{C}$ 导致 OFDM 子载波在接收端不再正交，彼此相互耦合从而产生 ICI。以一般化时变响应信道模型为例，其接收分块在第 k 个子载波上的信号为

$$x_k=[\boldsymbol{C}]_{k,k}d_k+\sum_{i\neq k}[\boldsymbol{C}]_{k,i}d_i+z_k \tag{5-50}$$

其等号右边第二项即为 ICI。受其影响，时变信道中的 OFDM 接收不再能只使用简单的单抽头频域均衡，而必须进行 ICI 抑制，或者说是多普勒补偿处理。

5.1.3.2　ICI 抑制方法

OFDM 系统的 ICI 抑制方法通常可分为两类，即 Pre-FFT 与 Post-FFT 处理。其中，Pre-FFT 处理在 OFDM 接收端 FFT 解调之前进行，其对应时域处理，即直接对信道中的多普勒效应进行补偿；相比而言，Post-FFT 处理在 OFDM 接收端 FFT 解调之后进行，对应频域处理，即并非对信道多普勒效应直接补偿，而是对其所造成的 ICI 进行抑制。

为便于理解，此处给出一个简单的统一多普勒频移 Pre-FFT 处理的例子。不难看出，统一多普勒频移信道只是上述统一时变相位信道的特例，即

$$\theta_k = 2\pi k f_{\mathrm{d}} T_{\mathrm{s}} + \theta_0 \tag{5-51}$$

此时无须对 K 个相位值$\{\theta_k\}$分别解算，而通常只需估计频偏 f_{d}（而将 θ_0 合并到信道响应中处理）。在此方面，Shengli Zhou 等学者在本章参考文献[5]中给出了一种基于空载波的频偏估计方法。具体而言，此方法在 OFDM 分块内 K 个子载波中选取 Z 个作为空载波（即其上不调制任何符号），设各空载波的索引集合为 $S_Z=\{k_0,k_1,\cdots,k_{Z-1}\}$。由前文已知，在时不变信道中，这些空载波位置因未调制符号，其频点信号功率为 0；而在时变信道中，由于正交性的破坏，ICI 将导致空载波位置出现相邻调制载波的干扰能量，因此信号功率非零。基于此原理，可以通过最小化空载波位置信号功率来获得对应的多普勒频移估计，即

$$\hat{f}_{\mathrm{d}} = \underset{\in}{\operatorname{argmin}}\left\{\sum_{k\in S_Z}\left|x_k(\in)\right|^2\right\} \tag{5-52}$$

式中：$x_k(\in)$为以多普勒频偏$\in$补偿后 OFDM 第 k 个子载波上的解调符号，有

$$x_k(\in) = \boldsymbol{f}_K^{\mathrm{T}}(k)\boldsymbol{\Gamma}^{\mathrm{H}}(\in)\boldsymbol{r} \tag{5-53}$$

式中：$\boldsymbol{f}_K(k)$表示$\boldsymbol{F}_K$ 矩阵的第 k 行；$\boldsymbol{\Gamma}(\in)=\mathrm{diag}\{[1,\mathrm{e}^{\mathrm{j}2\pi\in T_{\mathrm{s}}},\cdots,\mathrm{e}^{\mathrm{j}2\pi\in(K-1)T_{\mathrm{s}}}]^{\mathrm{T}}\}$。最终，式(5－52)获得的频偏估计将被用于接收分块多普勒补偿，从而尽可能消除信道时变，并实现 ICI 抑制。

最后需说明的是，由于 OFDM 水声通信信号通常为宽带信号，其各子载波事实上经历了不同的多普勒频移，因此上述统一频移信道模型可能存在较大偏差。在实际工程中，水声通信接收机常需借助前端重采样以实现多普勒压扩效应预处理。本章参考文献[5]中的推导表明，重采样预处理后的信道多普勒可近似为窄带效应，即仅存在多普勒频移，因此可采用式(5－52)的方法进行补偿。

由于上述基于空载波的方法直接作用于时域接收分块 $\boldsymbol{r}$（而非频域解调分块 $\boldsymbol{x}$），因此其属于 Pre－FFT 处理。在 5.2 节与 5.3 节中，将进一步考虑在时变信道条件下的 OFDM 系统接收，并给出一些较为典型的 ICI 抑制 Pre－FFT 与 Post－FFT 处理方法。

5.2　基于部分 FFT 处理的时变信道接收

5.2.1　部分 FFT 处理的基本原理

部分 FFT 处理可被归类为一种 ICI 抑制的 Pre－FFT 处理方法。假设考虑基带连续信号，OFDM 调制发射信号由式(5－2)给出，且时变信道冲激响应采用类似第 2 章中的路径

参量化模型，即

$$c(\tau,t)=\sum_{p=1}^{P}c_p(t)\delta[\tau-\tau_p(t)] \tag{5-54}$$

式中：P 表示路径数；$c_p(t)$与 $\tau_p(t)$分别为信道第 P 条路径的时变复幅度与延迟。对应接收信号在去除 CP 段后可表示为

$$r(t)=\frac{1}{\sqrt{T}}\sum_{p=1}\sum_{k=0}^{K-1}c_p(t)d_k\mathrm{e}^{\mathrm{j}2\pi f_k(t-\tau_p(t))}+\xi(t),\ t\in[0,T] \tag{5-55}$$

式中：$\xi(t)$表示噪声。传统 OFDM 接收机反傅里叶变换给出解调采样值，即

$$x_k=\frac{1}{\sqrt{T}}\int_0^T r(t)\mathrm{e}^{-\mathrm{j}2\pi f_k t}\mathrm{d}t=\frac{1}{T}\sum_{l=0}^{K-1}d_l\int_0^T H_l(t)\mathrm{e}^{\mathrm{j}2\pi(f_l-f_k)t}\mathrm{d}t+z_k \tag{5-56}$$

式中：z_k 为解调噪声，其均值为 0，方差为 σ^2；

$$H_l(t)=\sum_{p=1}c_p(t)\mathrm{e}^{-\mathrm{j}2\pi f_l\tau_p(t)} \tag{5-57}$$

为第 l 个子载波上的时变信道频率响应。容易知道，当信道为时不变时，$H_l(t)$为恒定值，此时基于式(5-4)，式(5-56)将退化为式(5-27)给出的子载波正交情况。否则，如果信道时变存在，式(5-56)表明在第 k 个子载波上的解调采样将包含其他所有子载波上的符号能量，即产生 ICI。

为应对此问题，部分 FFT 处理将 OFDM 的分块时宽$[0,T]$细分为 M 个相互不重叠的子段，并对每一子段分别进行反傅里叶变换。例如，对第 m 个子段进行反傅里叶变换，其第 k 个子载波上的输出为

$$y_k(m)=\frac{1}{\sqrt{T}}\int_{mT/M}^{(m+1)T/M}r(t)\mathrm{e}^{-\mathrm{j}2\pi f_k t}\mathrm{d}t=$$
$$\frac{1}{T}\sum_{l=0}^{K-1}d_l\int_{mT/M}^{(m+1)T/M}H_l(t)\mathrm{e}^{\mathrm{j}2\pi(f_l-f_k)t}\mathrm{d}t+z_k(m) \tag{5-58}$$

式中：$m=0,1,\cdots,M-1$。之所以如此，是因为实际水声信道时变常是较为缓慢的，通过将其分段，可合理近似各子段内信道为时不变。因此，式(5-58)可改写为

$$y_k(m)\approx\sum_{l=0}^{K-1}d_l\bar{H}_l(m)g_{l-k}(m)+z_k(m) \tag{5-59}$$

式中：$z_k(m)$为噪声项；$\bar{H}_l(m)$取该子段中点时刻的频率响应，即

$$\bar{H}_l(m)=H_l\left(\frac{mT}{M}+\frac{T}{2M}\right)=H_l\left(\frac{2m+1}{2M}T\right) \tag{5-60}$$

另外

$$g_i(m)=\frac{1}{T}\int_{mT/M}^{(m+1)T/M}\mathrm{e}^{\mathrm{j}2\pi i\Delta f t}\mathrm{d}t=\frac{1}{M}\mathrm{e}^{\mathrm{j}\pi i(2m+1)/M}\mathrm{sinc}\left(\frac{i}{M}\right) \tag{5-61}$$

式中：$i=-(K-1),\cdots,(K-1)$，且 $\mathrm{sinc}(x)=\sin(\pi x)/\pi x$。

式(5-58)的部分积分在实际工程中是以 FFT 算法实现，因此$\{y_k(m)\}$又被称为部分 FFT 输出。基于式(5-59)，将对应第 k 个子载波的 M 个部分 FFT 输出汇集在一起，以矩阵向量形式表示，则有

$$\boldsymbol{y}_k = \sum_{l=0}^{K-1} d_l \boldsymbol{H}_l \boldsymbol{g}_{l-k} + \boldsymbol{z}_k \tag{5-62}$$

式中：$\boldsymbol{y}_k = [y_k(0), y_k(1), \cdots, y_k(M-1)]^{\mathrm{T}}$；$\boldsymbol{H}_k = \mathrm{diag}\{[\bar{H}_k(0), \bar{H}_k(1), \cdots, \bar{H}_k(M-1)]^{\mathrm{T}}\}$；$\boldsymbol{g}_i = [g_i(0), g_i(1), \cdots, g_i(M-1)]^{\mathrm{T}}$；$\boldsymbol{z}_k = [z_k(0), z_k(1), \cdots, z_k(M-1)]^{\mathrm{T}}$。

部分 FFT 处理的基本思想是将上述 M 个部分 FFT 输出$\{y_k(m)\}$加权求和以尽可能消除子载波 k 上的 ICI。设$\boldsymbol{w}_k = [w_k(1), w_k(2) \cdots w_k(M)]^{\mathrm{T}}$ 为加权系数，则对应的子载波 k 上的输出为

$$x_k = \boldsymbol{w}_k^{\mathrm{H}} \boldsymbol{y}_k = \sum_{l=0}^{K-1} d_l \boldsymbol{w}_k^{\mathrm{H}} \boldsymbol{H}_l \boldsymbol{g}_{l-k} + \boldsymbol{w}_k^{\mathrm{H}} \boldsymbol{z}_k \tag{5-63}$$

此过程事实上可理解为在每个子载波上施加对应的 ICI 抑制窗。具体而言，以离散信号式表示部分 FFT 处理的示意图如图 5-4 所示，其部分 FFT 输出为

$$\boldsymbol{y}_k(m) = \boldsymbol{i}_K^{\mathrm{T}}(k) \boldsymbol{F}_K \boldsymbol{T}_m \boldsymbol{r} \tag{5-64}$$

式中：$\boldsymbol{i}_K(k)$为矩阵$\boldsymbol{I}_K$ 第 k 列对应的单位向量；$\boldsymbol{T}_m$ 为子段截取矩阵，有

$$\boldsymbol{T}_m = \mathrm{diag}\{\boldsymbol{i}_M(m) \otimes \boldsymbol{1}_{J\times 1}\} \tag{5-1}$$

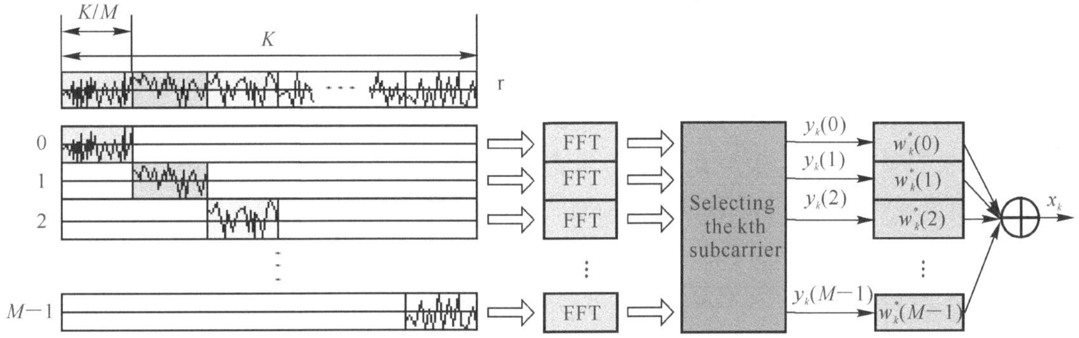

图 5-4　部分 FFT 处理示意图

且$\otimes$表示 Kronecker 积，$J = K/M$。基于式(5-63)与式(5-64)可知

$$x_k = \sum_{m=0}^{M-1} w_k^*(m) y_k(m) = \boldsymbol{i}_K^{\mathrm{T}}(k) \boldsymbol{F}_K \bar{\boldsymbol{w}}_k \boldsymbol{r} \tag{5-66}$$

式中

$$\bar{\boldsymbol{w}}_k = \sum_{m=0}^{M-1} w_k^*(m) \boldsymbol{T}_m = \mathrm{diag}\{\boldsymbol{w}^* \otimes \boldsymbol{1}_{J\times 1}\} \tag{5-67}$$

为对应第 k 个子载波的 ICI 抑制窗向量。由式(5-66)可见，部分 FFT 处理的加权求和实际上等效于对接收分块 $\boldsymbol{r}$ 进行$\{\bar{\boldsymbol{w}}_k\}$加窗。由于这里的$\{\bar{\boldsymbol{w}}_k\}$加窗发生在时域，即在 OFDM 解调对应的 FFT 操作之前，因此部分 FFT 处理可被作为一类 ICI 抑制的 Pre-FFT 处理方法。

还应注意此处部分 FFT 处理中的$\{\bar{\boldsymbol{w}}_k\}$加窗与传统加窗的区别。具体而言，此处的加窗处理有两个显著特点：其一，不同于传统方法中窗函数的光滑性，此处式(5-67)给出的实际为“阶梯状(Step-Wise)”窗函数；其二，不同于传统方法中对 OFDM 接收分块实施统一

时域加窗,此处式(5-67)允许针对不同子载波使用不同的窗函数。

5.2.2 基于自适应算法的 OFDM 部分 FFT 处理

部分 FFT 处理的关键在于求解加权系数向量$\{\boldsymbol{w}_k\}$。不难发现,当加权系数全为 1 即$\boldsymbol{w}_k=\boldsymbol{1}_{M\times 1}$时,部分 FFT 处理将退化为传统的 OFDM 解调处理;但为了尽可能缓解时变信道引起的 ICI 影响,需对加权系数向量进行不同的设计。例如,当所有时变信道信息先验已知前提下,可以基于 MMSE 准则求解最优的部分 FFT 处理加权系数,有

$$\boldsymbol{w}_{k,\mathrm{opt}}=\underset{\boldsymbol{w}_k}{\mathrm{argmin}}E\{|d_k-\boldsymbol{w}_k^{\mathrm{H}}\boldsymbol{y}_k|^2\} \tag{5-1}$$

可以看到,上式中部分 FFT 处理加权求和事实上结合了后端信道均衡处理,其输出即为符号估计。此最优化问题的解为

$$\boldsymbol{w}_{k,\mathrm{opt}}=(E\{\boldsymbol{y}_k\boldsymbol{y}_k^{\mathrm{H}}\})^{-1}E\{\boldsymbol{y}_k\boldsymbol{d}_k^*\} \tag{5-69}$$

再基于式(5-62),易得

$$E\{\boldsymbol{y}_k\boldsymbol{y}_k^{\mathrm{H}}\}=\sum_{l=0}^{K-1}\boldsymbol{H}_l\boldsymbol{g}_{l-k}\boldsymbol{g}_{l-k}^{\mathrm{H}}\boldsymbol{H}_l^{\mathrm{H}}+\frac{\sigma^2}{M}\boldsymbol{I}_M \tag{5-70}$$

$$E\{\boldsymbol{y}_k d_k^*\}=\boldsymbol{H}_k\boldsymbol{g}_0 \tag{5-71}$$

式(5-69)~式(5-71)即为信道先验已知条件下部分 FFT 处理最优权系数的闭合解,但其要求 OFDM 接收机提前具备在当前分块 M 个子段内时变信道的全部状态,这在实际工程中是极为困难的。为避免此处所需信道估计的复杂度,Stojanovic 等学者在本章参考文献[6]中提出另一种基于子载波自适应迭代的部分 FFT 处理加权系数求解算法。

此自适应算法不再需要提前显式估计时变信道的频率响应即$\{\boldsymbol{H}_k\}$,而是在子载波迭代过程中更新补偿后的时不变信道频率响应,因而复杂度可大大降低。具体而言,该算法假设水声信道相干带宽远大于 OFDM 子载波频率间隔,即信道频响与部分 FFT 加权系数在子载波之间将仅存在缓慢变化。此情况下,若第 $k-1$ 个子载波位置的加权系数为$\boldsymbol{w}_{k-1}$,基于上述假设可有$\boldsymbol{w}_k\approx\boldsymbol{w}_{k-1}$,则有第 k 个子载波位置的解调采样可近似求解为 $x_k\approx\boldsymbol{w}_{k-1}^{\mathrm{H}}\boldsymbol{y}_k$,若认为此时信道时变已被基本补偿,则有

$$x_k\approx H_k d_k+\varepsilon_k \tag{5-72}$$

即不再特殊考虑第 k 个子载波位置的 ICI,而将其简单归入噪声项 ε_k。再次根据上述慢变性,以第 $k-1$ 个子载波位置的信道频响估计 $\hat{H}_{k-1}$ 替代上式中的 H_k,则可得到当前的符号估计与判决为

$$\hat{d}_k=\frac{x_k}{\hat{H}_{k-1}};\quad \tilde{d}_k=\mathrm{dec}\{\hat{d}_k\} \tag{5-73}$$

式中:dec{·}表示将符号估计映射到最近的星座点。以此符号判决,可以进一步对信道频响与部分 FFT 加权系数进行更新,即

$$\hat{H}_k=\beta\hat{H}_{k-1}+(1-\beta)\frac{x_k}{\tilde{d}_k} \tag{5-74}$$

$$\boldsymbol{w}_{k+1}=\boldsymbol{w}_k+\mathrm{RLS}\{y_k,e_k\} \tag{5-75}$$

式中：参数 $\beta\in(0,1)$ 用以控制信道频响更新速度；RLS{ · }表示部分 FFT 处理加权系数更新使用 RLS 算法，且 $e_k=\hat{H}_k\tilde{d}_k-x_k$ 为自适应更新所需误差项。

需要说明的是，为初始化上述部分 FFT 处理自适应算法，OFDM 系统需在迭代起始的子载波位置上集中设置 2 M～5 M 个甚至更多的导频符号；并且，在算法切换为判决导向(Decision-Directed)模式之后，还需周期性插入额外的导频符号以避免信道深衰落所造成的错误传播。

5.2.3　基于特征值分解的差分 OFDM 部分 FFT 处理

一方面，与前述传统相干 OFDM 系统不同，差分 OFDM 在子载波间采用差分编码，其可绕开信道估计，因而在水声通信等面临复杂多径扩展信道的场合具有重要的实用意义。但是另一方面，与相干 OFDM 系统一致，差分 OFDM 系统性能仍将会受到信道时变因素的严重影响，因此在接收端必须实现有效的 ICI 抑制。

当涉及 ICI 抑制，部分 FFT 处理的思想将同样可应用于差分 OFDM 系统。但是在此方面，5.2.2 小节基于自适应算法的部分 FFT 处理不宜直接使用，原因在于其迭代过程中加权系数更新需耦合式(5－74)给出的信道估计，这与引入差分编码的目的相悖。因此，应针对差分 OFDM 设计其特有的部分 FFT 处理算法，本节将具体谈及这一问题。

5.2.3.1　差分 OFDM 检测原理

采用与前面相干 OFDM 类似的配置，考虑差分 OFDM 信号中包含 K 个子载波；不同的是，此处令 b_k 和 d_k 分别表示在第 k 个子载波上调制的原始信息符号和差分编码符号。设 b_k 和 d_k 都取自归一化 2^Q 阶 PSK 星座 $A=\{a_0,a_1,\cdots,a_{2^Q-1}\}$，则各子载波上的差分编码符号为

$$d_k=\begin{cases}b_kd_{k-1}, & 1\leqslant k\leqslant K-1\\ a_0, & k=0\end{cases}\tag{5-76}$$

式中：d_0 为差分编码初始符号。

对简单时不变信道而言，由式(5－27)，且假设相邻子载波间频率响应近似相等，即 $H_{k-1}\approx H_k$，可得

$$x_k=x_{k-1}b_k+\eta_k\tag{5-77}$$

式中：$\eta_k=z_k-z_{k-1}b_k$ 是差分噪声项。容易验证，η_k 的方差为 $2\sigma^2$，是原始噪声采样方差的两倍，因此相对于相干 OFDM 检测而言，差分 OFDM 检测存在众所周知的 3 dB 性能损失。基于式(5－77)，对应信息符号 b_k 的最大似然(ML)检测器可以表示为

$$\tilde{b}_k=\underset{b\in A}{\operatorname{argmin}}\left|x_k-x_{k-1}b\right|^2\tag{5-78}$$

由于星座 A 的基数为 2^Q，因此差分 OFDM 分块 ML 检测的复杂度约为 $\mathcal{O}(2^QK)$。此外，由式(5－77)，还可以很容易得出另一种检测信息符号 b_k 的方法，即

$$\hat{b}_k=\frac{x_k}{x_{k-1}},\quad \tilde{b}_k=\operatorname{dec}\{\hat{b}_k\}\tag{5-79}$$

其计算复杂度对于子载波数量 K 也是线性的。

5.2.3.2 差分 OFDM 的部分 FFT 处理

然而，当信道中存在时变时，差分 OFDM 检测将变得复杂得多。在此条件下，本章参考文献[7]和[8]给出了一种部分 FFT 处理方法，其使用式(5-79)给出的差分检测器，并且设计了自适应算法以最小化差分 MSE，即

$$E\{|e_k|^2\}=E\{|b_k-\hat{b}_k|^2\}\approx E\left\{\left|b_k-\frac{\boldsymbol{w}_k^{\mathrm{H}}\boldsymbol{y}_k}{\boldsymbol{w}_k^{\mathrm{H}}\boldsymbol{y}_{k-1}}\right|^2\right\} \tag{5-1}$$

在式(5-1)中的第二等式中，同样假设了信道时变在相邻子载波上是强相关的，并且部分 FFT 加权系数向量也是如此，即$\boldsymbol{w}_k\approx\boldsymbol{w}_{k-1}$。

基于式(5-80)，本章参考文献[8]采用随机梯度算法在 K 个子载波上迭代更新加权系数向量。当它以判决导向模式运行时，式(5-80)中的 b_k 实际上由式(5-79)中的 $\tilde{b}_k$ 代替，因此若信道频率响应存在深衰减，该算法将有可能导致错误传播。据此，本章参考文献[7]中进一步提出了一种改进的随机梯度算法，其将比例梯度与阈值方法相结合，以缓解判决误码引起的权系数突变。但是，与相干 OFDM 的经典 MSE 即式(5-68)中的权重向量二次凸函数不同，式(5-80)中的差分 MSE 是$\boldsymbol{w}_k$ 的非凸函数。因此，这些自适应算法不能保证全局最优。此外，它们的性能将在很大程度上取决于步长等参数的选择，因此可能会导致其在实际中难以使用。

为了解决上述问题，本章参考文献[9]提出了一种基于特征分解的部分 FFT 加权系数计算方法。与本章参考文献[7]与文献[8]不同，此方法不采用式(5-79)而是采用式(5-78)中的差分检测。简单起见，首先基于本章参考文献[5]中的推导，假设接收机前端重采样预处理后的信道多普勒效应可近似为窄带，此时各子载波历经相同的信道时变，对应的加权向量在所有 K 个子载波上保持恒定，即 $\boldsymbol{w}=\boldsymbol{w}_0=\cdots=\boldsymbol{w}_{K-1}$。因此，子载波 k 上的部分 FFT 输出为 $x_k=\boldsymbol{w}^{\mathrm{H}}\boldsymbol{y}_k$，将其代入式(5-78)，有

$$\tilde{b}_k=\underset{b\in A}{\operatorname{argmin}}\left|\boldsymbol{w}^{\mathrm{H}}\boldsymbol{y}_k-\boldsymbol{w}^{\mathrm{H}}\boldsymbol{y}_{k-1}b\right|^2=\underset{b\in A}{\operatorname{argmin}}\boldsymbol{w}^{\mathrm{H}}\boldsymbol{R}_k(b)\boldsymbol{w} \tag{5-81}$$

其中

$$\boldsymbol{R}_k(b)=(\boldsymbol{y}_k-\boldsymbol{y}_{k-1}b)(\boldsymbol{y}_k-\boldsymbol{y}_{k-1}b)^{\mathrm{H}}=\boldsymbol{\varepsilon}_k(b)\boldsymbol{\varepsilon}_k^{\mathrm{H}}(b) \tag{5-82}$$

不同于本章参考文献[7]和文献[8]中的自适应加权系数更新，本章参考文献[9]基于 P 个导频符号直接求解部分 FFT 的加权系数。观察式(5-81)可以发现，除 $\boldsymbol{w}=\boldsymbol{0}_{M\times 1}$ 这一病态情况外，ML 差分检测不取决于加权系数向量范数，因此，可以通过将范数 $\|\boldsymbol{w}\|$ 固定为任何非零值来简化计算。具体而言，设 P 个导频符号所处子载波的索引集合为 $S_{\mathrm{P}}=\{k_0,k_1,\cdots,k_{P-1}\}$，由于$\{b_k|k\in S_{\mathrm{P}}\}$在接收端已知，所以可以相应构造 $M\times P$ 维矩阵

$$\boldsymbol{E}_{\mathrm{P}}=[\boldsymbol{\varepsilon}_{k_0}(b_{k_0}),\boldsymbol{\varepsilon}_{k_1}(b_{k_1}),\cdots,\boldsymbol{\varepsilon}_{k_{P-1}}(b_{k_{P-1}})] \tag{5-83}$$

并通过使所有导频符号上的差分检测的总误差能量最小化来获得部分 FFT 加权系数向量，即解决以下优化问题

$$\min_{\boldsymbol{w}}\boldsymbol{w}^{\mathrm{H}}\boldsymbol{R}_{\mathrm{P}}\boldsymbol{w}$$

约束条件为

$$\| \boldsymbol{w} \| = \sqrt{M} \tag{5-84}$$

式中：$\boldsymbol{R}_{\mathrm{P}}$ 为导频检测误差矩阵，定义为

$$\boldsymbol{R}_{\mathrm{P}} = \sum_{k \in S_{\mathrm{P}}} \boldsymbol{R}_k(b_k) = \boldsymbol{E}_{\mathrm{P}} \boldsymbol{E}_{\mathrm{P}}^{\mathrm{H}} \tag{5-85}$$

可以看出，式(5-84)中的优化问题仍是非凸的。但是，由于$\boldsymbol{R}_{\mathrm{P}}$ 是 Hermitian 矩阵，因此这种特殊情况下实际可以获得全局最优解。式(5-84)的最小值是 $M\lambda_{\min}$，其中 $\lambda_{\min}$ 是$\boldsymbol{R}_{\mathrm{P}}$ 的最小特征值，而最优部分 FFT 加权系数向量为

$$\hat{\boldsymbol{w}}_{\mathrm{opt}} = \sqrt{M} \boldsymbol{v}_{\min} \tag{5-86}$$

式中：$\boldsymbol{v}_{\min}$ 为对应于 $\lambda_{\min}$ 的归一化特征向量。接下来将进一步对这种基于特征值分解的差分 OFDM 部分 FFT 处理算法进行讨论。

(1)加权系数向量求解唯一性。容易看出，传统的单 FFT 解调即对应式(5-84)问题的可行点 $\boldsymbol{w} = \mathbf{1}_{M\times 1}$。当信道在相邻子载波上频率平坦且没有时变与噪声时，其也是最小特征值 $\lambda_{\min}=0$ 所关联的特征向量。因此，在这种简单情况下，常规的单 FFT 解调足以提供 ML 性能，并完美实现零误差能量。与之相比，对水声信道等时变信道而言，全 1 向量将很可能不是最佳的，因而必须基于式(5-86)计算部分 FFT 加权系数，从而尽量克服多普勒引起的 ICI 影响。通常实际情况下，式(5-84)中的总误差能量 $\boldsymbol{w}^{\mathrm{H}} \boldsymbol{R}_{\mathrm{P}} \boldsymbol{w}$ 将不再能够减小到零。但是，需注意两个有关 $\hat{\boldsymbol{w}}_{\mathrm{opt}}$ 唯一性的问题：

1)至少需要 $P \geqslant M$ 个导频符号以达成$\boldsymbol{E}_{\mathrm{P}}$ 行满秩，从而使$\boldsymbol{R}_{\mathrm{P}}$ 正定。否则，$(\boldsymbol{R})_{\mathrm{P}}$ 将是欠秩矩阵，即 $\lambda_{\min}=0$，其零空间内的所有向量都能产生零误差能量。在此情况下，将无法确定有效的加权系数向量。

2)尽管很少实际发生，但理论上 $\lambda_{\min}$ 也可能虽为正值但重数(multiplicity)大于 1。此时存在与 $\lambda_{\min}$ 对应的多个正交特征向量，故最优权向量 $\hat{\boldsymbol{w}}_{\mathrm{opt}}$ 不是唯一的。对此问题，只需简单将 M 值稍作改变即可解决(只要 $I \geqslant M$ 仍然成立)。

(2)带宽效率和复杂度。回忆在相干 OFDM 系统中，导频符号用来估计信道响应，因此其数量直接取决于信道延迟扩展。例如，前面式(5-30)上段有述，在每个 OFDM 分块中至少需要 $P \geqslant L+1$ 个导频符号以实现信道估计，这在具有长延展多径结构的信道上可能导致带宽效率的重大损失。相比之下，在此处差分 OFDM 系统中，引入导频符号仅用来计算部分 *FFT* 权系数，其所需数量为 $P \geqslant M$。在实际应用中，由于前端重采样后的残留多普勒一般已较为轻微，通常部分 FFT 子段数量选择为 $M=4\sim 32$ 就足以获得良好的 ICI 抑制性能。因此，上述算法产生的导频开销将比相干 OFDM 系统中信道估计的导频开销小得多。

至于计算复杂度，在式(5-85)中构造$\boldsymbol{R}_{\mathrm{P}}$ 需要 $O(M^2 I)$个浮点运算，而$\boldsymbol{R}_{\mathrm{P}}$ 特征分解的复杂度约为 $O(M^3)$。如前所述，虽然其复杂度是 M 的立方量级，但由于部分 *FFT* 处理所需的 M 值较小，在实际应用中通常有 $M \ll K$，因此上述算法的计算复杂度事实上完全在可行范围内。

(3)相关方法比较。这里的部分 FFT 算法可能看起来类似于单载波系统中的相位矫正算法[11]，即以 $\boldsymbol{w}_{\mathrm{opt}} \otimes \mathbf{1}_J$ 进行式(5-44)中信道时变相位 $\tilde{\boldsymbol{\theta}}$ 的阶梯状补偿。但需注意的是，此

处式(5－86)所获得的$\boldsymbol{w}_{\mathrm{opt}}$ 并不像时变相位 $\tilde{\boldsymbol{\theta}}$ 那样限制为单位幅值。正是通过更加松弛的约束 $\|\boldsymbol{w}\|=\sqrt{M}$(而非$|w_m|=1, m=0,\cdots,M-1$),最优化问题式(5－84)的高效求解才成为可能。并且,此时加权系数将可应对更为复杂无法表征为时变相位的信道多普勒因素,因而使系统具有更强的 ICI 抑制能力。

此外,与本章参考文献[7]和文献[8]中的随机梯度算法相比,此算法可以非自适应方式通过特征分解来确保找到全局最小值,因此也可避免出现局部收敛、错误传播和参数选择高敏感等问题。

(4)宽带多普勒扩展。至此,我们仅假设接收机前端重采样后的多普勒效应为窄带,并对所有 K 个子载波上的多普勒进行统一补偿。因此,与本章参考文献[7]和[8]中的自适应算法在子载波方向上迭代更新权系数向量不同,此处最佳权系数向量对于每个 OFDM 分块仅进行一次性计算。尽管上述窄带多普勒模型通常足以满足实际使用,但值得一提的是,基于特征分解的部分 FFT 权系数算法也可被直接扩展到宽带多普勒场景,即不再忽略重采样后各子载波上存在的多普勒差异。

在此情况下,可将差分 OFDM 系统的带宽划分为 N 个子带。每个子带包含 $\bar{K}=K/N$ 个子载波,其中放置 $\bar{P}\geqslant M$ 个导频符号。假设窄带多普勒模型仍可近似在各个子带内保持,即可再次诉诸式(5－86)来计算特定于每个子带的最优部分 FFT 权系数向量。可以预期,采用这种方式可以获得更好的宽带多普勒补偿性能,其代价是增加了一部分的通信系统开销(因为此时需要至少 MN 个导频符号)。

5.2.3.3 算法性能仿真

在此给出差分 OFDM 部分 FFT 处理算法的仿真性能。考虑系统子载波数为 $K=1\ 024$,且调制阶数为 $2^Q=4$,其中心频率为 6 kHz,带宽为 $B=4\ 096$ Hz,则易知差分 OFDM 系统的子载波频率间隔为 $\Delta f=B/K=4$ Hz,分块时间宽度为 $T=1/\Delta f=0.25$ s。同时,考虑 6 条路径的稀疏水声信道,其最大多径延迟扩展为 $\tau_{\max}=11.5$ ms,对应路径功率为[0,2.60,3.57,4.20,9.59,12.22] dB。由于信道相干带宽可粗略计算为 $B_c=1/\tau_{\max}\approx 87$ Hz,有 $\Delta f\ll B_c$,因此式(5－78)与式(5－79)差分检测所需的相邻子载波频率平坦假设可被近似满足。另外,此处信道时变以重采样后的多普勒压扩因子 a 建模,从而显式引入各子载波间的宽带非统一频偏效应。更具体来说,此时在第 k 个子载波上经历的频偏为 $a\bar{f}_k$,其中 $\bar{f}_k$ 表示该子载波所对应的通带频率。

(1)比较基于随机梯度自适应算法[8]与特征值分解[9]的部分 FFT 处理性能。如图 5－5 所示,其包含多普勒因子 $a=1.5\times10^{-4}$ 与 2.5×10^{-4} 两套结果。公平起见,此处将部分 FFT 子段数固定为 $M=8$,并将 OFDM 分块导频符号数固定为 $P=32$。区别仅在于采用随机梯度自适应算法时,导频符号集中于低频端以进行初始化训练,即 $S_{\mathrm{P}}=\{1,2,\cdots,P\}$;而采用特征值分解算法时,导频符号等间隔散布于整个频带,即 $S_{\mathrm{P}}=\{1,I+1,\cdots,(P-1)I+1\}$,其中 $I=K/P$。此外,图 5－5 中还给出了时不变信道条件下传统单 FFT 解调系统的误比特率作为性能下界。可以看到，随机梯度自适应算法[8]相对于下界有较大性能损失，且其误比特率对步长参数 μ 敏感。相比而言，由于可实现全局最优且不存在错误传播问题，所以特征值分解算法[9]始终具有更优的系统性能。

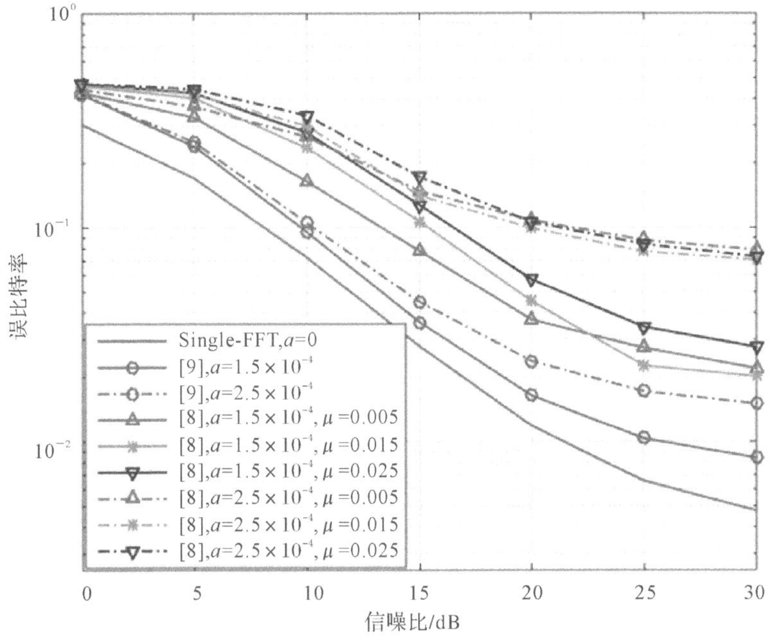

图 5-5　基于自适应与特征值分解的部分 FFT 算法性能比较

(2)图 5-6 给出当信道多普勒因子 a 在 1×10^{-4}～5×10^{-4} 范围变化时，基于特征值分解的部分 FFT 算法相对于子段数 M 的误比特率性能。此处，接收信噪比固定为 25 dB，且为了保证始终有 $P\geqslant M$，此处导频个数选取为 $P=128$。一个有趣的观察是，与相干 OFDM 系统中的部分 FFT 处理[6]相似，随着 M 值的增加，差分 OFDM 系统也出现了性能饱和现象。这是因为设置过大的 M 值将导致过拟合，使得部分 FFT 加权系数跟踪式(5-77)中的差分噪声而非真正的信道时变，其反而损害系统性能。如前文所述，通常设置 $M=4$～32 足以在实际工程应用中获得良好的 ICI 抑制性能。

(3)图 5-7 给出特征值分解部分 FFT 算法针对宽带多普勒的子带化处理性能。与图 5-5 类似，此处固定 $M=8$；并且为了使性能差别更易察觉，此处使用一个相对较大的多普勒压扩因子 $a=5\times10^{-4}$。此情况下，差分 OFDM 低频端子载波对应频偏约为 $\Delta f/2$，而在高频段的子载波对应频偏达到约 Δf，因此宽带非统一频偏效应较为明显。另外，为了克服宽带多普勒影响，将系统中 K 个子载波划分为不同的子带数量 $N=1,2,4$ 与 8，且各子带中分配 $\bar{P}=32$ 个导频符号。如所预期的那样，系统性能随子带数量 N 的增大而改善；但同时可以看到，其产生的增益在 N 达到某一特定值(本例中 $N=4$)后开始变得非常有限。这意味着此时窄带多普勒近似在各子带内事实上已足够精确；从实用角度考虑，进一步增加子带数量不再必要，可以通过预先求解获得其适当取值。

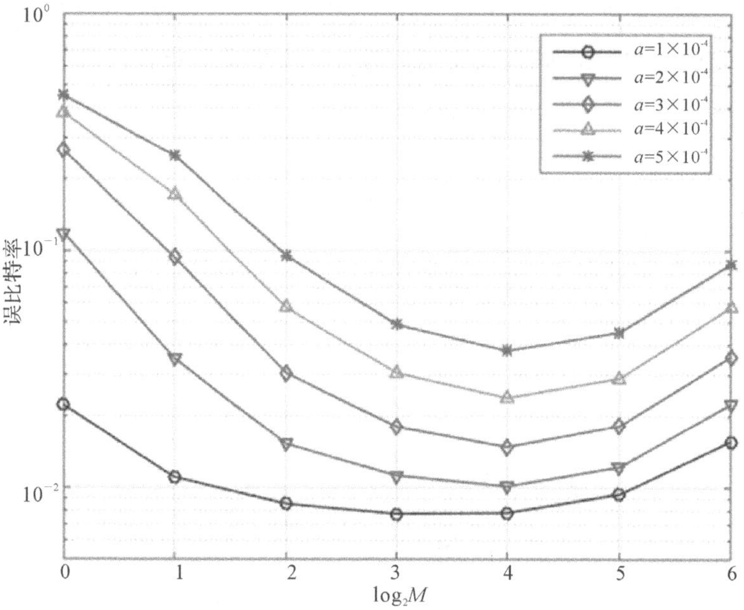

图 5-6 基于特征值分解的部分 FFT 算法性能(相对于子段数 M)

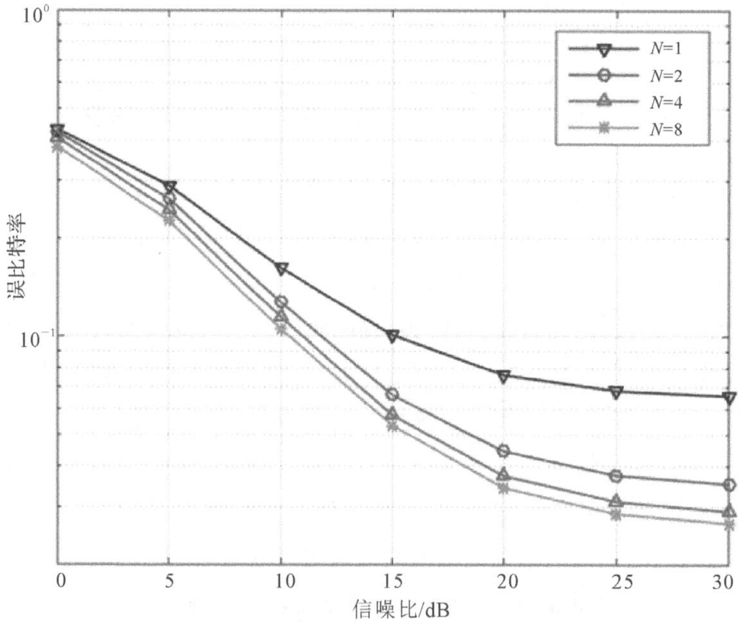

图 5-7 基于特征值分解的部分 FFT 算法宽带多普勒抑制性能

5.3 基于分块均衡处理的时变信道接收

5.2 节给出的部分 FFT 处理可被归类为一种 ICI 抑制的 Pre-FFT 处理方法。与之区别，本节中将再举例给出另一种时变信道条件下的 OFDM 系统接收处理——分块均衡。鉴于分块均衡是在 OFDM 解调 FFT 操作之后执行，故其可被归类为一种 ICI 抑制的 Post - FFT 处理方法。

5.3.1　分块均衡的基本原理

传统上，将联合考虑了 ICI 处理的 OFDM 信道均衡称之为 ICI 均衡。典型的 ICI 均衡可分为两类，即分块均衡(Block Equalization)与串行均衡(Serial Equalization)。其中，分块均衡是指对 OFDM 分块内所有子载波调制符号进行联合估计，而串行均衡对各子载波调制符号采用依次估计的方式。二者在性能与计算量方面大致相当，简单起见，此处仅就基于分块均衡的 OFDM 时变信道接收方法进行介绍。

具体而言，由 5.1 节讨论已知，时变信道条件下 OFDM 信号模型仍具有式(5 - 26)形式，但其中信道频响矩阵 $\boldsymbol{C}$ 不再为对角矩阵。例如，若采用一般化时变响应信道模型，则信道频响矩阵 $\boldsymbol{C}$ 通常为满矩阵，从而导致式(5 - 50)所示的 ICI 项，因而 OFDM 接收无法简单使用类似于时不变信道的单抽头频域均衡。事实上，由于子载波间存在相互耦合，时变信道条件下基于 MMSE 准则的 OFDM 分块均衡符号估计需写为

$$\hat{\boldsymbol{d}}=\boldsymbol{C}^{\mathrm{H}}(\boldsymbol{C}\boldsymbol{C}^{\mathrm{H}}+\sigma^{2}\boldsymbol{I}_{K})^{-1}\boldsymbol{x} \tag{5-87}$$

以上分块均衡符号估计的最大问题在于计算复杂度。例如，若仅将 $\boldsymbol{C}$ 作为一般化的 $K\times K$ 维满矩阵，则 $\boldsymbol{C}\boldsymbol{C}^{\mathrm{H}}$ 矩阵相乘操作与对 $\boldsymbol{R}=\boldsymbol{C}\boldsymbol{C}^{\mathrm{H}}+\sigma^{2}\boldsymbol{I}_{K}$ 矩阵求逆操作的复杂度都将在 $O(K^{3})$ 量级。考虑在 OFDM 水声通信中，由于 CP 保护间隔较长(需大于信道时延扩展)，为不至于引入过大的系统开销，分块中子载波数 K 通常选取在 512～4 096 范围内，其对应的均衡器计算量将难以在实际系统中满足。基于此原因，进一步借助 $\boldsymbol{C}$ 矩阵结构降低算法复杂度显得尤为重要。

5.3.2　基扩展时变信道模型

为实现低复杂度的 OFDM 均衡，一种较广泛使用的方法是将信道频响矩阵 $\boldsymbol{C}$ 近似为带状结构。为说明这一问题，此处将首先介绍时变信道的基扩展模型(BEM)[12]。此模型的最初引入是为了解决前述一般化时变响应信道模型中信道参量过多的问题——在一个包含 K 符号的 OFDM 分块内，式(5 - 48)给出的时域信道矩阵 $\tilde{\boldsymbol{C}}$ 涉及 $K(L+1)$ 个参量 $\{c_{k,l}\}$，这使得信道估计等处理不可行。为减少参量个数，BEM 采用基函数拟合的方法对分块内的信道时变进行近似；其中，基函数的具体形式可根据情况有许多不同选择，但最简单且在实际中最常用的是复指数(Complex Exponential)基，其所对应的模型又被称为 CE - BEM。此处仅就 CE - BEM 进行讨论。

CE - BEM 基于信道时变的带限假设，即在一个 OFDM 分块内，信道中各路径抽头的多普勒时变可由一套复指数基表示，即

$$c_{k,l}=\sum_{q=-Q}^{Q}b_{q,l}\mathrm{e}^{\mathrm{j}\frac{2\pi}{K}qk} \tag{5-88}$$

式中：Q 表示离散信道多普勒扩展；$\{b_{q,l}\}$ 为 BEM 系数。一方面，与前述各路径统一多普勒(如统一时变相位)信道模型相比，此模型允许对各路径的多普勒进行独立建模，因而可更接

近于(精确但不可行的)一般化时变响应模型。但另一方面,与一般化时变响应模型相比,在任意第 l 个信道延迟抽头上,此模型不再直接以 K 个冲激响应系数$\{c_{k,l}\}_{k=0}^{K-1}$ 在时域内表示信道时变,而是基于 $2Q+1$ 个系数$\{b_{q,l}\}_{q=-Q}^{Q}$ 在多普勒频域内以基扩展方式表示。模型中,BEM 系数$\{b_{q,l}\}$在整个 OFDM 分块内保持恒定,抽头响应时变由复指数基来表征。容易知道,当信道时变较为缓慢时,通常可有 $Q \ll K$,因此采用 CE - BEM 可使时变信道模型参数的数量大为减少,从而更便于实现信道估计等相关接收端处理。

基于以式(5 - 88)的 CE - BEM,式(5 - 48)中的时域信道矩阵 $\tilde{\boldsymbol{C}}$ 可改写为

$$\tilde{\boldsymbol{C}} = \sum_{q=-Q}^{Q} \tilde{\boldsymbol{\Gamma}}_K^q \tilde{\boldsymbol{B}}_q \tag{5-89}$$

式中

$$\tilde{\boldsymbol{\Gamma}}_K^q = \mathrm{diag}\{[1, \mathrm{e}^{\mathrm{j}\frac{2\pi}{K}q}, \cdots, \mathrm{e}^{\mathrm{j}\frac{2\pi}{K}q(K-1)}]^{\mathrm{T}}\} \tag{5-90}$$

$$\tilde{\boldsymbol{B}}_q = \begin{bmatrix} & & & & b_{q,L} & \cdots & b_{q,1} \\ & & & & & \ddots & \vdots \\ b_{q,0} & & & & & & b_{q,L} \\ & b_{q,0} & & & & & \\ \vdots & & \ddots & & & & \\ b_{q,L} & \vdots & & b_{q,0} & & & \\ & b_{q,L} & & & \ddots & & \\ & & \ddots & \vdots & & b_{q,0} & \\ & & & b_{q,L} & & & \\ & & & & \ddots & \vdots & \\ & & & & & & b_{q,0} \\ & & & & & b_{q,L} & \vdots & \ddots \\ & & & & & b_{q,L-1} & \cdots & b_{q,0} \end{bmatrix} \tag{5-91}$$

由式(5 - 90)和式(5 - 91)可以看到,$\tilde{\boldsymbol{\Gamma}}_K^q$ 与$\tilde{\boldsymbol{B}}_q$ 分别为 $K \times K$ 维对角与循环矩阵。因此,信道的频率响应矩阵 $\boldsymbol{C}$ 可对应写为

$$\boldsymbol{C} = \boldsymbol{F}_K \tilde{\boldsymbol{C}} \boldsymbol{F}_K^{\mathrm{H}} = \sum_{q=-Q}^{Q} \boldsymbol{\Gamma}_q \boldsymbol{B}_q \tag{5-92}$$

其中,易得

$$\boldsymbol{\Gamma}_q = \boldsymbol{F}_K \tilde{\boldsymbol{\Gamma}}_K^q \boldsymbol{F}_K^{\mathrm{H}} = \boldsymbol{J}_K^q \tag{5-93}$$

式中:$\boldsymbol{J}_K^q$ 为首列为$\boldsymbol{i}_K(q)$的循环矩阵,称为 q 次循环移位矩阵,即有$\boldsymbol{J}_K^0 = \boldsymbol{I}_K$,而$\boldsymbol{J}_K^q x$ 可将向量 $\boldsymbol{x}$ 循环下移 q 个元素;另外

$$\boldsymbol{B}_q = \boldsymbol{F}_K \tilde{\boldsymbol{B}}_q \boldsymbol{F}_K^{\mathrm{H}} = \mathrm{diag}\{[H_{q,0}, H_{q,1}, \cdots, H_{q,K-1}]^{\mathrm{T}}\} \tag{5-94}$$

且有

$$H_{q,k} = \sum_{l=0}^{L} b_{q,l} \mathrm{e}^{-\mathrm{j}\frac{2\pi}{K}lk} \tag{5-95}$$

基于式(5 - 92)～式(5 - 94),可立即得知 CE - BEM 时变信道建模条件下,信道频率响

应矩阵 $\boldsymbol{C}$ 具有循环带状结构。图 5－8 举例给出了 $Q=2$ 情况下的矩阵 $\boldsymbol{C}$ 结构，可以看出，当 $q=0$ 时，$\{H_{0,k}\}$ 位于矩阵 $\boldsymbol{C}$ 的主对角线上；而当 $q>0$（或 $q<0$），$\{H_{q,k}\}$ 位于矩阵 $\boldsymbol{C}$ 主对角线之上（或下）的第 q 个循环对角线上。整个矩阵 $\boldsymbol{C}$ 的非零元素带宽为 $2Q+1$，正是这样的矩阵结构提供了当前大量 OFDM 系统低复杂度 ICI 均衡方法的设计基础[4,13-14]。

最后需注意的是，上述的循环带状矩阵结构仅在 CE－BEM 的理想带限条件下满足，而在通常实际环境中，信道频率响应矩阵 $\boldsymbol{C}$ 仍如式（5－49）与式（5－50），即严格意义上为一个满矩阵。为实现低复杂度 ICI 均衡，事实上需要将一般化时变响应信道模型进行 CE－BEM 近似，以便利用信道矩阵结构，但这同时将引入信道模型误差，从而导致一定的系统性能损失。因此，基于 CE－BEM 的时变信道建模实际上是一种在复杂度与性能间的折中策略。

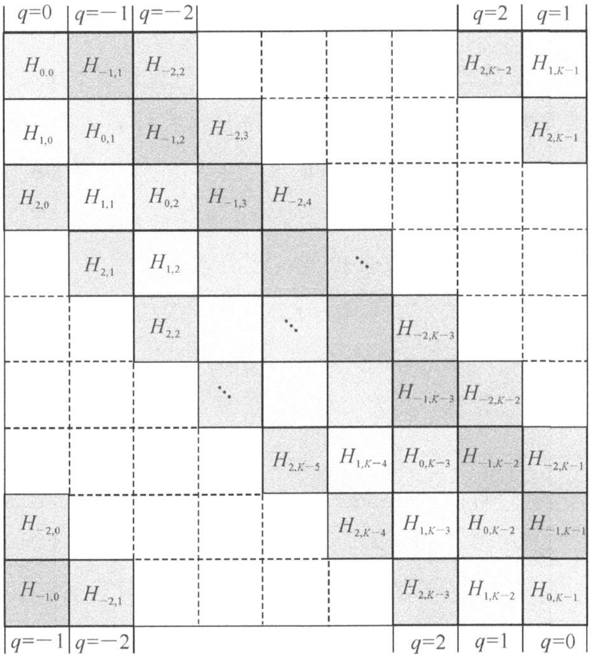

图 5－8　CE－BEM 时变信道频率响应矩阵 $\boldsymbol{C}$ 循环带状结构图（$Q=2$）

5.3.3　基于带状 $\mathrm{LDL}^{\mathrm{H}}$ 分解的低复杂度分块均衡

5.3.3.1　分块均衡算法说明

作为 OFDM 通信系统低复杂度 ICI 均衡的例子，本小节介绍一种基于带状 LDL^{H} 分解的分块均衡算法[13]。该算法仍采用类似于式（5－87）给出的 MMSE 均衡，如前文所述，其主要复杂度在于求解 $(\boldsymbol{C}\boldsymbol{C}^{\mathrm{H}}+\sigma^2\boldsymbol{I}_K)^{-1}$。所不同的是，本小节将考虑利用矩阵 $\boldsymbol{C}$ 的矩阵结构，并通过带状 $\mathrm{LDL}^{\mathrm{H}}$ 分解进行相关的矩阵求逆。

具体而言，由于矩阵 $\boldsymbol{C}$ 实际为循环带状矩阵，为便于实现带状 LDL^{H} 分解，需要首先去除其左下、右上角的非零元素。基于此目的，将发射分块边缘子载波设置为空载波，即

$$\boldsymbol{d}=[\boldsymbol{0}_{1\times Q},\underline{\boldsymbol{d}}^{\mathrm{T}},\boldsymbol{0}_{1\times Q}]^{\mathrm{T}} \tag{5-96}$$

式中：$\underline{\boldsymbol{d}}$ 包含 OFDM 分块中间 $\underline{K}=K-2Q$ 个有效调制符号。相应地，接收端对解调分块 $\boldsymbol{x}$ 也删除 $2Q$ 个边缘采样，即有 $\underline{\boldsymbol{x}}=\boldsymbol{T}\boldsymbol{x}$，其中 $\boldsymbol{T}=[\boldsymbol{I}_K]_{Q:K-Q-1,:}$ 为截取矩阵。容易知道，此时 OFDM 系统的输入输出关系为

$$\underline{\boldsymbol{x}}=\underline{\boldsymbol{C}}\underline{\boldsymbol{d}}+\underline{\boldsymbol{z}} \tag{5-97}$$

对比正常(非截短)情况下的 $\boldsymbol{x}=\boldsymbol{C}\boldsymbol{d}+\boldsymbol{z}$ 表达式，此处 $\underline{\boldsymbol{z}}=\boldsymbol{T}\boldsymbol{z}$ 为 $\underline{K}\times 1$ 维噪声向量，而 $\underline{\boldsymbol{C}}=\boldsymbol{T}\boldsymbol{C}\boldsymbol{T}^{\mathrm{H}}$ 为截短后的信道频响矩阵，其包含矩阵 $\boldsymbol{C}$ 中间的 $\underline{K}\times\underline{K}$ 维子矩阵。不难发现，通过上述截取操作，矩阵 $\underline{\boldsymbol{C}}$ 已将矩阵 $\boldsymbol{C}$ 的左下、右上角非零部分去除，其因而具有标准的(非循环)带状结构。

由式(5-97)，MMSE 准则分块均衡符号估计可表示为

$$\hat{\underline{\boldsymbol{d}}}=\underline{\boldsymbol{C}}^{\mathrm{H}}(\underline{\boldsymbol{C}}\underline{\boldsymbol{C}}^{\mathrm{H}}+\sigma^2\boldsymbol{I}_{\underline{K}})^{-1}\underline{\boldsymbol{x}} \tag{5-98}$$

注意，此时基于矩阵 $\underline{\boldsymbol{C}}$ 的带状结构，矩阵乘法 $\underline{\boldsymbol{C}}\,\underline{\boldsymbol{C}}^{\mathrm{H}}$ 仅需要约$(2Q^2+3Q+1)\underline{K}$ 次复数乘法与$(2Q^2+Q)\underline{K}$ 次复数加法。由于 Q 值相对较少，其计算复杂度可认为是 $O(\underline{K})$，而不再是式(5-87)中对应立方复杂度。更重要的是，由于 $\underline{\boldsymbol{R}}=\underline{\boldsymbol{C}}\,\underline{\boldsymbol{C}}^{\mathrm{H}}+\sigma^2\boldsymbol{I}_{\underline{K}}$ 同具有带状结构，其矩阵求逆也可利用带状 $\mathrm{LDL^H}$ 分解实现低复杂度解算。具体而言，$\underline{\boldsymbol{R}}$ 是 Hermitian 矩阵，其半带宽为矩阵 $\underline{\boldsymbol{C}}$ 的两倍即 $2Q$，对应带状 $\mathrm{LDL^H}$ 分解有

$$\underline{\boldsymbol{R}}=\underline{\boldsymbol{L}}\underline{\boldsymbol{D}}\underline{\boldsymbol{L}}^{\mathrm{H}} \tag{5-99}$$

式中：矩阵 $\underline{\boldsymbol{D}}$ 为 $\underline{K}\times\underline{K}$ 维对角矩阵；矩阵 $\underline{\boldsymbol{L}}$ 为下半带宽为 $2Q$ 的带状下三角矩阵。此矩阵分解需$(2Q^2+3Q)\underline{K}$ 次复数乘法、$(2Q^2+Q)\underline{K}$ 次复数加法与 $2Q\underline{K}$ 次复数除法，因此也是 $O(\underline{K})$量级。

基于以上带状 $\mathrm{LDL^H}$ 分解，式(5-98)的分块均衡符号估计可分为以下四步完成：第一步，求解 $\underline{\boldsymbol{x}}=\underline{\boldsymbol{L}}\boldsymbol{y}'$带状下三角方程组；第二步，求解 $\boldsymbol{y}'=\underline{\boldsymbol{D}}\boldsymbol{y}''$对角方程组；第三步，求解 $\boldsymbol{y}''=\underline{\boldsymbol{L}}^{\mathrm{H}}\boldsymbol{y}$ 带状上三角方程组；第四步，计算符号估计$\hat{\underline{\boldsymbol{d}}}=\underline{\boldsymbol{C}}^{\mathrm{H}}\boldsymbol{y}$。可以看到，$\underline{\boldsymbol{R}}$ 矩阵求逆隐含于前三步，且由于 $\underline{\boldsymbol{L}}$ 与 $\underline{\boldsymbol{C}}$ 的带状结构，上述四步算法的总计算量仅为 $4Q\underline{K}$ 次复数乘法、$4Q\underline{K}$ 次复数加法与 $\underline{K}$ 次复数除法。

综上可以看出，一方面，此处基于带状 $\mathrm{LDL^H}$ 分解的分块均衡算法复杂度很低，其总计算量为 $O(\underline{K})$量级，这将为算法的工程实现带来极大方便。但另一方面，如前文所述，此算法事实上采用了 CE-BEM 信道近似，因此会对系统性能产生一定影响，下面将进行具体的仿真分析。

5.3.3.2 算法性能仿真

考虑 OFDM 系统子载波数为 $K=1\,024$，调制阶数为 $2^Q=4$。其分块时间宽度为 $T=0.25$ s，对应子载波频率间隔为 $\Delta f=1/T=4$ Hz。同时，一方面，考虑水声信道阶数为 $L=24$，即对应最大多径延迟扩展为 $\tau_{\max}=LT=6$ ms，且设置各路径抽头功率相等。另一方面，信道时变以归一化多普勒扩展表征，并在仿真中固定其值为 $f_{\mathrm{d}}T=0.2$，即指多普勒扩展达到 0.2 倍的子载波频率间隔。

在此仿真条件下，OFDM 通信系统分块均衡算法性能如图 5-9 所示。此处假设时变

信道响应已知，将基于带状 LDL^H 分解的低复杂度 OFDM 分块均衡算法性能与使用满信道矩阵求解式(5－87)的 OFDM 直接均衡算法性能进行比较。可以看到，由于采用了 CE－BEM 带状信道近似，低复杂度均衡算法相比于式(5－87)的直接均衡存在不同程度的性能损失。为减少这一性能差距(Performance Gap)，需增大 CE－BEM 中的频率扩展参数 Q，从而降低信道建模误差。但同时由算法说明小节中的介绍可知，当扩展参数 Q 值增大时，带状 LDL^H 分解 OFDM 均衡算法的计算复杂度也将随 Q 以二次方速率增加。在实际工程使用中，该参数的选取应综合考虑系统性能与复杂度因素以尽量合理折中。

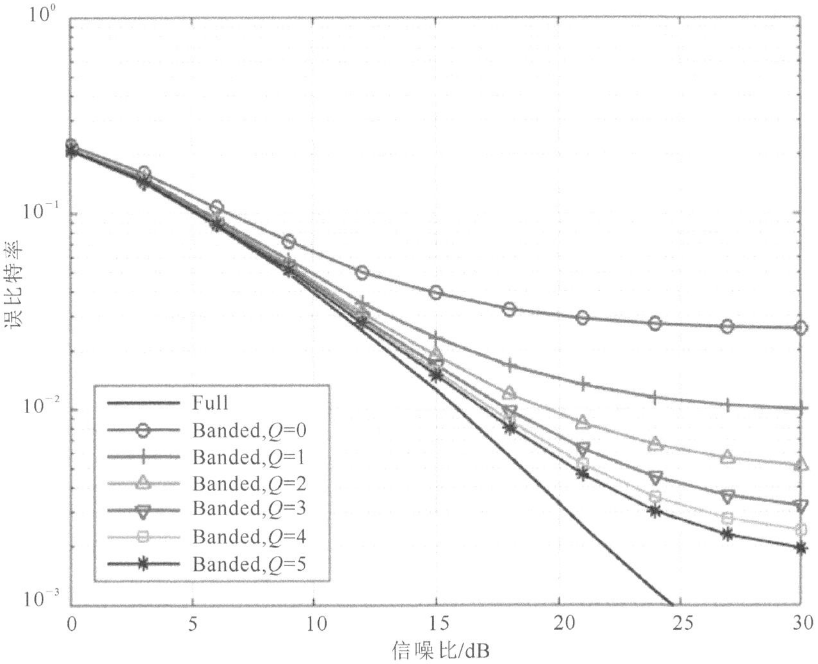

图 5－9　基于带状 LDL^H 分解的 OFDM 低复杂度分块均衡性能

5.4　MIMO－OFDM 原理

至此对 OFDM 通信的讨论都仅限于单阵元发射且单阵元接收的系统配置情况，术语上其通常被称为单输入单输出(SISO)系统。另外，回忆第 3 章中单载波通信介绍时的空域多通道时域均衡，其在发射端使用单个阵元，但在接收端借助了多个阵元获取空间分集增益；与 SISO 配置相对应，这样的接收端多通道处理又被称为单输入多输出(SIMO)系统。更进一步，在本章随后内容中，将结合 OFDM 通信，介绍更为复杂的多输入多输出(MIMO)系统；当其基于 OFDM 体制实现时，又被具体称为 MIMO－OFDM 系统。

MIMO 顾名思义就是同时使用了多个发射阵元与多个接收阵元的通信系统，其复杂度的引入主要有两个性能目的——提高可靠性或提高数据率。一方面，提高可靠性主要借助于空间分集(Spatial Diversity)完成。在此方面，已看到第 3 章的 SIMO 处理通过接收端分集增益实现了系统性能改善；事实上，MIMO 处理将可进一步引入发射端分集增益，本节将以两个简单的 Alamouti 类编码——空时分组编码(STBC)与空频分组编码(SFBC)为例说明这一问题。另一方面,MIMO 处理还可通过空间复用(Spatial Multiplexing)原理实现通信数据率的提升。由于水声信道的可用频带资源极为有限,这种通过增加空间维度提升数据率的方法将在改善水声通信速率瓶颈方面具有前景。但与前述 SISO 系统不同,MIMO 系统中额外存在同信道干扰(CCI),因而需使用特殊的 MIMO 均衡处理结构,本节也将对此进行简单介绍。

5.4.1 空时与空频分组编码

水声信号传输受信道衰落影响严重,分集是通常采用的一项有效的抗衰落技术。就原理而言,分集将信号在时间、频率或空间上置于多个独立信道传输,以在接收端提供多个信号备份,并通过对这些备份的结合缓解信道衰落影响,从而实现更可靠的系统性能。其中,相比于时间分集、频率分集,空间分集不引入对发射时长与带宽的额外占用,因此更适宜速率相对低且带宽窄的水声通信系统。在此方面,第 3 章的空域多通道单载波时域均衡实际为接收端空间分集,而此处将基于 OFDM 系统另外给出 STBC 与 SFBC 两种发射端空间分集方案。这些分集方案实现简单,且不需要为发射端反馈信道信息,因而在工程中使用广泛。

5.4.1.1 STBC - OFDM 空间分集

简单起见,考虑基本的 2×1 配置(即包含 $U=2$ 个发射阵元与 $V=1$ 个接收阵元)的 STBC - OFDM 系统,其需基于前后两个连续 OFDM 分块共同完成。为此,这里添加分块索引标识,假设$\boldsymbol{b}_i$ 与$\boldsymbol{b}_{i+1}$ 分别为第 i 与 $i+1$ 个信源分块且长度为 K,STBC - OFDM 系统发射端首先对其实施空时编码,以得到对应阵元 $u\in\{1,2\}$上的编码分块 $\boldsymbol{d}_i^{(u)}$ 与 $\boldsymbol{d}_{i+1}^{(u)}$。具体而言,STBC - OFDM 编码逐载波进行,其在子载波 k 上编码输出的具体形式为

$$\begin{bmatrix} d_{i,k}^{(1)} & d_{i+1,k}^{(1)} \\ d_{i,k}^{(2)} & d_{i+1,k}^{(2)} \end{bmatrix} = \begin{bmatrix} b_{i,k} & -b_{i+1,k}^{*} \\ b_{i+1,k} & b_{i,k}^{*} \end{bmatrix} \tag{5-100}$$

式中:$b_{i,k}$ 与 $d_{i,k}^{(u)}$ 分别为向量$\boldsymbol{b}_i$ 与$\boldsymbol{d}_i^{(u)}$ 的第 k 个元素。可以看到,空时编码事实上并未改变 OFDM 分块长度,$\boldsymbol{d}_i^{(u)}$ 的长度仍为 K。STBC - OFDM 发射端随后在各阵元上对编码后的分块进行 OFDM 调制,即有$\boldsymbol{s}_i^{(u)}=\boldsymbol{F}_K\boldsymbol{d}_i^{(u)}$,$u\in\{1,2\}$,并各自添加 CP 保护间隔后同步发射到信道中。

对应地,接收端去除 CP 段后的第 i 个接收分块信号形式为

$$\boldsymbol{r}_i=\widetilde{\boldsymbol{C}}_i^{(1)}\boldsymbol{s}_i^{(1)}+\widetilde{\boldsymbol{C}}_i^{(2)}\boldsymbol{s}_i^{(2)}+\boldsymbol{\xi}_i \tag{5-101}$$

式中:$\widetilde{\boldsymbol{C}}_i^{(u)}$ 表示第 i 个分块内第 u 个发射阵元到接收端的 $K\times K$ 维信道时域响应矩阵;$\boldsymbol{\xi}_i$ 为噪声项。此处考虑时不变信道,则$\{\widetilde{\boldsymbol{C}}_i^{(u)}\}$均为循环矩阵,其结构类似于式(5 - 21),对$\boldsymbol{r}_i$ 进行 OFDM 解调,易得

$$\boldsymbol{x}_i=\boldsymbol{C}_i^{(1)}\boldsymbol{d}_i^{(1)}+\boldsymbol{C}_i^{(2)}\boldsymbol{d}_i^{(2)}+\boldsymbol{z}_i \tag{5-102}$$

式中:$\boldsymbol{C}_i^{(u)}$ 为对应的信道频率响应矩阵,其有对角结构,即

$$\boldsymbol{C}_i^{(u)}=\mathrm{diag}\{[H_{i,0}^{(u)},H_{i,0}^{(u)},\cdots,H_{i,K-1}^{(u)}]^{\mathrm{T}}\} \tag{5-103}$$

且其对角元素 $H_{i,k}^{(u)}$ 为对应于该信道子载波 k 上的频率响应。

为高效实现空时译码，这里需要引入一个关键性假设——OFDM 分块的时间宽度远小于信道相干时间，即 $T \ll T_{\mathrm{coh}}$，因此可近似有 $\widetilde{\boldsymbol{C}}^{(u)}=\widetilde{\boldsymbol{C}}_i^{(u)}=\widetilde{\boldsymbol{C}}_{i+1}^{(u)}$，或等效地，$H_k^{(u)}=H_{i,k}^{(u)}=H_{i+1,k}^{(u)}$。基于这一假设，第 k 个子载波上有

$$\bar{\boldsymbol{x}}_k=\begin{bmatrix} x_{i,k} \\ x_{i+1,k}^{*} \end{bmatrix}=\begin{bmatrix} H_k^{(1)} & H_k^{(2)} \\ H_k^{(2)*} & -H_k^{(1)*} \end{bmatrix}\begin{bmatrix} b_{i,k} \\ b_{i+1,k} \end{bmatrix}+\begin{bmatrix} z_{i,k} \\ z_{i+1,k}^{*} \end{bmatrix}=\bar{\boldsymbol{H}}_k\bar{\boldsymbol{b}}_k+\bar{\boldsymbol{z}}_k \tag{5-104}$$

式中：$x_{i,k}$ 与 $z_{i,k}$ 分别为向量 $\boldsymbol{x}_i$ 与 $\boldsymbol{z}_i$ 中的第 k 个元素。由式(5－104)，STBC－OFDM 系统接收端的空时译码可逐载波进行，其在第 k 个子载波的输出为 $\tilde{\boldsymbol{x}}_k=\bar{\boldsymbol{H}}_k^{\mathrm{H}}\bar{\boldsymbol{x}}_k$，则有

$$\tilde{\boldsymbol{x}}_k=\begin{bmatrix} \tilde{x}_{i,k} \\ \tilde{x}_{i+1,k} \end{bmatrix}=\tilde{\boldsymbol{H}}_k\bar{\boldsymbol{b}}_k+\tilde{\boldsymbol{z}}_k=$$

$$\begin{bmatrix} |H_k^{(1)}|^2+|H_k^{(2)}|^2 & \\ & |H_k^{(1)}|^2+|H_k^{(2)}|^2 \end{bmatrix}\begin{bmatrix} b_{i,k} \\ b_{i+1,k} \end{bmatrix}+\begin{bmatrix} \tilde{z}_{i,k} \\ \tilde{z}_{i+1,k} \end{bmatrix} \tag{5-105}$$

式中：$\tilde{\boldsymbol{H}}_k$ 为空时译码后的信道矩阵，其有对角结构，且对角线上的元素同为 $|H_k^{(1)}|^2+|H_k^{(2)}|^2$；$\tilde{\boldsymbol{z}}_k=\bar{\boldsymbol{H}}_k^{\mathrm{H}}\bar{\boldsymbol{z}}_k$ 为噪声项，若假设时域噪声 $\boldsymbol{\xi}_i$ 中独立同分布采样且方差均为 σ^2，可得 $E\{\tilde{\boldsymbol{z}}_k\tilde{\boldsymbol{z}}_k^{\mathrm{H}}\}=\sigma^2\tilde{\boldsymbol{H}}_k$。

基于式(5－105)，易知 STBC－OFDM 系统信道均衡求解 $\hat{b}_{i,k}$、$\hat{b}_{i+1,k}$ 可去耦进行，且两符号估计所用的均衡器系数相同。此处仅以 $\hat{b}_{i,k}$ 求解为例，其对应于 ZF 与 MMSE 准则，分别有

$$\hat{b}_{i,k}^{\mathrm{ZF}}=\frac{1}{|H_k^{(1)}|^2+|H_k^{(2)}|^2}\tilde{x}_{i,k} \tag{5-106}$$

$$\hat{b}_{i,k}^{\mathrm{MMSE}}=\frac{1}{|H_k^{(1)}|^2+|H_k^{(2)}|^2+\sigma^2}\tilde{x}_{i,k} \tag{5-107}$$

事实上，式(5－105)给出的空时译码等效于对第 $u\in\{1,2\}$ 个发射阵元到接收端的两个信道进行了最大比合并[15]，因而将获得空间分集增益。另外，如式(5－106)与式(5－107)所示，与 SISO－OFDM 系统类似，此处 STBC－OFDM 系统同样采用逐载波处理，因而其计算复杂度较低，利于工程实现。

5.4.1.2　SFBC－OFDM 空间分集

不同于前述 STBC－OFDM 系统基于相邻两分块的同一子载波实施编码，SFBC－OFDM 系统的编码处理在同一分块的相邻两个子载波上进行。尽管可在单独分块内完成，在下面 SFBC－OFDM 系统介绍时仍保留分块索引下标 i，以便于与 STBC－OFDM 系统进行比较。

具体而言，同样仅考虑基本 2×1 配置的 SFBC－OFDM 系统，其在发射端首先对第 i 个信源分块 $\boldsymbol{b}_i$ 在两个相邻子载波上进行空频编码，对应第 k 与 $k+1$ 个子载波上的编码输出为

$$\begin{bmatrix} d_{i,k}^{(1)} & d_{i,k+1}^{(1)} \\ d_{i,k}^{(2)} & d_{i,k+1}^{(2)} \end{bmatrix}=\begin{bmatrix} b_{i,k} & b_{i,k+1} \\ -b_{i,k+1}^{*} & b_{i,k}^{*} \end{bmatrix} \tag{5-108}$$

若信道时不变，则 SFBC - OFDM 系统在接收端所对应的接收与解调分块仍如式(5 - 101)与式(5 - 102)，但其空频译码采用与 STBC - OFDM 系统不同的信道假设——OFDM 子载波频率间隔远小于信道相干带宽，即 $\Delta f \ll B_{\mathrm{coh}}$，或更为明确地，$H_k^{(u)} = H_{i,k}^{(u)} = H_{i,k+1}^{(u)}$。基于这一假设，可得

$$\bar{\boldsymbol{x}}_k' = \begin{bmatrix} x_{i,k} \\ x_{i,k+1}^* \end{bmatrix} = \begin{bmatrix} H_k^{(1)} & -H_k^{(2)} \\ H_k^{(2)*} & H_k^{(1)*} \end{bmatrix} \begin{bmatrix} b_{i,k} \\ b_{i,k+1}^* \end{bmatrix} + \begin{bmatrix} z_{i,k} \\ z_{i,k+1}^* \end{bmatrix} = \bar{\boldsymbol{H}}_k' \bar{\boldsymbol{b}}_k' + \bar{\boldsymbol{z}}_k' \tag{5-109}$$

类似地，进行空频译码，即 $\tilde{\boldsymbol{x}}_k' = (\bar{\boldsymbol{H}}_k')^{\mathrm{H}} \bar{\boldsymbol{x}}_k'$，有

$$\tilde{\boldsymbol{x}}_k' = \begin{bmatrix} \tilde{x}_{i,k} \\ \tilde{x}_{i,k+1} \end{bmatrix} = \tilde{\boldsymbol{H}}_k \bar{\boldsymbol{b}}_k' + \tilde{\boldsymbol{z}}_k' =$$

$$\begin{bmatrix} |H_k^{(1)}|^2 + |H_k^{(2)}|^2 & \\ & |H_k^{(1)}|^2 + |H_k^{(2)}|^2 \end{bmatrix} \begin{bmatrix} b_{i,k} \\ b_{i,k+1}^* \end{bmatrix} + \begin{bmatrix} \tilde{z}_{i,k} \\ \tilde{z}_{i,k+1} \end{bmatrix} \tag{5-110}$$

基于式(5 - 110)，可以得到与式(5 - 106)与式(5 - 107)相类似的信道均衡符号估计。最后需特别注意的是，SFBC - OFDM 系统所要求的信道相干带宽假设较之 STBC - OFDM 系统所要求的信道相干时间假设更易于在水声信道中满足，因此一些文献(如本章参考文献[16])认为其更适合于实现水声通信。事实上，SFBC - OFDM 系统只是解除了 STBC - OFDM 跨(两个)分块信道保持不变的设定，其在以上推导中仍假定信道在当前分块 i 内恒定。若即使在同一分块内信道也无法简单近似为准静态，则必须如 SISO - OFDM 系统那样显式进行 ICI 抑制。

5.4.2 空间复用

与空间分集改善系统可靠性不同，空间复用的目的在于提高通信数据率。我们已经看到，无论是上面的空时或空频编码，发射端各阵元上实际发射的仅是同一组信息的不同编码形式。与之相比，MIMO - OFDM 空间复用系统发射端各阵元上发射的是不同信息的独立数据流，即通过采取多个通道并行传输实现通信系统总体数据率的提升。

具体而言，假设 MIMO - OFDM 系统中包含 U 个发射阵元与 V 个接收阵元，其第 u 个发射阵元上发射符号分块 $\boldsymbol{d}^{(u)}$，分块长度为 K，对应 OFDM 调制分块为 $\boldsymbol{s}^{(u)} = \boldsymbol{F}_K^{(u)} \boldsymbol{d}^{(u)}$。若这些调制信号分块添加 CP 后同步发射进入信道，则在第 v 个接收阵元上对应去除 CP 之后的接收分块为

$$\boldsymbol{r}^{(v)} = \sum_{u=1}^{U} \tilde{\boldsymbol{C}}^{(v,u)} \boldsymbol{s}^{(u)} + \boldsymbol{\xi}^{(v)} \tag{5-111}$$

式中：$\tilde{\boldsymbol{C}}^{(v,u)}$ 为收发阵元对 (v,u) 的信道时域冲激响应矩阵；$\boldsymbol{\xi}^{(v)}$ 为噪声项。考虑信道为时不变的情况，则 $\tilde{\boldsymbol{C}}^{(v,u)}$ 为循环矩阵，其第一列为 $[\boldsymbol{c}^{(v,u)\mathrm{T}}, \boldsymbol{0}_{1\times(K-L-1)}]^{\mathrm{T}}$，且 $\boldsymbol{c}^{(v,u)} = [c_0^{(v,u)}, c_1^{(v,u)}, \cdots, c_L^{(v,u)}]^{\mathrm{T}}$ 为信道冲激响应。类似于 SISO - OFDM 系统定义信道频率响应矩阵 $\boldsymbol{C}^{(v,u)} = \boldsymbol{F}_K \tilde{\boldsymbol{C}}^{(v,u)} \boldsymbol{F}_K^{\mathrm{H}}$，有 $\boldsymbol{C}^{(v,u)}$ 为对角矩阵，即

$$\boldsymbol{C}^{(v,u)} = \mathrm{diag}\{[H_0^{(v,u)}, H_1^{(v,u)}, \cdots, H_{K-1}^{(v,u)}]^{\mathrm{T}}\} \tag{5-112}$$

式中

$$H_k^{(v,u)}=\sum\nolimits_{l=0}^{L}c_l^{(v,u)}\mathrm{e}^{-\mathrm{j}2\pi lk/K},k=0,1,\cdots,K-1 \tag{5-113}$$

则对应第 v 个接收阵元上的 OFDM 解调分块为

$$\boldsymbol{x}^{(v)}=\sum_{u=1}^{U}\boldsymbol{C}^{(v,u)}\boldsymbol{d}^{(u)}+\boldsymbol{z}^{(v)} \tag{5-114}$$

令 $x_k^{(v)}$、$d_k^{(u)}$ 与 $z_k^{(v)}$ 分别为$\boldsymbol{x}^{(v)}$、$\boldsymbol{d}^{(u)}$与$\boldsymbol{z}^{(v)}$的第 k 个元素，则收集 V 个接收阵元在第 k 个子载波上的解调符号，有输入/输出关系为

$$\boldsymbol{x}_k=\boldsymbol{H}_k\boldsymbol{d}_k+\boldsymbol{z}_k \tag{5-115}$$

式中：$\boldsymbol{x}_k=[x_k^{(1)},x_k^{(2)},\cdots,x_k^{(V)}]^{\mathrm{T}}$；$\boldsymbol{d}_k=[d_k^{(1)},d_k^{(2)},\cdots,d_k^{(V)}]^{\mathrm{T}}$；$\boldsymbol{z}_k=[z_k^{(1)},z_k^{(2)},\cdots,z_k^{(V)}]^{\mathrm{T}}$，而 $\boldsymbol{H}_k$ 为 $V\times U$ 维信道矩阵，有

$$\boldsymbol{H}_k=\begin{bmatrix}H_k^{(1,1)} & H_k^{(1,2)} & \cdots & H_k^{(1,U)}\\ H_k^{(2,1)} & H_k^{(2,2)} & \cdots & H_k^{(2,U)}\\ \vdots & \vdots & & \vdots\\ H_k^{(V,1)} & H_k^{(V,2)} & \cdots & H_k^{(V,U)}\end{bmatrix} \tag{5-116}$$

为了不失一般性，假设不同接收阵元上的信道时域噪声$\{\xi^{(v)}\}$相互独立，且采样方差同为 σ^2，则对于 OFDM 解调后的噪声，有 $E\{\boldsymbol{z}_k\boldsymbol{z}_k^{\mathrm{H}}\}=\sigma^2\boldsymbol{I}_V$。此外，假设 MIMO 系统接收端阵元数不少于发射端，即 $V\geqslant U$，则将可基于式(5－115)实现信道均衡符号估计，有

$$\hat{\boldsymbol{d}}_k^{\mathrm{ZF}}=\boldsymbol{H}_k^{-1}\boldsymbol{x}_k \tag{5-117}$$

$$\hat{\boldsymbol{d}}_k^{\mathrm{MMSE}}=\boldsymbol{H}_k^{\mathrm{H}}(\boldsymbol{H}_k\boldsymbol{H}_k^{\mathrm{H}}+\sigma^2\boldsymbol{I}_V)^{-1}\boldsymbol{x}_k \tag{5-118}$$

需注意的是，当信道时变在分块内不可忽略时，这里式(5－117)与式(5－118)给出的 MIMO－OFDM 空间复用信道均衡同样难以适用；与之前空间分集系统情况类似，此时接收端必须引入 ICI 抑制。回忆之前提到 SISO－OFDM 系统 ICI 抑制可分为 Pre－FFT 与 Post－FFT 处理两类，本章 5.5 节和 5.6 节将以空间复用系统为例，分别给出两类 SISO 系统 ICI 抑制处理方法的 MIMO 扩展。

5.5　基于部分 FFT 处理的 MIMO－OFDM 接收

5.5.1　MIMO－OFDM 部分 FFT 处理自适应算法

作为一种较典型的 Pre－FFT 类 ICI 抑制方法，这里首先介绍部分 FFT 处理在 MIMO－OFDM 系统中的进一步应用[17]。事实上，本节中将介绍的方法可被视为前面 5.2.2 小节中自适应算法的 MIMO 扩展。

具体而言，本节考虑一个 MIMO－OFDM 系统包含 U 个发射阵元与 V 个接收阵元。其 OFDM 分块子载波数为 K，时间宽度为 T，对应的子载波频率间隔为 $\Delta f=1/T$，且各分

块添加 CP 段的持续时间为 T_g。对于第 u 个发射阵元，令 d_k^u 表示在第 k 个子载波上以基带频率 $f_k=k\Delta f$ 调制的符号，则其发射信号可写作

$$s^u(t)=\frac{1}{\sqrt{T}}\sum_{k=0}^{K-1}d_k^u \mathrm{e}^{\mathrm{j}2\pi f_k t},\quad t\in[-T_g,T] \tag{5-119}$$

类似于式(5-54)，设收发阵元对(v,u)之间的时变信道由路径参量化模型表示，其包含 P 条离散路径，即

$$c^{v,u}(\tau,t)=\sum_{p=1}c_p^{v,u}(t)\delta[\tau-\tau_p^{v,u}(t)] \tag{5-120}$$

则在第 v 个接收阵元，去除 CP 之后，对应的接收信号为

$$r^v(t)=\frac{1}{\sqrt{T}}\sum_{u=1}^{U}\sum_{k=0}^{K-1}H_k^{v,u}(t)d_k^u \mathrm{e}^{\mathrm{j}2\pi f_k t}+\xi^v(t),\quad t\in[0,T] \tag{5-121}$$

式中：$H_k^{v,u}(t)$为时变信道频率响应，即

$$H_k^{v,u}(t)=\sum_{p=1}c_p^{v,u}(\tau,t)\mathrm{e}^{-\mathrm{j}2\pi f_k \tau_p^{v,u}(t)} \tag{5-122}$$

部分 FFT 处理将 OFDM 的分块划分为 M 个相互不重叠的子段，并分别进行解调，其在接收机 v 的第 k 个子载波上的第 m 段输出为

$$\begin{aligned}y_k^v(m)&=\frac{1}{\sqrt{T}}\int_{mT/M}^{(m+1)T/M}r^v(t)\mathrm{e}^{-\mathrm{j}2\pi f_k t}\mathrm{d}t=\\&\frac{1}{T}\sum_{u=1}^{U}\sum_{l=0}^{K-1}d_l^u\int_{mT/M}^{(m+1)T/M}H_l^{v,u}(t)\mathrm{e}^{\mathrm{j}2\pi(f_l-f_k)t}\mathrm{d}t+z_k^v(m)\end{aligned} \tag{5-123}$$

式中：$m=0,1,\cdots,M-1$。假设信道在各段内可近似为时不变，则上式可改写作

$$y_k^v(m)\approx\sum_{u=1}^{U}\sum_{l=0}^{K-1}d_l^u\overline{H}_l^{v,u}(m)g_{l-k}(m)+z_k^v(m) \tag{5-124}$$

式中：$z_k^v(m)$为噪声项；$g_i(m)$定义如式(5-61)所示，而 $\overline{H}_l^{v,u}(m)$为该子段中点处第 l 个子载波的频率响应，即

$$\overline{H}_l^{v,u}(m)=H_l^{v,u}\left(\frac{2m+1}{2M}T\right) \tag{5-125}$$

简便起见，定义 $\boldsymbol{y}_k^v=[y_k^v(0),\cdots,y_k^v(M-1)]^{\mathrm{T}}$，$\boldsymbol{H}_l^{v,u}=\mathrm{diag}\{[\overline{H}_l^{v,u}(0),\cdots,\overline{H}_l^{v,u}(M-1)]^{\mathrm{T}}\}$，$\boldsymbol{g}_{l-k}=[g_{l-k}(0),\cdots,g_{l-k}(M-1)]^{\mathrm{T}}$，$\boldsymbol{z}_k^v=[z_k^v(0),\cdots,z_k^v(M-1)]^{\mathrm{T}}$，则可进一步将式(5-124)重写为矩阵向量形式，即

$$\boldsymbol{y}_k^v=\sum_{u=1}^{U}\sum_{l=0}^{K-1}d_l^u\boldsymbol{H}_l^{v,u}\boldsymbol{g}_{l-k}+\boldsymbol{z}_k^v \tag{5-126}$$

与 5.2.2 小节类似，由于实际中时变信道在每个分段中点的信道频率响应参数都是先验未知且不易估计的，所以本节介绍的 MIMO-OFDM 部分 FFT 处理将基于自适应算法，其在每个子载波上迭代进行信道估计、加权更新和符号检测。具体而言，这里的部分 FFT 处理在各子载波上的迭代解算分为四步，以第 k 个子载波为例，其对应操作如下。

(1)部分 FFT 加权合并。假设所有发射阵元是合置的(Colocated)，并且会经历大致相

同的信道时变效应。此情况下，在第 k 个子载波上定义 $\boldsymbol{d}_k=[d_k^1,\cdots,d_k^U]^{\mathrm{T}}$ 为发送的各阵元符号向量，$\boldsymbol{w}_k^v=[w_k^v(0),\cdots,w_k^v(M-1)]^{\mathrm{T}}$ 为接收阵元 v 在该子载波上用以抑制 ICI 的部分 FFT 加权系数向量，则对应的部分 FFT 合并输出为

$$x_k^v=\boldsymbol{w}_k^{v\mathrm{H}}\boldsymbol{y}_k^v=\sum\boldsymbol{H}_{k,q}^{v\mathrm{T}}\boldsymbol{d}_{k-q}+z_k^v \tag{5-127}$$

式中：$z_k^v=\boldsymbol{w}_k^{v\mathrm{H}}\boldsymbol{z}_k^v$ 为噪声项；$\boldsymbol{H}_{k,q}^v$ 是合并后的 $U\times 1$ 维信道向量，有

$$\boldsymbol{H}_{k,q}^v=[\boldsymbol{H}_{k-q}^{v,1}\boldsymbol{g}_{-q},\cdots,\boldsymbol{H}_{k-q}^{v,U}\boldsymbol{g}_{-q}]^{\mathrm{T}}\boldsymbol{w}_k^{v*} \tag{5-128}$$

假定部分 FFT 处理能够较理想地消除绝大部分 ICI，即当 $q\neq 0$ 时 $\boldsymbol{H}_{k,q}^v\approx\boldsymbol{0}_{U\times 1}$，则可以进一步将式(5－127)改写为

$$x_k^v=\boldsymbol{H}_{k,0}^{v\mathrm{T}}\boldsymbol{d}_k+\underbrace{\sum_{q\neq 0}\boldsymbol{H}_{k,i}^{v\mathrm{T}}\boldsymbol{d}_{k-q}+z_k^v}_{\varepsilon_k^v} \tag{5-129}$$

式中：ε_k^v 包含加性噪声与所有的残留 ICI。换言之，此时不显式考虑合并后 ICI，这实际即是 5.2.2 小节中 SISO－OFDM 系统所采用的策略。但是，在 MIMO 等复杂场景下，受空间各阵元时变差异性等因素的影响，残留 ICI 通常不宜被直接忽略，否则它将导致随后步骤中信道估计精度下降，并最终引起部分 FFT 处理性能恶化。为解决这一问题，可采用本章参考文献[4]和文献[18]中的方法，引入一个新的参数 Q，用以表征部分 FFT 处理合并后的“残留 ICI 跨度”。对应地，式(5－127)不再被理解为式(5－129)形式，而是重新组织为

$$x_k^v=\sum_{q=-Q}^{Q}\boldsymbol{H}_{k,q}^{v\mathrm{T}}\boldsymbol{d}_{k-q}+\underbrace{\sum_{|q|>Q}\boldsymbol{H}_{k,q}^{v\mathrm{T}}\boldsymbol{d}_{k-q}+z_k^v}_{\eta_k^v} \tag{5-130}$$

(2)合并后信道估计。由于信道频率响应在子载波间的变化较之部分 FFT 加权系数的变化还要快，因此有必要耦合信道估计来防止潜在的收敛或不稳定性问题。可以看到，在执行完部分 FFT 加权合并后，式(5－130)中包含 $U(2Q+1)$ 个信道参数，而仅有一个观测值可用。为保证问题不至于欠定(Underdetermined)，使用一种滑动窗口方法，其宽度包含 $K_{\mathrm{w}}\geqslant U(2Q+1)$ 个子载波，且一次迭代滑动一个子载波。此外，仍需利用信道的频率相关性，假设窗口内的频率响应平坦，其可由其中点子载波位置表示，即

$$\boldsymbol{H}_{k+l,q}^{v,u}=\boldsymbol{H}_{k,q}^{v,u},\ \boldsymbol{w}_{k+l}^v=\boldsymbol{w}_k^v \tag{5-131}$$

式中：$l=-K_{\mathrm{w}}/2,\cdots,K_{\mathrm{w}}/2-1$(此处 K_{w} 选取为偶数)，$q=-Q,\cdots,Q$。则基于式(5－130)可得

$$\underbrace{\begin{bmatrix}\boldsymbol{w}_k^{v\mathrm{H}}\boldsymbol{y}_{k-K_{\mathrm{w}}/2}^v\\ \vdots\\ \boldsymbol{w}_k^{v\mathrm{H}}\boldsymbol{y}_k^v\\ \vdots\\ \boldsymbol{w}_k^{v\mathrm{H}}\boldsymbol{y}_{k+K_{\mathrm{w}}/2-1}^v\end{bmatrix}}_{\bar{x}_k^v}=\underbrace{\begin{bmatrix}\boldsymbol{d}_{k-K_{\mathrm{w}}/2-Q}^{\mathrm{T}} & \cdots & \boldsymbol{d}_{k-K_{\mathrm{w}}/2}^{\mathrm{T}} & \cdots & \boldsymbol{d}_{k-K_{\mathrm{w}}/2+Q}^{\mathrm{T}}\\ \vdots & & \vdots & & \vdots\\ \boldsymbol{d}_{k-Q}^{\mathrm{T}} & \cdots & \boldsymbol{d}_k^{\mathrm{T}} & \cdots & \boldsymbol{d}_{k+Q}^{\mathrm{T}}\\ \vdots & & \vdots & & \vdots\\ \boldsymbol{d}_{k+K_{\mathrm{w}}/2-1-Q}^{\mathrm{T}} & \cdots & \boldsymbol{d}_{k+K_{\mathrm{w}}/2-1}^{\mathrm{T}} & \cdots & \boldsymbol{d}_{k+K_{\mathrm{w}}/2-1+Q}^{\mathrm{T}}\end{bmatrix}}_{D_k}\underbrace{\begin{bmatrix}\boldsymbol{H}_{k,Q}^v\\ \vdots\\ \boldsymbol{H}_{k,0}^v\\ \vdots\\ \boldsymbol{H}_{k,-Q}^v\end{bmatrix}}_{H_k^v}+\underbrace{\begin{bmatrix}\eta_{k-K_{\mathrm{w}}/2}^v\\ \vdots\\ \eta_k^v\\ \vdots\\ \eta_{k+K_{\mathrm{w}}/2-1}^v\end{bmatrix}}_{\eta_k^v} \tag{5-132}$$

在算法迭代过程中，式(5－132)矩阵$\boldsymbol{D}_k$ 中$\{\boldsymbol{d}_{k+l} \mid l=-K_w/2-Q,\cdots,K_w/2-2+Q\}$均是由之前迭代估计，仅$\boldsymbol{d}_{k+K_w/2-1+Q}$ 未知。因此，为在这里获得信道估计，需首先对$\boldsymbol{d}_{k+K_w/2-1+Q}$ 进行预判决。考虑到当前仅具有上次迭代在子载波 $k-1$ 位置的信道估计，再次根据频率相关性假设并忽略 ICI，有

$$\hat{\boldsymbol{d}}_{k+K_w/2-1+Q}=\operatorname{dec}\{\hat{\boldsymbol{H}}_{k-1,0}^{\dagger}\boldsymbol{x}_{k+K_w/2-1+Q}\} \tag{5-133}$$

式中：$\hat{\boldsymbol{H}}_{k-1,0}=[\hat{\boldsymbol{H}}_{k-1,0}^{1},\cdots,\hat{\boldsymbol{H}}_{k-1,0}^{V}]^{\mathrm{T}}$；$\hat{\boldsymbol{H}}_{k-1,0}^{v}$ 为$\boldsymbol{H}_{k-1,0}^{v}$ 的估计；$(\cdot)^{+}$表示 Moore－Penrose 伪逆操作；$\boldsymbol{x}_{k+K_w/2-1+Q}=[\boldsymbol{w}_k^{1\mathrm{H}}\boldsymbol{y}_{k+K_w/2-1+Q}^{1},\cdots,\boldsymbol{w}_k^{V\mathrm{H}}\boldsymbol{y}_{k+K_w/2-1+Q}^{V}]^{\mathrm{T}}$。

至此，可类似于式(5－74)，得到 MIMO－OFDM 系统部分 FFT 加权合并后的信道估计为

$$\hat{\boldsymbol{H}}_k^{v}=\beta\hat{\boldsymbol{H}}_{k-1}^{v}+(1-\beta)\hat{\boldsymbol{D}}_k^{\dagger}\bar{\boldsymbol{x}}_k^{v} \tag{5-134}$$

式中：$\hat{\boldsymbol{D}}_k$ 与$\boldsymbol{D}_k$ 具有类似结构，但包含相关符号估计与预判决。

(3)符号再判决。在基于式(5－134)获得当前子载波 k 位置的信道估计之后，可类似于式(5－134)对$\boldsymbol{d}_k$ 进行更为精确的符号再判决，即

$$\hat{\boldsymbol{d}}_k=\operatorname{dec}\{\hat{\boldsymbol{H}}_{k,0}^{\dagger}\boldsymbol{x}_k\} \tag{5-135}$$

并将其代入矩阵$\hat{\boldsymbol{D}}_k$ 对应窗口中心位置，以替代之前对符号$\boldsymbol{d}_k$ 的预判决。

(4)部分 FFT 权值更新。与 SISO－OFDM 情况一致，此处 MIMO 系统中部分 FFT 处理同样允许为每个子载波施加不同的加权系数。因此，需要在子载波之间迭代更新 FFT 处理加权系数，其方法类似于式(5－75)，即

$$\boldsymbol{w}_{k+1}^{v}=\boldsymbol{w}_k^{v}+\operatorname{RLS}\{\boldsymbol{y}_k^{v},\mathrm{e}_k^{v}\} \tag{5-136}$$

式中：定义误差 e_k^{v} 以最大化 ICI 抵消，因此使用式(5－129)而非式(5－130)，有

$$\mathrm{e}_k^{v}=\hat{\boldsymbol{H}}_{k,0}^{v\mathrm{T}}\hat{\boldsymbol{d}}_k-x_k^{v} \tag{5-137}$$

以上即为 MIMO－OFDM 部分 FFT 处理自适应算法中的四步迭代，其包括耦合的信道估计、符号检测与加权系数更新，下面将对此方法展开进一步讨论。

首先，可以看到，当设置 $Q=0$ 时，此处给出的自适应迭代算法将退化为 5.2.2 小节中部分 FFT 算法的直接 MIMO 扩展，其实质上对应式(5－129)的信号模型，即未对噪声与干扰进行区分处理，因而式(5－134)中的信道估计性能将受到影响，并可能最终导致式(5－136)的收敛方面问题。

其次，在此算法推导中，式(5－131)与式(5－133)反复在子载波窗内使用了频率相干假设。定量而言，其隐含如下对信道相干带宽的限制，即

$$B_c \gg \frac{1}{T}\max\left\{K_w,\frac{K_w}{2}+Q\right\}=\frac{K_w}{T} \tag{5-138}$$

等效地，这个不等式事实上给出了残留 ICI 跨度值的设置上界。

最后，在式(5－133)与式(5－135)中的的符号预判决与再判决中，也可以使用一种部分 ICI 抵消的策略，即在符号判决前去除滑动窗中先前检测的 Q 个符号产生的 ICI。一般来

讲，可以预期这种更复杂的处理将会在一定程度上改善算法性能。但是，为具体考察部分 FFT 处理自身的 ICI 抑制能力，此处在式(5-133)与式(5-135)中将仅简单忽略 ICI 来求解符号判决。

再来稍作介绍此算法的初始化设置与终止流程。基于使用的子载波滑动窗宽度原因，所以此 MIMO-OFDM 部分 FFT 算法将起始于第 $K_w/2+Q$ 个子载波，且为了初始化上述四步迭代，设置

$$\hat{\boldsymbol{H}}^{v}_{K_w/2+Q-1,q}=\begin{cases}\mathbf{1}_{U\times 1}, & q=0\\ \mathbf{0}_{U\times 1}, & q\neq 0\end{cases} \tag{5-139}$$

$$\boldsymbol{w}^{v}_{K_w/2+Q}=\mathbf{1}_{M\times 1} \tag{5-140}$$

同样原因，子载波窗最终在第 $K-K_w/2-Q$ 个子载波位置停止滑动。基于信道相干性，其后子载波将假设具有相同的频率响应，即

$$\hat{\boldsymbol{H}}^{v}_{k,q}=\hat{\boldsymbol{H}}^{v}_{K-K_w/2-Q,q} \tag{5-141}$$

式中：$k=K-K_w/2-Q+1,\cdots,K-1,|q|\leqslant Q$。此外，在所有子载波迭代结束后，仍可进一步采用本章参考文献[6]中的方法进行信道估计重计算，以提高系统的整体性能，具体方法此处不再赘述。

5.5.2 算法性能仿真

在本小节中，将具体给出上述 MIMO-OFDM 部分 FFT 算法在仿真水声信道中的 BER 性能。在这些仿真中，OFDM 子载波数仍为 $K=1\ 024$，并设置系统带宽为 4 096 Hz，中心频率为 $f_c=10$ kHz。因此，可知子载波频率间隔为 $\Delta f=4$ Hz，对应 OFDM 分块时长为 $T=1/\Delta f=0.25$ s。假定 $U\times V$ 配置的 MIMO 水声信道中各信道间彼此独立，路径数为 2 且等功率，其最大延迟多径扩展 $\tau_{\max}=2$ ms。因此，对应的信道相干带宽可粗略计算为 $B_c=1/\tau_{\max}\approx 125/T$，其足以在本仿真中满足式(5-138)给出的信道相干性不等式。此外，为消除 MIMO-OFDM 信号的分块间干扰，这里 CP 保护间隔选取为 5 ms。

首先来比较此处方法与本章参考文献[6]中部分 FFT 处理的区别。由于本章参考文献[6]仅为 SISO-OFDM 系统设计，为比较公平起见，先暂时设置 $U=1$、$V=1$，其误比特率比较结果如图 5-10 所示。在此仿真中，水声信道时变考虑不同的归一化多普勒 $f_d=af_cT=0.25,0.375$ 与 0.50，其对应多普勒压扩因子为 $a=1\times 10^{-4},1.5\times 10^{-4}$ 与 2×10^{-4}。同时，两种算法都设置信道估计的跟踪参数为 $\beta=0.2$，而加权系数更新中 RLS 遗忘因子为 $\lambda=0.99$。从图 5-10 中可以看出，当 f_d 增大时，本章参考文献[6]中部分 FFT 处理方法的性能快速下降；比较而言，此处方法由于设置了非零的残留 ICI 跨度参数，因而其性能受信道多普勒影响相对较小。但需注意的是，当 $f_d=0.25$ 时，本章参考文献[6]中方法(对应 $Q=0$)更具优势，且即使采用此处方法，仿真中 $Q=1$ 较之 $Q=2$ 的输出 BER 也更低。这一现象表明，实际中 Q 值的设置并非越大越好，这是因为信道模型参数也将随着 Q 值增加而增加，而这将会导致更多的信道估计误差。

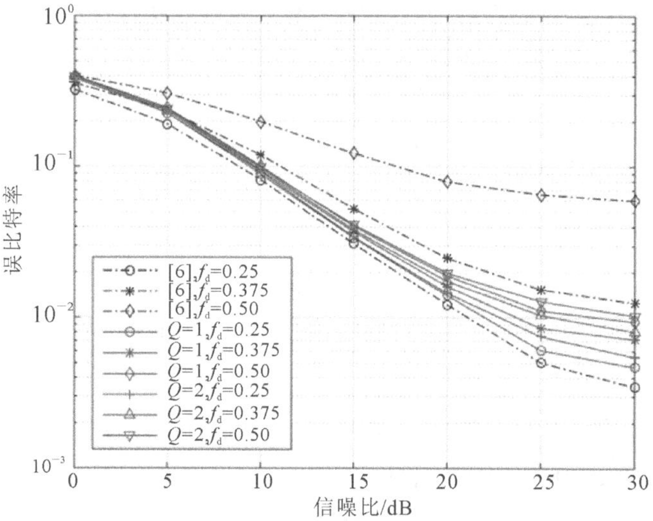

图 5-10　不同归一化多普勒因子条件下的部分 FFT 处理的误比特率性能(SISO 配置)

进一步,图 5-11 中考虑了 MIMO-OFDM 系统配置下的部分 FFT 处理算法,其中收发端阵元数设置为 $U \times V = 2 \times 2$ 与 2×4。此处,固定 $Q=1$ 与 $f_d=0.25$,并考察不同的部分 FFT 分段数 M 对系统性能的影响。可以看到,当 $M=1$ 即采用传统全 FFT 处理时,MIMO-OFDM 系统在任何信噪比下的误比特率都极高,这是由信道时变所导致的。相比而言,此处的部分 FFT 处理算法能够有效改善系统性能,且其可在 2×4 配置下获得更多的空间增益。但同时也从图 5-11 中看到了本章参考文献[6]所提及的性能饱和问题,即对于仿真中给定的信道多普勒条件,$M=8$ 配置下 MIMO-OFDM 系统输出了最低的误比特率,而更大的 M 值。此时将导致式(5-136)收敛变慢,从而影响 ICI 补偿。

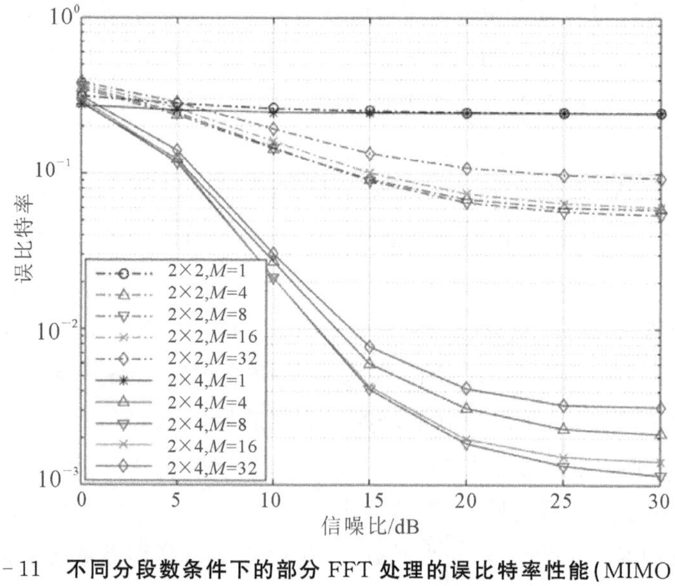

图 5-11　不同分段数条件下的部分 FFT 处理的误比特率性能(MIMO 配置)

5.6　基于分块均衡处理的 MIMO－OFDM 接收

5.6.1　MIMO－OFDM 分块均衡算法

作为一种 ICI 抑制的 Post－FFT 处理方法，分块均衡是在 OFDM 解调后的频域上消除时变信道多普勒。5.3 节中已给出了 SISO 系统对应的分块均衡算法，本节将进一步将其扩展到 MIMO－OFDM 场景[19]。

具体而言，假设 MIMO 系统中包含 U 个发射阵元与 V 个接收阵元，则接收端第 v 个接收阵元 OFDM 解调后的 MIMO 系统输入/输出关系为

$$\boldsymbol{x}^{(v)}=\sum_{u=1}^{U}\boldsymbol{C}^{(v,u)}\boldsymbol{d}^{(u)}+\boldsymbol{z}^{(v)} \tag{5-142}$$

式中：$\boldsymbol{d}^{(u)}$ 为第 u 个发射阵元上的符号分块；$\boldsymbol{x}^{(v)}$ 与 $\boldsymbol{z}^{(v)}$ 分别为第 v 个接收阵元上的解调与噪声分块；$\boldsymbol{C}^{(v,u)}$ 为收发阵元对 (v,u) 对应的信道频率响应矩阵。在时变信道条件下，$\boldsymbol{C}^{(v,u)}$ 不再为对角矩阵，因此将引入 ICI；并且由式(5－142)可见，MIMO 系统的 ICI 影响将较 SISO 情况更为严重，这是因为此时解调分块 $x^{(v)}$ 中的 ICI 来自于 U 个不同的发射阵元。

为了实现 ICI 均衡，此处仍然采用 CE－BEM 信道近似，类似于式(5－92)，MIMO 情况下的 $\boldsymbol{C}^{(v,u)}$ 矩阵可简化为

$$\boldsymbol{C}^{(v,u)}=\sum_{q=-Q}^{Q}\boldsymbol{\Gamma}_q\boldsymbol{B}_q^{(v,u)} \tag{5-143}$$

式中：$\boldsymbol{B}_q^{(v,u)}$ 与式(5－94)有类似结构，即为对角矩阵，因此 $\boldsymbol{C}^{(v,u)}$ 为带宽为 $2Q+1$ 的循环对角矩阵。为便于后续处理，这里仍采用符号分块边缘置零的策略，以消除 $\boldsymbol{C}^{(v,u)}$ 左下与右上角的循环部分，即

$$\boldsymbol{d}^{(u)}=[\boldsymbol{0}_{1\times Q},\underline{\boldsymbol{d}}^{(u)\mathrm{T}},\boldsymbol{0}_{1\times Q}]^{\mathrm{T}} \tag{5-144}$$

同时，在接收端对应截取解调与噪声分块，即 $\underline{\boldsymbol{x}}^{(v)}=\boldsymbol{T}\boldsymbol{x}^{(v)}$ 与 $\underline{\boldsymbol{z}}^{(v)}=\boldsymbol{T}\boldsymbol{z}^{(v)}$，则此时 MIMO 系统的输入/输出关系可改写为

$$\underline{\boldsymbol{x}}^{(v)}=\sum_{u=1}^{U}\underline{\boldsymbol{C}}^{(v,u)}\underline{\boldsymbol{d}}^{(u)}+\underline{\boldsymbol{z}}^{(v)} \tag{5-145}$$

式中：$\underline{\boldsymbol{C}}^{(v,u)}=\boldsymbol{T}\boldsymbol{C}^{(v,u)}\boldsymbol{T}^{\mathrm{H}}$ 为 $\underline{K}\times\underline{K}$ 维带状子矩阵。

将接收端的 V 个阵元解调信号累叠在一起，定义 $\underline{\boldsymbol{x}}=[\underline{\boldsymbol{x}}^{(1)\mathrm{T}},\underline{\boldsymbol{x}}^{(2)\mathrm{T}},\cdots,\underline{\boldsymbol{x}}^{(V)\mathrm{T}}]^{\mathrm{T}}$，$\underline{\boldsymbol{d}}=[\underline{\boldsymbol{d}}^{(1)\mathrm{T}},\underline{\boldsymbol{d}}^{(2)\mathrm{T}},\cdots,\underline{\boldsymbol{d}}^{(U)\mathrm{T}}]^{\mathrm{T}}$，$\underline{\boldsymbol{z}}=[\underline{\boldsymbol{z}}^{(1)\mathrm{T}},\underline{\boldsymbol{z}}^{(2)\mathrm{T}},\cdots,\underline{\boldsymbol{z}}^{(V)\mathrm{T}}]^{\mathrm{T}}$，则基于式(5－145)可得

$$\underline{\boldsymbol{x}}=\underline{\boldsymbol{C}}\underline{\boldsymbol{d}}+\underline{\boldsymbol{z}} \tag{5-146}$$

此处，信道矩阵 $\underline{\boldsymbol{C}}$ 为 $V\underline{K}\times U\underline{K}$ 维矩阵，其形式为

$$\underline{\boldsymbol{C}}=\begin{bmatrix}\underline{\boldsymbol{C}}^{(1,1)} & \underline{\boldsymbol{C}}^{(1,2)} & \cdots & \underline{\boldsymbol{C}}^{(1,U)}\\ \underline{\boldsymbol{C}}^{(2,1)} & \underline{\boldsymbol{C}}^{(2,2)} & \cdots & \underline{\boldsymbol{C}}^{(2,U)}\\ \vdots & \vdots & & \vdots\\ \underline{\boldsymbol{C}}^{(V,1)} & \underline{\boldsymbol{C}}^{(V,2)} & \cdots & \underline{\boldsymbol{C}}^{(V,U)}\end{bmatrix} \tag{5-147}$$

由式(5－146)可知，时变信道条件下基于 MMSE 准则的 MIMO－OFDM 分块均衡符号估计可写为

$$\hat{\underline{\boldsymbol{d}}}=(\underline{\boldsymbol{C}}^{\mathrm{H}}\underline{\boldsymbol{C}}+\sigma^2\boldsymbol{I}_{U\underline{K}})^{-1}\underline{\boldsymbol{C}}^{\mathrm{H}}\underline{\boldsymbol{x}} \tag{5-148}$$

但其中需对一个更大的 $U\underline{K}\times U\underline{K}$ 维矩阵$\underline{\boldsymbol{C}}^{\mathrm{H}}\underline{\boldsymbol{C}}+\sigma^2\boldsymbol{I}_{U\underline{K}}$ 进行求逆。为了更好的利用 $\underline{\boldsymbol{C}}$ 中子块 $\{\underline{\boldsymbol{C}}^{(v,u)}\}$ 的带状结构，此处定义交织矩阵为

$$\boldsymbol{P}_{N,M}=\begin{bmatrix}\boldsymbol{I}_N\otimes\boldsymbol{i}_M^{\mathrm{T}}(0)\\ \boldsymbol{I}_N\otimes\boldsymbol{i}_M^{\mathrm{T}}(1)\\ \vdots\\ \boldsymbol{I}_N\otimes\boldsymbol{i}_M^{\mathrm{T}}(M-1)\end{bmatrix} \tag{5-149}$$

且考虑采用矩阵 $\underline{\boldsymbol{C}}$ 的交织形式，即

$$\underline{\boldsymbol{G}}=\boldsymbol{P}_{V,\underline{K}}\underline{\boldsymbol{C}}\boldsymbol{P}_{U,\underline{K}}^{\mathrm{H}} \tag{5-150}$$

式中：矩阵 $\underline{\boldsymbol{G}}$ 与 $\underline{\boldsymbol{C}}$ 维度相同，但前者将具备子块带状(Block-Banded)结构，其各子块大小为 $V\times U$ 维，子块带宽为 $2Q+1$，即

$$[\underline{\boldsymbol{G}}]_{mV:mV+V-1,nU:nU+U-1}=\begin{cases}\boldsymbol{H}_{m-n,n+Q}, & |q|\leqslant Q\\ \boldsymbol{0}_{V\times U}, & |q|>Q\end{cases} \tag{5-151}$$

式中：$m,n=0,1,\cdots,\underline{K}-1$；

$$\boldsymbol{H}_{q,k}=\begin{bmatrix}H_{q,k}^{(1,1)} & H_{q,k}^{(1,2)} & \cdots & H_{q,k}^{(1,U)}\\ H_{q,k}^{(2,1)} & H_{q,k}^{(2,2)} & \cdots & H_{q,k}^{(2,U)}\\ \vdots & \vdots & & \vdots\\ H_{q,k}^{(V,1)} & H_{q,k}^{(V,2)} & \cdots & H_{q,k}^{(V,U)}\end{bmatrix} \tag{5-152}$$

且 $H_{q,k}^{(v,u)}$ 的定义类似于式(5－95)。

由此，式(5－148)中的 MIMO－OFDM 分块均衡可改写为

$$\hat{\underline{\boldsymbol{d}}}=\boldsymbol{P}_{U,\underline{K}}^{\mathrm{H}}(\underline{\boldsymbol{G}}^{\mathrm{H}}\underline{\boldsymbol{G}}+\sigma^2\boldsymbol{I}_{U\underline{K}})^{-1}\underline{\boldsymbol{G}}^{\mathrm{H}}\boldsymbol{P}_{V,\underline{K}}\underline{\boldsymbol{x}} \tag{5-153}$$

式中：$\underline{\boldsymbol{R}}=\underline{\boldsymbol{G}}^{\mathrm{H}}\underline{\boldsymbol{G}}+\sigma^2\boldsymbol{I}_{U\underline{K}}$ 为 $U\underline{K}\times U\underline{K}$ 维子块带状矩阵，其子块大小为 $U\times U$ 维，子块带宽为 $4Q+1$。对矩阵 $\underline{\boldsymbol{R}}$ 求逆可类似于 5.3.3 小节采用子块版本的带状 $\mathrm{LDL}^{\mathrm{H}}$ 分解处理，其复杂度为 $O(Q^2U^3K)$。鉴于在通常系统使用中，整数 Q 与 U 的取值都较小，可近似认为这种 MIMO－OFDM 分块均衡算法具有线性复杂度。相比于直接求解式(5－148)所需的立方复杂度 $O(U^3K^3)$，此算法计算量大大降低，因而更适宜于在实际工程中使用。

5.6.2 算法性能仿真

本节最后将简单示例给出 MIMO－OFDM 分块均衡的算法性能。此处 OFDM 子载波数为 $K=1\ 024$，各子载波符号采用 QPSK 调制，分块时长为 $T=256$ ms，对应符号间隔为 $\Delta f=1/T\approx3.9$ Hz。信道多径包含 25 个分支，最大多径扩展为 6 ms；信道多普勒扩展设置为 $f_{\mathrm{d}}=\Delta f/4$，即归一化多普勒为 $f_{\mathrm{d}}T=0.25$。图 5－12 给出 MIMO－OFDM 系统在 2×2，2×3 与 2×4 收发配置下的误比特率性能，且分块均衡的多普勒扩展参数选取为 $Q=0,2$ 与

4。可以看到，一方面，当 $Q=0$ 时，MIMO－OFDM 分块均衡实际上忽略了所有的 ICI 影响，即采用了简单的时不变处理，此时在各种收发配置下 MIMO－OFDM 系统的输出误比特率都很高。而随着 Q 值的增加，CE－BEM 信道近似将变得更为准确，其对应的分块均衡性能也随之改善。另一方面，当 Q 值固定而增加接收阵元数 V 时，分块均衡输出误比特率也相应下降，这是由于更多的接收阵元所引入的空间增益贡献的。

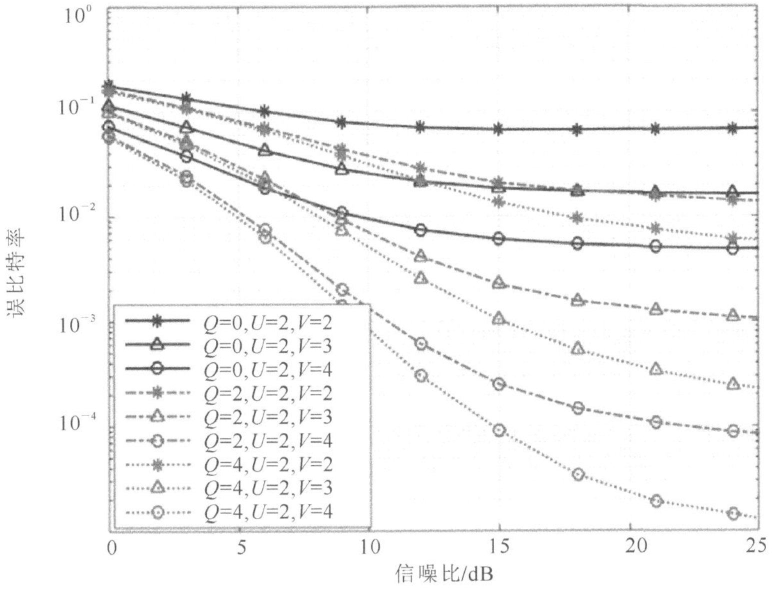

图 5－12　MIMO－OFDM 分块均衡算法性能

参考文献

[1] ZHOU S L, WANG Z H. OFDM for underwater acoustic communications[M]. New York, USA: Wiley, 2014.

[2] GOLUB G H, VAN LOAN C F. Matrix computations[M]. 4th ed. Baltimore, MD, USA: Johns Hopkins Univ. Press, 2013.

[3] MUQUET B, WANG Z, GIANNAKIS G B, et al. Cyclic prefixing or zero padding for wireless multicarrier transmissions[J]. IEEE Transactions on Communications, 2002, 50(12): 2136－2148.

[4] SCHNITER P. Low-complexity equalization of OFDM in doubly selective channels [J]. IEEE Transactions on Signal Processing, 2004, 52(4): 1002－1011.

[5] LI B, ZHOU S, STOJANOVIC M, et al Multicarrier communication over underwater acoustic channels with nonuniform doppler shifts[J]. IEEE Journal Oceanic Engineering, 2008, 33(2): 198－209.

[6] YERRAMALLI S, STOJANOVIC M, MITRA U. Partial FFT demodulation: a detec-

tion method for highly doppler distorted OFDM systems[J]. IEEE Transactions on Signal Processing,2012,60(11):5906 - 5918.

[7] AVAL Y,STOJANOVIC M. Differentially coherent multichannel detection of acoustic OFDM signals[J]. IEEE Journal of Oceanic Engineering,2015,40(2):251 - 268.

[8] STOJANOVIC M. AMethod for differentially coherent detection of OFDM signals on doppler-distorted channels[J]. Proc IEEE Sensor Array and Multichannel Signal Processing Workshop (SAM),2010,85 - 88.

[9] HAN J,ZHANG L,ZHANG Q,et al. Eigendecomposition-based partial FFT demodulation for differential OFDM in underwater acoustic communications[J]. IEEE Transactions on Vehicular Technology,2018,67(7):6706 - 6710.

[10] MEYER C D. Matrix analysis and applied Linear algebra[M]. Philadelphia, PA, USA:SIAM,2000.

[11] ZHENG Y R,XIAO C,YANG T C,et al. Frequency-domain channel estimation and equalization for shallow-water acoustic communications[J]. Physical Communication, 2010,3(1):48 - 63.

[12] GIANNAKIS G B, TEPEDELENLIOGLU C. Basis expansion models and diversity techniques for blind Identification and equalization of time-varying channels[J]. Proceedings of the IEEE,1998,86(10):1969 - 1986.

[13] RUGINI L,BANELLI P,LEUS G. Simple equalization of time-varying channels for OFDM[J]. IEEE Communications Letters,2005,9(7):619 - 621.

[14] HLAWATSCH F, MATZ G. Wireless communications over rapidly time-varying channels[M]. New York,NY,USA:Academic Press,2011.

[15] JAFARKHANI H. Space-time coding:theory and practice. cambridge[M]. UK:Cambridge University Press,2005.

[16] ZORITA E V, STOJANOVIC M. Space-frequency block coding for underwater acoustic communications[J]. IEEE Journal of Oceanic Engineering,2015,40(2):303 - 314.

[17] HAN J,ZHANG L,LEUS G. Partial FFT demodulation for MIMO - OFDM over time-varying underwater acoustic channels[J]. IEEE Signal Processing Letters,2016, 23(2):282 - 286.

[18] HUANG J,ZHOU S,HUANG J,et al. Progressive inter-carrier interference equalization for OFDM transmission over Time-varying underwater acoustic channels[J]. IEEE Journal of Selected Topics in Signal Processing,2011,5(8):1524 - 1536.

[19] RUGINI L,BANELLI P. Banded equalizers for MIMO - OFDM in fast time-varying channels[J]. Proc European Signal Processing Conference (EUSIPCO),2006,1 - 5.

第 6 章　单载波频域均衡

如第 3 章所述，单载波调制是实现高速水声通信的一种重要方式，其利用宽带单载波信号的相位承载信息，可实现相比 FSK 调制更高的带宽利用率。但对高速水声通信而言，水声信道存在复杂的多径与多普勒效应，这些因素使得通信信号在传输中出现严重的码间干扰与相位畸变，并对通信系统可靠性产生决定性影响。在此方面，第 3 章中所涉及的单载波时域均衡（SC - TDE）方法可实现信道衰落抑制，其在接收端与数字锁相环和空间分集相结合，是近年来水声通信信号处理的一项典型技术，且已有大量的理论研究与实验验证。但是人们同时发现，这种方法在应用于实际水声通信系统时，也存在其特有的困难：一方面，当水声信道多径时延扩展比较长时，对应 SC - TDE 处理尤其是多通道接收涉及大量的均衡器抽头，导致算法计算量高，故不易实时实现；另一方面，SC - TDE 处理通常采用自适应方式更新系数，其收敛性能对均衡器前馈、反馈抽头个数以及自适应算法参数等的设置均较为敏感，故存在算法稳健性问题。

相比而言，本章主要介绍的单载波频域均衡（SC - FDE）是对抗长时延扩展信道的一种低复杂度接收处理算法，且不存在如 SC - TDE 那样的收敛稳健性问题。单载波频域均衡最初在空中无线通信中被提出，并由 Yahong Rosa Zheng 等学者引入至水声通信场景[1-4]。一方面，与第 5 章中的 OFDM 系统相类似，SC - FDE 处理是将时域接收信号通过 DFT 变换至频域进行均衡，此操作目的在于将通信信号与多径信道冲激响应的卷积转变为频率响应间的乘积，故可借由单抽头频域处理获得远低于时域均衡的计算复杂度。另一方面，与 OFDM 信号形式相比，单载波调制信号的峰平功率比更低，即其能量效率更高，更便于实现更远距离的水声通信传输。但与此同时，作为代价，单载波系统不能实现如 OFDM 系统 bit loading 那样的带宽管理灵活性。另外，SC - FDE 系统由于采用分块均衡处理，其对信道多普勒效应的补偿也不如 SC - TDE 的逐符号处理灵活，而这一点对受严重信道时变影响的水声通信而言必须小心处理。

本章首先给出 SC - FDE 的基本原理以及与 OFDM 系统的比较；其次，介绍在时变水声信道条件下的 SC - FDE 处理；再次，与第 3 章的时域均衡与空间分集技术相结合，介绍一种单载波混合域均衡（SC - HDE）算法，以进一步提升系统抗衰落总体性能；最后，扩展 MIMO 配置下的 SC - FDE 处理。

6.1 SC－FDE 基本原理

6.1.1 系统模型

基于 SC－TDE 与 SC－FDE 处理的水声通信系统结构比较如图 6－1 所示。一方面，SC－FDE 发射端部分和 SC－TDE 系统基本类似，但在输入二进制信息经符号映射之后，不再添加前置训练符号序列(见图 3－8)，而是采用单载波分块传输(SCBT)，即添加循环前缀(CP)等保护间隔组成时域符号分块。另一方面，SC－FDE 接收端处理与 SC－TDE 系统显著不同。其在去掉 CP 后，首先通过 DFT 将接收到的时域信号转换到频域，进行频域均衡，均衡后的信号再经 IDFT 反变换回时域，最终实现符号检测输出。

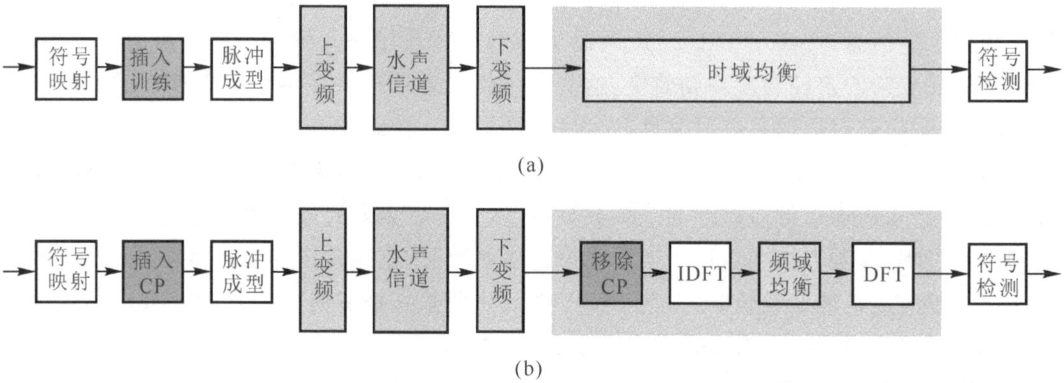

图 6－1 SC－TDE 与 SC－FDE 水声通信系统结构比较

(a)SC－TDE 系统；(b)SC－FDE 系统

更具体来说，相比于第 3 章中 SC－TDE 的逐符号处理，SC－FDE 采用分块处理体制。在此方面，SC－FDE 事实上与 OFDM 非常类似，即其发射端首先对经符号映射的数据进行分块，组成长度为 K 的符号分块，即

$$\boldsymbol{d}=[d_0,d_1,\cdots,d_{K-1}]^{\mathrm{T}} \tag{6-1}$$

与 OFDM 不同的是，SC－FDE 系统中的符号调制直接在时域内进行，因此不需要如式(5－11)所示的 IDFT 操作，其基带发射信号分块即为

$$\boldsymbol{s}=\boldsymbol{d} \tag{6-2}$$

同时，为避免分块间干扰，其仍需在每个发射信号分块中加入 CP 等保护间隔。

假设时不变多径信道，且基带冲激响应为 $\boldsymbol{c}=[c_0,c_1,\cdots,c_L]^{\mathrm{T}}$，$L$ 为信道阶数。类似于第 5 章 5.1.2.1 小节对 OFDM 信号模型的叙述，若 CP 长度不小于信道阶数，则在接收端去除 CP 之后，接收信号分块和发射信号分块之间的关系将由线性卷积变为循环卷积，并消除各分块间干扰的影响。类似于式(5－20)，此时 SC－FDE 在时不变信道中的接收信号分块可表示为

$$\boldsymbol{r}=\widetilde{\boldsymbol{C}}\boldsymbol{s}+\boldsymbol{\xi} \tag{6-3}$$

式中：$\boldsymbol{r}=[r_0,r_1,\cdots,r_{K-1}]^{\mathrm{T}}$ 为接收信号向量；$\boldsymbol{\xi}=[\xi_0,\xi_1,\cdots,\xi_{K-1}]^{\mathrm{T}}$ 为信道噪声向量；矩阵 $\tilde{\boldsymbol{C}}$ 为 $K\times K$ 维时域循环信道矩阵，其结构同于式(5－21)。

6.1.2　频域均衡

由于式(6－3)中循环信道矩阵 $\tilde{\boldsymbol{C}}$ 的作用，使得面向单载波调制的传输也可类似 OFDM 实现低复杂度频域均衡。但与 OFDM 系统不同的是，SC－FDE 系统的 DFT 和 IDFT 位置均位于接收端。具体而言，SC－FDE 首先对接收信号分块 $\boldsymbol{r}$ 进行 K 点 DFT 运算将其由时域变换到频域，即

$$\boldsymbol{x}=\boldsymbol{F}_K\boldsymbol{r} \tag{6-4}$$

则将式(6－3)代入式(6－1)，可得

$$\boldsymbol{x}=\boldsymbol{C}\boldsymbol{y}+\boldsymbol{z} \tag{6-5}$$

式中：$\boldsymbol{y}=\boldsymbol{F}_K\boldsymbol{s}=\boldsymbol{F}_K\boldsymbol{d}$ 与 $\boldsymbol{z}=\boldsymbol{F}_K\boldsymbol{\xi}$ 分别为频域信号分块与频域噪声分块，且与之前 OFDM 系统中的式(5－23)～式(5－25)相类似，此处频域信道矩阵

$$\boldsymbol{C}=\boldsymbol{F}_K\tilde{\boldsymbol{C}}\boldsymbol{F}_K^{\mathrm{H}} \tag{6-6}$$

为一对角矩阵，即

$$\boldsymbol{C}=\mathrm{diag}\{[H_0,H_1,\cdots,H_{K-1}]^{\mathrm{T}}\} \tag{6-7}$$

其对角线元素 H_k 可表示为

$$H_k=\sum_{l=0}^{L-1}c_l\mathrm{e}^{-\mathrm{j}2\pi lk/K},\quad k=0,1,\cdots,K-1 \tag{6-8}$$

由于矩阵 $\boldsymbol{C}$ 为一对角矩阵，定义 $\boldsymbol{x}=[x_0,x_1,\cdots,x_{K-1}]^{\mathrm{T}}$，$\boldsymbol{y}=[y_0,y_1,\cdots,y_{K-1}]^{\mathrm{T}}$ 与 $\boldsymbol{z}=[z_0,z_1,\cdots,z_{K-1}]^{\mathrm{T}}$，则结合式(6－5)与式(6－7)，有

$$x_k=H_ky_k+z_k,\quad k=0,1,\cdots,K-1 \tag{6-9}$$

由此可见，SC－FDE 处理在接收端也实现了一种形式的频域去耦。但对比 OFDM 系统式(5－27)，此处去耦并非在符号$\{d_k\}$之间实现，是基于频域采样$\{y_k\}$。为此，SC－FDE 处理需首先在频域对信号进行均衡，即 $\hat{\boldsymbol{y}}=\bar{\boldsymbol{W}}\boldsymbol{x}$，之后再通过 IDFT 反变换转换回时域，得到最终符号估计即 $\hat{\boldsymbol{d}}=\boldsymbol{F}_K^{\mathrm{H}}\hat{\boldsymbol{y}}$。上述 SC－FDE 系统的处理过程可统一表示为

$$\hat{\boldsymbol{d}}=\boldsymbol{F}_K^{\mathrm{H}}\bar{\boldsymbol{W}}\boldsymbol{F}_K\boldsymbol{r} \tag{6-10}$$

式(6－10)中，鉴于频域去耦效应，均衡矩阵 $\bar{\boldsymbol{W}}$ 为一个 $K\times K$ 维对角矩阵。可以看到，与第 3 章中的 SC－TDE 系统方式不同，SC－FDE 系统处理实际是将时域接收信号变换至频域，从而基于单抽头频域均衡来降低信号接收处理的计算复杂度。具体而言，类似于式(5－28)与式(5－29)，若定义 $\hat{\boldsymbol{y}}=[\hat{y}_0,\hat{y}_1,\cdots,\hat{y}_{K-1}]^{\mathrm{T}}$，则 ZF 与 MMSE 准则下的频域均衡分别为

$$\hat{y}_k=\frac{1}{H_k}x_k \tag{6-11}$$

$$\hat{y}_k=\frac{H_k^*}{|H_k|^2+\sigma^2}x_k \tag{6-12}$$

一般而言，MMSE 均衡器由于考虑了噪声的影响，所以可有效对抗信道深衰落，其相比 ZF 均衡器将有更好的系统性能。作为举例，图 6-2 给出了时不变信道条件下 QPSK 调制 SC-FDE 系统基于 ZF 和 MMSE 均衡的误码率性能。仿真信道中包含 10 条随机瑞利衰落路径，其中第一条路径和最后一条路径功率相差 20 dB。仿真数据分块包含 1 024 个符号和长度为 128 的循环前缀。假设接收端完全已知信道响应，则从(6-2)图中可以看出 MMSE 均衡相对于 ZF 均衡的优势。

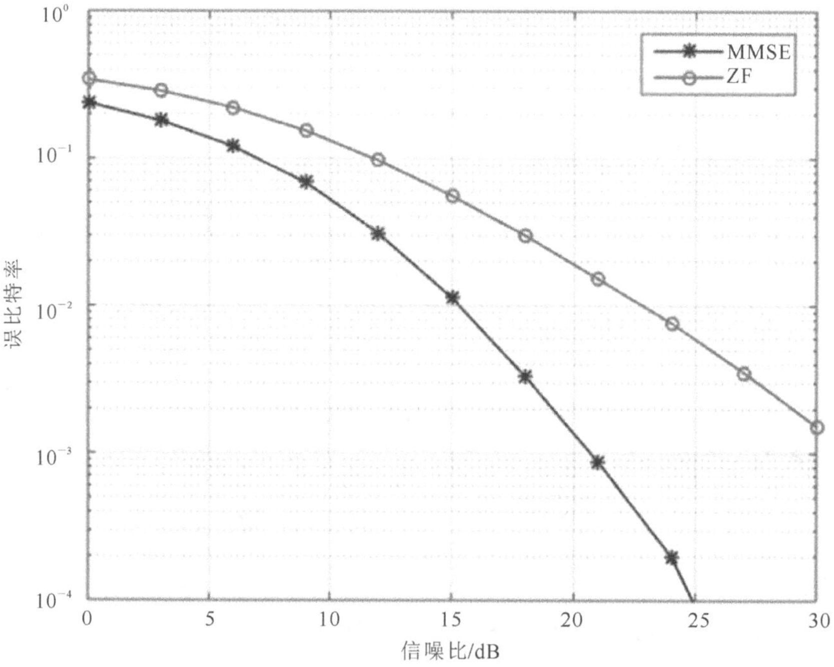

图 6-2 时不变信道条件下的 SC-FDE 系统误码率性能

6.1.3 与 OFDM 系统的比较

至此不难发现，SC-FDE 系统和 OFDM 系统的系统流程和处理方式事实上极为类似。具体而言，OFDM 系统和 SC-FDE 系统均采用分块传输体制，并都包含 CP 信号段以避免分块间干扰。图 6-3 比较了 SC-FDE 系统和 OFDM 系统的基带系统结构，其区别主要在于 IDFT 的位置不同。对于 SC-FDE 系统，DFT 模拟和 IDFT 模块均在接收端；而在 OFDM 系统中，其 DFT 模块在接收端，而 IDFT 模块处于发射端。整体而言，两者的计算量是基本一致的，但是若仅就接收端处理考虑，OFDM 系统计算量略低于 SC-FDE 系统。此外，前期文献也表明，SC-FDE 系统较之 OFDM 系统由于可利用多径信道频率分集增益，其误码率性能略占优势[5-6]。

与此同时，一方面，由于 IDFT 模块位置的不同，SC-FDE 系统和 OFDM 系统之间也存在一些重要的区别。首先，SC-FDE 系统的发射符号调制在时域，而 OFDM 系统的发射符号调制在频域，后者在系统配置方面更为灵活。举例来说，OFDM 系统可根据各子载波对应信道质量实现 Bit Loading，即在良好的信道上传输更多的数据，而在恶劣的信道上少传甚至是不传数据，从而获得更好的传输性能。

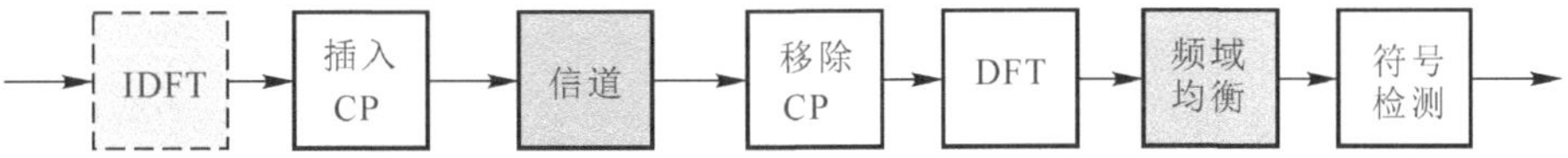

(a)

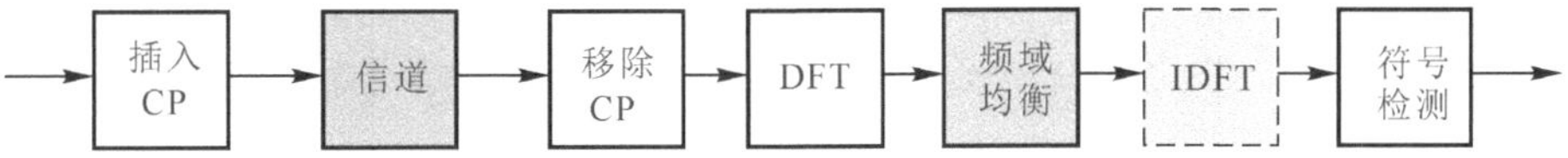

(b)

图 6-3　SC-FDE 系统与 OFDM 系统基带系统结构比较

(a)OFDM 系统；(b)SC-FDE 系统

另一方面，由于 IDFT 模块位于 OFDM 系统的发射端，导致 OFDM 系统信号存在较高的峰平功率比，这将对通信系统中的功率放大器等部件的线性度提出严苛要求。当其范围不能满足 OFDM 系统信号的动态变化时，会造成信号的非线性失真，从而导致整个系统性能的恶化，所以峰平功率比一直是 OFDM 系统的一个主要瓶颈。而与 OFDM 系统相比，SC-FDE 系统的优势在于其采用单载波体制，因而信号的峰平功率比远低于 OFDM 系统，更适宜进行远程水声通信[7]。

此外，SC-FDE 系统相对 OFDM 系统的另外一个优点在于，对 SC-FDE 系统来说，发射分块内的 CP 段和信号段都是在时域的。6.1.4 小节将说明可基于这一特性采用已知的扩频序列代替 CP 段以进行信道估计和同步，而这一点对 OFDM 系统来说是较难做到的。

6.1.4　保护间隔类型

与 OFDM 系统一样，SC-FDE 系统信号分块事实上也可使用多种保护间隔类型。本节前面已讨论了循环前缀单载波(CP-SC)分块形式。同样容易理解，还可类似于 5.1.2.4 小节构造补零后缀单载波(ZP-SC)分块形式，其接收处理方法也大致类似。此外，若设保护间隔段包含 K_g 个符号时宽，则可知 CP-SC 与 ZP-SC 两分块形式下的信号带宽利用率完全相同，则为

$$\eta_{\text{CP-SC}}=\eta_{\text{ZP-SC}}=\frac{K}{K+K_g} \tag{6-13}$$

除上述两种类型外，SC-FDE 系统还存在另外一种较为特殊的保护间隔类型——独特字(UW)[5,8]，其对应的独特字单载波(UW-SC)分块形式如图 6-4 所示。作为对比，CP-SC 是将分块尾部的 K_g 个符号复制到分块首部，因此 CP-SC 分块的总长度为 $K+K_g$；而此处 UW-SC 分块总长度仍保持为 K，但是在各分块的尾部均含有相同的一段 K_g 长度的独特字(通常选择为具有良好相关特性的扩频序列或 Chu 序列)，有

$$\boldsymbol{q}=[q_0,q_1,\cdots,q_{K_g-1}]^{\mathrm{T}} \tag{6-14}$$

可得

$$d_{K-K_g+i}=q_i,\quad i=0,1,\cdots,K_g-1 \tag{6-15}$$

换言之，UW - SC 分块中的有效符号数仅为 $K-K_g$，其对应的信号带宽利用率为

$$\eta_{\text{UW-SC}}=\frac{K-K_g}{K} \tag{6-16}$$

可以看到，一方面，由于在前一符号分块中也存在相同的独特字 $\boldsymbol{q}$，所以此信号结构使得信道在当前分块内的线性卷积作用也被转化为循环卷积，只是此时无须如 CP - SC 那样在分块频域均衡前去除 UW 段。比较式(6 - 13)与式(6 - 16)可知，UW - SC 分块形式的带宽利用率通常要小于 CP - SC 分块形式。但另一方面，基于伪随机序列等的 UW - SC 分块也具有如下的一些优势。

(1)从通信信号同步的角度来看，分块中的伪随机序列具有良好的自相关特性，因此可以作为水声通信的同步信号。

(2)从信道估计的角度来看，分块中的伪随机序列也可用于实现逐分块的信道估计(见6.1.5 小节)。对时变的水声信道而言，逐分块信道估计和均衡可有效缓解信道时变对通信系统性能的影响。

(3)从多普勒估计的角度来看，前后两分块中伪随机序列还可联合用于估计引起信号展宽和压缩的信道多普勒因子。

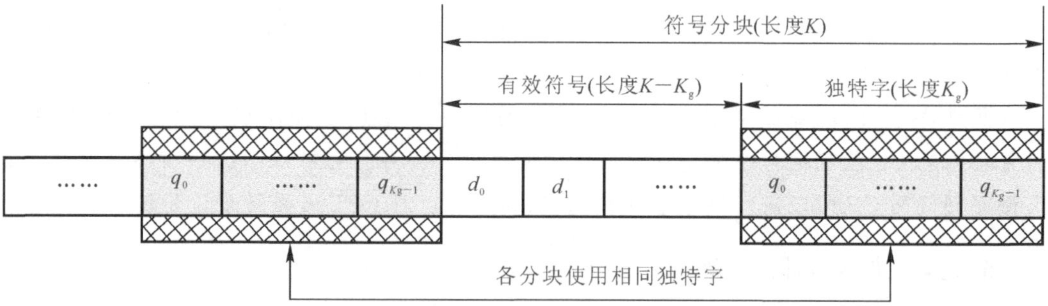

图 6 - 4　UW - SC 发射符号分块格式

6.1.5　信道估计

由式(6 - 11)与式(6 - 12)可知，SC - FDE 接收端在频域均衡之前需进行信道估计以获取相关信道参数。为此，本小节将以 UW - SC 分块为例，给出其对应的信道估计方法。具体而言，UW - SC 分块的信道估计方法主要可分为两类：第一类是基于伪随机序列滑动相关进行的信道估计；第二类是基于最小二乘准则进行的信道估计，它又可进一步细分为时域和频域方法。其中，基于伪随机序列滑动相关的方法概念相对简单，但由于伪随机序列的相关性并非理想，其信道估计性能将受到很大影响。相比而言，最小二乘方法的估计精度更高。为此，本小节中将仅就 UW - SC 分块的时域、频域最小二乘信道估计方法进行讨论。

6.1.5.1　时域信道估计

首先介绍时域最小二乘信道估计方法。假设信道时不变且信道阶数为 L，即有信道冲激响应向量 $\boldsymbol{c}=[c_0,c_1,\cdots,c_L]^{\mathrm{T}}$，其对 UW - SC 接收分块中尾部伪随机序列的影响如图 6 - 5 所示，其中深色三角表示分块前面数据段在伪随机序列部分所造成的 ISI。此情况下，伪随机序列段接收信号可表示为

$$\begin{bmatrix} r_{K-K_g} \\ r_{K-K_g+1} \\ r_{K-K_g+2} \\ \vdots \\ r_{K-K_g+L} \\ r_{K-K_g+L+1} \\ \vdots \\ r_{K-1} \end{bmatrix} = \begin{bmatrix} q_0 & d_{K-K_g-1} & d_{K-K_g-2} & \cdots & d_{K-K_g-L} \\ q_1 & q_0 & d_{K-K_g-1} & \cdots & d_{K-K_g-L+1} \\ q_2 & q_1 & q_0 & \cdots & d_{K-K_g-L+2} \\ \vdots & \vdots & \vdots & & \vdots \\ q_L & q_{L-1} & q_{L-2} & \cdots & q_0 \\ q_{L+1} & q_L & q_{L-1} & \cdots & q_1 \\ \vdots & \vdots & \vdots & & \vdots \\ q_{K_g-1} & q_{K_g-2} & q_{K_g-3} & \cdots & q_{K_g-L-1} \end{bmatrix} \begin{bmatrix} c_0 \\ c_1 \\ c_2 \\ \vdots \\ c_L \end{bmatrix} + \begin{bmatrix} \xi_{K-K_g} \\ \xi_{K-K_g+1} \\ \xi_{K-K_g+2} \\ \vdots \\ \xi_{K-K_g+L} \\ \xi_{K-K_g+L+1} \\ \vdots \\ \xi_{K-1} \end{bmatrix} \tag{6-17}$$

式中：$\{d_k\}$表示分块首部的有效传输数据符号；$\{q_k\}$表示分块尾部的伪随机序列，此式实际为伪随机序列与信道冲激响应的线性卷积。由于对 SC－FDE 接收机而言，仅$\{q_k\}$已知而$\{d_k\}$未知，所以在信道估计时需截去式(6－17)中前 L 行受传输数据“污染”的部分，可得

$$\boldsymbol{r}_{\mathrm{t}} = \boldsymbol{Q}_{\mathrm{t}}\boldsymbol{c} + \boldsymbol{\xi}_t \tag{6-18}$$

式中

$$\boldsymbol{r}_{\mathrm{t}} = [r_{K-K_g+L}, r_{K-K_g+L+1}, \cdots, r_{K-1}]^{\mathrm{T}} \tag{6-19}$$

$$\boldsymbol{\xi}_{\mathrm{t}} = [\xi_{K-K_g+L}, \xi_{K-K_g+L+1}, \cdots, \xi_{K-1}]^{\mathrm{T}} \tag{6-20}$$

$$\boldsymbol{Q}_{\mathrm{t}} = \begin{bmatrix} q_L & q_{L-1} & q_{L-2} & \cdots & q_0 \\ q_{L+1} & q_L & q_{L-1} & \cdots & q_1 \\ \vdots & \vdots & \vdots & \ddots & \vdots \\ q_{K_g-1} & q_{K_g-2} & q_{K_g-3} & \cdots & q_{K_g-L-1} \end{bmatrix} \tag{6-21}$$

不难看出，观测矩阵 $\boldsymbol{Q}_{\mathrm{T}}$ 为一个$(K_g-L)\times(L+1)$维矩阵，因此为实现最小二乘估计(即 $\boldsymbol{Q}_{\mathrm{T}}$ 为列满秩)，需保证 UW－SC 分块中的伪随机序列长度设置满足 $K_g>2L$。此时，对应的 UW－SC 分块时域信道估计为

$$\hat{\boldsymbol{c}} = (\boldsymbol{Q}_{\mathrm{t}}^{\mathrm{H}}\boldsymbol{Q}_{\mathrm{t}})^{-1}\boldsymbol{Q}_{\mathrm{t}}^{\mathrm{H}}\boldsymbol{r}_{\mathrm{t}} \tag{6-22}$$

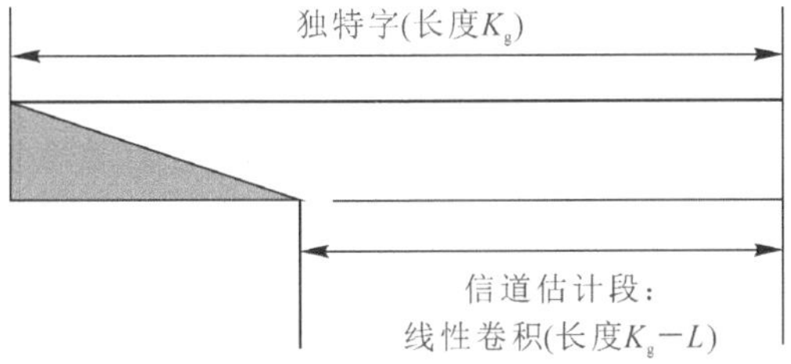

图 6－5　UW－SC 分块伪随机序列段接收示意图(时域信道估计)

6.1.5.2　频域信道估计

可以看到，式(6－22)中的时域信道估计方法需对一个$(L+1)\times(L+1)$维满矩阵求逆，因此当信道冲激响应具有长扩展时，其涉及的计算复杂度较高。针对此问题，本小节将进一步介绍一种频域信道估计方法，以降低计算复杂度。

具体而言，UW－SC 分块在进行频域信道估计时，其分块中的独特字通常由两个完全一致的 Chu 序列 $\boldsymbol{q}=[q_0,q_1,\cdots,q_{P-1}]^{\mathrm{T}}$ 组成，且有序列长度 $P>L$。换言之，此时保护间隔的总长度仍满足 $K_{\mathrm{g}}=2P>2L$。同时，如图 6－6 所示，此情况下可利用两个重复 Chu 序列的设置构造出循环信道矩阵，因其后一段 Chu 序列所对应的接收信号可表示为

$$\boldsymbol{r}_{\mathrm{f}}=\widetilde{\boldsymbol{C}}_{\mathrm{f}}\boldsymbol{q}+\boldsymbol{\xi}_{\mathrm{f}} \tag{6-23}$$

式中：$\boldsymbol{r}_{\mathrm{f}}=[r_{K-P},r_{K-P+1},\cdots,r_{K-1}]^{\mathrm{T}}$，$\boldsymbol{\xi}_{\mathrm{f}}=[\xi_{K-P},\xi_{K-P+1},\cdots,\xi_{K-1}]^{\mathrm{T}}$，同时 $\widetilde{\boldsymbol{C}}_{\mathrm{f}}$ 为一个 $P\times P$ 维循环矩阵，其第一列为 $[\boldsymbol{c}^{\mathrm{T}},\boldsymbol{0}_{1\times(P-L-1)}]^{\mathrm{T}}$。基于此，进而将式(6－23)变换至频域，则有

$$\boldsymbol{x}_{\mathrm{f}}=\boldsymbol{Q}_{\mathrm{f}}\boldsymbol{F}_{\mathrm{f}}\boldsymbol{c}+\boldsymbol{z}_{\mathrm{f}} \tag{6-24}$$

式中：$\boldsymbol{x}_{\mathrm{f}}=\boldsymbol{F}_P\boldsymbol{r}_{\mathrm{f}}$，$\boldsymbol{z}_{\mathrm{f}}=\boldsymbol{F}_P\boldsymbol{\xi}_{\mathrm{f}}$，$\boldsymbol{Q}_{\mathrm{f}}=\mathrm{diag}\{\boldsymbol{F}_P\boldsymbol{q}\}$，且

$$\boldsymbol{F}_{\mathrm{f}}=\begin{bmatrix} 1 & \mathrm{e}^{-\mathrm{j}\frac{2\pi}{P}1} & \cdots & \mathrm{e}^{-\mathrm{j}\frac{2\pi}{P}1L} \\ 1 & \mathrm{e}^{-\mathrm{j}\frac{2\pi}{P}2} & \cdots & \mathrm{e}^{-\mathrm{j}\frac{2\pi}{P}2L} \\ \vdots & \vdots & & \vdots \\ 1 & \mathrm{e}^{-\mathrm{j}\frac{2\pi}{P}(P-1)} & \cdots & \mathrm{e}^{-\mathrm{j}\frac{2\pi}{P}(P-1)L} \end{bmatrix} \tag{6-25}$$

注意，此处由于 $\boldsymbol{q}$ 为 Chu 序列，则根据其 DFT 的恒模性质[9]可有 $\boldsymbol{Q}_{\mathrm{f}}^{\mathrm{H}}\boldsymbol{Q}_{\mathrm{f}}=\boldsymbol{I}_P$，同时容易知道 $\boldsymbol{F}_{\mathrm{f}}^{\mathrm{H}}\boldsymbol{F}_{\mathrm{f}}=P\cdot\boldsymbol{I}_{L+1}$。因此，根据式(6－24)，对应的 UW－SC 分块频域信道估计可写为

$$\hat{\boldsymbol{c}}=(\boldsymbol{F}_{\mathrm{f}}^{\mathrm{H}}\boldsymbol{Q}_{\mathrm{f}}^{\mathrm{H}}\boldsymbol{Q}_{\mathrm{f}}\boldsymbol{F}_{\mathrm{f}})^{-1}\boldsymbol{F}_{\mathrm{f}}^{\mathrm{H}}\boldsymbol{Q}_{\mathrm{f}}^{\mathrm{H}}\boldsymbol{x}_{\mathrm{f}}=\frac{1}{P}\boldsymbol{F}_{\mathrm{f}}^{\mathrm{H}}\boldsymbol{Q}_{\mathrm{f}}^{\mathrm{H}}\boldsymbol{x}_{\mathrm{f}} \tag{6-26}$$

可以看到，此方法无须进行矩阵求逆，同时 $\boldsymbol{Q}_{\mathrm{f}}$ 为对角矩阵，且左乘 $\boldsymbol{F}_{\mathrm{f}}^{\mathrm{H}}$ 可通过 P 维的 IFFT 算法实现，因此对应 SC－FDE 接收机信道估计的计算量较低，其大致类似于式(5－36)所给出的 OFDM 系统信道估计的复杂度。

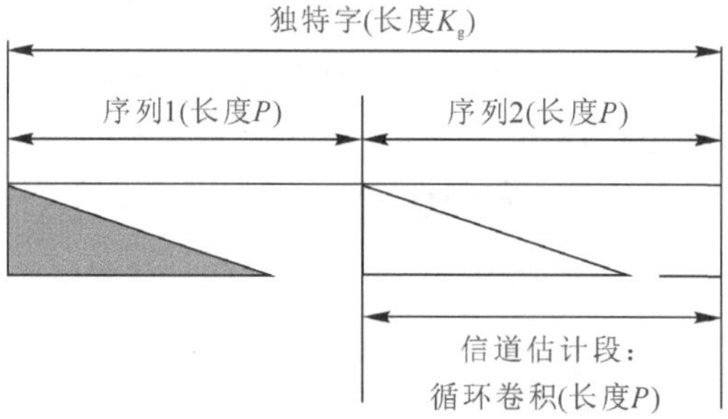

图 6－6　UW－SC 分块伪随机序列段接收示意图(频域信道估计)

6.2　时变信道中的 SC－FDE 处理

6.2.1　信号模型

以上 6.1.2 小节给出了时不变信道中的 SC－FDE 处理，本节将继续介绍 SC－FDE 系统的时变信道接收。具体而言，此处考虑统一时变相位信道模型，即如式(5－43)，有 SC－FDE 接收信号分块为

$$\boldsymbol{r}=\widetilde{\boldsymbol{\Theta}}\widetilde{\boldsymbol{C}}\boldsymbol{s}+\boldsymbol{\xi} \tag{6-27}$$

式中：$\widetilde{\boldsymbol{\Theta}}$ 是由多普勒效应引起的时变相位对角矩阵，可表示为

$$\widetilde{\boldsymbol{\Theta}}=\mathrm{diag}\{[\mathrm{e}^{\mathrm{j}\theta_0},\mathrm{e}^{\mathrm{j}\theta_1},\cdots,\mathrm{e}^{\mathrm{j}\theta_{K-1}}]^{\mathrm{T}}\} \tag{6-28}$$

对式(6-27)进行 DFT 运算，可得接收信号的频域形式为

$$\boldsymbol{x}=\boldsymbol{F}_K\boldsymbol{r}=\boldsymbol{\Theta}\boldsymbol{C}\boldsymbol{y}+\boldsymbol{z} \tag{6-29}$$

式中：信道矩阵 $\boldsymbol{C}$ 为对角阵，结构见式(6-7)与式(6-8)，而相位矩阵

$$\boldsymbol{\Theta}=\boldsymbol{F}_K\widetilde{\boldsymbol{\Theta}}\boldsymbol{F}_K^{\mathrm{H}} \tag{6-30}$$

为一个循环矩阵。

简单起见，假设矩阵 $\boldsymbol{\Theta}$ 的非对角线元素值相对较小，可被忽略，则此时 $\boldsymbol{\Theta}$ 可被近似写作[3]

$$\boldsymbol{\Theta}\approx g\cdot\boldsymbol{I}_K \tag{6-31}$$

其中

$$g=\frac{1}{K}\sum_{k=1}^{K}\mathrm{e}^{\mathrm{j}\theta_k} \tag{6-32}$$

对应时变信道的 MMSE 频域均衡权系数矩阵为

$$\bar{\boldsymbol{W}}=(\boldsymbol{C}^{\mathrm{H}}\boldsymbol{\Theta}^{\mathrm{H}}\boldsymbol{\Theta}\boldsymbol{C}+\sigma^2\boldsymbol{I}_K)^{-1}\boldsymbol{C}^{\mathrm{H}}\boldsymbol{\Theta}^{\mathrm{H}}\approx(|g|^2\boldsymbol{C}^{\mathrm{H}}\boldsymbol{C}+\sigma^2\boldsymbol{I}_K)^{-1}(g^*\boldsymbol{C}^{\mathrm{H}}) \tag{6-33}$$

可以看到，在式(6-31)的时变近似条件下，$\bar{\boldsymbol{W}}$ 为对角矩阵，因此 SC-FDE 处理仍可采用低复杂度的单抽头均衡。

进一步，将式(6-33)与式(6-29)代入式(6-10)，即可得到 SC-FDE 处理最终在时域内的符号估计为[3]

$$\hat{\boldsymbol{d}}=\boldsymbol{F}_K^{\mathrm{H}}\bar{\boldsymbol{W}}\boldsymbol{\Theta}\boldsymbol{C}\boldsymbol{F}_K\boldsymbol{d}+\zeta\approx\boldsymbol{F}_K^{\mathrm{H}}\bar{\boldsymbol{W}}\boldsymbol{C}\boldsymbol{\Theta}\boldsymbol{F}_K\boldsymbol{d}+\zeta=(\boldsymbol{F}_K^{\mathrm{H}}\bar{\boldsymbol{W}}\boldsymbol{C}\boldsymbol{F}_K)(\boldsymbol{F}_K^{\mathrm{H}}\boldsymbol{\Theta}\boldsymbol{F}_K)\boldsymbol{d}+\zeta=\boldsymbol{\Delta}\widetilde{\boldsymbol{\Theta}}\boldsymbol{d}+\zeta \tag{6-34}$$

式中：$\zeta=\boldsymbol{F}_K^{\mathrm{H}}\bar{\boldsymbol{W}}\boldsymbol{F}_K\xi=[\zeta_0,\zeta_1,\cdots,\zeta_{K-1}]^{\mathrm{T}}$ 为噪声项。上式 $\boldsymbol{F}_K^{\mathrm{H}}\bar{\boldsymbol{W}}\boldsymbol{C}\boldsymbol{\Theta}\boldsymbol{F}_K\boldsymbol{d}+\zeta$ 事实上基于式(6-30)的近似，其使用了 $\boldsymbol{\Theta}\boldsymbol{C}\approx\boldsymbol{C}\boldsymbol{\Theta}$；$\boldsymbol{\Delta}\widetilde{\boldsymbol{\Theta}}\boldsymbol{d}+\zeta$ 代入了式(6-30)，并且易知 $\bar{\boldsymbol{W}}\boldsymbol{C}$ 具有对角结构，因此 $\boldsymbol{\Delta}$ 为一个 $K\times K$ 维循环矩阵。

简单起见，再次采用类似于式(6-31)的近似，即假设矩阵 $\boldsymbol{\Delta}$ 的非对角线元素值可被忽略，且其主对角线元素均为 γ，则由式(6-34)可知

$$\hat{d}_k\approx\beta_k d_k+\zeta_k=|\beta_k|\mathrm{e}^{\mathrm{j}\angle\beta_k}d_k+\zeta_k \tag{6-35}$$

其中

$$\beta_k=\gamma\mathrm{e}^{\mathrm{j}\theta_k} \tag{6-36}$$

可以看到，时变信道多普勒效应最终反映为式(6-35)中的符号估计系数 β_k，其将对系统符号检测性能造成影响[3]。为直观理解，图 6-7 给出了有无信道时变情况下 SC-FDE 处理后的输出符号估计星座的一个例子。其中，图 6-7(a)为时不变信道条件下输出的符号星座，图 6-7(b)对应信道多普勒频移 $f_{\mathrm{d}}=1.5$ Hz 情况下输出的符号星座。由图 6-7(b)可见，多普勒效应导致时变信道均衡后的符号估计发生了相位旋转。因此，如果采用 PSK 等单载波调制方法，为保证相干相位符号检测的可靠性，SC-FDE 处理还需对信道时变相位进行

有效补偿，其接收算法结构如图 6－8 所示。

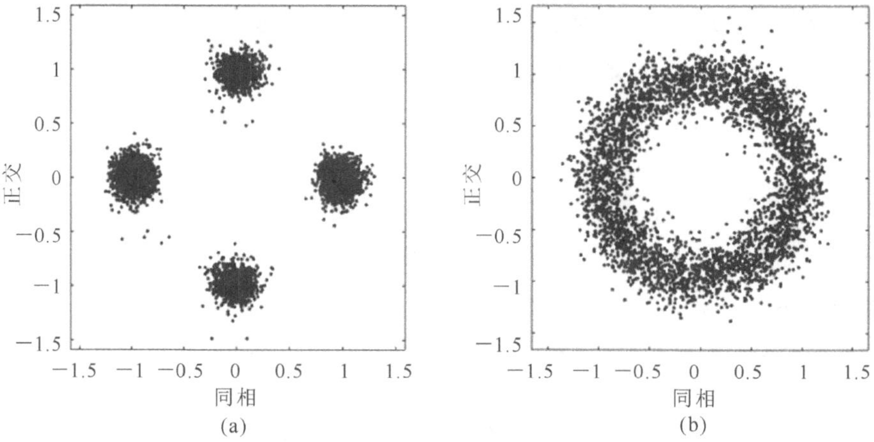

图 6－7　多普勒频移对 SC－FDE 处理输出符号估计星座的影响

(a)时不变信道；(b)时变信道

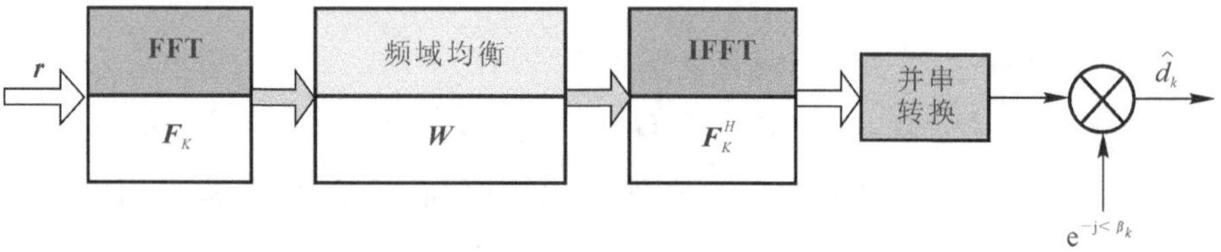

图 6－8　时变信道中 SC－FDE 系统接收算法结构

6.2.2　时变相位估计与补偿

6.2.2.1　单一多普勒频移情况

首先采用本章参考文献[10]中 OFDM 系统的策略，即简单假设水声信道中的多普勒效应在接收端重采样预处理后可近似为单一的多普勒频移 f_{d}，则有

$$\theta_k = 2\pi k f_{\mathrm{d}} T_{\mathrm{s}}, \quad k=0,1,\cdots,K-1 \tag{6-37}$$

式中：T_{s} 为符号宽度。另外，再设水声信道时变效应相对缓和，其在一个 SC－FDE 分块间隔 $T=KT_{\mathrm{s}}$ 内产生的相位漂移不超过 2π。则在此情况下，以 UW－SC 系统为例，列举两种简单的多普勒估计与补偿方法。

第一种方法基于接收信号分块处理。具体而言，定义 $\boldsymbol{r}_i$ 为 SC－FDE 系统的第 i 个接收分块，此分块中的多普勒频移可由前后接收分块中的伪随机序列联合估计得到，则有

$$\hat{f}_{\mathrm{d}} = \frac{1}{2\pi T}(\angle\{[\boldsymbol{r}_i]_{K-K_{\mathrm{g}}:K-1}\} - \angle\{[\boldsymbol{r}_{i-1}]_{K-K_{\mathrm{g}}:K-1}\}) \tag{6-38}$$

式中：$\angle\{\cdot\}$为求相位操作。在获得此估计后，可进而基于式(6－37)构造相位矩阵$\widetilde{\boldsymbol{\Theta}}_i$，并以$\widetilde{\boldsymbol{\Theta}}_i^{-1}\boldsymbol{r}_i$ 实现时变相位补偿。

第二种方法基于符号估计分块处理。同样，定义$\hat{\boldsymbol{d}}_i$ 为 SC－FDE 系统估计输出的第 i

个符号分块，则当前分块中的多普勒频移还可基于前后两个符号估计分块中的伪随机序列计算，则有

$$\hat{f}_{\mathrm{d}}=\frac{1}{2\pi T}(\angle\{[\hat{\boldsymbol{d}}_{i}]_{K-K_{\mathrm{g}}:K-1}\}-\angle\{[\hat{\boldsymbol{d}}_{i-1}]_{K-K_{\mathrm{g}}:K-1}\}) \tag{6-39}$$

事实上，此估计不再对应于接收机前端相位$\{\theta_k\}$，而是直接对应式(6-35)中的估计符号相位偏差$\{\angle\beta_k\}$，因此可直接基于 $\mathrm{e}^{-\mathrm{j}\angle\beta_k}\hat{\boldsymbol{d}}_i$ 实现时变相位补偿。

不难看出，以上两种方法虽均基于 UW-SC 分块尾部的伪随机序列，但前一种方法基于接收机均衡处理前的接收分块，在频率选择性衰落信道中易受码间干扰效应的影响。相比而言，后一种方法多普勒频率的估计精度通常更高。

6.2.2.2　统一时变相位情况

进一步，为了对更为复杂的水声信道相位进行补偿，可借鉴本章参考文献[1]～文献[3]的策略给出一种 SC-FDE 逐段相位补偿方法。区别于上述多普勒频移估计，该方法不再基于相位的单频约束，而是依据时变相位的慢变特性，将一个 SC-FDE 分块划分为多个子段，并近似认为各子段内的相位保持恒定。具体而言，考虑 SC-UW 信号分块形式，假设各分块包含 N 个等长子段，$\hat{\boldsymbol{d}}_{i,n}$ 表示符号估计分块 i 的第 n 个子段，即

$$\hat{\boldsymbol{d}}_{i,n}=[\hat{\boldsymbol{d}}_{i}]_{nM:nM+M-1},\quad n=0,1,\cdots,N-1 \tag{6-40}$$

对应子段长度为 $M=K/N$，且其中的相位近似时不变，有

$$\angle\bar{\beta}_n=\angle\beta_{nM}\approx\angle\beta_{nM+1}\approx\cdots\approx\angle\beta_{nM+M-1} \tag{6-41}$$

利用此近似，SC-FDE 逐段相位补偿方法执行流程如下。

(1)基于上一分块 $i-1$ 的最后一个子段获取当前分块相位更新的初始值

$$\angle\bar{\beta}_{-1}=\frac{1}{M}\sum_{m=0}^{M-1}\angle_{\mathrm{D}}\{[\hat{\boldsymbol{d}}_{i-1,N-1}]_{m}\} \tag{6-42}$$

式中：$\angle_{\mathrm{D}}\{\cdot\}$用以求取符号估计与其对应判决之间的相位差。由于各 SC-UW 分块末尾为已知伪随机序列，因此只要满足 $M\leqslant K_{\mathrm{g}}$，就不会在式(6-42)计算初始相位时导致错误传播。

(2)当前分块内相位逐段更新表达式为

$$\angle\bar{\beta}_n=\angle\bar{\beta}_{n-1}+\Delta\varphi_n \tag{6-43}$$

式中：$\Delta\varphi_n$ 表示当前子段 n 若以上一子段相位$\angle\bar{\beta}_{n-1}$ 进行预测补偿所导致的平均相位差，即

$$\Delta\varphi_n=\frac{1}{M}\sum_{m=0}^{M-1}\angle_{\mathrm{D}}\{\mathrm{e}^{-\mathrm{j}\angle\bar{\beta}_{n-1}}\cdot[\hat{\boldsymbol{d}}_{i,n}]_{m}\} \tag{6-44}$$

(3)基于$\angle\bar{\beta}_n$ 进行当前子段的相位补偿，其对应的更新符号估计为

$$\hat{\boldsymbol{d}}_{i,n}=\mathrm{e}^{-\mathrm{j}\angle\bar{\beta}_n}\cdot\hat{\boldsymbol{d}}_{i,n} \tag{6-45}$$

SC-FDE 处理由此获得最终的符号判决。

作为示例，图 6-9 与图 6-10 具体给出上述相位补偿方法对 UW-SC 系统最终均衡

处理性能的影响。其中，图 6－9 显示了相位补偿前后输出符号星座的变化，此处归一化多普勒频率固定为 $f_d T=0.08$，数据分块长度参数设置为 $K=256$ 与 $K_g=64$，且采用随机瑞利衰落多径信道，信道阶数为 25。图 6－10 给出在不同多普勒频移条件下相位补偿所对应的系统误比特率性能。如图 6－10 所示，若均衡后不进行相位补偿，则无法进行正确的符号判决；相比而言，采用相位补偿可使系统性能显著提升，但随着多普勒频移的增加，其对误码率性能的改善作用也相应减小。

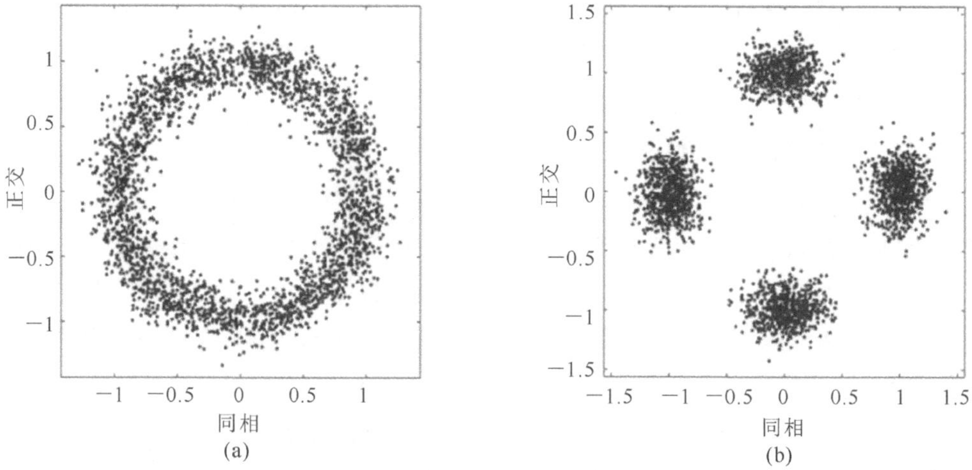

图 6－9　相位补偿前后信号星座图的变化

(a)无相位补偿；(b)有相位补偿

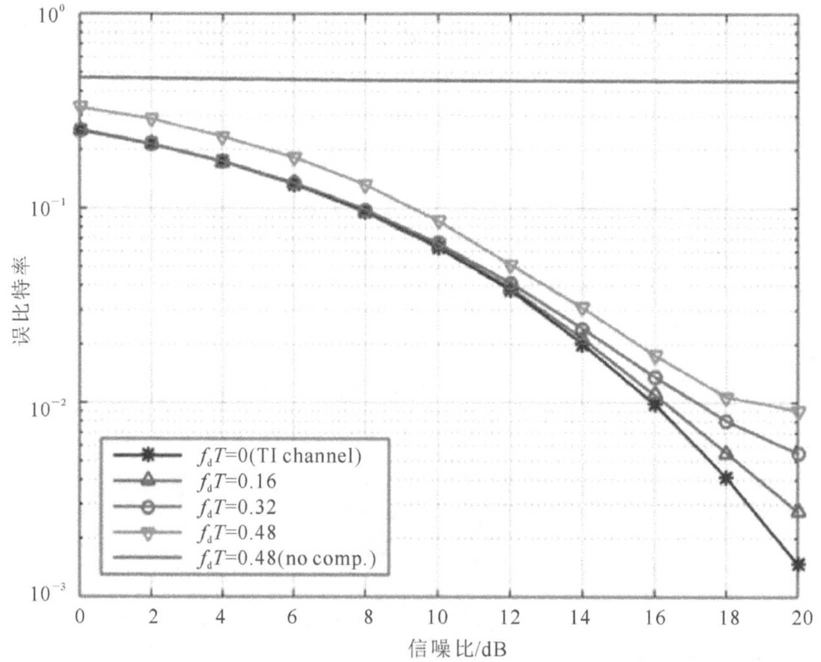

图 6－10　不同多普勒频移条件下的相位补偿性能

6.3　混合时频域均衡

6.3.1　空间分集与时频域均衡

空间分集是水声通信系统中应对信道衰落的一种常用技术，其和均衡器一起使用时，通常可显著提高水声通信传输的可靠性[11-12]。在之前 3.5 节中已经给出了 SC - TDE 与空间分集相结合的多通道时域均衡算法，本节将类似介绍 SC - FDE 与空间分集相结合的多通道频域均衡算法，并进一步将其与时域自适应判决反馈均衡结合，构造一种单载波混合域均衡(SC - HDE)算法。

空域多通道单载波频域均衡算法结构如图 6 - 11 所示，其在各通道的时域接收信号首先通过 FFT 运算变换至频域，进而在频域内进行联合均衡处理，之后再通过单个 IFFT 运算变换回时域，并对相位补偿后输出符号估计。具体而言，假设水声通信系统接收端包含 V 个阵元，且阵元间隔足够远，使得各阵元对应信道相互独立。若仍考虑统一时变相位信道模型，则类似于前述单通道接收情况下的信号形式(6 - 27)，此处第 v 个阵元通道上的时域接收分块可表示为

$$\boldsymbol{r}_v = \widetilde{\boldsymbol{\Theta}}_v \widetilde{\boldsymbol{C}}_v \boldsymbol{s} + \xi_v \tag{6-46}$$

式中：ξ_v 为阵元 v 上的噪声；$\widetilde{\boldsymbol{C}}_v$ 为循环信道矩阵；$\widetilde{\boldsymbol{\Theta}}_v$ 为相位对角矩阵，即

$$\widetilde{\boldsymbol{\Theta}}_v = \mathrm{diag}\{[\mathrm{e}^{\mathrm{j}\theta_{v,0}}, \mathrm{e}^{\mathrm{j}\theta_{v,1}}, \cdots, \mathrm{e}^{\mathrm{j}\theta_{v,K-1}}]^{\mathrm{T}}\} \tag{6-47}$$

之后，将所有通道时域接收分块 DFT 运算变换至频域，即 $\boldsymbol{x}_v = \boldsymbol{F}_K \boldsymbol{r}_v$，$v=1,2,\cdots,V$，并进行累叠，可有

$$\begin{bmatrix} \boldsymbol{x}_1 \\ \boldsymbol{x}_2 \\ \vdots \\ \boldsymbol{x}_V \end{bmatrix} = \begin{bmatrix} \boldsymbol{\Theta}_1 \boldsymbol{C}_1 \\ \boldsymbol{\Theta}_2 \boldsymbol{C}_2 \\ \vdots \\ \boldsymbol{\Theta}_V \boldsymbol{C}_V \end{bmatrix} y + \begin{bmatrix} \boldsymbol{z}_1 \\ \boldsymbol{z}_2 \\ \vdots \\ \boldsymbol{z}_V \end{bmatrix} \tag{6-48}$$

式中：$\boldsymbol{z}_v = \boldsymbol{F}_K \xi_v$ 为频域噪声向量，频域信道矩阵 $\boldsymbol{C}_v = \boldsymbol{F}_K \widetilde{\boldsymbol{C}}_v \boldsymbol{F}_K^{\mathrm{H}}$ 为对角矩阵，而相位矩阵 $\boldsymbol{\Theta}_v = \boldsymbol{F}_K \widetilde{\boldsymbol{\Theta}}_v \boldsymbol{F}_K^{\mathrm{H}}$ 为循环矩阵。同样类似于式(6 - 31)，针对此处的相位矩阵 $\boldsymbol{\Theta}_v$ 进行对角简化，即

$$\boldsymbol{\Theta}_v \approx g_v \cdot \boldsymbol{I}_K \tag{6-49}$$

则对应于阵元 v 的 $MMSE$ 频域均衡权系数矩阵可近似为

$$\overline{\boldsymbol{W}}_v = \left(\sum_{v=1}^{V} \boldsymbol{C}_v^{\mathrm{H}} \boldsymbol{\Theta}_v^{\mathrm{H}} \boldsymbol{\Theta}_v \boldsymbol{C}_v + \sigma^2 \boldsymbol{I}_K\right)^{-1} \boldsymbol{C}_v^{\mathrm{H}} \boldsymbol{\Theta}_v^{\mathrm{H}} \approx \left(\sum_{v=1}^{V} |g_v|^2 \boldsymbol{C}_v^{\mathrm{H}} \boldsymbol{C}_v + \sigma^2 \boldsymbol{I}_K\right)^{-1} (g_v^* \boldsymbol{C}_v^{\mathrm{H}}) \tag{6-51}$$

可以看到，这里 $\overline{\boldsymbol{W}}_v$ 也为对角矩阵。

最终，类似于式(6 - 34)的推导，空域多通道单载波频域均衡输出的符号估计可求解为

$$\hat{\boldsymbol{d}}=\boldsymbol{F}_K^{\mathrm{H}}\Big(\sum_{v=1}^{V}\overline{\boldsymbol{W}}_v\boldsymbol{x}_v\Big)\approx\sum_{v=1}^{V}\boldsymbol{\Delta}_v\widetilde{\boldsymbol{\Theta}}_v\boldsymbol{d}+\boldsymbol{\zeta} \tag{6-51}$$

式中：$\zeta=\sum_{v=1}^{V}\boldsymbol{F}_K^{\mathrm{H}}\overline{\boldsymbol{W}}_v\boldsymbol{F}_K\boldsymbol{\xi}_v=[\zeta_0,\zeta_1,\cdots,\zeta_{K-1}]^{\mathrm{T}}$ 为噪声项，而$\boldsymbol{\Delta}_v=\boldsymbol{F}_K^{\mathrm{H}}\overline{\boldsymbol{W}}_v\boldsymbol{C}_v\boldsymbol{F}_K$ 为一个 $K\times K$ 维的循环矩阵。若再将$\boldsymbol{\Delta}_v$ 简化近似为对角矩阵，即$\boldsymbol{\Delta}_v\approx\gamma_v\boldsymbol{I}_K$，则同样可以得到式(6－35)，区别仅在于此处多通道情况下有

$$\beta_k=\sum_{v=1}^{V}\gamma_v\mathrm{e}^{\mathrm{j}\theta_{v,k}} \tag{6-52}$$

因此，可以如图 6－11 中所示，在对 V 个阵元通道频域均衡分支合并后统一乘以 $\mathrm{e}^{-\mathrm{j}\angle\beta_k}$，以实现时变相位补偿。

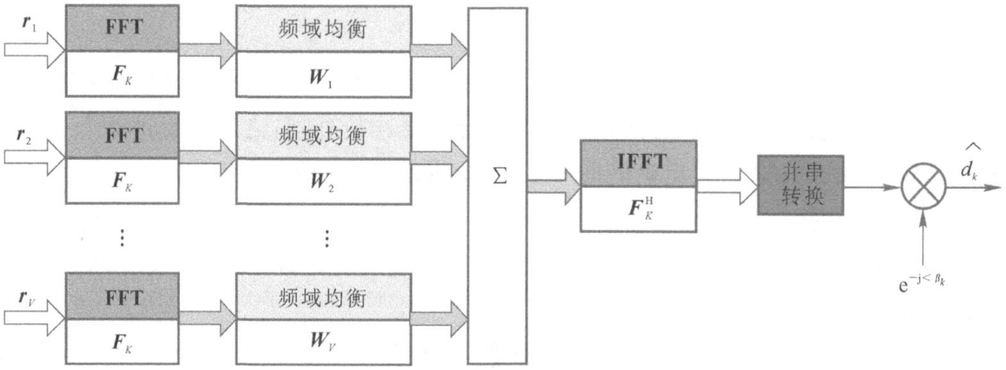

图 6－11　空域多通道单载波频域均衡算法结构

进一步，还可将此处多通道频域均衡与第 3 章中的时域均衡处理串联结合，构造一种单载波混合域均衡(SC－HDE)算法，其结构如图 6－12 所示。首先，此算法前端多通道处理采用频域均衡方式，以利用逐分块频域处理的低复杂度优势。因此，在大时延扩展的水声信道中，其可避免如全时域均衡那样由于抽头过多所引入的高计算量。其次，此算法后端对频域均衡输出 $\{\hat{d}_k^{\mathrm{FD}}\}$ 进一步处理，采用内嵌 PLL 的时域判决反馈均衡得到最终符号估计 $\{\hat{d}_k\}$，以利用逐符号时域更新的信道时变跟踪优势。具体而言，由于经过频域均衡后的码间干扰已显著缓和，因此后端时域均衡中抽头数事实上可以很少，其计算量代价已不大；同时，借助于时域均衡器中内嵌的 PLL，可以逐符号实现更为精确的时变相位跟踪。

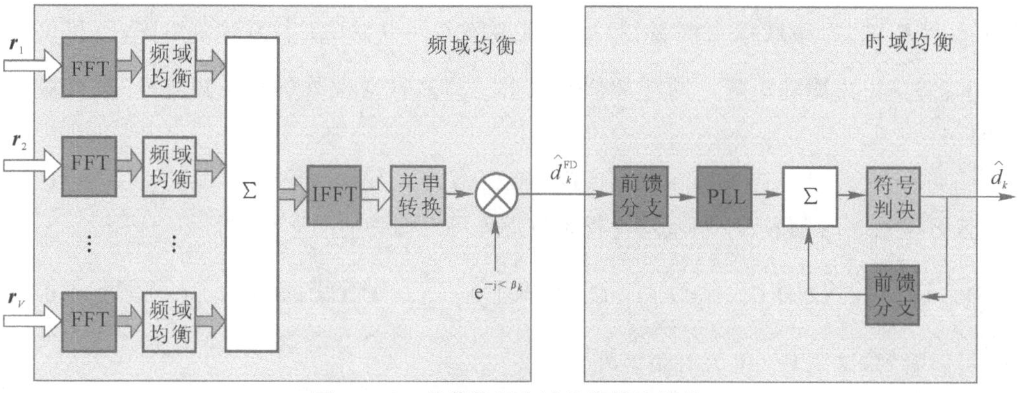

图 6－12　单载波混合域均衡算法结构

需要最后说明的是，上述混合时频域均衡器在实际应用中也存在一些简化结构。例如，由于前端频域均衡已对码间干扰实现大幅抑制，所以后端时域均衡器中有时会省略前馈部分（即前馈抽头数设置为 0）。此外，鉴于后端时域均衡器中内嵌具有逐符号的 PLL，前端频域均衡中有时也省略 6.2.2 小节给出的相位估计与补偿。这些简化结构在实际中通常较为简单，我们此处不再赘述。本节随后部分将对上述 SC－HDE 算法在时变信道水声通信中的性能进行仿真与实验分析。

6.3.2　算法性能仿真

仿真中考虑一个基于 QPSK 的单载波水声通信系统。其发射数据分块以 UW－SC 形式产生，分块长度为 $K=256$，保护间隔长度为 $K_g=64$。同时，此处水声信道假设为准静态，即在各分块中保持时不变，且信道冲激响应阶数设置为 $L=15$，各延迟抽头服从瑞利分布。

图 6－13 给出了在两接收通道即 $V=2$ 情况下，SC－HDE 算法时域均衡部分的前馈抽头数 N_{FF} 和反馈滤波器抽头数 N_{BF} 对误比特率性能的影响。可以看到，相比于 SC－FDE 算法全频域处理（即不包含后端时域均衡），各种配置的 SC－HDE 算法在误码率为 10^{-4} 时可实现 2 dB 左右的信噪比增益。而时域均衡采用不同的前馈和反馈滤波器抽头配置对 SC－HDE 算法性能影响不大，这是因为前端频域均衡已基本完成码间干扰消除，故增大后端时域均衡阶数对误码率的改善有限。换言之，SC－HDE 算法可有效克服第 3 章中全时域均衡处理的参数敏感问题，因此在实际中可使参数设置更为简单，并在误码率和计算量间实现合理折中。

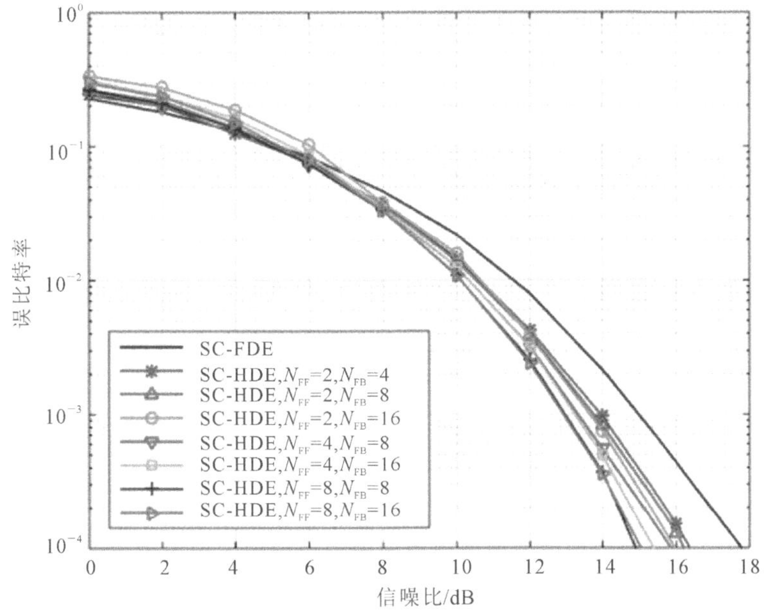

图 6－13　SC－HDE 算法中时域均衡阶数对系统性能的影响

进一步，图 6－14 仿真比较了不同接收通道数情况下，SC－FDE 算法、SC－HDE 算法和 SC－TDE 算法的误比特率性能。其中，SC－HDE 算法中时域均衡的前馈和反馈抽头数均为 8，而 SC－TDE 算法的前馈和反馈抽头数均设置为 32，且自适应权系数更新基于 RLS 算法进行，遗忘因子为 $\lambda=0.99$。可以发现，SC－HDE 算法性能明显优于 SC－FDE 算法，且随通道数目的增加，SC－HDE 算法相比 SC－TDE 算法的性能差距也逐步缩小，同时计算量更低，即 SC－HDE 算法可在误码率和计算量间实现合理折中。

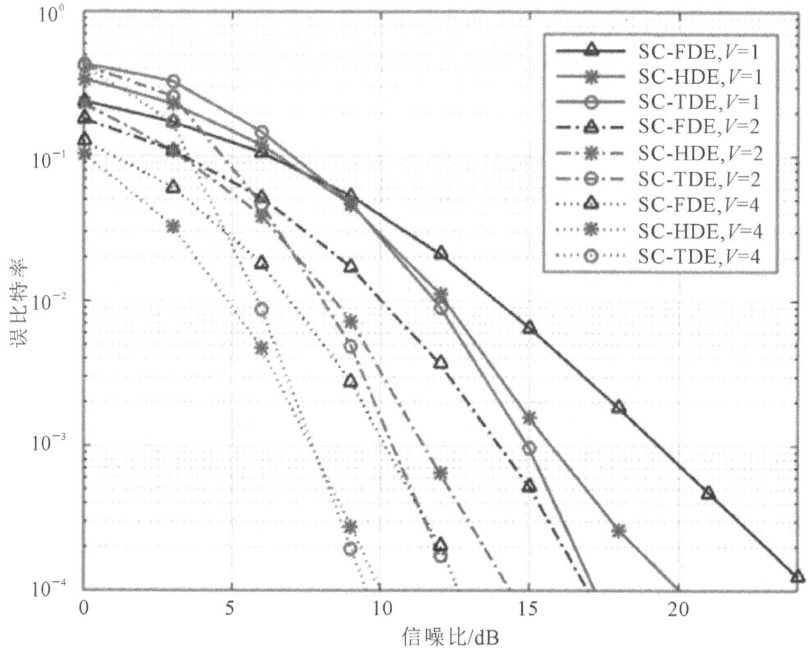

图 6－14　不同均衡算法 SC－FDE 算法、SC－TDE 算法、SC－HDE 算法的性能比较

6.3.3　实验数据分析

为了进一步验证上述 SC－HDE 算法在实际时变信道中的性能，何成兵等于 2007 年 6 月在南海海域进行了浅海远程水声通信的实验研究[7,13]。实验区域水深约 40 m，泥质海底，海况为 3～4 级，海流 1 kn。发射换能器布放深度为 30 m，接收水听器布放深度为 26 m，发射和接收皆无指向性。实验中，发射船和接收船的主、辅机停机，接收船抛锚固定，发射船随波漂流。基于 GPS 测量，两船就位点水平距离约为 30 km。

实验中通信信号采用 UW－SC 形式，分为四组，调制参数见表 6－1。其中，UW－SC 分块中伪随机序列选择为长度 13 的巴克码。由于第一、二组数据的码元宽度为 4 ms，第三、四组数据的码元宽度为 2 ms，所以两种情况下巴克码的持续时间分别为 52 ms 与 26 ms，均大于实验信道约 5 ms 的时延扩展。另外，第一、二组数据分块长度为 64（其中 51 个为信息符号）；第三、四组数据分块长度为 128（其中 115 个为信息符号）。接收信号时域波形如图 6－15 所示，其中第一、二组数据时长为 22.53 s，第三、四组数据时长为 22.83 s，四组信号的带内接收信噪比分别约为 28.52 dB，28.69 dB，28.09 dB 与 26.55 dB。下面将引用给出 UW－SC 水声通信实验的数据分析结果[7,13]。

表 6-1　南海实验 UW-SC 水声通信信号参数

	第一组	第二组	第三组	第四组
调制方式	BPSK	QPSK	BPSK	QPSK
数据块长度	256	256	320	320
伪随机序列	13 位巴克码			
总比特数	5 133	10 266	8 333	16 666
有效比特数	4 080	8 160	7 280	14 560
数据率/(bit · s^{-1})	250	500	500	1 000
码元宽度/ms	4	4	2	2
数据块数	80	80	65	65

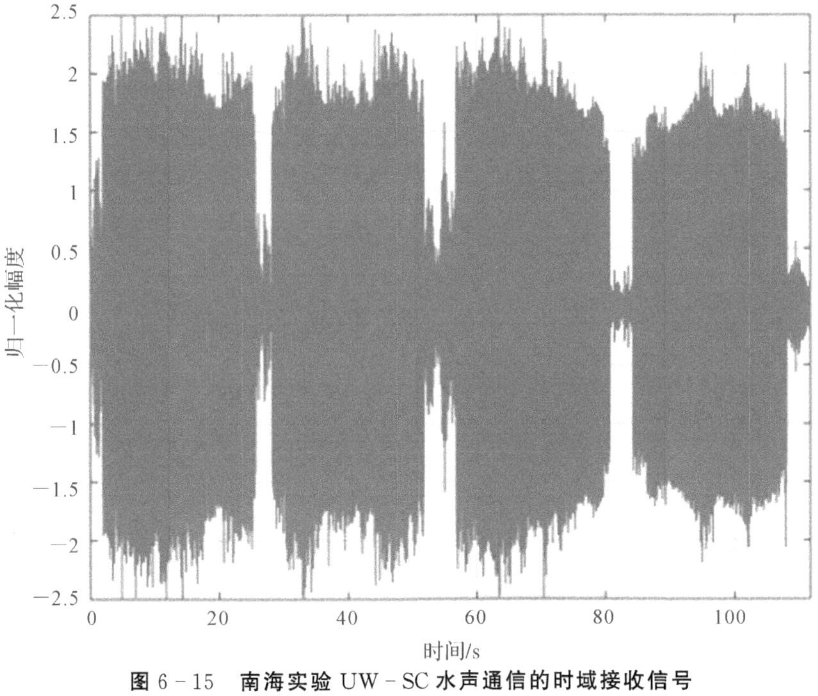

图 6-15　南海实验 UW-SC 水声通信的时域接收信号

(1)对于采用 BPSK 调制的第一组和第三组 UW-SC 信号进行基本的单通道 SC-FDE 处理,其实验数据处理结果分别如图 6-16 和图 6-17 所示。在两图中,图 6-16(a)和图 6-17(a)分别给出了初始旋转相位的估计,由于多普勒频移的影响,估计出的初始旋转相位几乎是线性增加的。在对其补偿后,残余多普勒频移通过 6.2.2.1 小节中介绍的相邻两分块的伪随机序列进行估计,其结果如图 6-16(b)和图 6-17(b)所示,两组信号平均残余多普勒频移分别为 0.421 Hz 和 0.408 Hz。进一步,图 6-16(c)(d)和图 6-17(c)(d)给出 SC-FDE 接收机前端输入和最终均衡输出的符号星座图,两组信号的输出信噪比分别为 11.9 dB 和 9.9 dB,误比特率分别为 0 和 4.8×10^{-4}。

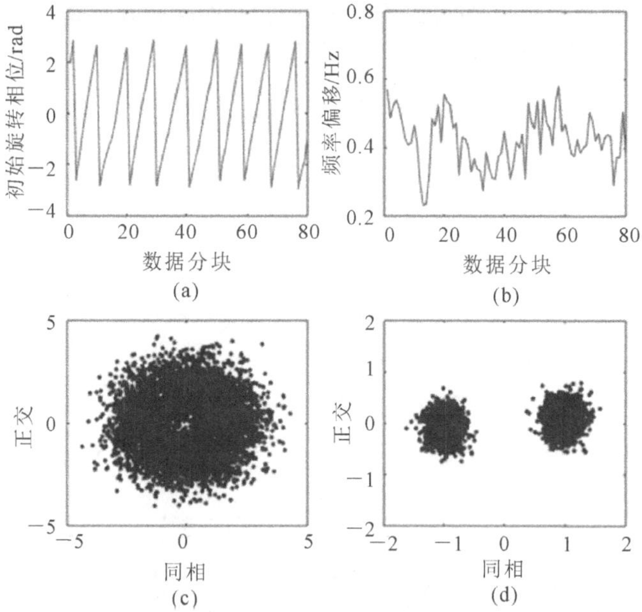

图 6-16　南海实验第一组数据基本 SC-FDE 处理结果

(a)初始旋转相位估计;(b)残余多普勒频移估计;(c)前端输入符号星座图;(d)最终均衡输出符号星座图

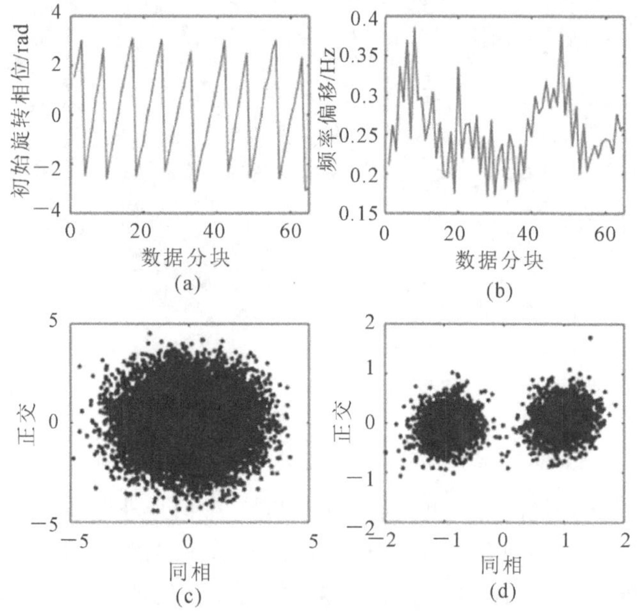

图 6-17　南海实验第三组数据基本 SC-FDE 处理结果

(a)初始旋转相位估计;(b)残余多普勒频移估计;(c)前端输入符号星座图;(d)最终均衡输出符号星座图

(2)图 6-18 和图 6-19 类似给出了对采用 QPSK 调制的第二组和第四组 UW-SC 信号进行基本的单通道 SC-FDE 处理的结果。同样地,图 6-18(a)和图 6-19(a)分别给出了初始旋转相位的估计;图 6-18(b)和图 6-19(b)显示两组信号平均残余多普勒频移分别为 0.416 Hz 和 0.41 Hz；此外，图 6－18(d)和图 6－19(d)显示两组信号的输出信噪比分别为 3.98 dB 和 4.29 dB。相比于前图中 BPSK 的情况，此处由于调制阶数的增加导致了较明显的信噪比损失，同时误比特率也相应下降至 4.2×10^{-3} 和 6.2×10^{-3}。

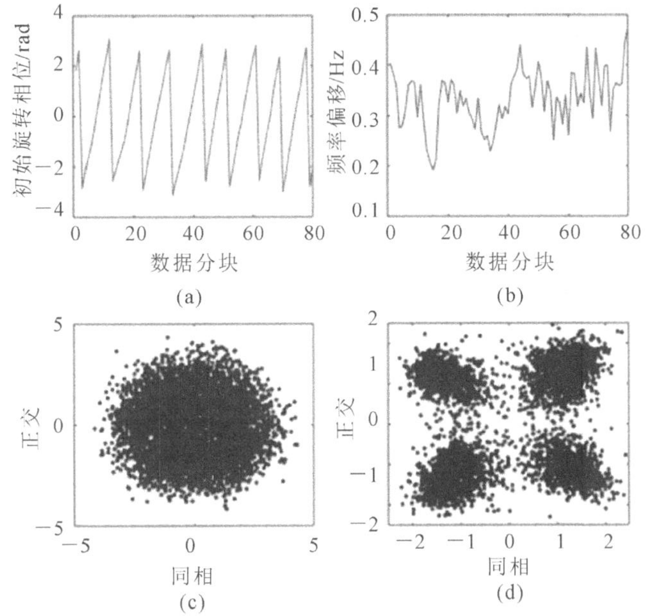

图 6－18　南海实验第二组数据基本 SC－FDE 处理结果

(a)初始旋转相位估计；(b)残余多普勒频移估计；(c)前端输入符号星座图；(d)最终均衡输出符号星座图

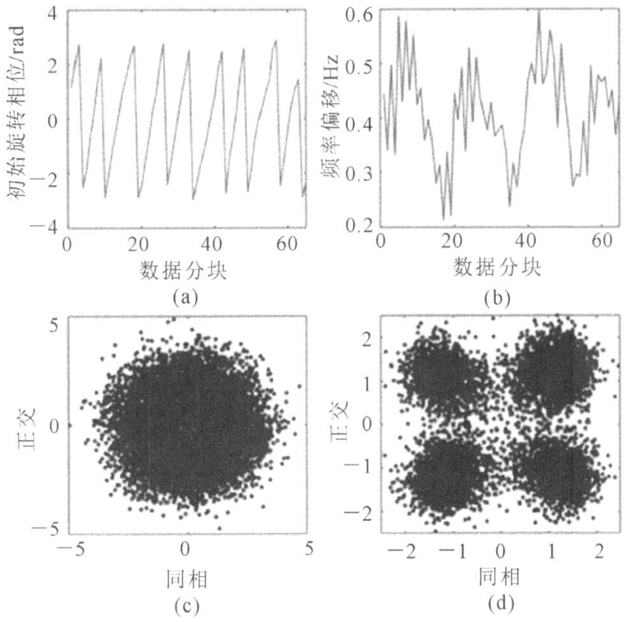

图 6－19　南海实验第四组数据基本 SC－FDE 处理结果

(a)初始旋转相位估计；(b)残余多普勒频移估计；(c)前端输入符号星座图；(d)最终均衡输出符号星座图

由于设备条件限制，该浅海远程水声通信实验仅使用了单个发射换能器，为了模拟多阵元通道接收，将实验中在不同时间与布放位置发送的两段相同的 UW－SC 信号进行合成（即形成 $V=2$ 个通道），以对比考察本节中 SC－HDE 算法的性能。具体而言，基于 SC－HDE 算法的实验数据处理结果如图 6－20 所示。其中，SC－HDE 算法的时域均衡部分参数设置固定，即前馈滤波器长度为 5，反馈滤波器长度为 4，二阶 PLL 系数为 $\mu_{\theta 1}=0.001$ 与 $\mu_{\theta 2}=0.0001$。由于 SC－HDE 算法在时域均衡之前已进行了频域均衡处理，所以时域均衡自适应迭代从一开始就基本收敛，但也可以通过伪随机序列进行训练。另外，前端频域均衡对信道多普勒频移也进行了补偿，因此时域均衡 PLL 所需跟踪补偿的相位偏移很小，如图 6－20(a)(c)所示；对采用 BPSK 与 QPSK 调制的 UW－SC 信号来说，平均残余相位偏移仅为 -6.0×10^{-4} 与 0.022 rad。同时，如图 6－20(b)(d)所示，SC－HDE 算法的输出信噪比分别为 17.12 dB 与 11.99 dB，且无误码产生。

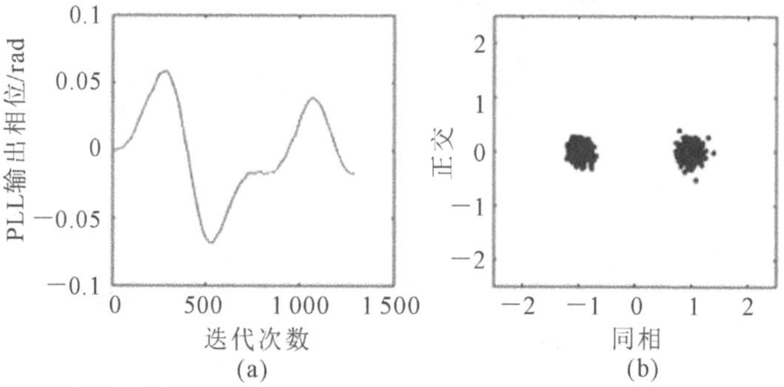

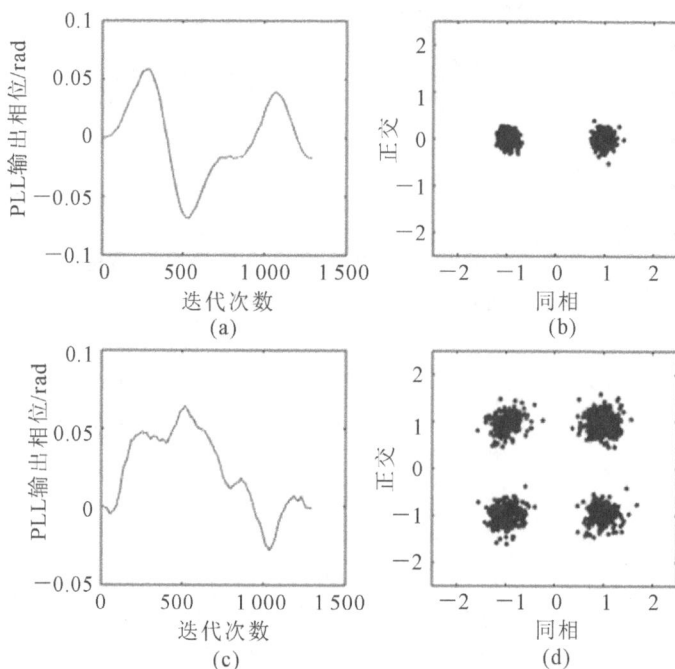

图 6－20　南海实验数据两通道 SC－HDE 处理结果

(a)PLL 输入相位(一)；(b)最终均衡输出符号星座图(一)；

(c)PLL 输入相位(二)；(d)最终均衡输出符号星座图(二)

作为总结，将 UW－SC 南海远程水声通信实验的数据处理结果汇总见表 6－2[13]。从中可见，SC－HDE 算法可显著改善基本 SC－FDE 算法的处理性能。就原因而言，首先此处 SC－HDE 算法利用了 $V=2$ 个接收通道，可以获得一定的空间分集增益，从而提高了系统输出信噪比。其次，后端时域均衡的引入也进一步增强了对信道时变的适应能力，从而确保 SC－HDE 算法在所有实验水声信道中的处理性能更为稳定。

表 6－2　UW－SC 浅海远程水声通信实验数据处理结果

	调制方式	码元宽度/ms	数据率/(bit·s^{-1})	输入信噪比/dB	平均多普勒偏移/Hz	平均相位波动/rad	输出信噪比/dB		误比特率/(%)	
							SC－FDE	SC－HDE	SC－FDE	SC－HDE
第一组	BPSK	4	250	28.5	0.421	0.069	11.9	13.99	0	0
第二组	QPSK	4	500	28.7	0.416	0.085	3.98	10.48	0.42	0.09
第三组	BPSK	2	500	28.1	0.408	0.042	9.90	11.46	0.048	0.01
第四组	QPSK	2	1 000	26.6	0.410	0.068	4.29	9.11	0.62	0.44
两分集第一组	BPSK	2	250	/	/	−0.000 6	/	17.12	/	0
两分集第二组	QPSK	2	500	/	/	0.022	/	11.99	/	0

6.4　MIMO SC－FDE 处理

本节进一步介绍 MIMO 场景下的单载波频域均衡处理。具体而言，此处考虑空间复用的情况，并设通信系统中包含 U 个发射阵元与 V 个接收阵元。若各收发阵元之间的信道为时不变，且第(v,u)对阵元的信道冲激响应向量为 $\boldsymbol{c}^{(v,u)}=[c_0^{(v,u)},c_1^{(v,u)},\cdots,c_L^{(v,u)}]^{\mathrm{T}}$，则当前在发射端第 u 个阵元上的符号分块为$\boldsymbol{d}^{(u)}$时，对应在接收端第 v 个阵元上的时域接收信号分块为

$$\boldsymbol{r}^{(v)}=\sum_{u=1}^{U}\widetilde{\boldsymbol{C}}^{(v,u)}\boldsymbol{d}^{(u)}+\boldsymbol{\xi}^{(v)} \tag{6-53}$$

式中：$\widetilde{\boldsymbol{C}}^{(v,u)}$ 是循环信道矩阵，其首列为$[\boldsymbol{c}^{(v,u)^{\mathrm{T}}},\boldsymbol{0}_{1\times(K-L-1)}]^{\mathrm{T}}$；$\boldsymbol{\xi}^{(v)}$ 为阵元噪声向量。因此，将发射接收端各阵元信号累叠在一起，有

$$\boldsymbol{r}=\widetilde{\boldsymbol{C}}\boldsymbol{d}+\boldsymbol{\xi} \tag{6-54}$$

式中：$\boldsymbol{d}=[\boldsymbol{d}^{(1)^{\mathrm{T}}},\cdots,\boldsymbol{d}^{(U)^{\mathrm{T}}}]^{\mathrm{T}}$；$\boldsymbol{r}=[\boldsymbol{r}^{(1)^{\mathrm{T}}},\cdots,\boldsymbol{r}^{(V)^{\mathrm{T}}}]^{\mathrm{T}}$；$\boldsymbol{\xi}=[\boldsymbol{\xi}^{(1)^{\mathrm{T}}},\cdots,\boldsymbol{\xi}^{(V)^{\mathrm{T}}}]^{\mathrm{T}}$，且

$$\widetilde{\boldsymbol{C}}=\begin{bmatrix}\widetilde{\boldsymbol{C}}^{(1,1)} & \widetilde{\boldsymbol{C}}^{(1,2)} & \cdots & \widetilde{\boldsymbol{C}}^{(1,U)}\\ \widetilde{\boldsymbol{C}}^{(2,1)} & \widetilde{\boldsymbol{C}}^{(2,2)} & \cdots & \widetilde{\boldsymbol{C}}^{(2,U)}\\ \vdots & \vdots & & \vdots\\ \widetilde{\boldsymbol{C}}^{(V,1)} & \widetilde{\boldsymbol{C}}^{(V,2)} & \cdots & \widetilde{\boldsymbol{C}}^{(V,U)}\end{bmatrix} \tag{6-55}$$

若再定义 $\boldsymbol{x}^{(v)}=\boldsymbol{F}_K\boldsymbol{r}^{(v)}$，$\boldsymbol{y}^{(v)}=\boldsymbol{F}_K\boldsymbol{d}^{(v)}$ 与$\boldsymbol{z}^{(v)}=\boldsymbol{F}_K\boldsymbol{\xi}^{(v)}$，并将阵元信号变换至频域，则可由式(6－53)得到

$$\boldsymbol{x}^{(v)}=\sum_{u=1}^{U}\boldsymbol{C}^{(v,u)}\boldsymbol{y}^{(u)}+\boldsymbol{z}^{(v)} \tag{6-56}$$

此处，类似于式(6-6)～式(6-8)，有

$$\boldsymbol{C}^{(v,u)}=\boldsymbol{F}_K\widetilde{\boldsymbol{C}}^{(v,u)}\boldsymbol{F}_K^H=\mathrm{diag}\{[H_0^{(v,u)},H_1^{(v,u)},\cdots,H_{K-1}^{(v,u)}]^{\mathrm{T}}\} \tag{6-57}$$

式中：$H_k^{(v,u)}=\sum_{l=0}^{L-1}c_l^{(v,u)}\mathrm{e}^{-\mathrm{j}2\pi lk/K}$，$k=0,1,\cdots,K-1$。同样地，将接收端各阵元频域信号累叠在一起，可得

$$\boldsymbol{x}=\boldsymbol{C}\boldsymbol{y}+\boldsymbol{z} \tag{6-58}$$

式中：$\boldsymbol{x}=[\boldsymbol{x}^{(1)^{\mathrm{T}}},\cdots,\boldsymbol{x}^{(V)^{\mathrm{T}}}]^{\mathrm{T}}$；$\boldsymbol{y}=[\boldsymbol{y}^{(1)^{\mathrm{T}}},\cdots,\boldsymbol{y}^{(V)^{\mathrm{T}}}]^{\mathrm{T}}$；$\boldsymbol{z}=[\boldsymbol{z}^{(1)^{\mathrm{T}}},\cdots,\boldsymbol{z}^{(V)^{\mathrm{T}}}]^{\mathrm{T}}$，且

$$\boldsymbol{C}=\begin{bmatrix}\boldsymbol{C}^{(1,1)} & \boldsymbol{C}^{(1,2)} & \cdots & \boldsymbol{C}^{(1,U)}\\ \boldsymbol{C}^{(2,1)} & \boldsymbol{C}^{(2,2)} & \cdots & \boldsymbol{C}^{(2,U)}\\ \vdots & \vdots & & \vdots\\ \boldsymbol{C}^{(V,1)} & \boldsymbol{C}^{(V,2)} & \cdots & \boldsymbol{C}^{(V,U)}\end{bmatrix} \tag{6-59}$$

类似于之前 SISO 配置下 SC-FDE 处理的式(6-10)，此处 MIMO SC-FDE 处理过程可统一表示为

$$\hat{\boldsymbol{d}}=(\boldsymbol{I}_U\otimes\boldsymbol{F}_K^{\mathrm{H}})\overline{\boldsymbol{W}}(\boldsymbol{I}_V\otimes\boldsymbol{F}_K)\boldsymbol{r} \tag{6-60}$$

其均衡器系数矩阵形式为

$$\overline{\boldsymbol{W}}=(\boldsymbol{C}^{\mathrm{H}}\boldsymbol{C}+\sigma^2\boldsymbol{I}_{UK})^{-1}\boldsymbol{C}^{\mathrm{H}} \tag{6-61}$$

可以看到，直接计算式(6-61)需对一个 $UK\times UK$ 矩阵求逆，其计算复杂度在 $O(U^3K^3)$ 量级。为简化其求解，事实上可利用 $\boldsymbol{C}$ 矩阵中各子块 $\boldsymbol{C}^{(v,u)}$ 的 $K\times K$ 维对角结构，将此大矩阵求逆问题分解为 K 个 $U\times U$ 维小矩阵的求逆，其计算量可因此降低至 $O(U^3K)$ 量级，此时对应的 MIMO 配置下 SC-FDE 处理总复杂度与 5.4.2 小节中给出的 MIMO-OFDM 系统基本相同。

另外，参考 6.4 节中的介绍，本节所给出的 MIMO 单载波频域均衡也可进一步联合内嵌锁相环的自适应时域均衡，以类似实现 MIMO 配置下的 SC-HDE 处理。与之前 SISO 配置下的结论一样，相比于基本的 MIMO SC-FDE 处理，这种混合时频域均衡有望获得更好的抗信道衰落能力。作为验证，本节最后给出一个针对 MIMO 配置下 SC-FDE 处理与 SC-HDE 处理性能的仿真对比，具体如图 6-21 所示。其中，考虑了一个基于 QPSK 调制的 MIMO 单载波水声通信系统，并采用 UW-SC 信号形式。数据分块长度为 $K=512$，且其含有伪随机序列长度为 $K_{\mathrm{g}}=128$ 用于信道估计。此外，仿真中考虑 2×2，2×3，2×4 三种 MIMO 配置，各收发阵元间信道中均包含 10 条瑞利衰落路径，并且 SC-HDE 处理中时域均衡前馈和反馈滤波器抽头数同设置为 32。由图 6-21 可见，在相同发射阵元数 $U=2$ 条件下，随着接收阵元数 $V=2,3,4$ 的增加，MIMO 单载波系统具有更大的空间分集增益，因而误比特率性能相应改善。此外，在各种 MIMO 配置下，SC-HDE 处理相比于基本的 SC-FDE 处理都具有更好的系统性能，这是由 SC-HDE 结构中额外存在的时域均衡器贡献的。

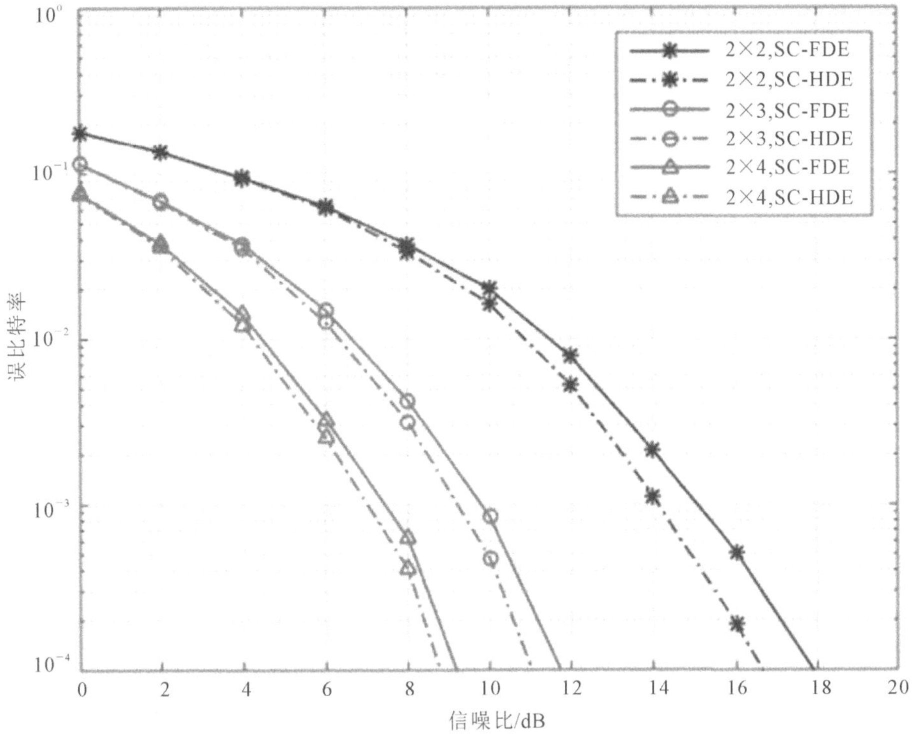

图 6-21　MIMO 配置下 SC-FDE 算法与 SC-HDE 算法性能比较

参考文献

[1] ZHENG Y R, XIAO C, YANG T C, et al. Frequency domain channel estimation and equalization for single carrier underwater acoustic communications[R]. Proc IEEE Oceans Conference, 2007.

[2] ZHENG Y R, XIAO C, LIU X, et al. Further Results on Frequency-Domain Channel Equalization for Single Carrier Underwater Acoustic Communications[R]. Proc IEEE Oceans Conference, 2008.

[3] ZHENG Y R, XIAO C, YANG T C, et al. Frequency-domain channel estimation and equalization for shallow-water acoustic communications[J]. Physical Communication, 2010, 3(1): 48-63.

[4] ZHENG Y R, WU J, XIAO C. Turbo equalization for underwater acoustic communications[J]. IEEE Communications Magazine, 2015, 53(11): 79-87.

[5] FALCONER D, ARIYAVISITAKUL S L, BENYAMIN-SEEYAR A, et al. Frequency domain equalization for single-carrier broadband wireless systems[J]. IEEE Communications Magazine, 2002, 40(4): 58-66.

[6] PANCALDI F, VITETTA G M, KALBASI R, et al. Single-carrier frequency domain equalization[J]. IEEE Signal Processing Magazine, 2008, 25(5): 37 - 56.

[7] HE C, HUANG J, ZHANG Q, et al. Single carrier frequency domain equalizer for underwater wireless communication [R]. Proc IEEE Mobile Computing and Communication, 2009.

[8] DENEIRE L, GYSELINCKX B, ENGELS M. Training sequence versus cyclic prefix: a new look on single carrier communication[J]. IEEE Communications Letters, 2001, 5(7): 292 - 294.

[9] CHU D. Polyphase codes with good periodic correlation properties[J]. IEEE Transactions on Information Theory, 1972, 18(4): 531 - 532.

[10] LI B, ZHOU S, STOJANOVIC M, et al. Multicarrier communication over underwater acoustic channels with nonuniform doppler shifts[J]. IEEE Journal Oceanic Engineering, 2008, 33(2): 198 - 209.

[11] STOJANOVIC M, CATIPOVIC J, PROAKIS J. Adaptive multichannel combining and equalization for underwater acoustic communications[J]. Journal of the Acoustical Society of America, 1993, 94(3): 1621 - 1631.

[12] XIA M, ROUSEFF D, RITCEY J A, et al. Underwater acoustic communication in a highly refractive environment using SC - FDE[J]. IEEE Journal of Oceanic Engineering, 2014, 39(3): 491 - 499.

[13] 何成兵. UUV 水声通信调制解调新技术研究[D]. 西安:西北工业大学,2009.

第 7 章　OSDM 泛化调制

正交信分复用(OSDM)是近年来无线通信领域的一种新兴调制方式,其在水声通信中的引入最早开始于 2014 年前后,并在此后逐渐受到人们的关注。

一方面,OSDM 出现的主要目的在于提供一种泛化调制框架,以统一当前无线通信物理层的两项主流技术——OFDM 与 SC - FDE。正如在第 5、6 章中所述:① OFDM 与 SC - FDE 的共同优点是采用频域均衡处理,因而可更高效地补偿水声信道中由长多径时延扩展所造成的严重 ISI 影响,且二者的复杂度与基本性能相似;②OFDM 系统具有峰平功率比高的缺点,而 SC - FDE 系统也具有调制信号能量、带宽管理不灵活等问题。因此,在 OSDM 调制信号结构中引入"符号矢量"(Symbol Vector)的概念,从而可在 OFDM 与 SC - FDE 方法特性(即峰平功率比与带宽管理灵活性)之间取得灵活折中。

另一方面,OSDM 水声通信研究的一个关键问题在于是否可实现类似 OFDM 或 SC - FDE 那样的低复杂度信道均衡能力,尤其对水声信道这一双选择性衰落环境而言,在信道多径即频率选择性衰落之外,还需小心处理信道时变所引起的时间选择性衰落。例如,由于 OSDM 的矢量化信号结构,在时变信道条件下,其将产生一种不同于 OFDM 系统中 ICI 的干扰信号结构——矢量间干扰(IVI),相应地在接收端也需要设计特殊的 OSDM 接收处理算法以保证系统可靠性。至今为止,OSDM 水声通信在此方面的研究尚比较少,本章将对现有文献中的一些典型处理方法进行梳理。

本章首先介绍 OSDM 的基本知识,给出其调制解调、信号频谱与接收处理原理;其次,本章给出不同信道时变模型下 SISO - OSDM 系统的接收处理方法,此部分内容可大致与第 5 章形成参照,但也同时新加入了一些其他相关处理技术如过采样处理、Turbo 迭代、干扰抵消与串行均衡等的介绍;最后,本章同样进一步将 OSDM 调制技术扩展到 MIMO 系统,分别给出空间分集与空间复用情况下 MIMO - OSDM 系统的接收处理方法。

7.1　OSDM 基本原理

7.1.1 OSDM 调制解调

为使概念清晰起见,此处对比 OFDM 与 OSDM 的基带离散信号调制解调过程,具体如图 7-1 所示。其中在发射端,假设有长度 K 的待发射符号分块 $\boldsymbol{d}=[d_0,d_1,\cdots,d_{K-1}]^{\mathrm{T}}$,传统 OFDM 调制直接对其进行 K 点 IDFT 处理得到发射信号序列 $\boldsymbol{s}=\boldsymbol{F}_K^{\mathrm{H}}\boldsymbol{d}$，其中，$\boldsymbol{F}_K$ 为 $K\times K$ 维 DFT 酉矩阵。相比而言，OSDM 系统首先需要将长度为 $K=MN$ 的符号分块 $\boldsymbol{d}$ 划分为 N 个长度为 M 的子段，即

$$\boldsymbol{d}=[\boldsymbol{d}_0^{\mathrm{T}},\boldsymbol{d}_1^{\mathrm{T}},\cdots,\boldsymbol{d}_{N-1}^{\mathrm{T}}]^{\mathrm{T}} \tag{7-1}$$

这些子段$\{\boldsymbol{d}_n\}$在 OSDM 系统中又被称为“符号矢量”，其长度为

$$\boldsymbol{d}_n=[d_{nM},d_{nM+1},\cdots,d_{nM+M-1}]^{\mathrm{T}},\quad n=0,\cdots,N-1 \tag{7-2}$$

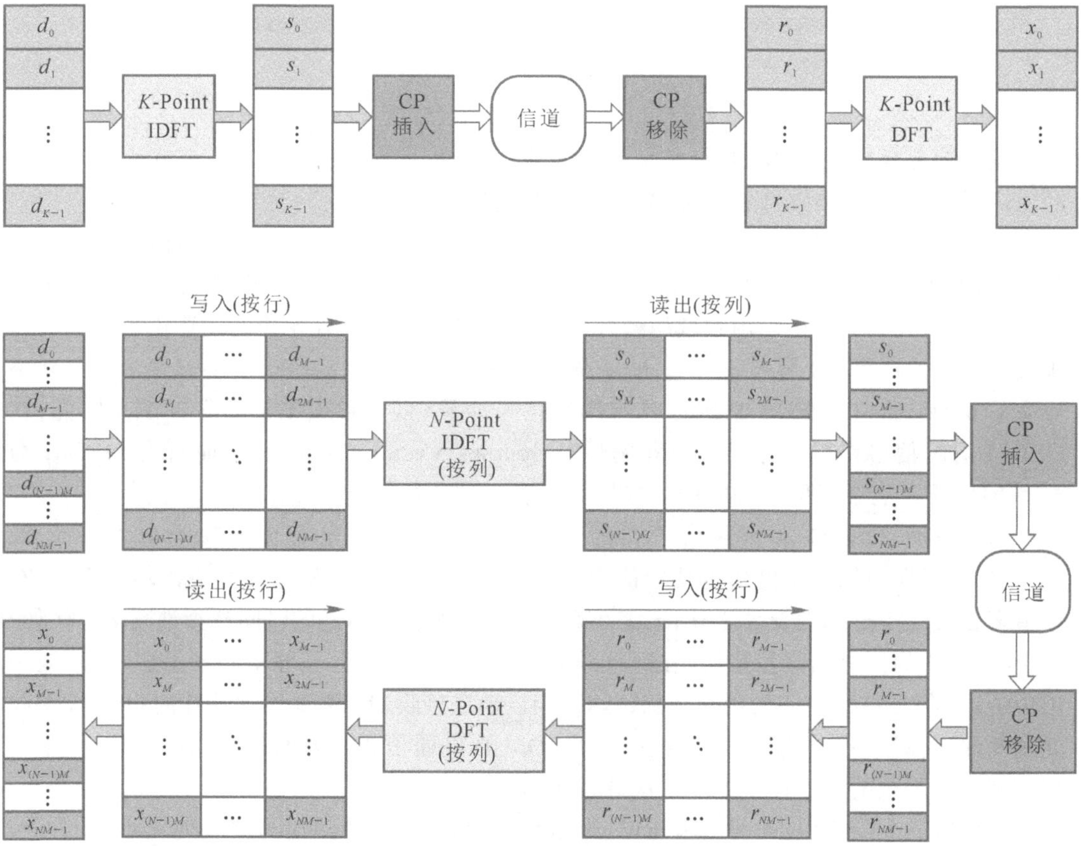

图 7-1　OFDM 基带离散信号调制

(a) OFDM 方案；(b) OSDM 方案

基于上述符号矢量结构，OSDM 调制由以下三个步骤实现：首先，将分块中的符号逐行写入一个 $N\times M$ 维矩阵，即其中第 n 行由分块第 n 个符号矢量填充；其次，对该矩阵各列依次执行 N 点 IDFT；最后，再将 IDFT 后得到的结果逐行读出，获得基带 OFDM 调制信号。这里定义 $K\times K$ 维置换交织矩阵，即

$$\boldsymbol{P}_{N,M}=\begin{bmatrix}\boldsymbol{I}_N\otimes\boldsymbol{i}_M^{\mathrm{T}}(0)\\ \boldsymbol{I}_N\otimes\boldsymbol{i}_M^{\mathrm{T}}(1)\\ \vdots\\ \boldsymbol{I}_N\otimes\boldsymbol{i}_M^{\mathrm{T}}(M-1)\end{bmatrix} \tag{7-3}$$

式中：⊗表示 Kronecker 积，则以上 OSDM 调制过程在数学上可描述为

$$\boldsymbol{s}=\boldsymbol{P}_{N,M}^{\mathrm{H}}(\boldsymbol{I}_M\otimes\boldsymbol{F}_N^{\mathrm{H}})\boldsymbol{P}_{N,M}\boldsymbol{d}=(\boldsymbol{F}_N^{\mathrm{H}}\otimes\boldsymbol{I}_M)\boldsymbol{d} \tag{7-4}$$

在两等号之间的式子里，$\boldsymbol{P}_{N,M}^{\mathrm{H}}$，$\boldsymbol{I}_M\otimes\boldsymbol{F}_N^{\mathrm{H}}$ 和 $\boldsymbol{P}_{N,M}$ 分别对应 OSDM 调制中的按行写入、N 点 IDFT 和按列读出操作，第二个等号右侧的式子给出 OSDM 调制更简洁的表述。容易看出，OSDM 调制信号序列 $\boldsymbol{s}=[s_0,s_1,\cdots,s_{K-1}]^{\mathrm{T}}$ 的长度仍为 K，此信号随后添加 CP 段后进入水声信道。

对应地，接收端在解调前需首先移除 CP 段，以得到 K 长度基带接收信号序列 $\boldsymbol{r}=[r_0,r_1,\cdots,r_{K-1}]^{\mathrm{T}}$。由第 5 章已知，传统的 OFDM 解调处理较为简单，其直接对 $\boldsymbol{r}$ 进行 K 点 DFT，即 $\boldsymbol{x}=\boldsymbol{F}_K\boldsymbol{r}$。相比而言，OSDM 解调基于 M 个 N 点 DFT，其为发射端调制的逆过程。具体来说，交织器首先逐行将 $\boldsymbol{r}$ 写入到一个 $N\times M$ 矩阵，然后，按列执行 N 点 DFT，最后再逐行读出以获得解调分块 $\boldsymbol{x}=[x_0,x_1,\cdots,x_{K-1}]^{\mathrm{T}}$。类似于式(7-4)，OSDM 解调过程可以表示为

$$\boldsymbol{x}=\boldsymbol{P}_{N,M}^{\mathrm{H}}(\boldsymbol{I}_M\otimes\boldsymbol{F}_N)\boldsymbol{P}_{N,M}\boldsymbol{r}=(\boldsymbol{F}_N\otimes\boldsymbol{I}_M)\boldsymbol{r} \tag{7-5}$$

从式(7-4)与式(7-5)可以看到，当 $M=1$(即 $N=K$)时，OSDM 系统等效为第 5 章中的 OFDM 系统，而当 $M=K$(即 $N=1$)时，OSDM 系统又退化为第 6 章中的 SCBT 系统。换言之，OFDM 与 SCBT 事实上是 OSDM 这一泛化调制框架下的两个极端；当符号矢量长度在$(1,K)$区间内取值时，OSDM 还可进一步在两种调制之间灵活配置，即通过更短的 IDFT 长度降低发射信号峰平功率比，实现与带宽管理灵活性指标在不同程度上的折中。

需特别说明的是，OSDM 这种泛化调制方法在数学模型上与另一种 Vector OFDM 调制具有相似性，后者由学者 Xiang-Gen Xia 于 2001 年提出[1]，二者仅在 CP 段长度设置方面有细微差别。考虑到水声通信领域最早引入时即以 OSDM 命名[2]，本书将遵循这一习惯，而不对 Vector OFDM 进行特别区分。

7.1.2　时不变信道接收

7.1.2.1　DFT 矩阵分解

为便于对 OSDM 时不变信道接收信号的后续数学推导，本小节首先给出一个关于 DFT 矩阵的分解公式。具体而言，设 $K=MN$，则可得

$$\boldsymbol{F}_K=\boldsymbol{P}_{N,M}(\boldsymbol{I}_N\otimes\boldsymbol{F}_M)\boldsymbol{\Lambda}(\boldsymbol{F}_N\otimes\boldsymbol{I}_M) \tag{7-6}$$

式中

$$\boldsymbol{\Lambda}=\begin{bmatrix}\boldsymbol{\Lambda}_M^0 & & & \\ & \boldsymbol{\Lambda}_M^1 & & \\ & & \ddots & \\ & & & \boldsymbol{\Lambda}_M^{N-1}\end{bmatrix} \tag{7-7}$$

$$\boldsymbol{\Lambda}_M^n=\mathrm{diag}\{[1,\mathrm{e}^{-\mathrm{j}\frac{2\pi n}{K}},\cdots,\mathrm{e}^{-\mathrm{j}\frac{2\pi n}{K}(M-1)}]^{\mathrm{T}}\} \tag{7-8}$$

式(7-6)的 DFT 矩阵分解事实上基于一般化的 Cooley-Tukey 算法，其目的是将总长度为 $K=MN$ 的 DFT 计算分解为 M 个更短长度 N 的 DFT 计算。假设 K 长度酉 DFT 的

输入/输出序列分别为 $\boldsymbol{x}=[x_0,x_1,\cdots,x_{K-1}]^{\mathrm{T}}$ 与 $\boldsymbol{y}=[y_0,y_1,\cdots,y_{K-1}]^{\mathrm{T}}$，且定义 $W_K=\mathrm{e}^{-\mathrm{j}2\pi/K}$，则在任意索引 $k=mN+n(m=0,1,\cdots,M-1$ 且 $n=0,1,\cdots,N-1)$ 位置的酉 DFT 输出有[3]

$$y_{mN+n}=\frac{1}{\sqrt{K}}\sum_{l=0}^{K-1}x_l W_K^{l(mN+n)}=\frac{1}{\sqrt{K}}\sum_{p=0}^{M-1}\left[\left(\sum_{q=0}^{N-1}x_{qM+p}W_N^{qn}\right)W_K^{pn}\right]W_M^{pm} \tag{7-9}$$

因此，集合所有 K 个酉 DFT 输出，基于式(7－9)可得

$$\boldsymbol{y}=\boldsymbol{F}_K\boldsymbol{x}=\boldsymbol{P}_{N,M}(\boldsymbol{I}_N\otimes\boldsymbol{F}_M)\boldsymbol{\Lambda}(\boldsymbol{F}_N\otimes\boldsymbol{I}_M)\boldsymbol{x} \tag{7-10}$$

即证明了式(7－6)。

7.1.2.2 信号模型

下面由此来考虑 OSDM 系统的时不变信道接收，设时不变多径信道的基带冲激响应为 $\boldsymbol{c}=[c_0,c_1,\cdots,c_L]^{\mathrm{T}}$，$L$ 为信道阶数，由于 OSDM 系统的分块 CP 段设置与 OFDM 系统完全相同，即要求其长度 $K_g\geqslant L$，则易知接收端去 CP 后可完全避免 IBI，且接收分块信号模型同式(5－20)，即

$$\boldsymbol{r}=\widetilde{\boldsymbol{C}}\boldsymbol{s}+\boldsymbol{\xi} \tag{7-11}$$

式中：矩阵$\widetilde{\boldsymbol{C}}$ 为 $K\times K$ 维信道时域循环矩阵，其第一列为$[\boldsymbol{c}^{\mathrm{T}},\boldsymbol{0}_{1\times(K-L-1)}]^{\mathrm{T}}$；$\boldsymbol{\xi}$ 为 $K\times1$ 维信道噪声，设其为高斯白噪声，各元素均值为 0，方差为 σ^2。进一步基于式(7－4)、式(7－5)与式(7－11)，OSDM 解调分块可写作

$$\boldsymbol{x}=\boldsymbol{C}\boldsymbol{d}+\boldsymbol{z} \tag{7-12}$$

式中：$\boldsymbol{z}=(\boldsymbol{F}_N\otimes\boldsymbol{I}_M)\boldsymbol{\xi}$ 为解调后噪声；而与 OFDM 系统信道频响矩阵 $\boldsymbol{C}=\boldsymbol{F}_K\widetilde{\boldsymbol{C}}\boldsymbol{F}_K^{\mathrm{H}}$ 情况不同，此处 OSDM 系统有

$$\boldsymbol{C}=(\boldsymbol{F}_N\otimes\boldsymbol{I}_M)\widetilde{\boldsymbol{C}}(\boldsymbol{F}_N^{\mathrm{H}}\otimes\boldsymbol{I}_M) \tag{7-13}$$

可以看到，式(7－13)中 OSDM 系统信道频响矩阵 $\boldsymbol{C}$ 已不再是简单的对角矩阵。为保证 OSDM 在具有大多径时延的水声信道中的可用性，仍希望 OSDM 能实现某种类似于 OFDM 频域均衡那样的低复杂度处理，为此下面进一步分析式(7－13)中信道频响矩阵 $\boldsymbol{C}$ 的结构。

由于矩阵$\widetilde{\boldsymbol{C}}$ 为循环矩阵，则由第 5 章知，其 DFT 特征值分解可表示为

$$\widetilde{\boldsymbol{C}}=\boldsymbol{F}_K^{\mathrm{H}}\mathrm{diag}\{[H_0,H_1,\cdots,H_{K-1}]^{\mathrm{T}}\}\boldsymbol{F}_K \tag{7-14}$$

其中

$$H_k=\sum_{l=0}^{L}c_l\mathrm{e}^{-\mathrm{j}2\pi lk/K},\quad k=0,1,\cdots,K-1 \tag{7-15}$$

再调用 DFT 矩阵分解式(7－6)，有

$$\begin{aligned}\boldsymbol{F}_K(\boldsymbol{F}_N^{\mathrm{H}}\otimes\boldsymbol{I}_M)=&\boldsymbol{P}_{N,M}(\boldsymbol{I}_N\otimes\boldsymbol{F}_M)\boldsymbol{\Lambda}(\boldsymbol{F}_N\otimes\boldsymbol{I}_M)(\boldsymbol{F}_N^{\mathrm{H}}\otimes\boldsymbol{I}_M)=\\&\boldsymbol{P}_{N,M}(\boldsymbol{I}_N\otimes\boldsymbol{F}_M)\boldsymbol{\Lambda}[(\boldsymbol{F}_N\boldsymbol{F}_N^{H})\otimes\boldsymbol{I}_M]=\\&\boldsymbol{P}_{N,M}(\boldsymbol{I}_N\otimes\boldsymbol{F}_M)\boldsymbol{\Lambda}\end{aligned} \tag{7-16}$$

此处第二行等式中，使用了 Kronecker 积的一个重要性质，即

$$(\boldsymbol{A}_1\otimes\boldsymbol{B}_1)(\boldsymbol{A}_2\otimes\boldsymbol{B}_2)=(\boldsymbol{A}_1\boldsymbol{A}_2)\otimes(\boldsymbol{B}_1\boldsymbol{B}_2) \tag{7-17}$$

至此，基于式(7－13)、式(7－14)与式(7－16)，可得

$$\boldsymbol{C}=\begin{bmatrix}\boldsymbol{H}_0 & & & \\ & \boldsymbol{H}_1 & & \\ & & \ddots & \\ & & & \boldsymbol{H}_{N-1}\end{bmatrix} \tag{7-18}$$

其中

$$\boldsymbol{H}_n=\boldsymbol{\Lambda}_M^{nH}\boldsymbol{F}_M^{H}\overline{\boldsymbol{H}}_n\boldsymbol{F}_M\boldsymbol{\Lambda}_M^{n} \tag{7-19}$$

$$\overline{\boldsymbol{H}}_n=\mathrm{diag}\{[H_n,H_{N+n},\cdots,H_{(M-1)N+n}]^{\mathrm{T}}\} \tag{7-20}$$

7.1.2.3　信道均衡

可以看到，OSDM 系统在时不变信道中所对应的信道频响矩阵 $\boldsymbol{C}$ 为子块对角(Block-Diagonal)矩阵。为此，在接收端类似于式(7-1)进行分块矢量化，有

$$\boldsymbol{x}=[\boldsymbol{x}_0^{\mathrm{T}},\boldsymbol{x}_1^{\mathrm{T}},\cdots,\boldsymbol{x}_{N-1}^{\mathrm{T}}]^{\mathrm{T}} \tag{7-21}$$

$$\boldsymbol{z}=[\boldsymbol{z}_0^{\mathrm{T}},\boldsymbol{z}_1^{\mathrm{T}},\cdots,\boldsymbol{z}_{N-1}^{\mathrm{T}}]^{\mathrm{T}} \tag{7-22}$$

式中：$\boldsymbol{x}_n$ 与 $\boldsymbol{z}_n$ 分别表示长度为 M 的第 n 个解调信号与噪声矢量。根据式(7-12)与式(7-18)可知，类比于 OFDM 子载波间的正交性，OSDM 在其符号矢量之间保持正交，即有

$$\boldsymbol{x}_n=\boldsymbol{H}_n\boldsymbol{d}_n+\boldsymbol{z}_n,\quad n=0,1,\cdots,N-1 \tag{7-23}$$

换言之，在时不变信道条件下，OSDM 系统的各个符号矢量可以实现去耦检测。因此，类似于 OFDM 接收端的逐载波均衡，此处 OSDM 系统可采用逐向量均衡(Per-vector Equalization)处理。进一步，若再基于式(7-19)给出的 $\boldsymbol{H}_n$ 矩阵分解形式，这里可定义

$$\overline{\boldsymbol{d}}_n=\boldsymbol{F}_M\boldsymbol{\Lambda}_M^{n}\boldsymbol{d}_n \tag{7-24}$$

$$\overline{\boldsymbol{x}}_n=\boldsymbol{F}_M\boldsymbol{\Lambda}_M^{n}\boldsymbol{x}_n \tag{7-25}$$

$$\overline{\boldsymbol{z}}_n=\boldsymbol{F}_M\boldsymbol{\Lambda}_M^{n}\boldsymbol{z}_n \tag{7-26}$$

则式(7-23)可被改写为

$$\overline{\boldsymbol{x}}_n=\overline{\boldsymbol{H}}_n\overline{\boldsymbol{d}}_n+\overline{\boldsymbol{z}}_n,\quad n=0,1,\cdots,N-1 \tag{7-27}$$

不难发现，经过式(7-24)～式(7-26)的变换后，OSDM 信号模型式(7-27)中的信道矩阵也类似 OFDM 实现了对角化。

在上述讨论基础上，现在来考虑时不变信道中的 OSDM 均衡。首先，基于式(7-23)，可以直接实现如下的逐向量均衡符号估计，即

$$\hat{\boldsymbol{d}}_n=\boldsymbol{W}_n\boldsymbol{x}_n \tag{7-28}$$

其中，基于 ZF 与 MMSE 准则的权系数矩阵分别为

$$\boldsymbol{W}_n^{\mathrm{ZF}}=\boldsymbol{H}_n^{-1} \tag{7-29}$$

$$\boldsymbol{W}_n^{\mathrm{MMSE}}=(\boldsymbol{H}_n^{\mathrm{H}}\boldsymbol{H}_n+\sigma^2\boldsymbol{I}_M)^{-1}\boldsymbol{H}_n^{\mathrm{H}} \tag{7-30}$$

可以看到，式(7-29)与式(7-30)均衡权系数计算时，由于都需对 $M\times M$ 维矩阵求逆，所以其计算复杂度在 $O(M^3)$ 量级。

为此，进一步根据式(7-27)设计 OSDM 的低复杂度均衡算法。其处理可分为三步：第一步，将解调矢量变换为$\overline{\boldsymbol{x}}_n$；第二步，进行变换域均衡，得到变换符号矢量估计$\hat{\overline{\boldsymbol{d}}}_n=\overline{\boldsymbol{W}}_n\overline{\boldsymbol{x}}_n$；第三

步，进行反变换输出原始符号矢量估计$\hat{\boldsymbol{d}}_n$。此均衡的具体流程如图 7-2 所示，并可综合描述为

$$\hat{\boldsymbol{d}}_n=\boldsymbol{\Lambda}_M^{nH}\boldsymbol{F}_M^{H}[\overline{\boldsymbol{W}}_n]\boldsymbol{F}_M\boldsymbol{\Lambda}_M^n\boldsymbol{x}_n \tag{7-31}$$

式中：$\overline{\boldsymbol{W}}_n$ 为变换域均衡权系数矩阵，在 ZF 与 MMSE 准则下分别有

$$\overline{\boldsymbol{W}}_n^{ZF}=\overline{\boldsymbol{H}}_n^{-1} \tag{7-32}$$

$$\overline{\boldsymbol{W}}_n^{MMSE}=(\overline{\boldsymbol{H}}_n^H\overline{\boldsymbol{H}}_n+\sigma^2\boldsymbol{I}_M)^{-1}\overline{\boldsymbol{H}}_n^H \tag{7-33}$$

可以看到，此处式(7-32)与式(7-33)中的均衡权系数计算仅涉及对角矩阵求逆。连同 $\boldsymbol{\Lambda}_M^n(\boldsymbol{\Lambda}_M^{nH})$的频率偏置操作以及 $\boldsymbol{F}_M(\boldsymbol{F}_M^H)$的 FFT 操作，此低复杂度均衡的总复杂度在 $O(M\log_2 M)$量级，因而更便于在实际工程中使用。

图 7-2　时不变信道 OSDM 低复杂度均衡流程

此外，该低复杂度 OSDM 信道均衡算法的性能如图 7-3 所示。其中，考虑信道为时不变，且均衡器采用 MMSE 准则。OSDM 分块符号数 $K=1\ 024$，符号宽度为 $T_s=0.25$ ms。水声信道阶数为 $L=20$，对应最大时延扩展 $\tau_{max}=LT_s=5$ ms，且各延迟分支功率呈指数衰减，其首路径与末路径功率相差 6 dB。假设信道响应已知情况，并选取不同的 OSDM 符号矢量长度 $M=1,4,16,64$，其中 $M=1$ 时实际对应 OFDM 系统。可以看到，OSDM 较之 OFDM 具有更低的误码率，且当符号矢量长度 M 值增加时，OSDM 系统性能也随之提升。此现象背后的原因是，OSDM 信号结构实际上可隐含实现矢量内分集，将在后面 7.1.2.5 小节中详细谈及这一问题。

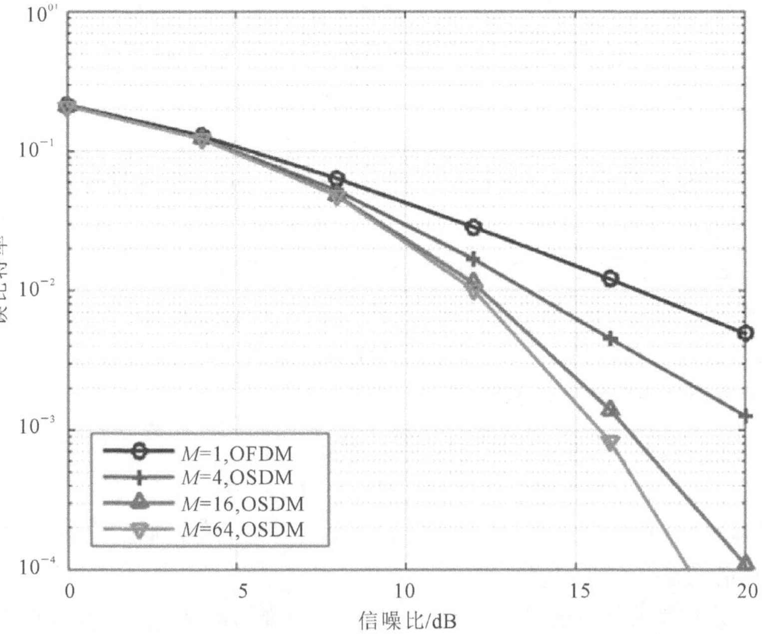

图 7-3　时不变信道条件下的 OSDM 信道均衡性能

7.1.2.4　信道估计

接着来考虑 OSDM 系统中的信道估计。类似于 OFDM 的导频符号方法，此处 OSDM 信道估计需采用导频矢量(Pilot Vector)。具体而言，使用 P 个等间隔索引的导频矢量进行信道估计，同时保证其中包含总符号数 $MP>L$。假设所有导频矢量对应的索引集合为 $S_{\mathrm{P}}=\{n_0,n_1,\cdots,n_{P-1}\}$，且

$$n_p=p\frac{N}{P},\quad p=0,1,\cdots,P-1 \tag{7-34}$$

则基于公式(7-27)，将所有 $n\in S_{\mathrm{P}}$ 的解调矢量累叠在一起，可得

$$\bar{\boldsymbol{x}}^{(\mathrm{P})}=\bar{\boldsymbol{D}}^{(\mathrm{P})}\boldsymbol{P}_{M,P}\left[\sqrt{PM}\boldsymbol{F}_{PM}\right]_{:,0:L}\boldsymbol{c}+\bar{\boldsymbol{z}}^{(\mathrm{P})} \tag{7-35}$$

这里定义了 $PM\times 1$ 维向量 $\bar{\boldsymbol{x}}^{(\mathrm{P})}=[\bar{\boldsymbol{x}}_{n_0}^{\mathrm{T}},\bar{\boldsymbol{x}}_{n_1}^{\mathrm{T}},\cdots,\bar{\boldsymbol{x}}_{n_{P-1}}^{\mathrm{T}}]^{\mathrm{T}}$，$\bar{\boldsymbol{z}}^{(\mathrm{P})}=[\bar{\boldsymbol{z}}_{n_0}^{\mathrm{T}},\bar{\boldsymbol{z}}_{n_1}^{\mathrm{T}},\cdots,\bar{\boldsymbol{z}}_{n_{P-1}}^{\mathrm{T}}]^{\mathrm{T}}$；$\bar{\boldsymbol{D}}^{(\mathrm{P})}=\mathrm{diag}\{[\bar{\boldsymbol{d}}_{n_0}^{\mathrm{T}},\bar{\boldsymbol{d}}_{n_1}^{\mathrm{T}},\cdots,\bar{\boldsymbol{d}}_{n_{P-1}}^{\mathrm{T}}]^{\mathrm{T}}\}$ 为导频符号矢量组成的对角矩阵。

基于式(7-35)，可基于 LS 方法实现 OSDM 系统信道估计，有

$$\hat{\boldsymbol{c}}=\frac{1}{\sqrt{PM}}(\boldsymbol{\Pi}^{(\mathrm{P})\mathrm{H}}\boldsymbol{\Pi}^{(\mathrm{P})})^{-1}\boldsymbol{\Pi}^{(\mathrm{P})\mathrm{H}}\bar{\boldsymbol{x}}^{(\mathrm{P})} \tag{7-36}$$

式中：$\boldsymbol{\Pi}^{(\mathrm{P})}=\bar{\boldsymbol{D}}^{(\mathrm{P})}\boldsymbol{P}_{M,P}[\boldsymbol{F}_{PM}]_{:,0:L}$。为避免上式信道估计中的矩阵求逆，可以考虑采用频移 Chu 序列作为导频矢量，即

$$\boldsymbol{d}_n=\boldsymbol{\Lambda}_M^{n\mathrm{H}}\boldsymbol{b}_M \tag{7-37}$$

式中：$n\in S_{\mathrm{P}}$，且 $\boldsymbol{b}_M$ 表示长度为 M 的 Chu 序列[4]，即

$$[\boldsymbol{b}_M]_m=\mathrm{e}^{\mathrm{j}\pi m^2/M},\quad m=0,1,\cdots,M-1 \tag{7-38}$$

基于 Chu 序列及其 DFT 的恒模性质[4]，易知 $\bar{\boldsymbol{D}}^{(\mathrm{P})\mathrm{H}}\bar{\boldsymbol{D}}^{(\mathrm{P})}=\boldsymbol{I}_{PM}$，因此亦有 $\boldsymbol{\Pi}^{(\mathrm{P})\mathrm{H}}\boldsymbol{\Pi}^{(\mathrm{P})}=\boldsymbol{I}_{PM}$，此时，式(7-36)中的 OSDM 系统信道估计可简化为

$$\hat{\boldsymbol{c}}=\frac{1}{\sqrt{PM}}\boldsymbol{\Pi}^{(\mathrm{P})\mathrm{H}}\bar{\boldsymbol{x}}^{(\mathrm{P})}=\frac{1}{\sqrt{PM}}[\boldsymbol{F}_{PM}^{\mathrm{H}}\boldsymbol{P}_{M,P}^{\mathrm{H}}\bar{\boldsymbol{D}}^{(\mathrm{P})\mathrm{H}}\bar{\boldsymbol{x}}^{(\mathrm{P})}]_{0:L} \tag{7-39}$$

7.1.2.5　预编码 OFDM 理解

如同 SCBT 可被认为是一种 DFT 预编码的 OFDM 调制[5]，此处将说明 OSDM 也可被作为另一种预编码 OFDM，并基于此理解 OSDM 的矢量内分集特性。具体而言，根据式(7-4)与式(7-6)，OSDM 调制信号的频域表示为

$$\boldsymbol{F}_K\boldsymbol{s}=\boldsymbol{P}_{N,M}(\boldsymbol{I}_N\otimes\boldsymbol{F}_M)\boldsymbol{\Lambda}\boldsymbol{d}=\boldsymbol{P}_{N,M}\begin{bmatrix}\boldsymbol{F}_M\boldsymbol{\Lambda}_M^0\boldsymbol{d}_0\\ \boldsymbol{F}_M\boldsymbol{\Lambda}_M^1\boldsymbol{d}_1\\ \vdots\\ \boldsymbol{F}_M\boldsymbol{\Lambda}_M^{N-1}\boldsymbol{d}_{N-1}\end{bmatrix} \tag{7-40}$$

回忆 OFDM 的情况，其频域信号为 $\boldsymbol{F}_K\boldsymbol{s}=\boldsymbol{d}$，即各符号在频域上被直接调制在各自的子载波上。对比而言，此处式(7-40)表明，在 OSDM 系统中各符号矢量$\{\boldsymbol{d}_n\}$被首先由$\{\boldsymbol{F}_M\boldsymbol{\Lambda}_M^n\}$预编码，并经过 $\boldsymbol{P}_{N,M}$ 交织，随后再放置在子载波上。因此，从这个意义上讲，OSDM 是一种基于逐矢量预编码的 OFDM。

此外，由式(7－40)还可看到，与 OFDM 中各符号能量仅集中于单一子载波不同，OSDM 符号矢量中的每个符号经由预编码后，其能量已经散布在间隔为 N 的 M 个子载波上，从而产生了矢量内(Intra-Vector)频率分集。从理论上定量给的基于 MMSE 准则的 OSDM 均衡所获得的分集阶数为[6]

$$\min\left\{\left\lfloor M2^{-R}\right\rfloor, L\right\}+1 \tag{7-41}$$

式中：$\lfloor\cdot\rfloor$表示向下取整数；R 表示频谱效率，即每符号的比特数。由此结果可知，在 OSDM 通信满足特定条件(即$\lfloor M2^{-R}\rfloor\leqslant L$)情况下，随着符号矢量长度 M 的增加，通信系统分集阶数也将提高，因而误码率性能随之改善，这事实上可以大致解释在图 7－3 中得到的仿真结果。

7.1.3　时变信道接收

类比于 OFDM 系统受多普勒因素影响产生 ICI，OSDM 系统在时变信道中各符号矢量之间的正交性也将被破坏，从而导致 IVI。本节将对应 5.1.3 小节，推导两种时变信道模型——统一时变相位模型与一般化时变响应模型情况下 OSDM 系统的 IVI 数学模型。

(1)统一时变相位信道模型。此时变信道模型下，OSDM 系统的接收信号形式与式(5－43)相同。对应 OSDM 解调分块可表示为

$$\boldsymbol{x}=(\boldsymbol{F}_N\otimes\boldsymbol{I}_M)\widetilde{\boldsymbol{\Theta}}\widetilde{\boldsymbol{C}}(\boldsymbol{F}_N^{\mathrm{H}}\otimes\boldsymbol{I}_M)\boldsymbol{d}+\boldsymbol{z}=\boldsymbol{\Theta}\boldsymbol{C}\boldsymbol{d}+\boldsymbol{z} \tag{7-42}$$

式中：$\boldsymbol{C}=(\boldsymbol{F}_N\otimes\boldsymbol{I}_M)\widetilde{\boldsymbol{C}}(\boldsymbol{F}_N^{\mathrm{H}}\otimes\boldsymbol{I}_M)$即式(7－13)，其矩阵结构已在式(7－18)～式(7－20)中进行过解析；而对于时变相位畸变，有

$$\boldsymbol{\Theta}=(\boldsymbol{F}_N\otimes\boldsymbol{I}_M)\widetilde{\boldsymbol{\Theta}}(\boldsymbol{F}_N^{\mathrm{H}}\otimes\boldsymbol{I}_M) \tag{7-43}$$

此处将对其结构进行讨论。

具体而言，由于

$$\boldsymbol{F}_N\otimes\boldsymbol{I}_M=\boldsymbol{P}_{N,M}^{\mathrm{H}}(\boldsymbol{I}_M\otimes\boldsymbol{F}_N)\boldsymbol{P}_{N,M} \tag{7-44}$$

则式(7－43)可改写为

$$\begin{aligned}\boldsymbol{\Theta}&=\boldsymbol{P}_{N,M}^{\mathrm{H}}(\boldsymbol{I}_M\otimes\boldsymbol{F}_N)\begin{bmatrix}\widetilde{\boldsymbol{\Theta}}_0 & & & \\ & \widetilde{\boldsymbol{\Theta}}_1 & & \\ & & \ddots & \\ & & & \widetilde{\boldsymbol{\Theta}}_{M-1}\end{bmatrix}(\boldsymbol{I}_M\otimes\boldsymbol{F}_N^{\mathrm{H}})\boldsymbol{P}_{N,M}=\\ &\boldsymbol{P}_{N,M}^{\mathrm{H}}\begin{bmatrix}\widetilde{\boldsymbol{G}}_0 & & & \\ & \widetilde{\boldsymbol{G}}_1 & & \\ & & \ddots & \\ & & & \widetilde{\boldsymbol{G}}_{M-1}\end{bmatrix}\boldsymbol{P}_{N,M}\end{aligned} \tag{7-45}$$

式(7－45)第一行中，实际定义了 M 个 $N\times1$ 维向量$\widetilde{\boldsymbol{\theta}}_m=[\mathrm{e}^{\mathrm{j}\theta_m},\mathrm{e}^{\mathrm{j}\theta_{m+M}},\cdots,\mathrm{e}^{\mathrm{j}\theta_{m+(N-1)M}}]^{\mathrm{T}}$，$m=0,1,\cdots,M-1$，$\widetilde{\boldsymbol{\Theta}}_m=\mathrm{diag}\{\widetilde{\boldsymbol{\theta}}_m\}$为其关联的对角矩阵；而在第二行中定义有

$$\widetilde{\boldsymbol{G}}_m=\boldsymbol{F}_N\widetilde{\boldsymbol{\Theta}}_m\boldsymbol{F}_N^{\mathrm{H}} \tag{7-46}$$

易知，由于$\widetilde{\boldsymbol{\Theta}}_m$ 为对角矩阵，所以式(7－46)中给出的$\widetilde{\boldsymbol{G}}_m$ 为循环矩阵，其第一列元素为

$$\frac{1}{\sqrt{N}}\boldsymbol{F}_N\tilde{\boldsymbol{\theta}}_m=[g_{0,m},\cdots,g_{N-1,m}]^{\mathrm{T}} \tag{7-47}$$

此处

$$g_{n,m}=\frac{1}{N}\sum_{i=0}^{N-1}\mathrm{e}^{\mathrm{j}\left(\theta_{m+iM}-\frac{2\pi i}{N}n\right)} \tag{7-48}$$

将式(7－46)与式(7－47)给出的$\widetilde{\boldsymbol{G}}_m$ 矩阵结构代回式(7－45)，可以立即得到

$$\boldsymbol{\Theta}=\begin{bmatrix}\boldsymbol{G}_0 & \boldsymbol{G}_{N-1} & \cdots & \boldsymbol{G}_1\\ \boldsymbol{G}_1 & \boldsymbol{G}_0 & \cdots & \boldsymbol{G}_2\\ \vdots & \vdots & & \vdots\\ \boldsymbol{G}_{N-1} & \boldsymbol{G}_{N-2} & \cdots & \boldsymbol{G}_0\end{bmatrix} \tag{7-49}$$

式(7－49)中，$\boldsymbol{G}_n$ 为 $M\times M$ 维对角矩阵，即

$$\boldsymbol{G}_n=\mathrm{diag}\{\boldsymbol{g}_n\} \tag{7-50}$$

式中：$\boldsymbol{g}_n=[g_{n,0},g_{n,1},\cdots,g_{n,M-1}]^{\mathrm{T}}$。可以看到，$\boldsymbol{G}_n$ 对应于式(7－48)中的第 n 个频率采样，因此易知 $\boldsymbol{G}_{N-n}=\boldsymbol{G}_{-n}$。

(2)一般化时变响应信道模型。一般化时变响应信道模型，采用 $c_{k,l}$ 表示第 k 时刻在第 l 延迟位置的信道冲激响应采样，对应的信道时域响应矩阵$\widetilde{\boldsymbol{C}}$ 类似于式(5－48)。此时，信道频响矩阵为

$$\begin{aligned}\boldsymbol{C}=&[(\boldsymbol{F}_N\otimes\boldsymbol{I}_M)\boldsymbol{F}_K^{\mathrm{H}}]\hat{\boldsymbol{C}}[\boldsymbol{F}_K(\boldsymbol{F}_N^{\mathrm{H}}\otimes\boldsymbol{I}_M)]=\\&[\boldsymbol{\Lambda}^{\mathrm{H}}(\boldsymbol{I}_N\otimes\boldsymbol{F}_M^{\mathrm{H}})]\bar{\boldsymbol{C}}[(\boldsymbol{I}_N\otimes\boldsymbol{F}_M)\boldsymbol{\Lambda}]\end{aligned} \tag{7-51}$$

式中：$\hat{\boldsymbol{C}}=\boldsymbol{F}_K\widetilde{\boldsymbol{C}}\boldsymbol{F}_K^{\mathrm{H}}$。可知$[\hat{\boldsymbol{C}}]_{i,i'}=H_{i-i',i'}$，则有

$$H_{q,i}=\frac{1}{K}\sum_{k=0}^{K-1}\sum_{l=0}^{L}c_{k,l}\,\mathrm{e}^{-\mathrm{j}\frac{2\pi}{K}(li+kq)} \tag{7-52}$$

这事实上即式(5－49)，为方便起见，在本章中再次给出。

进一步调用式(7－16)中的结论，可得

$$\boldsymbol{C}=[\boldsymbol{\Lambda}^{\mathrm{H}}(\boldsymbol{I}_N\otimes\boldsymbol{F}_M^{\mathrm{H}})]\bar{\boldsymbol{C}}[(\boldsymbol{I}_N\otimes\boldsymbol{F}_M)\boldsymbol{\Lambda}] \tag{7-53}$$

式中：$\bar{\boldsymbol{C}}=\boldsymbol{P}_{N,M}^{\mathrm{H}}\hat{\boldsymbol{C}}\boldsymbol{P}_{N,M}$，即$\bar{\boldsymbol{C}}$ 是对$\hat{\boldsymbol{C}}$ 行列交织后的生成矩阵。可以知道，因为式(7－52)对应的$\hat{\boldsymbol{C}}$ 为一般化的满矩阵，因此$\bar{\boldsymbol{C}}$ 与 $\boldsymbol{C}$ 也将同为满矩阵。

综上所述，在时变信道条件下，无论是统一时变相位信道模型中的 $\boldsymbol{\Theta C}$ 矩阵还是一般化时变响应信道模型中的 $\boldsymbol{C}$ 矩阵，两者都无法再具备式(7－18)中所示的子块对角结构。这意味着 OSDM 系统接收端各符号矢量之间的正交性将被破坏，类比于 OFDM 系统中的 ICI，此时 OSDM 系统将出现 IVI。由于 OSDM 系统解调也基于 DFT 实现，所以为实现信道时变补偿与 IVI 抑制，同样可采用 Pre－FFT 或 Post－FFT 处理。本章后续各节将试图仍以此架构进行组织，以分别介绍时变信道中各种 OSDM 系统的接收处理方法。

7.2 时域过采样 OSDM 的时变信道接收

本节首先采用一个简单假设，即在 OSDM 接收机前端重采样处理后，水声信道时变可由窄带频移近似[7]。此处将连同介绍一个时域过采样 OSDM 系统，及其信道均衡、估计与多普勒补偿方法[8]。

具体而言，在 7.1 节中讨论的 OSDM 系统均基于符号速率采样(Symbol-rate Sampling)，其较之 OFDM 可降低发射信号的峰均功率比，并可获得符号矢量内的频率分集增益。时域过采样(Oversampling)是指在通信系统中提高采样速率，即在一个符号内采集多个信号抽样，以此获得较之符号速率采样更好性能的接收处理方法。在第 3 章中已给出的分数间隔时域均衡器事实上即是一类过采样处理方法，其可消除接收端采样时刻选取的敏感性。此处，通过将时域过采样技术和 OSDM 调制技术进行结合，将会看到以逐矢量均衡的每个 OSDM 符号矢量事实上可等效为在多个虚拟子信道上传输，从而可使 OSDM 系统的矢量内频率分集增益进一步提高。

7.2.1 系统模型

为便于与上节符号速率采样 OSDM 系统类比，此处首先给出时不变信道中的过采样 OSDM 系统模型。假设通信接收端对接收到的 OSDM 信号以 G/T_s 采样速率进行采样，其中，T_s 是符号周期，G 是过采样因子。在这种情况下，基带接收信号$\boldsymbol{r}'$ 的长度变为 $K'=GK$，而信道冲激响应矢量 $\boldsymbol{c}'=[c'_0, c'_1, \cdots, c'_{L'}]^T$ 的长度为 $L'=GL$。类似于式(7-11)，去除 CP 段后的过采样 OSDM 系统基带接收信号$\boldsymbol{r}'$ 可表示为

$$\boldsymbol{r}'=\widetilde{\boldsymbol{C}}'\boldsymbol{s}'+\boldsymbol{\xi}' \tag{7-54}$$

式中：矩阵$\widetilde{\boldsymbol{C}}'$为 $K'\times K'$维循环矩阵，其第一列为$\boldsymbol{c}'$尾随 $K'-L'-1$ 个零；$\boldsymbol{s}'$为 $K'\times 1$ 维过采样发射信号，有

$$\boldsymbol{s}'=\boldsymbol{s}\otimes\boldsymbol{i}_G(0)=(\boldsymbol{F}_N^{\mathrm{H}}\otimes\boldsymbol{I}_{M'})\boldsymbol{d}' \tag{7-55}$$

且 $M'=GM$；$\boldsymbol{\xi}'$为 $K'\times 1$ 维信道噪声。对应地，参照式(7-12)与式(7-13)，此时的过采样 OSDM 系统解调分块需要改写为

$$\boldsymbol{x}'=(\boldsymbol{F}_N\otimes\boldsymbol{I}_{M'})\boldsymbol{r}'=\boldsymbol{C}'\boldsymbol{d}'+\boldsymbol{z}' \tag{7-56}$$

式中：$\boldsymbol{C}'=(\boldsymbol{F}_N\otimes\boldsymbol{I}_{M'})\widetilde{\boldsymbol{C}}'(\boldsymbol{F}_N^{\mathrm{H}}\otimes\boldsymbol{I}_{M'})$为过采样 OSDM 系统的信道频响矩阵；$\boldsymbol{z}'=(\boldsymbol{F}_N\otimes\boldsymbol{I}_{M'})\boldsymbol{\xi}'$为噪声项。

类似于对式(7-18)～式(7-20)符号速率采样情况的推导，可得到过采样 OSDM 系统信道频响矩阵的形式为

$$\boldsymbol{C}'=\begin{bmatrix}\boldsymbol{H}'_0 & & & \\ & \boldsymbol{H}'_1 & & \\ & & \ddots & \\ & & & \boldsymbol{H}'_{N-1}\end{bmatrix} \tag{7-57}$$

其中，对于 $n=0,1,\cdots,N-1$，且

$$\boldsymbol{H}'_n = \boldsymbol{\Lambda}'^{n\mathrm{H}}_{M'} \boldsymbol{F}^{\mathrm{H}}_{M'} \overline{\boldsymbol{H}}'_n \boldsymbol{F}_{M'} \boldsymbol{\Lambda}'^{n}_{M'} \tag{7-58}$$

$$\overline{\boldsymbol{H}}'_n = \mathrm{diag}\{[H'_n, H'_{N+n}, \cdots, H'_{(M'-1)N+n}]^{\mathrm{T}}\} \tag{7-59}$$

$$\boldsymbol{\Lambda}'^{n}_{M'} = \mathrm{diag}\{[1, \mathrm{e}^{-\mathrm{j}2\pi n/K'}, \cdots, \mathrm{e}^{-\mathrm{j}2\pi n(M'-1)/K'}]^{\mathrm{T}}\} \tag{7-60}$$

$$H'_k = \sum\nolimits^{L'}_{l=0} c'_l \mathrm{e}^{-\mathrm{j}(2\pi/K')lk},\ k=0,1,\cdots,K'-1 \tag{7-61}$$

在时不变信道条件下，过采样 OSDM 系统仍可实现符号矢量间的正交去耦处理，即有

$$\boldsymbol{x}'_n = [\boldsymbol{f}^{\mathrm{T}}_N(n) \otimes \boldsymbol{I}_{M'}]\boldsymbol{r}' = \boldsymbol{H}'_n \boldsymbol{d}'_n + \boldsymbol{z}'_n,\quad n=0,1,\cdots,N-1 \tag{7-62}$$

式中：$\boldsymbol{d}'_n = [\boldsymbol{d}']_{nM':nM'+M'-1}$、$\boldsymbol{x}'_n = [\boldsymbol{x}']_{nM':nM'+M'-1}$ 与 $\boldsymbol{z}'_n = [\boldsymbol{z}']_{nM':nM'+M'-1}$ 分别为第 n 个过采样符号矢量、解调矢量与噪声矢量。可以看到，式(7 - 62)是式(7 - 23)中给出符号速率采样情况的直接推广。

如同 7.1.2.5 小节所述，OSDM 可被理解为一种预编码 OFDM。在符号速率 OSDM 系统中，其第 n 个符号矢量由 $\boldsymbol{F}_M \boldsymbol{\Lambda}^n_M$ 预编码，其中各个符号事实上被调制在信道系数 $\{H_{mN+n}\}^{M-1}_{m=0}$ 所对应的 M 个子载波上，因而可实现矢量内频率分集增益。相比而言，在时域过采样 OSDM 系统中，各符号能量被更广泛地散布在信道系数 $\{H'_{mN+n}\}^{M'-1}_{m=0}$ 所对应的 M' 个频率上，因而有望实现更高的频率分集增益。

7.2.2 时变信道接收

7.2.2.1 多普勒补偿

水声信道为代表的实际无线信道环境通常是时变的，因此 OSDM 系统需考虑 IVI 的影响。假设在一个 OSDM 分块中，所有信道路径上的时变效应都可由一个共同的多普勒因子来建模，则在此情况下，可采用两步方法[7]来抑制信道时变造成的 IVI。其第一步在接收机前端进行重采样，以克服信道宽带多普勒效应；由于重采样后的残留多普勒因子已大幅降低，因而其可被近似为窄带载波频率偏移(CFO)效应，为此该方法在第二步中采用 CFO 补偿以使得信道进一步恢复为时不变。

上述方法的前提是获取信道多普勒估计。在此方面，可首先使用数据帧结构中两个内嵌的线性调频(LFM)段对多普勒因子进行粗略估计[9]，之后再通过在一些预先插入的零矢量位置 IVI 能量最小化来获得 CFO 估计[8]。具体而言，令 S_Z 表示零矢量的索引集合，即对应 $n \in S_Z$ 有 $\boldsymbol{d}_n = \boldsymbol{0}_{M\times 1}$，并进一步基于式(7 - 62)定义多普勒补偿向量为

$$\boldsymbol{x}'_n(\epsilon) = [\boldsymbol{f}^{\mathrm{T}}_N(n) \otimes \boldsymbol{I}_{M'}]\boldsymbol{\Gamma}'^{\mathrm{H}}(\epsilon)\boldsymbol{r}' \tag{7-63}$$

式中：ϵ为 CFO 参数，且

$$\boldsymbol{\Gamma}'(\epsilon) = \mathrm{diag}\{[1, \mathrm{e}^{\mathrm{j}2\pi\epsilon T_s/G}, \cdots, \mathrm{e}^{\mathrm{j}2\pi\epsilon(K'-1)T_s/G}]^{\mathrm{T}}\} \tag{7-64}$$

则时域过采样 OSDM 系统的 CFO 估计为

$$\hat{f}_{\mathrm{d}} = \arg\min_{\epsilon}\left\{\sum\nolimits_{n\in S_Z} \|\boldsymbol{x}'_n(\epsilon)\|^2\right\} \tag{7-65}$$

另外，注意到此处的 CFO 补偿发生在时域即 OSDM 解调之前，因此这实际上可归类为一种 Pre - FFT 信道时变处理方法。

7.2.2.2 信道均衡

在进行多普勒补偿之后，水声信道可以视为时不变信道，此时 OSDM 各矢量之间可实现去耦处理。若定义 $\bar{\boldsymbol{d}}'_n=\boldsymbol{F}_{M'}\boldsymbol{\Lambda}'^{n}_{M'}\boldsymbol{d}'_n$，$\bar{\boldsymbol{x}}'_{nn}=\boldsymbol{F}_{M'}\boldsymbol{\Lambda}'^{n}_{M'}\boldsymbol{x}'_n$ 与 $\bar{\boldsymbol{z}}'_n=\boldsymbol{F}_{M'}\boldsymbol{\Lambda}'^{n}_{M'}\boldsymbol{z}'_n$，则类比于符号速率采样情况式(7-27)，并基于式(7-58)与式(7-62)，此处时域过采样 OSDM 系统为

$$\bar{\boldsymbol{x}}'_n=\bar{\boldsymbol{H}}'_n\bar{\boldsymbol{d}}'_n+\bar{\boldsymbol{z}}'_n,\quad n=0,1,\cdots,N-1 \tag{7-66}$$

不难发现，此处$\bar{\boldsymbol{d}}'$事实上是式(7-27)中$\bar{\boldsymbol{d}}_n$ 的周期延拓版本，即

$$\bar{\boldsymbol{d}}'_{nn}=\frac{1}{\sqrt{G}}(\boldsymbol{1}_G\otimes\bar{\boldsymbol{d}}_n) \tag{7-67}$$

定义 $M\times M$ 维子矩阵

$$\bar{\boldsymbol{H}}'_{n,g}=[\bar{\boldsymbol{H}}'_n]_{gM:gM+M-1,gM:gM+M-1},\quad 0\leqslant g\leqslant G-1 \tag{7-68}$$

则式(7-66)又可被改写为

$$\bar{\boldsymbol{x}}'_n=\frac{1}{\sqrt{G}}\begin{bmatrix}\bar{\boldsymbol{H}}'_{n,0}\\ \bar{\boldsymbol{H}}'_{n,1}\\ \vdots\\ \bar{\boldsymbol{H}}'_{n,G-1}\end{bmatrix}\bar{\boldsymbol{d}}_n+\bar{\boldsymbol{z}}'_n \tag{7-69}$$

将式(7-69)和式(7-27)进行对比，一方面，可以看出时域过采样 OSDM 系统中的每个符号矢量等效地在$\{\bar{\boldsymbol{H}}'_{n,g}\}_{g=0}^{G-1}$ 所对应的 G 个虚拟信道上并行传输，由此可以获得更高的矢量内频率分集增益。然而需注意的是，由于这些虚拟信道通常而言是彼此相关的，因此通过这种时域过采样方式所获得的分集阶数将小于 G。另一方面，当 OSDM 系统多普勒补偿后仍存在残留信道时变时，式(7-66)中的 $\bar{\boldsymbol{z}}'_n$ 项中将不仅代表加性噪声，而且还包含 IVI 成分。

为了简化实现，假定 $\bar{\boldsymbol{z}}'_n$ 为高斯白噪声且方差为 σ^2，则基于式(7-69)，时域过采样 OSDM 系统的 MMSE 均衡输出为

$$\boldsymbol{d}_n=\frac{1}{\sqrt{G}}\boldsymbol{\Lambda}_M^{n\mathrm{H}}\boldsymbol{F}_M^{\mathrm{H}}\boldsymbol{W}_n\bar{\boldsymbol{x}}'_n \tag{7—70}$$

其中

$$\boldsymbol{W}_n=\left(\frac{1}{G}\sum_{g=0}^{G-1}\bar{\boldsymbol{H}}'^{\mathrm{H}}_{n,g}\bar{\boldsymbol{H}}'_{n,g}+\sigma^2\boldsymbol{I}_M\right)^{-1}[\bar{\boldsymbol{H}}'^{\mathrm{H}}_{n,0},\bar{\boldsymbol{H}}'^{\mathrm{H}}_{n,1},\cdots,\bar{\boldsymbol{H}}'^{\mathrm{H}}_{n,G-1}] \tag{7-71}$$

为 $M\times M'$维均衡器权系数矩阵。显然，当 $G=1$ 时，式(7-71)退化为符号速率采样 OSDM 系统的均衡表达式(7-33)。此外，值得注意的是，由于$\{\bar{\boldsymbol{H}}'_{n,g}\}$全部都是对角矩阵，因此式(7-70)中每符号矢量均衡的计算复杂度近似为线性的。

7.2.2.3 信道估计

在实际工程中，为计算式(7-71)中均衡器权系数矩阵 $\boldsymbol{W}_n$，需要对过采样信道冲激响应向量 $\boldsymbol{c}'$和噪声方差 σ^2 进行估计。类似于 7.1.2 小节中符号速率采样 OSDM 系统信道估计的情况，可使用频移 Chu 序列在 P 个等间隔索引位置设置导频符号矢量，且保证其中包含

的符号总数 $MP>L$，则时域过采样 OSDM 系统的信道估计可最终简化写为[8]

$$\hat{\boldsymbol{c}}'=\frac{1}{\sqrt{G}MP}\sum_{n\in S_P}\boldsymbol{\Lambda}'^{n\mathrm{H}}_{L'+1}\widetilde{\boldsymbol{F}}^{H}_{M'}(\boldsymbol{I}_G\otimes\bar{\boldsymbol{D}}^{\mathrm{H}}_n)\bar{\boldsymbol{x}}'_n \tag{7-72}$$

式中：$\bar{\boldsymbol{D}}_n=\mathrm{diag}\{\bar{\boldsymbol{d}}_n\}$；$\widetilde{\boldsymbol{F}}_{M'}=[\boldsymbol{1}_{1\times P}\otimes\sqrt{M'}\boldsymbol{F}_{M'}]_{:,0:L'}$。

此外，为了估计噪声方差 σ^2，仍需借助 OSDM 分块中插入的零矢量，其可使用多普勒补偿后相应解调矢量位置的平均功率来测算，数学上表示为

$$\hat{\sigma}^2=\frac{1}{GMZ}\sum_{n\in S_Z}\|\boldsymbol{x}'_n(\hat{f}_{\mathrm{d}})\|^2 \tag{7-73}$$

式中：Z 表示 S_Z 集合中零矢量的个数。

7.2.3　算法性能仿真

本节先对时域过采样 OSDM 系统的误比特率性能进行仿真分析。此处，考虑 OSDM 分块长度 $K=1\ 024$ 并采用 QPSK 符号。各符号间隔取为 $T_{\mathrm{s}}=0.25$ ms，即其对应 8 kb·s^{-1} 数据率，且 OSDM 分块的总时长为 $T=KT_{\mathrm{s}}=256$ ms。此外，分块 CP 段长度选为 $K_{\mathrm{g}}=128$，且载波中心频率设置为 6 kHz。

仿真水声信道包含 6 个等功率的离散路径。路径幅度假设服从复数高斯分布，即对应瑞利衰落，同时各路径延迟在最大时延扩展 $\tau_{\max}=78T_{\mathrm{s}}=19.5$ ms 区间内平均分布。此外，本节仿真所选取的是升余弦脉冲成型滤波器，其时间跨度截短为 $2T_{\mathrm{s}}$，滚降系数为 $\beta=0.5$。由此可以知道，仿真系统的总带宽约为 $(1+\beta)/T_{\mathrm{s}}=6$ kHz，而信道共跨越 $L=80$ 个符号，即对应时延扩展 $LT_{\mathrm{s}}=20$ ms。另外，信道时变此处以前端重采样处理后多普勒压扩因子 a 来进行仿真，故事实上已显式考虑了水声通信信号的宽带特性。具体而言，若将 OSDM 作为一种预编码 OFDM，则此仿真信道在各载频 f_k 上施加的是不同的频移量 af_k。

图 7-4 给出时域过采样 OSDM 系统在信道时不变且先验已知情况下的误比特率性能。其中设置符号矢量长度 $M=1,4,16$，而过采样因子 $G=1,2,4$；可以知道，$M=1$ 实际退化为 OFDM 系统，而 $G=1$ 事实上对应符号速率采样。以它们为基准，一方面，可以看到，当 G 值固定时，OSDM 系统性能随矢量长度 M 的增加而提升；如前所述，这是因为 M 值越大可隐含实现更高的矢量内频率分集增益。另一方面，图 7-4 的结果也与对式(7-69)的阐述吻合，增大过采样因子 G 值同样有助于矢量内频率分集增益的提高。但需注意的是，由于过采样产生的虚拟信道之间存在相关性，因而所获得的分集阶数不会随 G 值线性增加。作为证明，图 7-4 中 G 值从 2 变为 4 时，OSDM 系统误比特率性能曲线的斜率基本保持恒定，类似的情况也见于本章参考文献[10]给出的过采样 OFDM 系统。因此，在实际工程中，总是需要在过采样引入的分集增益和其导致的计算复杂度间进行折中。

图 7-5 给出时域过采样 OSDM 系统受信道多普勒时变的影响。此处同样假定信道响应先验已知，且将符号矢量长度 M 固定为 16，而过采样因子 G 固定为 2。在仿真中，不同程度的信道时变由多普勒压扩因子 $a=1\times10^{-4}$，2×10^{-4} 与 3×10^{-4} 体现；同时，时不变信道(即 $a=0$)情况也作为基准给出。从图 7-5 中可以看到，当无多普勒补偿时，OSDM 接收

机在 $a=2\times10^{-4}$ 与 3×10^{-4} 情况下因不能有效处理过量的 IVI 而导致几乎无法正常工作。相比而言，采用前述基于零矢量的补偿方法，OSDM 系统性能可被显著改善。然而，由于宽带 OSDM 信号的非均匀多普勒频移不可能被窄带 CFO 补偿完全抵消，其处理残余多普勒随着 a 值的增大而变得不可忽略，从而导致 OSDM 系统性能也相应降低。

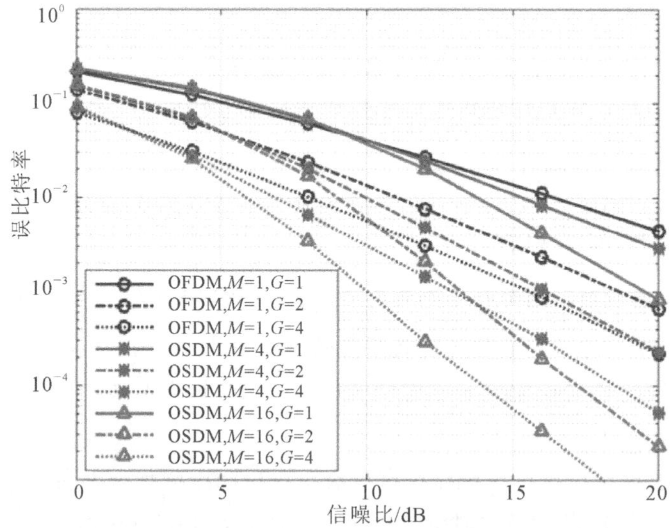

图 7-4　时不变信道先验已知情况下的过采样 OSDM 系统性能

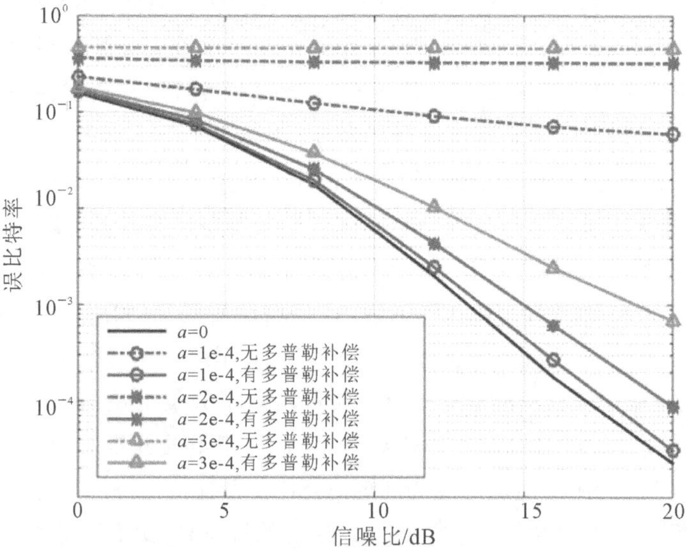

图 7-5　时变信道先验已知情况下的过采样 OSDM 系统性能

此外，图 7-6 和图 7-7 中进一步考虑了信道估计误差。其仿真参数配置分别与图 7-4 和图 7-5 中相同，唯一的区别在于使用了导频符号矢量，且总导频符号数 $MP=128$。由于有 $MP>L$，所以可以使用式(7-72)获得信道估计 $\hat{c}'$。显然，与预期一致，图 7-6 和图

7－7 中引入信道估计误差后得到的观测结果与图 7－4 和图 7－5 中的结论相似，只是大多数情况下误比特率曲线略有上升。

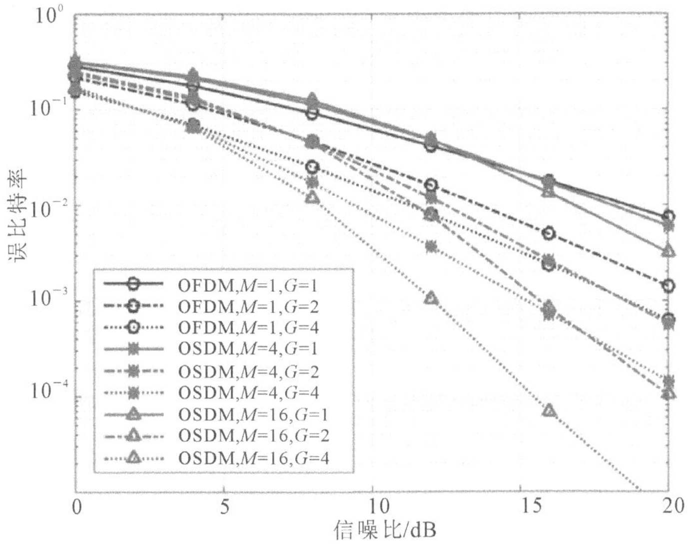

图 7－6　时不变信道估计情况下的过采样 OSDM 系统性能

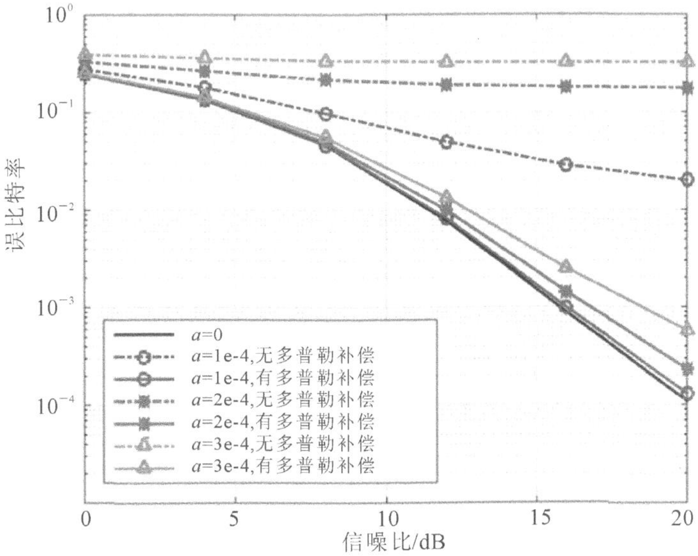

图 7－7　时变信道估计情况下的过采样 OSDM 系统性能

7.2.4　实验数据分析

2017 年 6 月，河南丹江口湖上试验进一步验证了基于时变信道的时域过采样 OSDM 水声通信接收处理算法性能。实验地点的水深约为 40～50 m，发射换能器悬挂在实验船下方水深 25 m 处，而接收端采用单阵元水听器，布放在锚泊船下方水深 27 m 处，收发端间隔约为 150 m。

整个实验过程连续发射了总共 80 个 OSDM 数据帧，每个发射数据帧的结构如图 7－8 所示。其中，数据部分包含三个未编码的 OSDM 分块，分别对应矢量长度 $M=1$（即 OFDM），4，16。这些实验分块的参数配置与之前仿真评估小节大致相同，唯一的区别在于实验中的 CP 段长度设置为 $K_g=256$，以便于容纳更长的信道延迟扩展 $K_gT_s=64$ ms，故此时对应的整个 OSDM 分块持续时间为 $(K_g+K)T_s=320$ ms。另外，各帧数据部分前后插入两个单频段 Tone A 与 Tone B 以便接收端进行帧辨识；同时，帧头部分还放置了线性调频 LFM 段，以便完成同步。并且前后相邻帧的 LFM 段还可用于多普勒因子粗估计，以提供接收机前端重采样进行补偿。数据帧中所有上述辅助信号段的长度均为 200 ms。

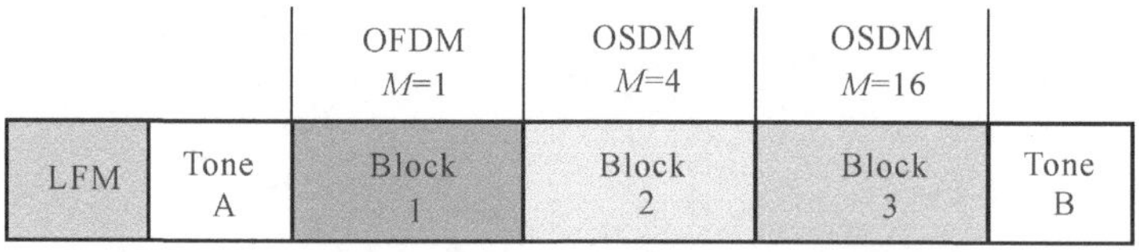

图 7－8　过采样 OSDM 系统实验发射数据帧结构

图 7－9 展示了基于对 80 帧数据 LFM 段相关所测量的时变信道响应的幅值。并且，为了更好地理解实验信道，图 7－10 进一步给出了在第 1、21、41 和 61 帧位置处的信道响应快拍。可以看到，此信道基本上可认为是良性的，其最大时延扩展 τ_{max} 约为 40 ms 且具有稀疏多径结构，但其中各路径幅值存在明显波动且最强能量路径也并不保持固定。同时，虽然现场实验中不涉及人为造成的平台运动，但非平稳水流和收发端晶振之间的失配引起了近似恒定的多普勒压扩，这一效应由图 7－9 中各亮线的斜率体现。具体而言，在 80 个数据帧的观测时间 124.8 s 内，信道的多径结构滞后 14.25 ms，其对应的平均多普勒因子 $\bar{a}=-1.14\times10^{-4}$。

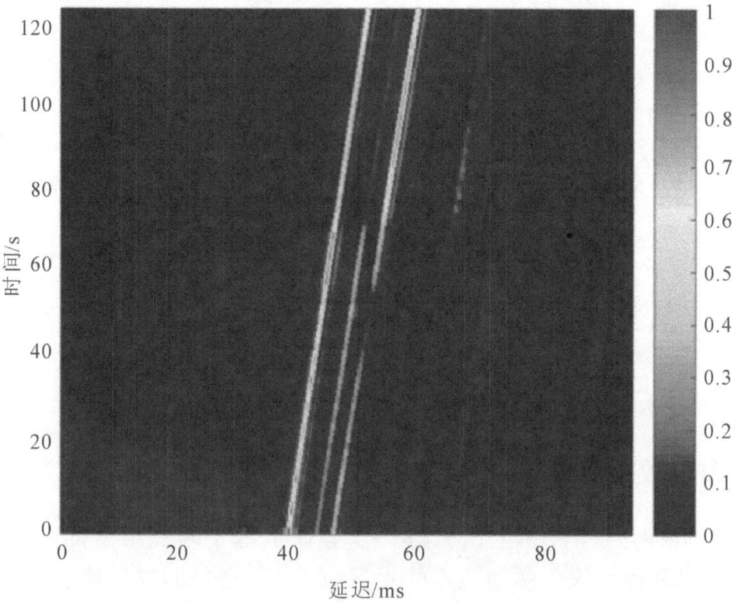

图 7－9　实验时变信道响应幅值测量

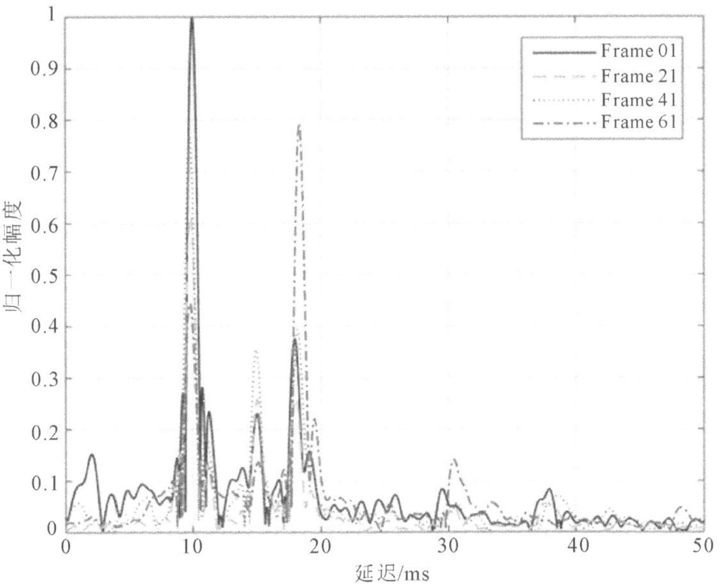

图 7-10　实验时变信道响应快拍

采用 7.2.2 小节所介绍的两步多普勒补偿方法，其所获得的多普勒因子和残余 CFO 估计值如图 7-11 所示。可以看到，各帧的多普勒因子估计集中于图 7-9 中平均多普勒因子 $\bar{a}$ 值附近。通过前端重采样处理后，信道多普勒效应被显著削弱，残余 CFO 仅在零频周围的小频率区间[-0.3，0.3]Hz 内浮动。最终，经过信道估计与均衡处理，时域过采样 OSDM 系统的输入信噪比与误比特率分别汇总在表 7-1 和表 7-2 中。

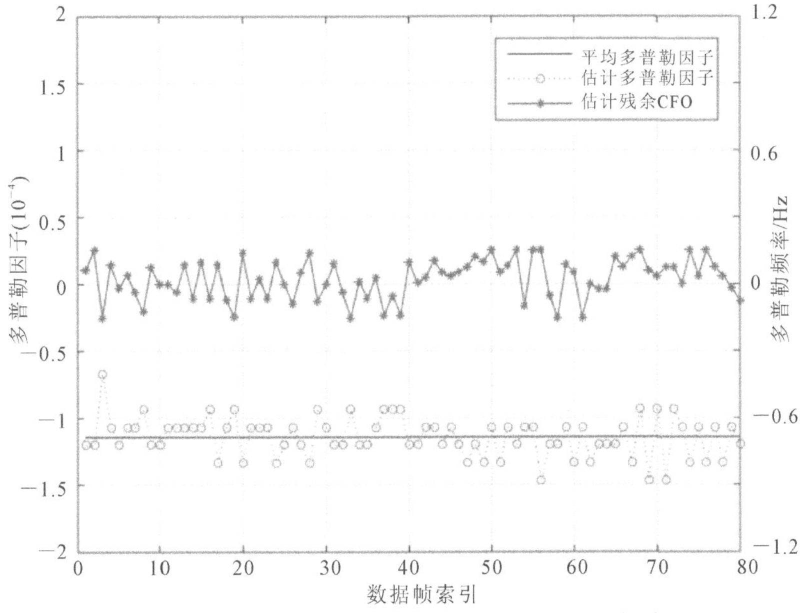

图 7-11　实验各帧的多普勒因子和残余 CFO 估计

表 7-1 时域过采样 OSDM 系统输出信噪比性能

	OFDE	OSDM	
	$M=1$	$M=2$	$M=3$
$G=1$	2.26 dB	4.56 dB	5.46 dB
$G=2$	2.50 dB	4.80 dB	5.70 dB
$G=4$	2.58 dB	4.93 dB	5.81 dB

表 7-2 时域过采样 OSDM 系统误比特率

	OFDE	OSDM	
	$M=1$	$M=2$	$M=3$
$G=1$	9.91×10^{-2}	8.05×10^{-2}	5.69×10^{-2}
$G=2$	9.11×10^{-2}	6.89×10^{-2}	4.86×10^{-2}
$G=4$	8.78×10^{-2}	5.80×10^{-2}	4.30×10^{-2}

与之前数值仿真结果相符，实验数据表明，OSDM 系统性能随 M 或 G 值的增加而提高，这验证了所介绍的过采样 OSDM 系统在实际水声信道中的有效性。进一步，图 7-12 绘制了 $M=16$ 情况下各帧单独的误比特率和噪声方差估计。再次，可以观察到，在绝大多数帧位置，时域过采样系统($G=2,4$)的性能优于对应的符号速率采样系统($G=1$)。此外，图 7-12 中各帧误比特率性能与噪声方差之间呈现相关性。连同表 7-1 中相对较低的信噪比，可大致判断复杂的现场信道噪声可能是实验中未出现无误码传输的主要原因。

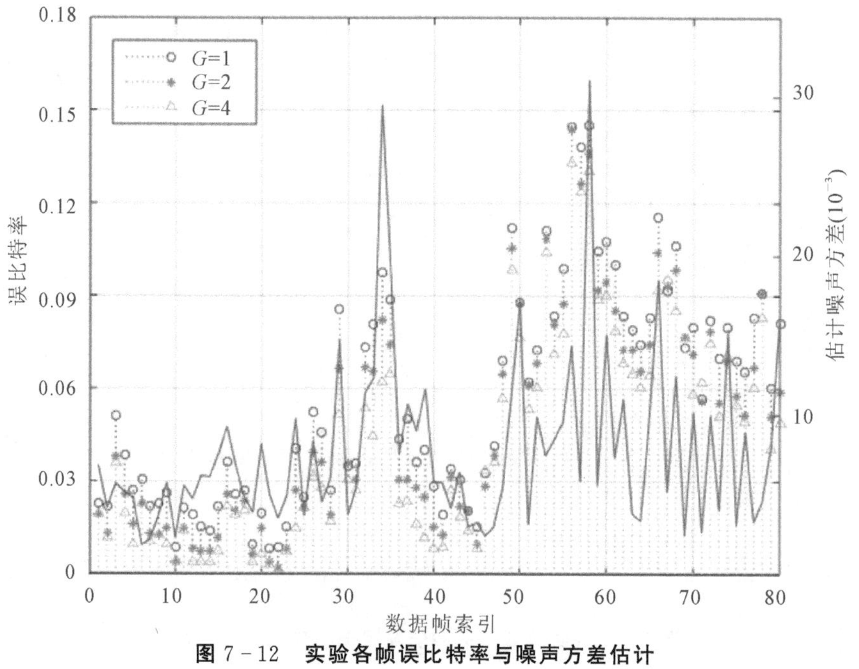

图 7-12 实验各帧误比特率与噪声方差估计

7.3　基于迭代检测的时变信道接收

本节将考虑采用 7.1.3 小节中的统一时变相位信道模型，即前端重采样后多普勒效应不再被限制为单频 CFO 形式，而是将其建模为一般化相位畸变。此外，本节还将介绍一种迭代检测接收处理算法[11]，其将 Turbo 迭代思想与 OSDM 逐矢量均衡相结合，可实现时变信道中的低复杂度可靠接收。

具体而言，此接收处理方法利用了多普勒相位缓慢时变的特征，从而使得信道在频域和时域中可用较少的参数进行表征。基于此，一种特殊设计的交替最小二乘(ALS)算法被用来联合执行信道冲激响应和相位估计。并且，为了减轻信道均衡中矩阵求逆计算的立方高复杂度，本节给出的 OSDM 接收处理方法将软干扰抵消(SoftIC)和相位补偿(PC)置于均衡器之前，以尽可能消除 IVI 造成的影响，从而实现各符号矢量间解耦与逐矢量低复杂度均衡。此外，本节 OSDM 系统还在发射端采用了符号矢量的独立编码，其对应在接收端将逐矢量译码与均衡相结合实现 Turbo 迭代处理，故可进一步提升时变水声信道中的 OSDM 通信传输的可靠性。

7.3.1　系统模型

本节中所研究 OSDM 通信系统的原理框图如图 7-13 所示。与之前给出的 OSDM 无编码系统不同，本节 OSDM 系统在发射端对各个符号矢量进行独立编码。在这里假设每个 OSDM 分块中包含 $K_a = M_a N$ 个原始信息位，其被划分为长度为 M_a 的位矢量 $\{\boldsymbol{a}_n\}_{n=0}^{N-1}$，OSDM 系统的发射端在调制之前对这 N 个位矢量分别进行编码、交织与映射。

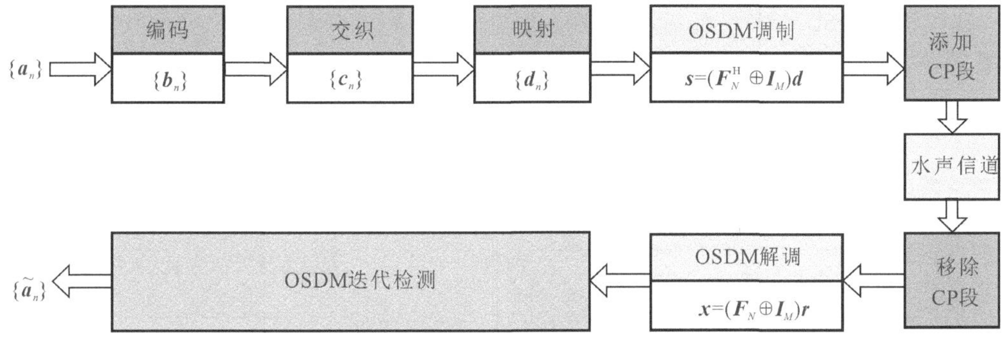

图 7-13　编码 OSDM 系统原理框图

具体而言，以第 n 个原始信息位矢量 $\boldsymbol{a}_n$ 为例，对其首先进行卷积编码，产生长度为 $M_c = (M_a + M_t)/R_c$ 的编码位向量 $\boldsymbol{b}_n$，此处，$R_c \in (0,1]$表示编码效率，而 $M_t \geqslant 0$ 表示各矢量内引入的额外相关开销，这些开销包括循环冗余校验(CRC)和终止序列(Termination Sequence)，分别用来检测数据完整性和重置编码器的最终状态。这个编码位向量 $\boldsymbol{b}_n$ 进而由随机交织器打乱位顺序得到 $\boldsymbol{c}_n$，并以长度 Q 位分为 M 组，即

$$\boldsymbol{c}_n = [\boldsymbol{c}_{n,0}^{\mathrm{T}}, \boldsymbol{c}_{n,1}^{\mathrm{T}}, \cdots, \boldsymbol{c}_{n,M-1}^{\mathrm{T}}]^{\mathrm{T}} \tag{7-74}$$

式中：$M = M_c/Q$，且

$$\boldsymbol{c}_{n,m} = [c_{n,m}(0), c_{n,m}(1), \cdots, c_{n,m}(Q-1)] \in \{0,1\}^Q \tag{7-75}$$

表示一个位组。随后，假设有映射星座 $\mathcal{A}=\{\tilde{\alpha}_1,\tilde{\alpha}_2,\cdots,\tilde{\alpha}_{2^Q}\}$，其中 $\tilde{\alpha}_i$ 对应于位图样 $\tilde{\boldsymbol{c}}_i=[\tilde{c}_i(0),\tilde{c}_i(1),\cdots,\tilde{c}_i(Q-1)]^{\mathrm{T}}$，则据此将每组 Q 个交织位 $\boldsymbol{c}_{n,m}$ 映射为一个符号 $d_{n,m}$（即当 $\boldsymbol{c}_{n,m}=\tilde{\boldsymbol{c}}_i$ 时有 $d_{n,m}=\tilde{\alpha}_i$）。最终得到用以进行 OSDM 调制的第 n 个符号矢量，即 $\boldsymbol{d}_n=[d_{n,0},d_{n,1},\cdots,d_{n,M-1}]^{\mathrm{T}}$，再将所有 N 个符号矢量如式(7－1)累叠后，即有当前符号分块 $\boldsymbol{d}$，其长度为 $K=MN$。注意，与之前各节中以单下标 k 索引 OSDM 符号不同，此处为本节后续展开方便起见采用了 n 和 m 双下标索引符号；这两种标记方式事实上可以很容易地通过 $d_{nM+m}=d_{n,m}$ 来实现彼此转换。

本节中的时变水声信道采用统一时变相位模型建模。在此情况下，OSDM 解调分块如式(7－42)所示；相比于时不变信道中的信号结构，其中额外存在相位矩阵 $\boldsymbol{\Theta}$，具体形式见式(7－49)。由此可知第 n 个 OSDM 解调矢量为

$$\boldsymbol{x}_n=\boldsymbol{G}_0\boldsymbol{H}_n\boldsymbol{d}_n+\sum_{i\neq 0}\boldsymbol{G}_i\boldsymbol{H}_{n-i}\boldsymbol{d}_{n-i}+\boldsymbol{z}_n \tag{7-76}$$

可以看到，式(7－76)等号右侧第一项代表矢量内 ISI，第二项即为 IVI 项。若信道为时不变且 $\{\theta_k=0\,|\,k=0,1,\cdots,K-1\}$，则易知 $\boldsymbol{g}_i=\delta_i 1_{M\times 1}$，对应式(7－76)将退化为式(7－23)。而当信道中存在时变相位时，$\{\boldsymbol{G}_i\}$ 中将包含由信道时变相位所引起的失真。在本章参考文献[12]中，为补偿类似的相位噪声，信道频率响应 $\{H_k\}$ 被假设为先验已知或是在连续分块上准静态，这种假设通常不适用于快速变化的水声信道，因为水声信道通常不能跨分块保持稳定，其信道估计需在各分块内分别进行。为此，在下小节中将开始介绍一种时变信道 OSDM 迭代检测算法。

7.3.2 迭代检测算法

迭代检测 OSDM 接收机基于 Turbo 原理迭代执行逐符号矢量的均衡和解码，流程图如图 7－14 所示，其中包含两种处理模式。

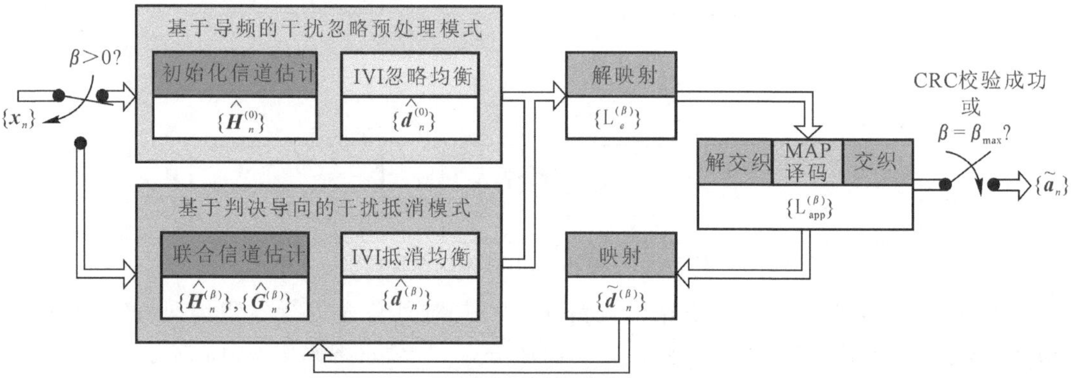

图 7－14　OSDM 迭代检测接收机结构

(1)基于导频(Pilot-Based)的干扰忽略预处理模式：该模式在初始化迭代 $\beta=0$ 时被激活，其不进行显式的 IVI 抵消而直接进行时不变信道估计和均衡，所得结果提供给随后迭代作为初始值。

(2)基于判决导向(Decision-Directed)的干扰抵消模式：在迭代次数 $\beta>0$ 时接收机切换到这种模式，其通过联合信道冲激响应和相位估计来重建时变信道，然后执行 SoftIC、PC 与

低复杂度逐符号均衡以抑制 IVI 和 ISI。此外，此模式还基于 Turbo 原理与译码器交换软信息，从而以迭代方式改善 OSDM 系统的整体性能。

上述算法迭代检测将持续进行，直到所有 OSDM 符号矢量中的 CRC 校验成功，或者迭代次数达到预先指定的最大迭代次数 $\beta_{\max}$ 为止。接下来，将给出此算法中几个关键模块的详细介绍。

7.3.2.1　时变干扰忽略的预处理

在初始化迭代 $\beta=0$ 中，前端重采样后的残余多普勒效应被忽略。对应可采用零值相位，则有

$$\hat{\boldsymbol{g}}_i^{(0)}=\delta_i\mathbf{1}_{M\times 1} \tag{7-77}$$

由此，解调信号矢量表达式可退化为式(7-23)，但此时 $\boldsymbol{z}_n$ 中将不只包含信道噪声，还将包含多普勒造成的 IVI 等干扰项。

若进一步假设此时的信号干扰噪声比足够高，则采用前面 7.1.2.4 小节的方法，可基于导频符号矢量得到初始化的信道估计 $\hat{\boldsymbol{c}}^{(0)}$。定义 $M\times(L+1)$ 维矩阵 $\bar{\boldsymbol{F}}_n$，其第 m 行第 l 列元素值为 $[\bar{\boldsymbol{F}}_n]_{m,l}=\mathrm{e}^{-\mathrm{j}(2\pi/K)(mN+n)l}$，则由式(7-19)与式(7-20)，有

$$\hat{\boldsymbol{H}}_n^{(0)}=\boldsymbol{\Lambda}_M^{n\mathrm{H}}\boldsymbol{F}_M^{\mathrm{H}}\hat{\bar{\boldsymbol{H}}}_n^{(0)}\boldsymbol{F}_M\boldsymbol{\Lambda}_M^n \tag{7-78}$$

$$\hat{\bar{\boldsymbol{H}}}_n^{(0)}=\mathrm{diag}\{\bar{\boldsymbol{F}}_n\hat{\boldsymbol{c}}^{(0)}\} \tag{7-79}$$

而基于式(7-31)，即有第 n 个符号矢量对应的初始化估计，例如以 MMSE 准则，将得到

$$\hat{\boldsymbol{d}}_n^{(0)}=\boldsymbol{\Lambda}_M^{n\mathrm{H}}\boldsymbol{F}_M^{\mathrm{H}}[\bar{\boldsymbol{W}}_n^{(0)}]\boldsymbol{F}_M\boldsymbol{\Lambda}_M^n\boldsymbol{x}_n \tag{7-80}$$

式中：$\bar{\boldsymbol{W}}_n$ 为对角矩阵，有

$$\bar{\boldsymbol{W}}_n^{(0)}=(\hat{\bar{\boldsymbol{H}}}_n^{(0)\mathrm{H}}\hat{\bar{\boldsymbol{H}}}_n^{(0)}+\sigma^2\boldsymbol{I}_M)^{-1}\hat{\bar{\boldsymbol{H}}}_n^{(0)H} \tag{7-81}$$

7.3.2.2　时变相位信道模型近似

在完成初始化预处理后，对于后续迭代 $\beta>0$，接收机前端重采样残留的多普勒效应将被显式考虑。如前文所述，其被建模为统一的时变相位，且假设在一个分块内缓慢变化，这对于收发端固定或低速运动的水声通信场景通常是可以满足的。统一时变相位信道条件下的信号模型已由式(7-42)给出，但此处为了进一步减少信道参数，对矩阵结构式(7-49)与式(7-50)进行如下两方面的近似。

(1)在频域中，可合理假设慢变相位对应的多普勒扩展是有界的。这样可以减少模型中非零相位子矩阵的数量，即

$$\boldsymbol{G}_i=\boldsymbol{0}_{M\times M},\quad I<i<N-I \tag{7-82}$$

此处，使用 I 作为多普勒扩展参数。

(2)在时域中，基于相位慢变性假设一种矢量子段衰落模型，即时变相位在 $J=M/\bar{M}$ 个连续符号上近似为保持不变，其中，$\bar{M}$ 和 J 分别定义为准静态子段的数量和长度。由此，可以将式(7-50)改写为

$$\boldsymbol{G}_i=\mathrm{diag}\{\boldsymbol{g}_i\}\otimes\boldsymbol{I}_J,\quad -I\leqslant i\leqslant I \tag{7-83}$$

式中：$\boldsymbol{g}_i=[g_{i,0},g_{i,1},\cdots,g_{i,\bar{M}-1}]^{\mathrm{T}}$。

基于上述近似，式(7-76)表示的第 n 个 OSDM 解调矢量可被重新简写为

$$\boldsymbol{x}_n = \sum_{i=-I}^{I} \boldsymbol{G}_i \boldsymbol{H}_{n-i} \boldsymbol{d}_{n-i} + \boldsymbol{z}_n \tag{7-84}$$

上式与初始化迭代 $\beta=0$ 中采用的信号模型不同，其显式包含了时变信道所造成的 IVI 成分，同时此处更少的信道参数也将有利于简化信道估计。

7.3.2.3 联合 SoftIC 和 PC 的逐矢量均衡

为实现 $\beta>0$ 时基于干扰抵消模式的 OSDM 迭代检测，此处介绍一种联合 SoftIC 和 PC 的逐符号矢量均衡方案。具体而言，在第 β 次迭代时，假设信道估计为 $\hat{\boldsymbol{c}}^{(\beta)}$ 与 $\{\hat{\boldsymbol{g}}_i^{(\beta)}\}$，则有

$$\hat{\boldsymbol{H}}_n^{(\beta)} = \boldsymbol{\Lambda}_M^{n\mathrm{H}} \boldsymbol{F}_M^{\mathrm{H}} \hat{\bar{\boldsymbol{H}}}_n^{(\beta)} \boldsymbol{F}_M \boldsymbol{\Lambda}_M^n \tag{7-85}$$

$$\hat{\bar{\boldsymbol{H}}}_n^{(\beta)} = \mathrm{diag}\{\bar{\boldsymbol{F}}_n \hat{\boldsymbol{c}}^{(\beta)}\} \tag{7-86}$$

式中：$n=0,1,\cdots,N-1$；而相位子矩阵为

$$\hat{\boldsymbol{G}}_i^{(\beta)} = \mathrm{diag}\{\hat{\boldsymbol{g}}_i^{(\beta)}\} \otimes \boldsymbol{I}_J \tag{7-87}$$

式中：$i=-I,-I+1,\cdots,I$。且由于接收机此时已切换至判决导向模式，则所对应的输入符号矢量为

$$\boldsymbol{d}_n^{(\beta)} = \begin{cases} \boldsymbol{d}_n, & n=0 \quad \text{or} \quad n \in \mathcal{N}_v^{(\beta)} \\ \tilde{\boldsymbol{d}}_n^{(\beta)} & n \in \mathcal{N}_r^{(\beta)} \end{cases} \tag{7-88}$$

式中：$\mathcal{N}_v^{(\beta)}$ 和 $\mathcal{N}_r^{(\beta)}$ 分别表示至第 β 次迭代为止累计已成功和剩余未成功译码的符号矢量索引集，且满足 $\mathcal{N}_v^{(\beta)} \cup \mathcal{N}_r^{(\beta)} = \{1,2,\cdots,N-1\}$；$\{\tilde{\boldsymbol{d}}_n^{(\beta)}\}$ 是译码器反馈的软符号矢量（具体见 7.3.2.5 小节）。

基于这些信道与符号参数，OSDM 系统可在均衡前对信道时变进行重构，并通过 SoftIC 和 PC 处理实现抵消，即有

$$\boldsymbol{x}_n^{(\beta)} = (\hat{\boldsymbol{G}}_0^{(\beta)})^{-1} \left[\boldsymbol{x}_n - \sum_{0<|i|\leqslant I} \hat{\boldsymbol{G}}_i^{(\beta)} \hat{\boldsymbol{H}}_{n-i}^{(\beta)} \boldsymbol{d}_{n-i}^{(\beta)}\right] = \boldsymbol{H}_n \boldsymbol{d}_n + \boldsymbol{z}_n^{(\beta)} \tag{7-89}$$

式中：$\boldsymbol{x}_n^{(\beta)}$ 为随后输入均衡器的第 n 个多普勒补偿解调矢量；$\boldsymbol{z}_n^{(\beta)}$ 包含加性噪声和可能的残留干扰。需注意的是，式(7-89)中多普勒补偿实际是针对解调矢量 $\boldsymbol{x}_n$ 操作实现的，其在 OSDM 解调后执行，因此此处的 SoftIC 和 PC 处理应被归类为一种 Post-FFT 信道时变处理方法。

类似于式(7-80)与式(7-81)，在 SoftIC 和 PC 处理后，符号估计可基于逐矢量均衡获得，以 MMSE 均衡为例，其形式为

$$\hat{\boldsymbol{d}}_n^{(\beta)} = \boldsymbol{\Lambda}_M^{n\mathrm{H}} \boldsymbol{F}_M^{\mathrm{H}} [\bar{\boldsymbol{W}}_n^{(\beta)}] \boldsymbol{F}_M \boldsymbol{\Lambda}_M^n \boldsymbol{x}_n^{(\beta)} \tag{7-90}$$

其中

$$\bar{\boldsymbol{W}}_n^{(\beta)} = (\hat{\bar{\boldsymbol{H}}}_n^{(\beta)\mathrm{H}} \hat{\bar{\boldsymbol{H}}}_n^{(\beta)} + \sigma^2 \boldsymbol{I}_M)^{-1} \hat{\bar{\boldsymbol{H}}}_n^{(\beta)\mathrm{H}} \tag{7-91}$$

值得说明的是，上述逐矢量均衡算法还可很容易地扩展至空域多通道接收即 SIMO 配置情况以获取空间分集增益。事实上，在第 3 章中已经看到空域多通道处理与单载波时域均衡结合的例子，此处将仅简单介绍其在 OSDM 逐矢量均衡中的使用。具体而言，考虑 OSDM 系统包含 V 个接收阵元的情况，则类似于式(7-89)，有

$$\begin{bmatrix} \boldsymbol{x}_{1,n}^{(\beta)} \\ \boldsymbol{x}_{2,n}^{(\beta)} \\ \vdots \\ \boldsymbol{x}_{V,n}^{(\beta)} \end{bmatrix} = \begin{bmatrix} \boldsymbol{H}_{1,n} \\ \boldsymbol{H}_{2,n} \\ \vdots \\ \boldsymbol{H}_{V,n} \end{bmatrix} \boldsymbol{d}_n + \begin{bmatrix} \boldsymbol{z}_{1,n}^{(\beta)} \\ \boldsymbol{z}_{2,n}^{(\beta)} \\ \vdots \\ \boldsymbol{z}_{V,n}^{(\beta)} \end{bmatrix} \tag{7-92}$$

式中：$\boldsymbol{H}_{v,n}$，$\boldsymbol{x}_{v,n}^{(\beta)}$，$\boldsymbol{z}_{v,n}^{(\beta)}$ 对应第 v 个接收阵元对应的信道矩阵、解调与噪声矢量。由此，可得 OSDM 多通道逐矢量均衡对应的第 n 个符号矢量估计，即

$$\hat{\boldsymbol{d}}_n^{(\beta)} = \sum_{v=1}^{V} \boldsymbol{\Lambda}_M^{n\mathrm{H}} \boldsymbol{F}_M^{\mathrm{H}} [\overline{\boldsymbol{W}}_{v,n}^{(\beta)}] \boldsymbol{F}_M \boldsymbol{\Lambda}_M^n \boldsymbol{x}_{v,n}^{(\beta)} \tag{7-93}$$

式中：$\overline{\boldsymbol{W}}_{v,n}^{(\beta)}$ 仍为对角矩阵，有

$$\overline{\boldsymbol{W}}_{v,n}^{(\beta)} = \left(\sum_{v=1}^{V} \bar{\hat{\boldsymbol{H}}}_{v,n}^{(\beta)\mathrm{H}} \bar{\hat{\boldsymbol{H}}}_{v,n}^{(\beta)} + \sigma^2 \boldsymbol{I}_M \right)^{-1} \bar{\hat{\boldsymbol{H}}}_{v,n}^{(\beta)\mathrm{H}} \tag{7-94}$$

式中：$\bar{\hat{\boldsymbol{H}}}_{v,n}^{(\beta)}$ 为对应第 v 个接收阵元的信道矩阵，其结构与式(7－86)类似。可以看到，式(7－93)中的多通道逐矢量均衡算法是式(7－90)中单通道情况的直接扩展，且其计算量与接收阵元数 V 保持线性关系。

7.3.2.4　联合信道估计的 ALS 算法

为实现上述联合 SoftIC 和 PC 的逐矢量均衡，需进行信道冲激响应和相位联合估计。基于式(7－42)，可知其对应求解最优化问题

$$\min_{\boldsymbol{h},\{\boldsymbol{g}_i\}} \| \boldsymbol{x} - \boldsymbol{\Theta} \boldsymbol{C} \hat{\boldsymbol{d}} \|^2 \tag{7-95}$$

在判决导向模式下，$\hat{\boldsymbol{d}}$ 可由式(7－88)中的符号矢量构建。不难发现，上式的求解存在两个问题。首先，$\boldsymbol{h}$ 和$\{\boldsymbol{g}_i\}$的估计值之间存在比例系数模糊；其次，此优化问题实际上是双线性且非凸的，因而求解全局最优解存在困难。

为避免多值性并实现次最优高效求解，在此处介绍一种 ALS 算法，其用以在每次 OSDM 迭代检测 $\beta>0$ 时实现联合信道估计，即获取$\hat{\boldsymbol{c}}^{(\beta)}$与$\{\hat{\boldsymbol{g}}_i^{(\beta)}\}$。由于 ALS 算法自身也基于迭代实现，为与上述 OSDM 迭代检测相区别，此处 ALS 算法的迭代索引使用 γ 表示。

ALS 算法将式(7－95)解耦为两个最小二乘问题，以分别求解信道冲激响应与时变相位，并通过两步估计迭代实现。此算法假设在之前第 $\gamma-1$ 次迭代中已得到信道估计值 $\hat{\boldsymbol{c}}^{\langle\gamma-1\rangle}$，$\{\hat{\boldsymbol{g}}_i^{\langle\gamma-1\rangle}\}$及其相应的矩阵$\hat{\boldsymbol{C}}^{\langle\gamma-1\rangle}$，$\hat{\boldsymbol{\Theta}}^{\langle\gamma-1\rangle}$。在此基础上，可以类似于式(7－89)在频域内重构和抵消 IVI，并进一步得到 $\boldsymbol{x}$ 的多普勒补偿形式，记为$\hat{\boldsymbol{x}}^{\langle\gamma-1\rangle}$。然后，在第 γ 次迭代中，算法的第一个 LS 步骤将估计信道冲激响应，即

$$\hat{\boldsymbol{c}}^{\langle\gamma\rangle} = \arg\min_{\boldsymbol{c}} \| \hat{\boldsymbol{x}}^{\langle\gamma-1\rangle} - \boldsymbol{C}\hat{\boldsymbol{d}} \|^2 = \arg\min_{\boldsymbol{c}} \| \hat{\boldsymbol{x}}^{\langle\gamma-1\rangle} - \hat{\boldsymbol{A}}\boldsymbol{c} \|^2 \tag{7-96}$$

式中：$\hat{\boldsymbol{A}} = \boldsymbol{U}^{\mathrm{H}} \bar{\hat{\boldsymbol{D}}} \boldsymbol{P}_{M,N} \overline{\boldsymbol{F}}_K$，$\bar{\hat{\boldsymbol{D}}} = \mathrm{diag}\{\boldsymbol{U}\hat{\boldsymbol{d}}\}$，并且 $\boldsymbol{U} = (\boldsymbol{I}_N \otimes \boldsymbol{F}_M)\boldsymbol{\Lambda}$，$\overline{\boldsymbol{F}}_K = \sqrt{K}[\boldsymbol{F}_K]_{:,0:L}$。容易知道，这里信道冲激响应的 LS 解为

$$\hat{\boldsymbol{c}}^{\langle\gamma\rangle} = \hat{\boldsymbol{A}}^{\dagger} \hat{\boldsymbol{x}}^{\langle\gamma-1\rangle} \tag{7-97}$$

式中：$(\cdot)^{\dagger}$ 表示 Moore-Penrose 伪逆。

随后，基于式(7－97)中更新的信道冲激响应，第二个 LS 步骤将进一步估计信道时变相位，即

$$\hat{\boldsymbol{g}}^{\langle\gamma\rangle}=\arg\min_{\boldsymbol{g}}\|\boldsymbol{x}-\boldsymbol{\Theta}\hat{\boldsymbol{C}}^{\langle\gamma\rangle}\hat{\boldsymbol{d}}\|^2=\arg\min_{\boldsymbol{g}}\|\boldsymbol{x}-\hat{\boldsymbol{B}}^{\langle\gamma\rangle}\boldsymbol{g}\|^2 \tag{7-98}$$

式中：$\boldsymbol{g}=[\boldsymbol{g}_{-I}^{\mathrm{T}},\cdots,\boldsymbol{g}_I^{\mathrm{T}}]^{\mathrm{T}}$；$\hat{\boldsymbol{B}}^{\langle\gamma\rangle}$是维度为$K\times(2I+1)M$的矩阵，其第$(n,i)$个$M\times M$维子块形式为

$$[\hat{\boldsymbol{B}}^{\langle\gamma\rangle}]_{nM:nM+M-1,iM:iM+M-1}=\operatorname{diag}\{\hat{\boldsymbol{H}}_{n-i+I}^{\langle\gamma\rangle}\hat{\boldsymbol{d}}_{n-i+I}\} \tag{7-99}$$

式中：$n=0,1,\cdots,N-1$，$i=0,1,\cdots,2I$，且此处所有下标都采用模N操作。由式(7-98)可得信道时变相位估计为

$$\hat{\boldsymbol{g}}^{\langle\gamma\rangle}=\hat{\boldsymbol{B}}^{\langle\gamma\rangle\dagger}\boldsymbol{x} \tag{7-100}$$

上述ALS算法以7.3.2.1小节预处理中的时不变信道估计$\hat{\boldsymbol{c}}^{(0)}$与$\{\hat{\boldsymbol{g}}_i^{(0)}\}$作为初始值，并持续迭代直到$\gamma$达到给定的数值$\gamma_{\max}$，此后输出信道估计供OSDM迭代检测使用，即

$$\hat{\boldsymbol{c}}^{(\beta)}=\hat{\boldsymbol{c}}^{\langle\gamma_{\max}\rangle},\ \hat{\boldsymbol{g}}_i^{(\beta)}=\hat{\boldsymbol{g}}_i^{\langle\gamma_{\max}\rangle} \tag{7-101}$$

关于ALS算法更具体的描述参见本章参考文献[11]中的附录B。容易知道，当水声信道的时变效应不甚严重时，可以期望式(7-95)问题的最优解在$\hat{\boldsymbol{c}}^{(0)}$和$\{\hat{\boldsymbol{g}}_i^{(0)}\}$的某一邻域内，从而ALS算法可通过较少数量的迭代实现收敛。

7.3.2.5 译码处理

在信道均衡完成之后，可以得到符号矢量估计$\hat{\boldsymbol{d}}_n^{(\beta)}=[\hat{d}_{n,0}^{(\beta)},\hat{d}_{n,1}^{(\beta)},\cdots,\hat{d}_{n,M-1}^{(\beta)}]^{\mathrm{T}}$，这些估计将被进一步用来译码并更新$n\in\mathbf{N}_{\mathrm{r}}^{(\beta)}$中符号矢量的软信息。如图7-14中给出的OSDM迭代检测接收机结构所示，译码处理首先采用软输入软输出解映射器来计算交织位的外部对数似然比(LLR)。具体而言，此处采用一种典型假设，设

$$\hat{d}_{n,m}^{(\beta)}=\mu_n^{(\beta)}d_{n,m}+\zeta_n^{(\beta)} \tag{7-102}$$

式中：$\zeta_n^{(\beta)}$服从高斯分布，其均值为零，方差为$\sigma_n^{2(\beta)}$。则有$\boldsymbol{c}_{n,m}$中第q个比特即$c_{n,m}(q)$的外部LLR可表示为[13]

$$\mathcal{L}_e^{(\beta)}(c_{n,m}(q))=\ln\frac{\displaystyle\sum_{\forall\tilde{\boldsymbol{c}}_i:\tilde{c}_i(q)=0}\exp\left\{-\frac{|\hat{d}_{n,m}^{(\beta)}-\mu_n^{(\beta)}\tilde{\alpha}_i|^2}{\sigma_n^{2(\beta)}}+\sum_{\forall q':q'\neq q}\frac{1-2\tilde{c}_i(q')}{2}\mathcal{L}^{(\beta)}[c_{n,m}(q')]\right\}}{\displaystyle\sum_{\forall\tilde{\boldsymbol{c}}_i:\tilde{c}_i(q)=1}\exp\left\{-\frac{|\hat{d}_{n,m}^{(\beta)}-\mu_n^{(\beta)}\tilde{\alpha}_i|^2}{\sigma_n^{2(\beta)}}+\sum_{\forall q':q'\neq q}\frac{1-2\tilde{c}_i(q')}{2}\mathcal{L}^{(\beta)}[c_{n,m}(q')]\right\}} \tag{7-103}$$

式中：$q=0,1,\cdots,Q-1$，$\mathcal{L}^{(\beta)}[c_{n,m}(q)]$是第$\beta$次迭代的先验LLR。进而，可得到对应参数$\mu_n^{(\beta)}$和$\sigma_n^{2(\beta)}$，即[14-15]

$$\mu_n^{(\beta)}=\frac{1}{M}\sum_{m=0}^{M-1}\frac{\hat{d}_{n,m}^{(\beta)}}{\check{d}_{n,m}^{(\beta)}} \tag{7-104}$$

$$\sigma_n^{2(\beta)}=\frac{1}{M-1}\sum_{m=0}^{M-1}|\hat{d}_{n,m}^{(\beta)}-\mu_n^{(\beta)}\check{d}_{n,m}^{(\beta)}|^2 \tag{7-105}$$

式中：$\check{d}_{n,m}^{(\beta)}=\operatorname{dec}\{\hat{d}_{n,m}^{(\beta)}\}$是硬符号判决。

外部LLR即$\mathcal{L}_e^{(\beta)}[c_{n,m}(q)]$随后输入到由标准BCJR算法[16]实现的译码器中，并连同一对随机交织器和解交织器共同产生后验LLR即$\mathcal{L}_{\mathrm{app}}^{(\beta)}[c_{n,m}(q)]$。基于CRC校验，成功译码的符号矢量被重新分配给$\mathcal{N}_v^{(\beta+1)}$，而将剩余未成功译码的符号矢量先验LLR更新为

$$\mathcal{L}^{(\beta+1)}[c_{n,m}(q)]=\mathcal{L}_{\text{app}}^{(\beta)}[c_{n,m}(q)] \tag{7-106}$$

同时，$n\in\mathcal{N}_r^{(\beta+1)}$ 中符号矢量的软信息 $\tilde{\boldsymbol{d}}_n^{(\beta+1)}=[\tilde{d}_{n,0}^{(\beta+1)},\tilde{d}_{n,1}^{(\beta+1)},\cdots,\tilde{d}_{n,M-1}^{(\beta+1)}]^T$ 可由软输入软输出映射器计算为[13]

$$\tilde{d}_{n,m}^{(\beta+1)}=\sum_{i=1}^{2^Q}\left(\tilde{\alpha}_i\prod_{q=0}^{Q-1}\frac{1}{2}\left(1+(1-2\tilde{c}_i(q))\tanh\left(\frac{\mathcal{L}_{app}^{(\beta)}[c_{n,m}(q)]}{2}\right)\right)\right) \tag{7-107}$$

其结果反馈回均衡器以开始 OSDM 的下一次迭代检测。并且，最终当所有 Turbo 迭代结束后，译码器输出原始信息位矢量判决 $\{\tilde{\boldsymbol{a}}_n\}_{n=0}^{N-1}$。

最后需说明的是，在上述 OSDM 迭代检测方案中，虽然在式(7－90)与式(7－93)中使用了逐符号矢量均衡，但随后译码仍是以批处理方式进行的，即在获得所有符号矢量估计前不更新符号软判决，将此方案称为并行迭代检测(PID)。事实上，由于发射端对每个符号矢量的编码操作实际是独立进行的，因此接收端译码也同样可以逐矢量方式进行，即在得到一个符号矢量估计后，立即译码计算其软判决信息并反馈更新信道估计，从而在此基础上改善 IVI 抵消性能。便于区分起见，将这里的后一种方法称为串行迭代检测(SID)，并且可以预期 SID 较之 PID 会带来部分系统性能方面的提升。

7.3.3　算法性能仿真

考虑一个编码 OSDM 系统，其符号分块的长度为 $K=1\ 024$，分块持续时间为 $T=256$ ms，则各符号宽度为 $T_s=T/K=0.25$ ms。在每个矢量中，原始信息位后放置 4 位 CRC 和 2 位全零终止位，即有 $M_t=6$。随后，位矢量序列依次进行效率为 $R_c=0.5$ 的(5，7)卷积编码与随机交织，并映射到 QPSK 星座，即 $Q=2$。此外，在 OSDM 各分块前插入一个长度为 $K_g=32$ 的 CP 段，并使用 $f_c=6$ kHz 作为通带载频。

仿真水声信道的最大多径阶数为 $L=20$，对应多径时延扩展 $\tau_{\max}=5$ ms。同时，各信道路径采用独立瑞利衰落，且功率延迟剖面呈指数衰减，其首尾抽头的平均功率差为 6 dB。进一步，在接收端，每个 OSDM 符号分块上的时变相位值 $\{\theta_k|k=0,1,\cdots,K-1\}$ 由一个更新方程仿真生成，即

$$\theta_{k+1}=\theta_k+2\pi f_d T_s+\varepsilon_k \tag{7-108}$$

式中：$f_d=a_\Delta f_c$ 为重采样后的载波频率偏移，此处 a_Δ 是重采样残留多普勒因子；ε_k 用以表示由其他信道时变效应所引起的额外相位畸变。这里将 $\{\varepsilon_k\}$ 建模为独立同分布随机变量，且各采样服从实数高斯分布 $N(0,\sigma_\varepsilon^2)$。基于以上仿真设置，下面将对联合信道估计与 OSDM 迭代检测的性能进行评价。

7.3.3.1　联合信道估计性能

先考察联合信道响应和相位估计的 ALS 算法性能。虽然，水声信道中声速较低，仅约为 $1\ 500\ \text{m}\cdot\text{s}^{-1}$，导致接收机前端的多普勒因子较大，典型值在 10^{-4} 至 10^{-3} 量级。但经过重采样处理后，通信信号时变效应通常大大减少。因此，在接下来的仿真中，设置残留多普勒因子 a_Δ 取值为 $[0:0.2:1]\times10^{-4}$，并同时设置标准差 $\sigma_\varepsilon=2\pi a_\varepsilon f_c T_s$，其中 $a_\varepsilon=0.2\times10^{-4}$。

考虑一个符号矢量长度为 $M=128$ 的 OSDM 系统。由于 $M>L$，这里仅保留 $\boldsymbol{d}_0$ 作为

导频符号矢量用于初始化信道估计。设系统的输入信噪比固定在 25 dB,同时采用 MMSE 均衡的实测输出信噪比作为性能指标。图 7-15 显示参数 I 和 J 选取对系统的影响,并且给出忽略 IVI 处理方式作为比较基准。可以看到,若忽略 IVI(对应于 $I=0$ 且 $J=M=128$),当多普勒因子 a_Δ 偏离 0 时,输出信噪比则出现迅速恶化。相比之下,ALS 算法具有同时估计信道响应和时变相位的能力;并且,通过增加 I 或减少 J,ALS 算法可以增加计算复杂度为代价更准确地重建并抵消 IVI,从而获得更高的接收端信噪比。

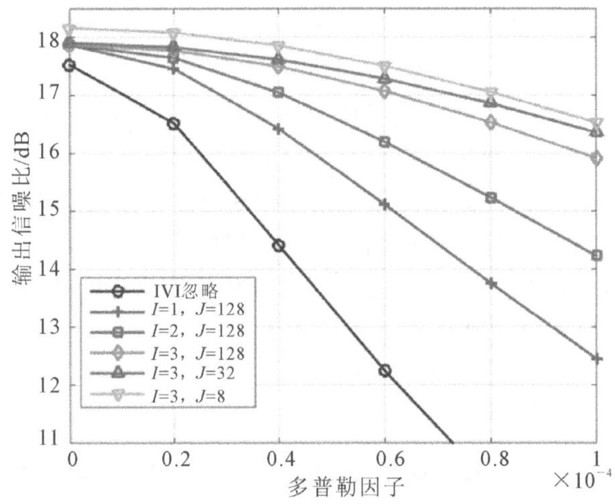

图 7-15 OSDM 迭代检测的输出信噪比性能(对应不同信道参数 I 和 J)

此外,鉴于 ALS 算法采用迭代方式实现信道响应和时变相位的联合估计,这里评估其迭代收敛性的问题。如图 7-16 所示,$\gamma_{\max}$ 表示 ALS 算法的迭代次数,且此时固定 $I=3$,$J=8$。可以看出,其前两次迭代过程对 OSDM 系统的输出信噪比有显著的提高,而后续迭代的性能增益变得很小。对实际水声通信应用而言,通常只需要 2~3 次迭代即足以使 ALS 算法收敛。

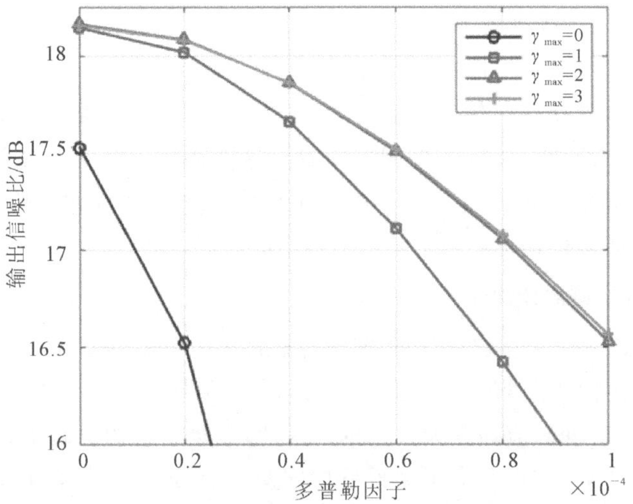

图 7-16 OSDM 迭代检测的输出信噪比性能(对应不同迭代次数 $\gamma_{\max}$)

7.3.3.2　OSDM 迭代检测性能

进一步讨论 OSDM 迭代检测与译码性能。首先，考虑将此处的 OSDM 系统和本章参考文献[17]中提出的 D－OSDM 系统的带宽效率和误比特率性能进行比较。这里将重采样残留多普勒因子设置为 $a_{\Delta}=1\times10^{-4}$，且符号向量长度设置为 $M=64$，同时仍旧仅保留 $\boldsymbol{d}_0$ 作为导频符号矢量。对 D－OSDM 系统而言，由于其必须在导频符号矢量两侧各插入 $2N_z$ 个零矢量，以尽量实现与数据符号矢量去耦，因此 D－OSDM 的带宽效率可计算为

$$\eta_{\text{D-OSDM}}=\frac{QM(N-1-4N_z)}{MN+K_g} \tag{7-109}$$

在此仿真中，设置 N_z 值为 1，2，3，则其对应带宽效率分别为 1.33 bits · s^{-1} · Hz^{-1}、0.85 bits · s^{-1} · Hz^{-1} 与 0.36 bits · s^{-1} · Hz^{-1}。相比而言，本节介绍的 OSDM 系统的带宽效率为

$$\eta=\frac{M_a(N-1)}{MN+K_g} \tag{7-110}$$

对应于仿真条件，可知 $M_a=QMR_c-M_t=58$，故带宽效率为 0.82 bits · s^{-1} · Hz^{-1}。此带宽效率大致相当于 D－OSDM 系统 $N_z=2$ 的情况。

图 7－17 中比较了两个 OSDM 系统的误比特率性能。其中，本节的 OSDM 迭代检测基于 PID 方案，且为了与本章参考文献[17]中的 D－OSDM 系统公平起见，其采用 ZF 准则均衡。可以看出，在较高信噪比条件下，即使初始化迭代 $\beta=0$ 时，本节 OSDM 迭代检测也具有与 $N_z=2$ 的 D－OSDM 系统相当的性能。而当迭代持续至 $\beta\geqslant3$ 时，其输出性能优于 $N_z=3$ 配置下的 D－OSDM 系统。该仿真结果表明，与 D－OSDM 系统中插入零矢量相比，利用这些频带资源进行编码并通过本节迭代检测的方法可能是更为有效的，其在水声通信中可获得更好的误比特率性能。

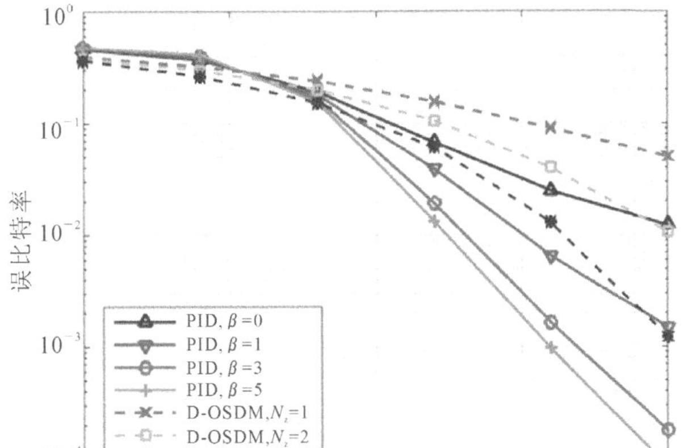

图 7－17　与 D－OSDM 系统接收处理方法的性能比较

此外，图 7－18 比较了当信噪比固定为 15 dB 而多普勒因子变化时，分别采用 PID 与

SID 方案的 OSDM 系统迭代检测性能。注意到，由于两种方案事实上都执行了相同的预处理，因此它们的性能在初始化迭代时是相同的。然而，随着迭代处理的继续进行，SID 开始表现出优于 PID 的性能优势，这是因为前者能够立即译码并反馈当前均衡输出符号矢量的软信息。

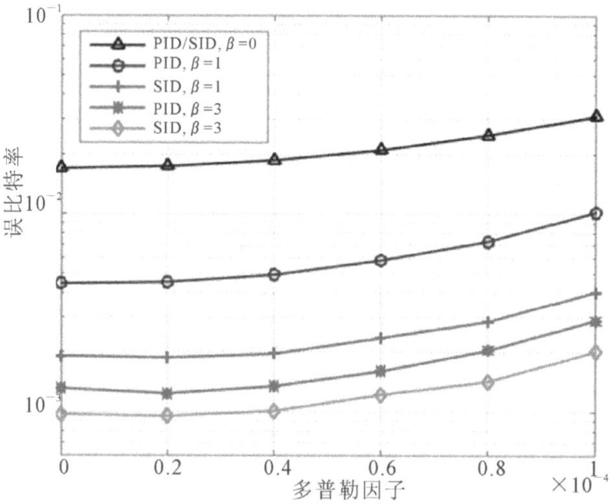

图 7-18　两种 OSDM 迭代检测方案 PID 与 SID 的性能比较

7.3.4　实验数据分析

在本节最后给出 OSDM 水声通信系统迭代检测方法的初步湖上试验结果。该实验于 2016 年 1 月在中国河南丹江口水库进行，实验地点水深 30～50 m 不等。两艘试验船被用作收发平台，相距 3 km。OSDM 通信收发端布放深度同为 20 m，但接收端采用四阵元直线阵（由通道 01 至 04 组成）接收，阵元间距为 0.25 m。实验中测量得到的典型信道冲激响应如图 7-19 所示，其中为了比较，所有通道冲激响应都以通道 01 的最强路径幅度进行了归一化处理。可以看出，实验信道最大多径延迟扩展 $\tau_{\max}\approx 30$ ms。此外，图 7-20 给出了通道 01 信道冲激响应的时变情况，其基于对一系列 LFM 段进行相关处理得到。由于实验中未涉及人为的平台运动，测量信道仅表现出缓慢的时变，其在 30 s 的持续观察时间内，多径结构滞后 1.49 ms，对应的多普勒因子值为 -4.97×10^{-5}。

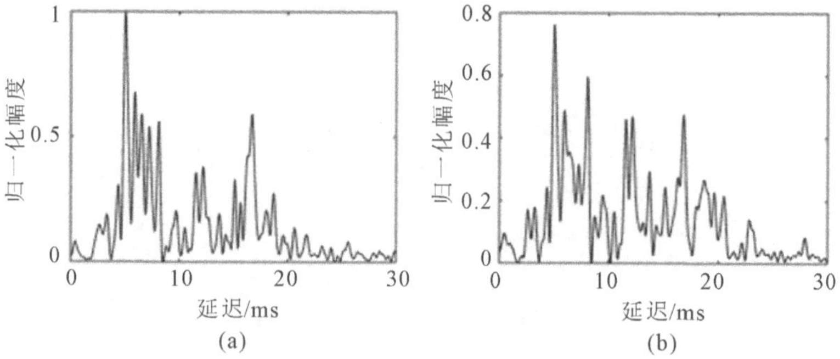

图 7-19　接收阵列（通道 01 到 04）测量信道冲激响应快拍

(a)通道 01；(b)通道 02

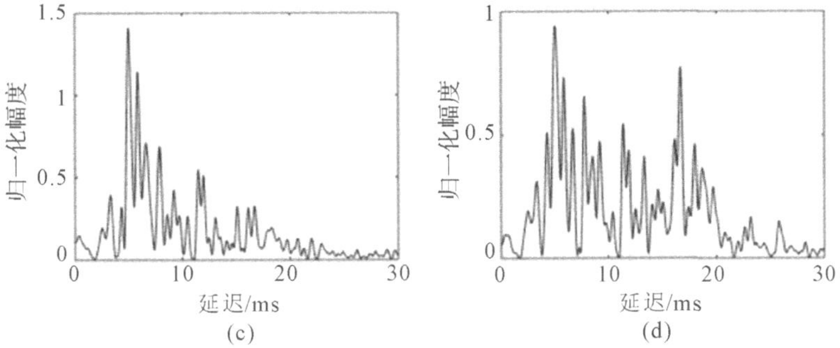

续图 7-19 接收阵列(通道 01 到 04)测量信道冲激响应快拍

(c)通道 03;(d)通道 04

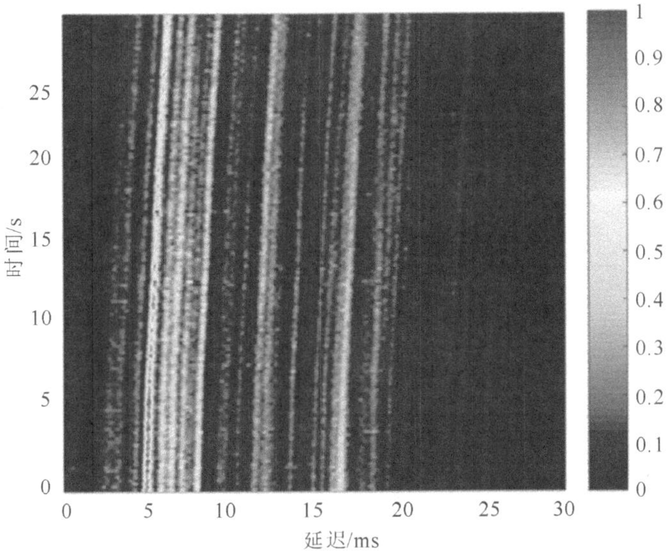

图 7-20 通道 01 上测量的时变信道冲激响应

在此实验水声信道中,总共有 16 个 OSDM 数据包被连续发送。各数据包的结构如图 7-21 所示,其包含由空白段分隔的 4 个 OSDM 符号分块,并在首尾插入两个 LFM 段以用于同步和初始化多普勒估计。在本次实验中,OSDM 系统参数与之前仿真小节中使用的参数几乎完全相同,唯一的区别是在实验中设置了 $M=K_g=128$,以保证:①CP 足够长,即 $T_g=K_gT_s\geqslant\tau_{\max}$;②仍可仅使用 $\boldsymbol{d}_0$ 作为导频符号矢量,因为 $M>\tau_{\max}/T_s=120$。因此,实验 OSDM 系统的最终有效数据率可以计算为

$$\frac{M_a(N-1)}{T+T_g}\approx 2.965\ \mathrm{kb\cdot s^{-1}} \tag{7-111}$$

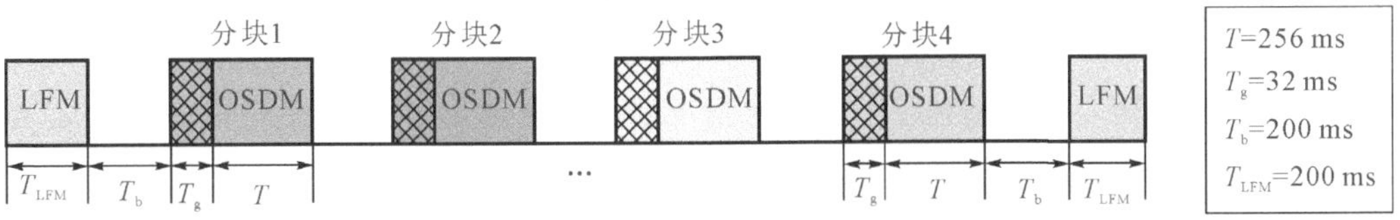

图 7-21 实验发射 OSDM 数据包结构

在接收端，因为多普勒因子仅为 10^{-5} 数量级，所以故意省略了前端重采样处理，而将信道时变补偿的任务全部留给本节介绍的 OSDM 迭代检测。此处，首先将信道时变参数设置为 $I=2$ 和 $J=16$，并使用误比特率作为性能指标。分别采用 PID 和 SID 迭代检测方案，所得实验系统误比特率见表 7－3 和表 7－4。其中，可以观察到与之前数值仿真相似的结果，具体如下。

表 7－3 实验系统 PID 迭代检测误比特率性能

接收阵元个数	均衡类型	迭代次数			
		$\beta=0$	$\beta=1$	$\beta=2$	$\beta=3$
1	ZF	9.14×10^{-2}	11.8×10^{-2}	13.2×10^{-2}	13.6×10^{-2}
	MMSE	3.81×10^{-3}	3.84×10^{-4}	2.01×10^{-4}	1.83×10^{-4}
2	ZF	4.50×10^{-3}	7.68×10^{-4}	5.31×10^{-4}	9.15×10^{-5}
	MMSE	7.87×10^{-4}	0	0	0
4	ZF	4.57×10^{-4}	0	0	0
	MMSE	1.83×10^{-4}	0	0	0

表 7－4 实验系统 SID 迭代检测误比特率性能

接收阵元个数	均衡类型	迭代次数			
		$\beta=0$	$\beta=1$	$\beta=2$	$\beta=3$
1	ZF	9.14×10^{-2}	11.7×10^{-2}	12.6×10^{-2}	13.1×10^{-2}
	MMSE	3.81×10^{-3}	3.66×10^{-4}	9.15×10^{-5}	9.15×10^{-5}
2	ZF	4.50×10^{-3}	7.68×10^{-4}	4.03×10^{-4}	5.49×10^{-5}
	MMSE	7.87×10^{-4}	0	0	0
4	ZF	4.57×10^{-4}	0	0	0
	MMSE	1.83×10^{-4}	0	0	0

(1)由于 SID 方案可通过对当前符号矢量软判决的即时更新来改善 IVI 抵消，所以其性能优于 PID。尽管实验数据较为有限，表中两种方案的误比特率在某些情况下看似相同(例如 $V=2$ 且 $\beta=1$ 以 ZF 均衡时)，上述结论在一般情况下依然是成立的。

(2)由于考虑了噪声的影响，所以 MMSE 均衡性能优于 ZF 均衡。且当采用单通道接收处理即 $V=1$ 时，它们的性能差距更为明显。

(3)无论选择何种迭代检测方案(PID 或 SID)或均衡准则(ZF 或 MMSE)，OSDM 系统性能总是随着接收阵元数 V 值或迭代次数 β 值的增加而提高。实验结果表明，ZF 和 MMSE 均衡分别可在迭代次数 $\beta=1$ 且接收阵元数为 $V=2$ 和 4 时实现无误码传输。

但值得注意的是，在单通道 ZF 均衡的情况下，两种 OSDM 迭代检测方案均未能达到性能收敛，接下来对这一现象进行解释。如图 7－22 所示，考虑 4 种接收机配置——单通道 ZF 均衡、单通道 MMSE 均衡、双通道 ZF 均衡与四通道 ZF 均衡，并绘制 OSDM 在第 1～20 个符号分块(即前 5 个数据包)上各次迭代的误码个数。同时，为比较起见，图 7－22 中还提供了每个符号分块所对应的噪声方差估计，其由两相邻空白段的噪声样本方差平均获得。由此可以看出，系统性能与噪声方差之间存在相关性。粗略来讲，OSDM 迭代检测在噪声曲线上升期间产生了更多的误码。这一现象意味着单阵元 ZF 均衡性能的不收敛主要是由其噪声增强效应所引起。作为对比，通过 MMSE 均衡明确考虑噪声因素或由多通道均衡引入空间分集，OSDM 迭代检测性能受信噪比降低的影响都要小得多。

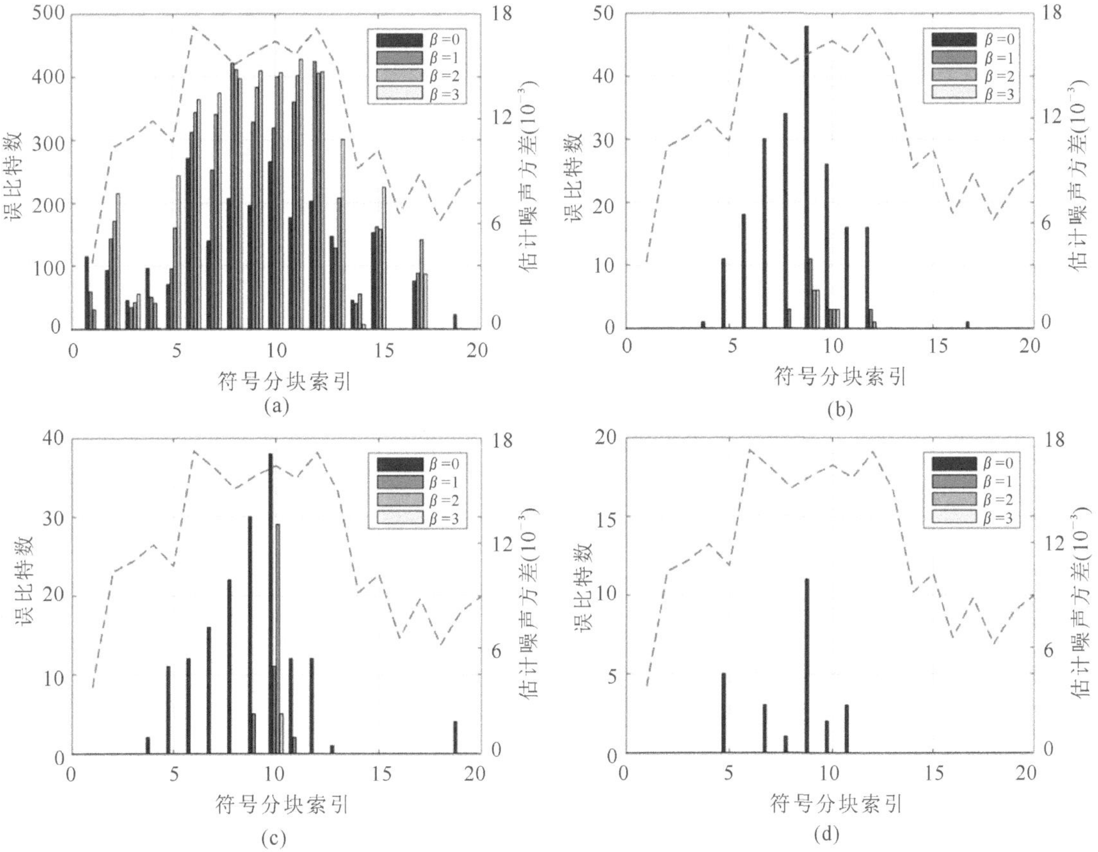

图 7-22　实验发射前 20 个 OSDM 数据分块的误比特数与对应噪声方差估计

(a)单通道 ZF 均衡；(b)单通道 MMSE 均衡；(c)双通道 ZF 均衡；(d)四通道 ZF 均衡

下面考察不同的参数配置 I，J，$\beta_{\max}$ 和 $\gamma_{\max}$ 情况下所对应的 OSDM 系统输出信噪比。这里的迭代检测采用 PID 方案和 MMSE 均衡，接收阵元个数设置为 $V=1,2$ 与 4。首先，图 7-23(a)(b)(c)中固定迭代参数 $\beta_{\max}=3$ 和 $\gamma_{\max}=2$，而改变信道模型参数 I 和 J。正如预期的那样，图 7-23(a)～(c)表明当多普勒扩展 I 值增加或准静态子段长度 J 值减小时，输出信噪比得到了改善。可是，与通过扩展 I 实现的实质性能提升相比，输出信噪比对 J 参数的依赖较弱。这种现象是合理的，所以实验水声信道中的多普勒效应并不严重，因此相位子矩阵$\{\boldsymbol{G}_i\}$的对角线元素仅呈现缓慢变化。作为一个极端的例子，当 $I=0$ 时，缩短 J 的性能提升变得可忽略不计，因为在这种情况下 OSDM 系统性能主要受 IVI 而非矢量内时变的影响。其次，图 7-23(d)～(f)中固定 $I=2$ 与 $J=16$，而改变迭代参数 $\beta_{\max}$ 和 $\gamma_{\max}$。其显示

输出信噪比随着 β_{max} 的增加而快速饱和，且当 $\gamma_{max} \geqslant 1$ 时几乎保持恒定。这表明，对于一般程度的水声信道多普勒影响，此处介绍的 OSDM 迭代检测仅需要少数几次迭代来保证收敛，这可以在一定程度上减少计算复杂度。

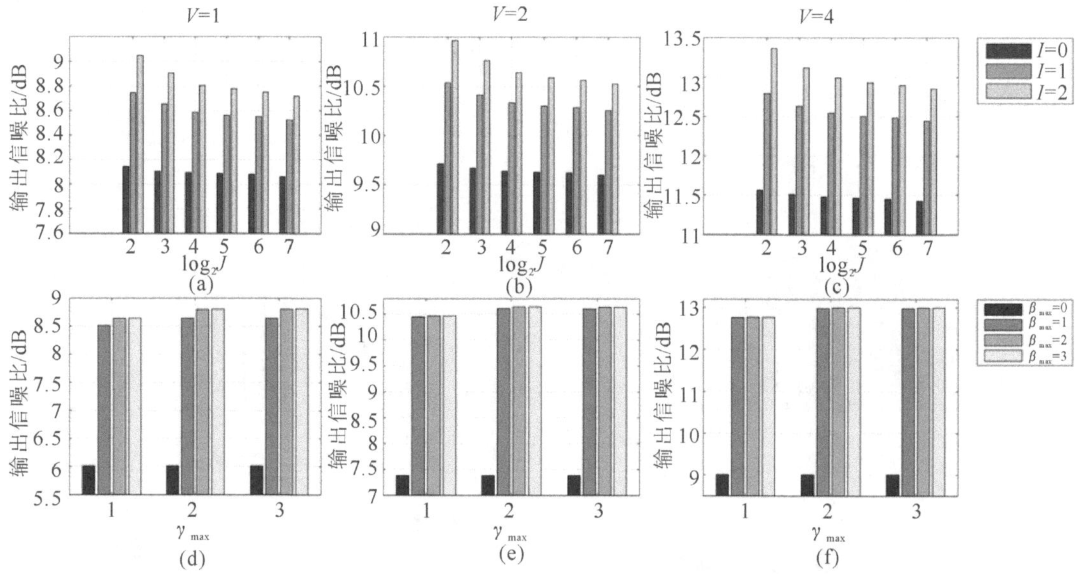

图 7-23　实验 OSDM 系统不同接收机参数配置对应输出信噪比

(a) $V=1$ 时不同信道建模参数 I、J 对应的接收信噪比($\beta_{max}=3$ 与 $\gamma_{max}=2$)；

(b) $V=2$ 时不同信道建模参数 I、J 对应的接收信噪比($\beta_{max}=3$ 与 $\gamma_{max}=2$)；

(c) $V=4$ 时不同信道建模参数 I、J 对应的接收信噪比($\beta_{max}=3$ 与 $\gamma_{max}=2$)；

(d) $V=1$ 时不同迭代参数 β_{max} 与 γ_{max} 对应的接收信噪比($I=2$ 与 $J=16$)；

(e) $V=2$ 时不同迭代参数 β_{max} 与 γ_{max} 对应的接收信噪比($I=2$ 与 $J=16$)；

(f) $V=4$ 时不同迭代参数 β_{max} 与 γ_{max} 对应的接收信噪比($I=2$ 与 $J=16$)

7.4　基于基扩展模型的时变信道接收

上述时变信道中的多普勒扩展将导致 OSDM 系统的 IVI，其类似于传统 OFDM 系统的 ICI，并将显著降低系统性能。具体的 IVI 抑制方法取决于信道模型；在 7.2 节与 7.3 节中，分别将接收端(重采样后的)信道时变简单建模为 CFO 与统一相位失真，本节将进一步采用之前 5.3 节中引入的更复杂的 BEM 模型，并具体介绍其所对应 OSDM 系统的分块、串行均衡与信道估计方法[18]。从类型而言，本节中这些均衡算法应被归类为 Post - FFT 处理方法。

具体而言，受之前对 OFDM 系统处理的启发，本节将推导显示 OSDM 系统 CE - BEM 时变信道矩阵具有循环子块带状结构，且其主带内的子块可通过矩阵分解进一步对角化。同时，通过利用此特殊的信道矩阵结构，本节重点将分别基于块 LDL^H 分解与块迭代矩阵求逆给出 OSDM 系统分块与串行均衡算法。与之前类似，这两种算法同样都是在变换域上实现的，因而可避免信道矩阵直接求逆所造成的立方复杂度。此外，本节还将介绍一种

OSDM 系统中的导频辅助 CE - BEM 信道估计方法。其导频矢量等间隔设置并采用频移 Chu 序列以避免直接矩阵求逆，并且两侧插入零矢量以消除来自相邻数据矢量的 IVI。

7.4.1　系统模型

这里仍考虑无编码 OSDM 系统，其符号分块长度为 $K=MN$，包含 N 个长度为 M 的符号矢量。相比于 CFO 与统一相位失真信道模型，BEM 模型可实现各延迟抽头时变效应的独立建模，因而灵活性更高；并且基于基函数拟合，BEM 模型较之 7.1.3 小节中的一般化时变响应信道模型可显著减少信道参数数量。类似于之前 5.3 节，简单起见，以复指数基即 CE - BEM 进行研究。此模型对应的时域信道矩阵见式(5 - 89)～式(5 - 91)，则根据式(7 - 13)，其对应信道频响矩阵可表示为

$$\boldsymbol{C}=\sum_{q=-Q}^{Q}\boldsymbol{\Gamma}_q\boldsymbol{B}_q \tag{7-112}$$

式中

$$\boldsymbol{\Gamma}_q=(\boldsymbol{F}_N\otimes\boldsymbol{I}_M)\widetilde{\boldsymbol{\Gamma}}_K^q(\boldsymbol{F}_N^{\mathrm{H}}\otimes\boldsymbol{I}_M) \tag{7-113}$$

$$\boldsymbol{B}_q=(\boldsymbol{F}_N\otimes\boldsymbol{I}_M)\widetilde{\boldsymbol{B}}_q(\boldsymbol{F}_N^{\mathrm{H}}\otimes\boldsymbol{I}_M) \tag{7-114}$$

首先关注式(7 - 114)。由于$\widetilde{\boldsymbol{B}}_q$ 是循环矩阵，并且与式(7 - 11)中的矩阵$\widetilde{\boldsymbol{C}}$ 具有相同结构，则基于 7.1.2.2 小节中推导，可类似得到

$$\boldsymbol{B}_q=\begin{bmatrix}\boldsymbol{H}_{q,0} & & & \\ & \boldsymbol{H}_{q,1} & & \\ & & \ddots & \\ & & & \boldsymbol{H}_{q,N-1}\end{bmatrix} \tag{7-115}$$

其中

$$\boldsymbol{H}_{q,n}=\boldsymbol{\Lambda}_M^{n\mathrm{H}}\boldsymbol{F}_M^{\mathrm{H}}\overline{\boldsymbol{H}}_{q,n}\boldsymbol{F}_M\boldsymbol{\Lambda}_M^n \tag{7-116}$$

$$\overline{\boldsymbol{H}}_{q,n}=\mathrm{diag}\{[H_{q,n},H_{q,N+n},\cdots,H_{q,(M-1)N+n}]^{\mathrm{T}}\} \tag{7-117}$$

$q=-Q,-Q+1,\cdots,Q,n=0,1,\cdots,N-1$，且有

$$H_{q,k}=\sum_{l=0}^{L}b_{q,l}\mathrm{e}^{-\mathrm{j}\frac{2\pi}{K}lk},\ k=0,1,\cdots,K-1 \tag{7-118}$$

现在继续来考虑式(7 - 113)。由于$\widetilde{\boldsymbol{\Gamma}}_K^q=\widetilde{\boldsymbol{\Gamma}}_N^q\otimes\boldsymbol{\Lambda}_M^{-q}$，通过使用式(7 - 17)中的 Kronecker 积性质，可得

$$\boldsymbol{\Gamma}_q=(\boldsymbol{F}_N\otimes\boldsymbol{I}_M)(\widetilde{\boldsymbol{\Gamma}}_N^q\otimes\boldsymbol{\Lambda}_M^{-q})(\boldsymbol{F}_N^{\mathrm{H}}\otimes\boldsymbol{I}_M)=(\boldsymbol{F}_N\widetilde{\boldsymbol{\Gamma}}_N^q\boldsymbol{F}_N^{\mathrm{H}})\otimes\boldsymbol{\Lambda}_M^{-q}=\boldsymbol{J}_N^q\otimes\boldsymbol{\Lambda}_M^{-q} \tag{7-119}$$

式(7 - 119)第三个等号右侧的式子中，使用了类似于式(5 - 93)的结论。

为了更方便理解，进一步将式(7 - 112)中的信道频响矩阵 $\boldsymbol{C}$ 划分为 $M\times M$ 的子块，即

$$\boldsymbol{C}_{n,n'}=[\boldsymbol{C}]_{nM:nM+M-1,n'M:n'M+M-1} \tag{7-120}$$

式中：$n,n'=0,1,\cdots,N-1$。

图 7 - 24 中对应给出了在 $Q=2$ 情况时的信道矩阵结构示例。可以看出，其中有 $\boldsymbol{C}_{n,n}=\boldsymbol{H}_{0,n}$，即主块对角线中的子块对应于多普勒索引 $q=0$；而且 $\boldsymbol{C}_{n,(n-q)_N}=\boldsymbol{\Lambda}_M^{-q}\boldsymbol{H}_{q,(n-q)_N}$，

即第 q 个下(上)块对角线中的子块对应于多普勒索引 $q>0(q<0)$。因此,可以认识到,若 $Q<N/2$,则矩阵 $\boldsymbol{C}$ 具有循环子块带状结构,此时 OSDM 接收机处的第 n 个解调矢量形式为

$$\boldsymbol{x}_n=\boldsymbol{H}_{0,n}\boldsymbol{d}_n+\sum_{0<|q|\leqslant Q}\boldsymbol{\Lambda}_M^{-q}\boldsymbol{H}_{q,(n-q)_N}\boldsymbol{d}_{(n-q)_N}+\boldsymbol{z}_n \tag{7-121}$$

式中:式(7-121)中等号右侧第一项表示建模矢量内的 ISI,第二项表示 IVI。容易验证,对于传统的 OFDM 系统(即 $M=1$ 情况),其矩阵 $\boldsymbol{C}$ 将退化为 5.3 节中的循环标量带状结构,此时 IVI 相应地变成了 ICI。

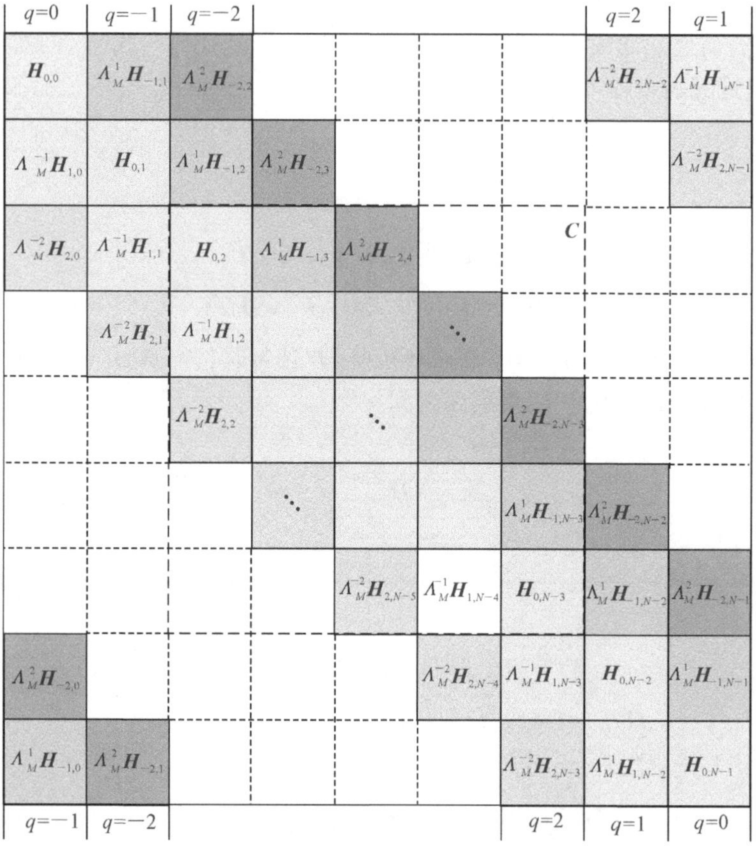

图 7-24 CE-BEM 信道下的 OSDM 信道频响矩阵结构示意图($Q=2$)

7.4.2 低复杂度均衡

就信道均衡而言,由于式(7-121)中的符号矢量是耦合的,所以 OSDM 分块的一种简单的 MMSE 均衡方法可基于式(7-12)写为

$$\hat{\boldsymbol{d}}=\boldsymbol{C}^H(\boldsymbol{C}\boldsymbol{C}^H+\sigma^2\boldsymbol{I}_K)^{-1}\boldsymbol{x} \tag{7-122}$$

该方法的复杂度主要由矩阵求逆决定,其大约为 $O(K^3)$,因而难以适用于大 K 值的水声通信场合。为缓和这个问题,一种 D-OSDM 系统进一步将符号矢量分组,并在各组符号矢量两侧插入零矢量,从而以降低传输速率为代价人为实现组间去耦[17]。但由于其均衡仍

使用直接矩阵求逆，所以复杂度对分组长度而言仍然是立方的（收益仅在于将矩阵求逆维数从 K 降低为分组长度）。受式（7－31）中时不变信道低复杂度均衡器设计的启发，一个自然问题是，此时基于式（7－112）中 CE－BEM 信道矩阵 $\boldsymbol{C}$ 结构，是否可以采取类似的策略。事实上，图 7－24 已为解决这个问题提供了一些灵感，在本节中将分别给出两种低复杂度 OSDM 均衡器的设计。

7.4.2.1　分块均衡

第一种 CE－BEM 时变信道 OSDM 均衡算法类似于式（7－122），其联合估计所有符号矢量（即整个分块），因此被称为分块均衡。为实现其低复杂度计算，假设 $Q<N/2$ 以保证矩阵 $\boldsymbol{C}$ 的带状结构。此外，还类似于式（5－96）将 OSDM 分块 $\boldsymbol{d}$ 首尾的 Q 个矢量设置为零矢量，即

$$\boldsymbol{d}=[0_{1\times MQ},\underline{\boldsymbol{d}}^{\mathrm{T}},0_{1\times MQ}]^{\mathrm{T}} \tag{7-123}$$

式中：$\underline{\boldsymbol{d}}$ 包含中间 $\underline{N}=N-2Q$ 个符号矢量，表示 OSDM 分块的有效载荷部分。通过定义截断矩阵 $\boldsymbol{T}=[\boldsymbol{I}_K]_{QM:(N-Q)M-1}$，则它又可被表示为 $\underline{\boldsymbol{d}}=\boldsymbol{T}\boldsymbol{d}$。同时，注意与 D－OSDM 系统[17]在每组矢量周围均需置零不同，这里仅在整个分块边缘插入零矢量。换句话说，OSDM 分块中的所有符号矢量实际被纳入同一个分组，故由此产生的系统带宽开销被减少到最低。

对分块均衡而言，接收端 OSDM 解调分块将同样以矩阵 $\boldsymbol{T}$ 进行截短，并由此产生如下信号输入输出关系，有

$$\underline{\boldsymbol{x}}=\underline{\boldsymbol{C}}\underline{\boldsymbol{d}}+\underline{\boldsymbol{x}} \tag{7-124}$$

其中，$\underline{\boldsymbol{x}}=\boldsymbol{T}\boldsymbol{x}$，$\underline{\boldsymbol{x}}=\boldsymbol{T}\boldsymbol{z}$；而如图 7－24 所示，$\underline{\boldsymbol{C}}=\boldsymbol{T}\boldsymbol{C}\boldsymbol{T}^{H}$ 是矩阵 $\boldsymbol{C}$ 中央部分的 $M\underline{N}\times M\underline{N}$ 维子矩阵。由此可以看到，通过消除 $\boldsymbol{C}$ 的左下角和右上角部分，循环耦合效应被从$\underline{\boldsymbol{x}}$ 中去除，且剩余的矩阵$\underline{\boldsymbol{C}}$ 通常具有标准（非循环）分块带状结构。需注意的是，在多普勒扩展 $Q\geqslant\underline{N}-1$ 时，$\underline{\boldsymbol{C}}$ 实际上膨胀为一个满矩阵。但为了方便起见，此处统称$\underline{\boldsymbol{C}}$ 是子块带状矩阵，其块半带宽（Block Semi-Bandwidth）为

$$\beta_C=\min\{Q,\underline{N}-1\} \tag{7-125}$$

基于式（7－124），OSDM 系统的分块 MMSE 均衡可有类似于式（5－98）中 OFDM 分块均衡的形式，即

$$\hat{\underline{\boldsymbol{d}}}=\underline{\boldsymbol{C}}^{\mathrm{H}}(\underline{\boldsymbol{C}}\underline{\boldsymbol{C}}^{H}+\sigma^2\boldsymbol{I}_{M\underline{N}})^{-1}\underline{\boldsymbol{x}} \tag{7-126}$$

式（7－126）可视为是式（7－122）的截短版本。此外，与 5.3 节中 OFDM 分块均衡算法所利用的基于标量的带状矩阵结构不同，容易验证此处 OSDM 系统中的矩阵 $\underline{\boldsymbol{R}}=\underline{\boldsymbol{C}}\,\underline{\boldsymbol{C}}^{H}+\sigma^2\boldsymbol{I}_{M\underline{N}}$ 与矩阵$\underline{\boldsymbol{C}}$ 一样，也属于子块带状矩阵，其块半带宽为

$$\beta_R=\min\{2Q,\underline{N}-1\} \tag{7-127}$$

当然，若考虑到任何子块带状矩阵同样也是标量带状的，则一种高效计算$\underline{\boldsymbol{R}}^{-1}$ 的直接方法是将$\underline{\boldsymbol{R}}$ 视为半带宽为 $M\beta_R+M-1$ 的标量带状矩阵。由此，仍可采用标量带状 $\mathrm{LDL}^{\mathrm{H}}$ 矩阵分解算法[19]来实现式（7－126）中的 OSDM 分块均衡。但不幸的是，该算法的复杂度将为 $\mathcal{O}(\beta_R^2M^3\underline{N})$，即关于 M 仍然是立方的，因此不利于在实际 OSDM 水声通信系统中使用。

为了降低均衡复杂度，进一步研究 OSDM 信道矩阵 $\boldsymbol{C}$ 中各子块的结构。事实上，通过

推导可以发现，以式(7－120)定义的各非零 $M\times M$ 维子块可进一步分解为

$$\boldsymbol{C}_{n,n'}=\boldsymbol{\Lambda}_M^{nH}\boldsymbol{F}_M^H\overline{\boldsymbol{C}}_{n,n'}\boldsymbol{F}_M\boldsymbol{\Lambda}_M^{n'} \tag{7-128}$$

其中

$$\overline{\boldsymbol{C}}_{n,n'}=\begin{cases}\overline{\boldsymbol{H}}_{n-n',n'}, & |n-n'|\leqslant Q\\ \boldsymbol{J}_M^{-1}\overline{\boldsymbol{H}}_{n-n'-N,n'}, & N-Q\leqslant n-n'\leqslant N-1\\ \boldsymbol{J}_M^{1}\overline{\boldsymbol{H}}_{n-n'+N,n'}, & 1-N\leqslant n-n'\leqslant Q-N\end{cases} \tag{7-129}$$

便于理解起见，此处简单证明式(7－128)和式(7－129)。注意，矩阵 $\boldsymbol{C}_{n,n'}$ 在其中的三种形式分别位于矩阵 $\boldsymbol{C}$ 的主块带、左下角和右上角区域内。首先，考虑 $|n-n'|\leqslant Q$ 即子块矩阵 $\boldsymbol{C}_{n,n'}$ 位于矩阵 $\boldsymbol{C}$ 的主块带中的情况，可以从图 7－24 与式(7－112)的说明中得到

$$\boldsymbol{C}_{n,n'}=\boldsymbol{\Lambda}_M^{(n-n')\mathrm{H}}\boldsymbol{H}_{n-n',n'} \tag{7-130}$$

将式(7－116)代入式(7－130)，则有

$$\boldsymbol{C}_{n,n'}=\boldsymbol{\Lambda}_M^{(n-n')\mathrm{H}}(\boldsymbol{\Lambda}_M^{n'\mathrm{H}}\boldsymbol{F}_M^{\mathrm{H}}\overline{\boldsymbol{H}}_{n-n',n'}\boldsymbol{F}_M\boldsymbol{\Lambda}_M^{n'})=\boldsymbol{\Lambda}_M^{n\mathrm{H}}\boldsymbol{F}_M^{\mathrm{H}}\overline{\boldsymbol{H}}_{n-n',n'}\boldsymbol{F}_M\boldsymbol{\Lambda}_M^{n'} \tag{7-131}$$

在这种情况下，$\overline{\boldsymbol{C}}_{n,n'}=\overline{\boldsymbol{H}}_{n-n',n'}$。现在考虑第二种情况，$N-Q\leqslant n-n'\leqslant N-1$，即子块 $\boldsymbol{C}_{n,n'}$ 位于 $\boldsymbol{C}$ 的左下角，我们可以得到

$$\begin{aligned}\boldsymbol{C}_{n,n'}=&\boldsymbol{\Lambda}_M^{(n-n'-N)\mathrm{H}}\boldsymbol{H}_{n-n'-N,n'}=\\&\boldsymbol{\Lambda}_M^{(n-n'-N)\mathrm{H}}(\boldsymbol{\Lambda}_M^{n'\mathrm{H}}\boldsymbol{F}_M^{\mathrm{H}}\overline{\boldsymbol{H}}_{n-n'-N,n'}\boldsymbol{F}_M\boldsymbol{\Lambda}_M^{n'})=\\&\boldsymbol{\Lambda}_M^{n\mathrm{H}}(\widetilde{\boldsymbol{\Gamma}}_M^{-1}\boldsymbol{F}_M^{\mathrm{H}})\overline{\boldsymbol{H}}_{n-n'-N,n'}\boldsymbol{F}_M\boldsymbol{\Lambda}_M^{n'}=\\&\boldsymbol{\Lambda}_M^{n\mathrm{H}}(\boldsymbol{F}_M^{\mathrm{H}}\boldsymbol{J}_M^{-1})\overline{\boldsymbol{H}}_{n-n'-N,n'}\boldsymbol{F}_M\boldsymbol{\Lambda}_M^{n'}\end{aligned} \tag{7-132}$$

式(7－132)最后一行中使用了类似于式(5－93)的结论。基于此可以得到 $\overline{\boldsymbol{C}}_{n,n'}=\boldsymbol{J}_M^{-1}\overline{\boldsymbol{H}}_{n-n'-N,n'}$。

最后，在 $1-N\leqslant n-n'\leqslant Q-N$ 的情况下，矩阵子块矩阵 $\boldsymbol{C}_{n,n'}$ 位于 $\boldsymbol{C}$ 的右上角，其推导类似于第二种情况，故此处不再赘述。

根据式(7－129)，$\overline{\boldsymbol{C}}_{n,n'}$ 的 3 种结构示例如图 7－25 所示。可以看到，其中只有主块带中的矩阵 $\overline{\boldsymbol{C}}_{n,n'}$ 可以被对角化。此外，通过选择矩阵 $\boldsymbol{C}$ 的中央部分，矩阵 $\underline{\boldsymbol{C}}$ 中将仅包含这种类型的分块结构。OSDM 分块均衡算法即是在此观察的启发下设计的。具体而言，基于式(7－128)和式(7－129)，则式(7－124)中的矩阵 $\underline{\boldsymbol{C}}$ 可分解为

$$\underline{\boldsymbol{C}}=\underline{\boldsymbol{\Lambda}}^{\mathrm{H}}(\boldsymbol{I}_{\underline{N}}\otimes\boldsymbol{F}_M^{\mathrm{H}})\underline{\boldsymbol{C}}(\boldsymbol{I}_{\underline{N}}\otimes\boldsymbol{F}_M)\underline{\boldsymbol{\Lambda}} \tag{7-133}$$

式中：$\underline{\overline{\boldsymbol{C}}}=\boldsymbol{T}\overline{\boldsymbol{C}}\boldsymbol{T}^{\mathrm{H}}$，且矩阵 $\overline{\boldsymbol{C}}$ 是由式(7－129)中矩阵子块 $\{\overline{\boldsymbol{C}}_{n,n'}\}$ 所组成的 $K\times K$ 矩阵为

$$\underline{\boldsymbol{\Lambda}}=\boldsymbol{T\Lambda T}^{\mathrm{H}}=\begin{bmatrix}\boldsymbol{\Lambda}_M^{Q} & & & \\ & \boldsymbol{\Lambda}_M^{Q+1} & & \\ & & \ddots & \\ & & & \boldsymbol{\Lambda}_M^{N-Q-1}\end{bmatrix} \tag{7-134}$$

基于此分解，式(7－122)中的 OSDM 分块 MMSE 均衡可重新表示为

$$\hat{\underline{\boldsymbol{d}}}=\underline{\boldsymbol{\Lambda}}^{\mathrm{H}}(\boldsymbol{I}_{\underline{N}}\otimes\boldsymbol{F}_M^H)[\bar{\underline{\boldsymbol{C}}}^{\mathrm{H}}(\bar{\underline{\boldsymbol{C}}}\,\bar{\underline{\boldsymbol{C}}}^{\mathrm{H}}+\sigma^2\boldsymbol{I}_{M\underline{N}})^{-1}](\boldsymbol{I}_{\underline{N}}\otimes\boldsymbol{F}_M)\underline{\boldsymbol{\Lambda}}\underline{\boldsymbol{x}} \tag{7-135}$$

容易知道，式(7－135)中的两个矩阵$\bar{\underline{\boldsymbol{C}}}$ 和$\bar{\underline{\boldsymbol{R}}}=\bar{\underline{\boldsymbol{C}}}\,\bar{\underline{\boldsymbol{C}}}^{\mathrm{H}}+\sigma^2\boldsymbol{I}_{M\underline{N}}$ 仍具有矩阵子块带状结构，且其各个子块均为对角化形式。基于此观察，又将$\bar{\underline{\boldsymbol{C}}}$ 矩阵和$\bar{\underline{\boldsymbol{R}}}$ 矩阵称为是对角子块带状(DBB)矩阵，可以看到它们分别具有与之前$\underline{\boldsymbol{C}}$ 矩阵和$\underline{\boldsymbol{R}}$ 矩阵相同的子块大小以及块半带宽，即 β_C 和 β_R。

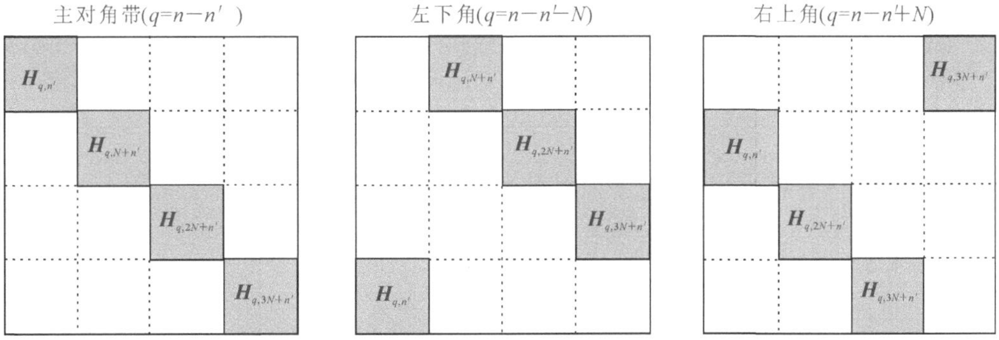

图 7－25　矩阵子块$\bar{\underline{\boldsymbol{C}}}_{n,n'}$的 3 种结构示例($M=4$)

根据式(7－135)，OSDM 的分块均衡可如图 7－26 所示设计，其包含三个步骤：对每个解调矢量 $\boldsymbol{x}_n$ 施加 $\boldsymbol{\Lambda}_M^n$ 矩阵频移与 $\boldsymbol{F}_M$ 矩阵 DFT 处理，从而实现域变换并合成可得

$$\bar{\underline{\boldsymbol{x}}}=(\boldsymbol{I}_{\underline{N}}\otimes\boldsymbol{F}_M)\underline{\boldsymbol{\Lambda}}\underline{\boldsymbol{x}} \tag{7-136}$$

在变换域中均衡整个解调分块，有

$$\hat{\bar{\underline{\boldsymbol{d}}}}=[\bar{\underline{\boldsymbol{C}}}^{\mathrm{H}}(\bar{\underline{\boldsymbol{C}}}\bar{\underline{\boldsymbol{C}}}^{\mathrm{H}}+\sigma^2\boldsymbol{I}_{M\underline{N}})^{-1}]\bar{\underline{\boldsymbol{x}}} \tag{7-137}$$

执行反变换，得到 OSDM 符号分块的最终估计

$$\hat{\underline{\boldsymbol{d}}}=\underline{\boldsymbol{\Lambda}}^{H}(\boldsymbol{I}_{\underline{N}}\otimes\boldsymbol{F}_M^{\mathrm{H}})\hat{\bar{\underline{\boldsymbol{d}}}} \tag{7-138}$$

由于矩阵$\bar{\underline{\boldsymbol{R}}}$ 中所有非零子块均有对角结构，所以不同于式(7－126)中仅将矩阵$\underline{\boldsymbol{R}}$ 作为普通标量带状矩阵，这里矩阵$\bar{\underline{\boldsymbol{R}}}$ 的 DBB 结构可以被进一步利用，以降低式(7－135)中 OSDM 分块均衡的复杂度。具体而言，此处将本章参考文献[19]的标量带状 $\mathrm{LDL^H}$ 分解算法扩展为子块版本，并应用执行 $\bar{\underline{\boldsymbol{R}}}=\bar{\underline{\boldsymbol{L}}}\bar{\underline{\boldsymbol{D}}}\,\bar{\underline{\boldsymbol{L}}}^{\mathrm{H}}$，见表 7－5。此时，根据 $\mathrm{LDL^H}$ 矩阵分解的基本性质[18]，容易得到两个结论：第一，矩阵$\bar{\underline{\boldsymbol{L}}}$ 也将是子块带状的，故无须计算所有的子块$\{\bar{\underline{\boldsymbol{L}}}_{n,n'}\mid 0\leqslant n'<n\leqslant \underline{N}\}$，因为对于任何给定的 n，矩阵$\bar{\underline{\boldsymbol{L}}}$ 的主对角线以下只存在 $\min\{\beta_R,n\}$ 个非零子块；第二，矩阵$\bar{\underline{\boldsymbol{L}}}$ 和矩阵$\bar{\underline{\boldsymbol{D}}}$ 中的所有子块也都将是对角的，因此表 7－5 算法中第 6 与第 8 行中的每个矩阵操作(包括矩阵求逆)均仅需要 M 个复数运算。

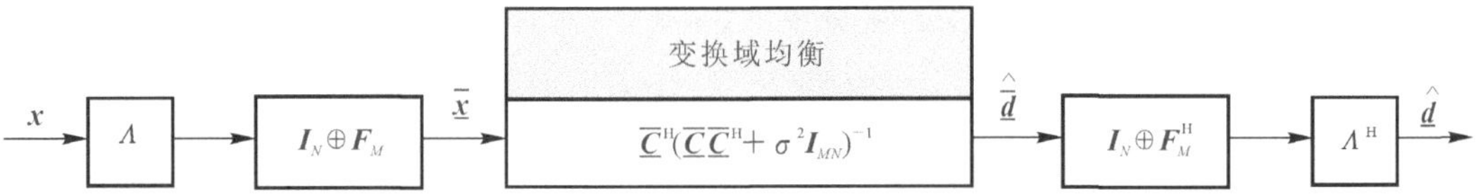

图 7－26　OSDM 分块均衡器结构

表 7－5　子块带状 $\mathrm{LDL^H}$ 矩阵分解算法

定义：$\underline{\bar{\boldsymbol{R}}}_{n,n'}$，$\underline{\bar{\boldsymbol{L}}}_{n,n'}$和$\underline{\bar{\boldsymbol{d}}}_{n,n'}$分别是$\underline{\bar{\boldsymbol{R}}}$，$\underline{\bar{\boldsymbol{L}}}$ 和$\underline{\bar{\boldsymbol{d}}}$ 的第(n,n')个子块。

1：初始化设置子块$\underline{\bar{\boldsymbol{L}}}_{0,0}=\boldsymbol{I}_M$ 和$\underline{\bar{\boldsymbol{D}}}_{0,0}=\underline{\bar{\boldsymbol{R}}}_{0,0}$

2：**for** $n=1:\underline{N}-1$ **do**

3：　强制单位子块约束：$\underline{\bar{\boldsymbol{L}}}_{n,n}=\boldsymbol{I}_M$

4：　确定非零子块的数量：$\beta=\min\{\beta_R,n\}$

5：　**for** $n'=n-\beta:n-1$ **do**

6：　　计算$\underline{\bar{\boldsymbol{L}}}$ 中的非零子块：

$$\underline{\bar{\boldsymbol{L}}}_{n,n'}=\Big(\underline{\bar{\boldsymbol{R}}}_{n,n'}-\sum_{i=n-\beta}^{n'-1}\underline{\bar{\boldsymbol{L}}}_{n,i}\underline{\bar{\boldsymbol{D}}}_{i,i}\underline{\bar{\boldsymbol{L}}}_{n',i}^{H}\Big)\underline{\bar{\boldsymbol{D}}}_{n',n'}^{-1}$$

7：　**end for**

8：　计算$\underline{\bar{\boldsymbol{d}}}$ 主对角线上的子块：

$$\underline{\bar{\boldsymbol{D}}}_{n,n}=\underline{\bar{\boldsymbol{R}}}_{n,n}-\sum_{i=n-\beta}^{n-1}\underline{\bar{\boldsymbol{L}}}_{n,i}\underline{\bar{\boldsymbol{D}}}_{i,i}\underline{\bar{\boldsymbol{L}}}_{n,i}^{H}$$

9：**end for**

基于上述矩阵分解 $\underline{\bar{\boldsymbol{R}}}=\underline{\bar{\boldsymbol{L}}}\underline{\bar{\boldsymbol{D}}}\,\underline{\bar{\boldsymbol{L}}}^{\mathrm{H}}$，图 7－26 中的变换域均衡可有低复杂度的实现，其过程见表 7－6。注意，由于第 4 和第 6 行中的两个子块三角系统是带状的，所以可以很容易地使用带状前向和后向替换算法的子块版本来求解它们。此外，由于$\underline{\bar{\boldsymbol{L}}}$ 和$\underline{\bar{\boldsymbol{D}}}$ 中子块的对角线结构，所以此算法中分块均衡的总复杂度关于 $M\underline{N}$ 仅为线性的。关于计算复杂度的详细讨论将在 7.4.2.3 小节给出。

表 7－6　变换域均衡算法

1：构建 DBB 矩阵$\underline{\bar{\boldsymbol{R}}}$

2：通过运行算法 1 来完成块分解 $\underline{\bar{\boldsymbol{R}}}=\underline{\bar{\boldsymbol{L}}}\underline{\bar{\boldsymbol{D}}}\,\underline{\bar{\boldsymbol{L}}}^{\mathrm{H}}$，并且获得$\underline{\bar{\boldsymbol{L}}}$ 和$\underline{\bar{\boldsymbol{D}}}$

3：通过三个步骤求解线性系统 $\underline{\bar{\boldsymbol{x}}}=\underline{\bar{\boldsymbol{R}}}\boldsymbol{y}$：

4：　(1)求解子块下三角系统 $\underline{\bar{\boldsymbol{x}}}=\underline{\bar{\boldsymbol{L}}}\boldsymbol{y}'$

5：　(2)求解子块对角系统 $\boldsymbol{y}'=\underline{\bar{\boldsymbol{D}}}\boldsymbol{y}''$

6：　(3)求解子块上三角系统 $\boldsymbol{y}''=\underline{\bar{\boldsymbol{L}}}^{\mathrm{H}}\boldsymbol{y}$

7：获得变换域中符号块$\underline{\bar{\boldsymbol{d}}}$ 的估计值：$\hat{\underline{\bar{\boldsymbol{d}}}}=\underline{\bar{\boldsymbol{C}}}^{\mathrm{H}}\boldsymbol{y}$

7.4.2.2　串行均衡

与分块均衡对所有符号矢量进行联合估计不同，串行均衡方法分别估计每一个符号矢量。若仍假设式(7－123)中的 OSDM 分块形式，则串行均衡将依次估计其中的非零符号矢量$\{\boldsymbol{d}_n|n=Q,Q+1,\cdots,N-Q-1\}$。从图 7－24 中的信道矩阵结构可以看出，$\boldsymbol{d}_n$ 的能量分布在其相邻的 $2Q+1$ 个矢量上。由此可得

$$\underline{\boldsymbol{x}}_n=\underline{\boldsymbol{C}}_n\underline{\boldsymbol{d}}_n+\underline{\boldsymbol{x}}_n \tag{7－139}$$

式中：$\underline{\boldsymbol{x}}_n=[\boldsymbol{x}_{n-Q}^{\mathrm{T}},\cdots,\boldsymbol{x}_{n+Q}^{\mathrm{T}}]^{\mathrm{T}}$；$\underline{\boldsymbol{x}}_n=[\boldsymbol{z}_{n-Q}^{\mathrm{T}},\cdots,\boldsymbol{z}_{n+Q}^{\mathrm{T}}]^{\mathrm{T}}$；$\underline{\boldsymbol{d}}_n=[\boldsymbol{d}_{n-2Q}^{\mathrm{T}},\cdots,\boldsymbol{d}_{n+2Q}^{\mathrm{T}}]^{\mathrm{T}}$，而

$$\underline{\boldsymbol{C}}_n=\begin{bmatrix}\mathbb{C}_{n-Q,n-2Q} & \cdots & \mathbb{C}_{n-Q,n} & & \\ & \ddots & \ddots & \ddots & \\ & & \mathbb{C}_{n+Q,n} & \cdots & \mathbb{C}_{n+Q,n+2Q}\end{bmatrix} \tag{7-140}$$

是一个(非正方形)子块带状矩阵,其每个子块行上最多有 $2Q+1$ 个非零块。容易知道,式(7-140)中非零子块的一般形式即为 $\mathbb{C}_{i,j}=\boldsymbol{C}_{i,j}$,且这里的索引 j 应以模 N 运算。但鉴于式(7-123)中符号分块首尾放置的零矢量,边缘矢量的循环耦合效应已被消除,因此当 $j<Q$ 或 $j>N-Q-1$ 时,子块 $\mathbb{C}_{i,j}$ 事实上可进一步设置为零以减轻计算量。则有

$$\mathbb{C}_{i,j}=\begin{cases}\boldsymbol{C}_{i,j}, & Q\leqslant j\leqslant N-Q-1\\ \boldsymbol{0}_{M\times M}, & \text{其他}\end{cases} \tag{7-141}$$

基于此,OSDM 串行均衡对第 n 个符号矢量的估计可写作

$$\hat{\boldsymbol{d}}_n=\underline{\mathcal{C}}_n^H(\underline{\boldsymbol{C}}_n\underline{\boldsymbol{C}}_n^H+\sigma^2\boldsymbol{I}_{M(2Q+1)})^{-1}\underline{\boldsymbol{x}}_n \tag{7-142}$$

式中:$\underline{\mathcal{C}}_n=[\underline{\boldsymbol{C}}_n]_{:,2QM:2QM+M-1}$ 即为 $\underline{\boldsymbol{C}}_n$ 最中间即第 $2Q$ 个子块列。

与式(7-126)中的分块均衡类似,直接计算式(7-142)中的串行均衡涉及对 $\underline{\boldsymbol{R}}_n=\underline{\boldsymbol{C}}_n\underline{\boldsymbol{C}}_n^H+\sigma^2\boldsymbol{I}_{M(2Q+1)}$ 的求逆运算,其导致立方复杂度。为此同样对式(7-139)中的矩阵 $\underline{\boldsymbol{C}}_n$ 进行矩阵分解以实现低复杂度的串行均衡,有

$$\underline{\boldsymbol{C}}_n=\underline{\boldsymbol{\Lambda}}_n^H(\boldsymbol{I}_{2Q+1}\otimes\boldsymbol{F}_M^H)\overline{\underline{\boldsymbol{C}}}_n(\boldsymbol{I}_{4Q+1}\otimes\boldsymbol{F}_M)\underline{\boldsymbol{\Lambda}}_n^+ \tag{7-143}$$

其中,

$$\underline{\boldsymbol{\Lambda}}_n=\begin{bmatrix}\boldsymbol{\Lambda}_M^{n-Q} & & \\ & \ddots & \\ & & \boldsymbol{\Lambda}_M^{N-Q-1}\end{bmatrix} \tag{7-144}$$

$$\underline{\boldsymbol{\Lambda}}_n^+=\begin{bmatrix}\boldsymbol{\Lambda}_M^{n-2Q} & & \\ & \ddots & \\ & & \boldsymbol{\Lambda}_M^{n+2Q}\end{bmatrix} \tag{7-145}$$

矩阵 $\overline{\underline{\boldsymbol{C}}}_n$ 具有与矩阵 $\underline{\boldsymbol{C}}_n$ 相似的结构,仅需将子块 $\{\mathbb{C}_{i,j}\}$ 被替换为

$$\bar{\mathbb{C}}_{i,j}=\begin{cases}\overline{\boldsymbol{C}}_{i,j}, & Q\leqslant j\leqslant N-Q-1\\ \boldsymbol{0}_{M\times M}, & \text{其他}\end{cases} \tag{7-146}$$

对应地,式(7-142)中的 OSDM 串行均衡可重新表示为

$$\hat{\boldsymbol{d}}_n=\boldsymbol{\Lambda}_M^{n\mathrm{H}}\boldsymbol{F}_M^{\mathrm{H}}[\bar{\underline{\mathcal{C}}}_n^{\mathrm{H}}(\overline{\underline{\boldsymbol{C}}}_n\overline{\underline{\boldsymbol{C}}}_n^H+\sigma^2\boldsymbol{I}_{M(2Q+1)})^{-1}](\boldsymbol{I}_{2Q+1}\otimes\boldsymbol{F}_M)\underline{\boldsymbol{\Lambda}}_n\underline{\boldsymbol{x}}_n \tag{7-147}$$

式中:$\bar{\underline{\mathcal{C}}}_n=[\overline{\underline{\boldsymbol{C}}}_n]_{:,2QM:2QM+M-1}$。此外,易知矩阵 $\overline{\underline{\boldsymbol{R}}}_n=\overline{\underline{\boldsymbol{C}}}_n\overline{\underline{\boldsymbol{C}}}_n^H+\sigma^2\boldsymbol{I}_{M(2Q+1)}$ 具有特殊的结构,其所有 $M\times M$ 维非零子块 $[\overline{\underline{\boldsymbol{R}}}_n]_{qM:qM+M-1,q'M:q'M+M-1}$ 都是对角的。

由此可知,与式(7-142)中的直接实现不同,OSDM 串行均衡可基于式(7-147)以更低的复杂度实现。类似于图 7-26 中的分块均衡处理,此处串行均衡的结构设计如图 7-27 所示。此算法首先生成矢量

$$\bar{\underline{\boldsymbol{x}}}_n=(\boldsymbol{I}_{2Q+1}\otimes\boldsymbol{F}_M)\underline{\boldsymbol{\Lambda}}_n\underline{\boldsymbol{x}}_n$$

然后对其在变换域进行均衡得到

$$\hat{\bar{d}}_n = \bar{C}_n^{\mathrm{H}}(\bar{C}_n\bar{C}_n^H + \sigma^2 \boldsymbol{I}_{M(2Q+1)})^{-1}\bar{\boldsymbol{x}}_n$$

最后再通过反变换得到第 n 个符号矢量的估计，即

$$\hat{\boldsymbol{d}}_n = \boldsymbol{\Lambda}_M^{n\mathrm{H}} \boldsymbol{F}_M^H \hat{\bar{\boldsymbol{d}}}_n$$

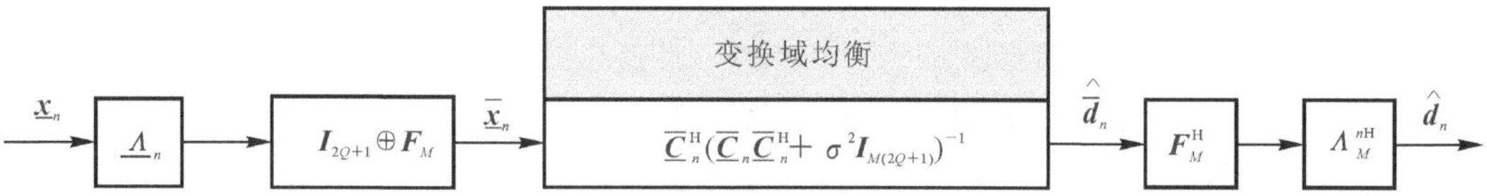

图 7-27　OSDM 串行均衡器结构

OSDM 串行均衡需在变换域中计算$\bar{\boldsymbol{R}}_n^{-1}$，此处不再采用之前的子块 LDL^{H} 矩阵分解算法；作为替代，扩展文献[20]中的迭代矩阵求逆算法。具体而言，将$\bar{\boldsymbol{R}}_{n-1}$ 和$\bar{\boldsymbol{R}}_n$ 划分为

$$\bar{\boldsymbol{R}}_{n-1} = \begin{bmatrix} \boldsymbol{U}_{n-1} & \boldsymbol{\Theta}_{n-1}^{\mathrm{H}} \\ \boldsymbol{\Theta}_{n-1} & \boldsymbol{\Sigma}_n \end{bmatrix}, \quad \bar{\boldsymbol{R}}_n = \begin{bmatrix} \boldsymbol{\Sigma}_n & \tilde{\boldsymbol{\Theta}}_n \\ \tilde{\boldsymbol{\Theta}}_n^{\mathrm{H}} & \tilde{\boldsymbol{U}}_n \end{bmatrix} \tag{7-148}$$

式中：$\boldsymbol{U}_{n-1}$ 和$\tilde{\boldsymbol{U}}_n$ 是 $M\times M$ 维矩阵；$\boldsymbol{\Theta}_{n-1}$ 和$\tilde{\boldsymbol{\Theta}}_n$ 是 $2QM\times M$ 维矩阵；$\boldsymbol{\Sigma}_n$ 是$\bar{\boldsymbol{R}}_{n-1}$ 和$\bar{\boldsymbol{R}}_n$ 中所共有的 $2QM\times 2QM$ 维矩阵。同样，将类似的 2×2 划分应用于逆矩阵，有

$$\bar{\boldsymbol{R}}_{n-1}^{-1} = \begin{bmatrix} \boldsymbol{V}_{n-1} & \boldsymbol{\Phi}_{n-1}^{\mathrm{H}} \\ \boldsymbol{\Phi}_{n-1} & \boldsymbol{\Xi}_{n-1} \end{bmatrix}, \quad \bar{\boldsymbol{R}}_n^{-1} = \begin{bmatrix} \tilde{\boldsymbol{\Xi}}_n & \tilde{\boldsymbol{\Phi}}_n \\ \tilde{\boldsymbol{\Phi}}_n^H & \tilde{\boldsymbol{V}}_n \end{bmatrix} \tag{7-149}$$

基于式(7-148)和式(7-149)，计算$\{\bar{\boldsymbol{R}}_n^{-1}\}$的子块迭代矩阵求逆算法见表 7-7。其主要原理在于利用公共块 $\boldsymbol{\Sigma}_n$ 的存在以节省计算量。与分块均衡情况相似，串行均衡在变换域的复杂度也大致仅关于 MN 为线性。7.4.2.3 小节提供具体的复杂度分析。

表 7-7　子块迭代矩阵求逆算法

计算$\bar{\boldsymbol{R}}_Q$ 及其逆矩阵$\bar{\boldsymbol{R}}_Q^{-1}$
for $n=Q+1:N-Q-1$ **do**
　(1) 更新矩阵$\bar{\boldsymbol{R}}_n$：
　　for $q=0:2Q-1$ **do**
　　　$[\tilde{\boldsymbol{\Theta}}_n]_{qM:qM+M-1,:} = \sum_{i=0}^{q} \bar{\mathbb{C}}_{n-Q+q,n+i} \bar{\mathbb{C}}_{n+Q,n+i}^{\mathrm{H}}$
　　end for
　　$\tilde{\boldsymbol{U}}_n = \sigma^2 \boldsymbol{I}_M + \sum_{i=0}^{2Q} \bar{\mathbb{C}}_{n+Q,n+i} \bar{\mathbb{C}}_{n+Q,n+i}^{\mathrm{H}}$
　(2) 计算矩阵 $\boldsymbol{\Sigma}_n^{-1}$：
　　$\boldsymbol{\Sigma}_n^{-1} = \boldsymbol{\Xi}_{n-1} - \boldsymbol{\Phi}_{n-1}\boldsymbol{V}_{n-1}^{-1}\boldsymbol{\Phi}_{n-1}^H$
　(3) 更新矩阵$\bar{\boldsymbol{R}}_n^{-1}$：
　　$\boldsymbol{\Omega}_n = -\boldsymbol{\Sigma}_n^{-1}\tilde{\boldsymbol{\Theta}}_n$
　　$\tilde{\boldsymbol{V}}_n = (\tilde{\boldsymbol{U}}_n + \tilde{\boldsymbol{\Theta}}_n^{\mathrm{H}}\boldsymbol{\Omega}_n)^{-1}$
　　$\tilde{\boldsymbol{\Phi}}_n = \boldsymbol{\Omega}_n\tilde{\boldsymbol{V}}_n$
　　$\tilde{\boldsymbol{\Xi}}_n = \boldsymbol{\Sigma}_n^{-1} + \boldsymbol{\Omega}_n\tilde{\boldsymbol{V}}_n\boldsymbol{\Omega}_n^{\mathrm{H}}$
end for

7.4.2.3　计算复杂度

与式(7－126)和式(7－142)中采取直接矩阵求逆的均衡方法相比，本节介绍的OSDM分块均衡和串行均衡算法分别基式(7－133)和式(7－143)中的信道矩阵分解，并从而在变换域中执行。通过这种方法，均衡算法即式(7－135)与式(7－147)可以通过利用特殊矩阵结构来大幅降低计算复杂度。为使得这一点更加清晰，在本小节中将详细给出均衡算法的复杂度分析。

(1)分块均衡。对于分块均衡，先来评估表7－6中变换域均衡的复杂度。因为其所有的操作均以子块形式(块大小为$M\times M$维)进行，所以简单起见，首先以块加(Block Addition)、块乘(Block Multiplication)和块逆(Block Inversion)为单位来测量复杂度。由于矩阵$\underline{\bar{\boldsymbol{C}}}$的带状结构，表7－6的第1行中构建矩阵$\underline{\bar{\boldsymbol{R}}}$不需要$O(\underline{N}^3)$个块操作，而是仅需要$(2Q^2+Q+1)\underline{N}$个块加和$(2Q^2+3Q+1)\underline{N}$个块乘操作。同样，由于矩阵$\underline{\bar{\boldsymbol{R}}}$继承了类似的带状结构，第2行的子块$\mathrm{LDL^H}$分解$\underline{\bar{\boldsymbol{R}}}=\underline{\bar{\boldsymbol{L}}}\underline{\bar{\boldsymbol{D}}}\,\underline{\bar{\boldsymbol{L}}}^{\mathrm{H}}$可以使用表7－5中的带状算法，该算法需要$(2Q^2+Q)\underline{N}$个块加、$(2Q^2+3Q)\underline{N}$个块乘和$2Q\underline{N}$个块逆操作。类似地，第3～6行中对$\underline{\bar{\boldsymbol{x}}}=\underline{\bar{\boldsymbol{R}}}\boldsymbol{y}$的三步求解可以通过带状前向和后向替换算法来实现，其涉及$4Q\underline{N}$个块加、$4Q\underline{N}$个块乘和$\underline{N}$个块逆操作。最终，第7行中的符号分块估计产生$2Q\underline{N}$个块加和$(2Q+1)\underline{N}$个块乘操作。

进一步，考虑到矩阵$\underline{\bar{\boldsymbol{C}}}$和$\underline{\bar{\boldsymbol{R}}}$中的子块是对角的，可以很容易知道一个块加、块乘和块逆运算分别对应于M个复数加法(Complex Addition)、复数乘法(Complex Multiplication)和复数除法(Complex Division)运算。因此，表7－6中变换域均衡实际上具有关于$M\underline{N}$的线性复杂度。

(2)串行均衡。对于串行均衡，先来关注表7－7中的子块迭代求逆算法复杂度。在其第1行的初始化过程中，构造矩阵$\underline{\bar{\boldsymbol{R}}}_Q$需要$\mathcal{O}(Q^3)$个块操作，即对应$\mathcal{O}(Q^3M)$的复杂度；同时由于矩阵$\underline{\bar{\boldsymbol{R}}}_Q$中只包含$M\times M$维对角子块，其求逆实际上可被分解为$M$个$(2Q+1)\times(2Q+1)$维小尺寸矩阵求逆，因此也具有$\mathcal{O}(Q^3M)$的复杂度。此外，在表7－7算法的主循环中，第4～7行更新$\underline{\bar{\boldsymbol{R}}}_n$需$2Q^2+Q+1$个块加和$2Q^2+3Q+1$个块乘操作；第9行中计算$\boldsymbol{\Sigma}_n^{-1}$需$2Q^2+Q$个块加、$2Q^2+Q$个块乘和$2Q$个块逆操作；第11～14行中更新矩阵$\underline{\bar{\boldsymbol{R}}}_n^{-1}$需$6Q^2+Q$个块加、$6Q^2+5Q$个块乘和1个块逆操作。随后，在表7－7求逆算法之外，还需额外的$4Q^2+4Q$个块加和$4Q^2+6Q+2$个块乘以获得符号矢量$\underline{\hat{\boldsymbol{d}}}_n$。可以看出，与分块均衡的情况类似，串行均衡在变换域中(对于全部$\underline{N}$个数据符号矢量)的复杂度关于$M\underline{N}$也大致是线性的。

需注意的是，本节中介绍的分块和串行均衡算法都需要额外的复杂度来进行域变换。具体来说，对解调矢量需执行$\underline{N}$个块乘和$\underline{N}$个长度为M的DFT操作以完成变换，而对符号矢量估计需执行$\underline{N}$个块乘和$\underline{N}$个长度为M的IDFT操作以实现反变换。将这些操作纳入考虑，则在表7-8中总结给出了以复数加法、复数乘法与复数除法度量的OSDM两种时变信道均衡算法的复杂性。可以看出，由于 Q 值在实际中相对较小，每个 OSDM 符号矢量所对应的均衡复杂度约为 $\mathcal{O}(M\log_2 M)$，其与时不变信道均衡保持相同的量级，并远低于本章参考文献[17]中直接均衡所对应的立方复杂度。

表 7-8　OSDM 时变信道均衡算法复杂度

计算复杂度	分块均衡	串行均衡
复数加法	$(2\log_2 M+4Q^2+8Q+1)M\underline{N}$	$(2\log_2 M+14Q^2+7Q+1)M\underline{N}$
复数乘法	$(\log_2 M+4Q^2+12Q+4)M\underline{N}$	$(\log_2 M+14Q^2+15Q+5)M\underline{N}$
复数除法	$(2Q+1)M\underline{N}$	$(2Q+1)M\underline{N}$

7.4.3　信道估计

在 7.4.2 小节 OSDM 时变信道均衡算法设计中，事实上假设了接收端信道先验已知，据此可以得到 CE-BEM 系数 $\{h_{q,l}\}$，并构建分块和串行均衡器所需的信道矩阵 $\underline{\overline{\boldsymbol{C}}}$ 和 $\{\underline{\overline{\boldsymbol{C}}}_n\}$。然而在实际通信系统中，上述均衡算法必须前置进行信道估计。为此，如图 7-28 所示，设计了一个 OSDM 分块结构以便于在单分块内实现 CE-BEM 信道参数估计。可以看到，其中 OSDM 分块中包含 P 个等间隔的导频矢量，且每个导频矢量两侧以 $2Q$ 个零矢量与数据矢量隔离。若信道冲激响应阶数为 L，则导频参数选取应满足 $PM>L$。

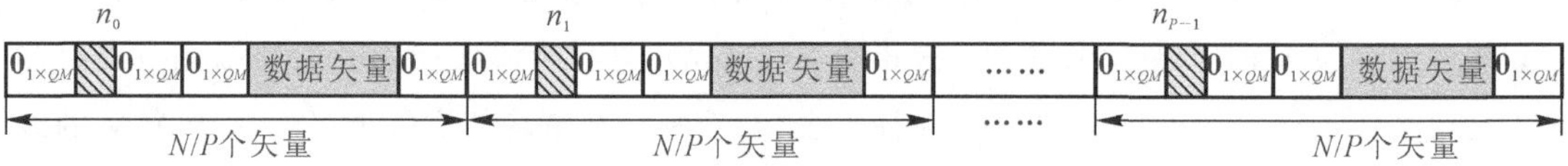

图 7-28　用于 CE-BEM 信道估计的 OSDM 分块结构

类似于时不变信道估计，此处仍以 $\mathcal{S}_P=\{n_0,n_1,\cdots,n_{P-1}\}$ 表示分块中导频矢量的索引集合，且其中

$$n_p=Q+p\frac{N}{P},\quad p=0,1,\cdots,P-1 \tag{7-150}$$

基于式(7-121)的信号模型，易知在此情况下的导频和数据符号矢量之间可被解耦。因此，以任何索引 $n\in\mathcal{S}_{\mathrm{P}}$ 为中心，都存在 $2Q+1$ 个"干净的"解调矢量 $\{\boldsymbol{x}_{n+q}\mid q=-Q,-Q+1,\cdots,Q\}$，即它们不包含来自数据矢量的 IVI，而只具有来自导频矢量 $\boldsymbol{d}_n$ 的信号能量。

更具体地说，对于每个 $n\in\mathcal{S}_{\mathrm{P}}$ 和 $-Q\leqslant q\leqslant Q$，有

$$\boldsymbol{x}_{n+q}=\boldsymbol{C}_{n+q,n}\boldsymbol{d}_n+\boldsymbol{z}_{n+q}=\boldsymbol{\Lambda}_M^{(n+q)\mathrm{H}}\boldsymbol{F}_M^{\mathrm{H}}\overline{\boldsymbol{H}}_{q,n}\boldsymbol{F}_M\boldsymbol{\Lambda}_M^n\boldsymbol{d}_n+\boldsymbol{z}_{n+q} \tag{7-151}$$

式(7-151)第二个等号右侧式子使用了式(7-128)与式(7-129)。进一步，若如之前定义 $\overline{\boldsymbol{x}}_n=\boldsymbol{F}_M\boldsymbol{\Lambda}_M^n\boldsymbol{x}_n$，$\overline{\boldsymbol{d}}_n=\boldsymbol{F}_M\boldsymbol{\Lambda}_M^n\boldsymbol{d}_n$ 和 $\overline{\boldsymbol{z}}_n=\boldsymbol{F}_M\boldsymbol{\Lambda}_M^n\boldsymbol{z}_n$，则式(7-151)可被改写为

$$\overline{\boldsymbol{x}}_{n+q}=\overline{\boldsymbol{H}}_{q,n}\overline{\boldsymbol{d}}_n+\overline{\boldsymbol{z}}_{n+q}=\boldsymbol{\Pi}_n\boldsymbol{h}_q+\overline{\boldsymbol{z}}_{n+q} \tag{7-152}$$

式中：$\boldsymbol{\Pi}_n=\overline{\boldsymbol{D}}_n\widetilde{\boldsymbol{F}}_M\boldsymbol{\Lambda}_{L+1}^n$，且 $\overline{\boldsymbol{D}}_n=\mathrm{diag}\{\overline{\boldsymbol{d}}_n\}$，$\widetilde{\boldsymbol{F}}_M=[1_{1\times P}\otimes\sqrt{M}\boldsymbol{F}_M]_{:,0:L}$。随后，将导频矢量对应 $\boldsymbol{\Pi}_n$ 累叠在一起形成 $\boldsymbol{\Pi}^{(P)}=[\boldsymbol{\Pi}_{n_0}^{\mathrm{T}},\boldsymbol{\Pi}_{n_1}^{\mathrm{T}},\cdots,\boldsymbol{\Pi}_{n_{P-1}}^{\mathrm{T}}]^{\mathrm{T}}$，并将对应 $\overline{\boldsymbol{x}}_{n+q}$ 累叠在一起形成 $\overline{\boldsymbol{x}}_q^{(P)}=$

$[\bar{\boldsymbol{x}}_{n_0+q}^{\mathrm{T}},\bar{\boldsymbol{x}}_{n_1+q}^{\mathrm{T}},\cdots,\bar{\boldsymbol{x}}_{n_{P-1}+q}^{\mathrm{T}}]^{\mathrm{T}}$，则可获得 $\boldsymbol{h}_q$ 的 LS 估计为

$$\hat{\boldsymbol{h}}_q=\boldsymbol{\Pi}^{(P)^{\dagger}}\bar{\boldsymbol{x}}_q^{(P)},\qquad q=-Q,-Q+1,\cdots,Q \tag{7-153}$$

进一步，为了实现降低信道估计的复杂度，需避免上式中的直接矩阵求逆。类似于时不变情况的式(7－37)，即选择 P 个频移 Chu 序列作为导频矢量，则可得 $\boldsymbol{\Pi}^{(P)H}\boldsymbol{\Pi}^{(P)}=MP\boldsymbol{I}_{L+1}$。这种情况下，式(7－153)中的信道估计可被简写为

$$\hat{\boldsymbol{h}}_q=\frac{1}{MP}\sum_{n\in S_P}\boldsymbol{\Lambda}_{L+1}^{nH}\widetilde{\boldsymbol{F}}_M^{H}\bar{\boldsymbol{D}}_n^{H}\bar{\boldsymbol{x}}_{n+q} \tag{7-154}$$

从式(7－154)可以看出，信道估计不再涉及矩阵求逆，且$\hat{\boldsymbol{h}}_q$ 可简单地通过执行 P 个长度为 M 的 IDFT 得到，其计算量仅在 $O(PM\log_2 M)$量级。

7.4.4 算法性能仿真

下面仿真评估本节给出的低复杂度 OSDM 均衡算法在双选择性信道中的误比特率性能。此处考虑一个水声通信场景，其中 OSDM 分块由 $K=1\ 024$ 个 QPSK 符号组成，分块持续时间 $T=256$ ms。因此，对应的符号宽度 $T_s=T/K=0.25$ ms。此外，为了模拟水声信道效应，将信道响应阶数 L 设置为 24，对应的多径时延扩展 $\tau_{\max}=LT_s=6$ ms。同时，假设独立的瑞利衰落信道抽头以及指数衰减的功率延迟剖面，其每抽头功率下降 1.66 dB。类似于本章参考文献[17]，此处信道多普勒扩展被建模为 Bell 型谱。并且，信道时变对应的归一化多普勒扩展 f_dT 在[0,1]的范围内变化，其中，f_d 为最大多普勒频率。基于这些仿真参数设置，对 OSDM 均衡算法的性能从以下四个方面进行评估。

(1)与 OFDM 的比较。图 7－29 和图 7－30 分别给出了 OSDM 分块均衡和串行均衡算法在不同符号矢量长度 $M=1$,4 和 16 情况下的误比特率性能。作为比较，这里考虑了两个归一化多普勒扩展，即 $f_dT=0.4$ 和 0.8。同时，在接收端，这里先简单假定时变信道冲激响应先验已知，并将多普勒扩展参数固定为 $Q=2$，由此即可通过式(5－88)计算 CE－BEM 信道系数。另外，已知当 $M=1$ 时 OSDM 退化为 OFDM，因此这两图中的 $M=1$ 曲线实际上对应于 OFDM 分块均衡和串行均衡的算法性能。仿真结果表明，所介绍的 OSDM 均衡算法性能优于 OFDM 均衡算法，且随着 M 值的增加误比特率降低，这在之前时不变信道条件对应图 7－3 中也有类似的观察。直观的解释可基于 7.1.2.5 小节中对 OSDM 的预编码 OFDM 理解，而关于 OSDM 分集阶数的详细理论分析见本章参考文献[6]。然而，也应该注意到，随着 f_dT 的增加，通过调整 M 获得的误比特率改善越来越小。这是因为 CE－BEM 在简化近似双选择性信道时忽略了带外 IVI 影响；而在通常情况下，较大的 f_dT 会导致更差的 CE－BEM 近似和更多的带外 IVI 泄漏，这会在很大程度上降低通过增加 M 值所获得的频率分集增益。

通过比较图 7－29 和图 7－30 中的结果可以看出，串行均衡通常比分块均衡具有更好的性能。其原因在于，CE－BEM 建模事实上为时变信道施加了一个有限的多普勒扩展 Q，而分块均衡仍使用全部 $\underline{N}$ 个解调矢量来估计每个符号矢量；相比而言，串行均衡在估计 $\boldsymbol{d}_n$ 时可将距离较远的解调矢量$\{\boldsymbol{x}_i\,|\,|i-n|>Q\}$(对应未建模的 IVI)排除在外。

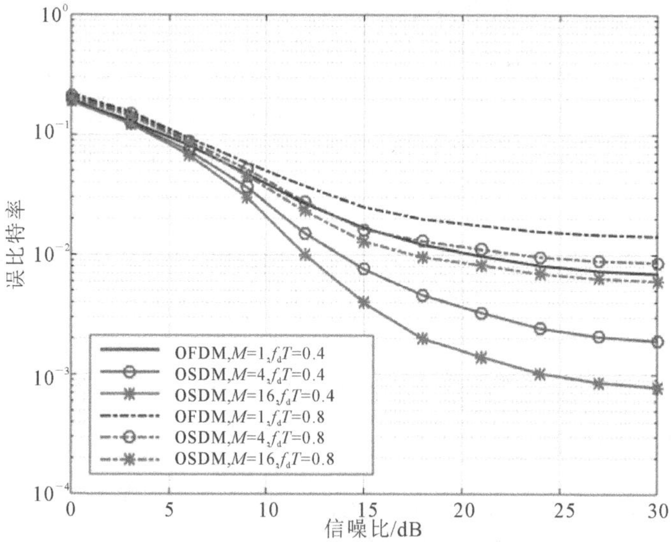

图 7-29 OSDM **分块均衡性能(不同** M **与** $f_{\mathrm{d}}T$ **配置)**

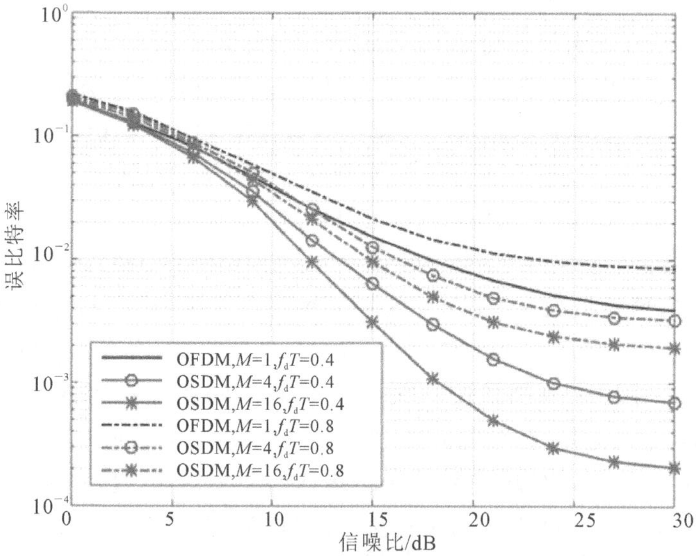

图 7-30 OSDM **串行均衡性能(不同** M **与** $f_{\mathrm{d}}T$ **配置)**

(2)信道多普勒扩展效应。图 7-31 和图 7-32 给出了不同 Q 值设置时低复杂度 OSDM 分块均衡和串行均衡算法相对于归一化多普勒扩展的误比特率性能。其中,OSDM 符号矢量长度 M 被设为 4,信噪比固定为 20 dB,且这里再一次假设了接收端信道完美已知的情况。容易理解,当 $Q=0$ 时 IVI 效应被完全忽略,因而两图中实际上是以时不变信道均衡作为性能基准。可以看到,与预期类似,OSDM 系统性能随着 Q 值增加而提高,这是因为 CE-BEM 的带状近似精度得到了相应的增强。然而,一个值得注意的有趣现象是,对于一些相对较大的 Q 值,系统误比特率不是随着多普勒扩展单调增加,而是先呈现略微降低然后升高。其解释在于扩大多普勒扩展不仅恶化了 CE-BEM 近似,同时也会提高多普勒分集增益,系统整体性能将由这两种耦合效应共同决定。当多普勒扩展相对较小的时候,多普勒分集效应占优势，因此误比特率轻微减小；而随着多普勒扩展的增大，信道建模误差的影响逐渐凸显并起主要作用，因此误比特率开始增加。

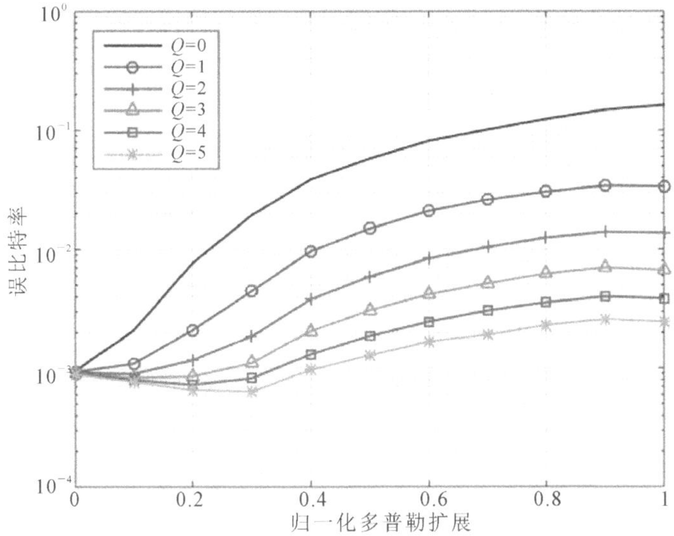

图 7-31　OSDM 分块均衡性能(不同 Q 值配置)

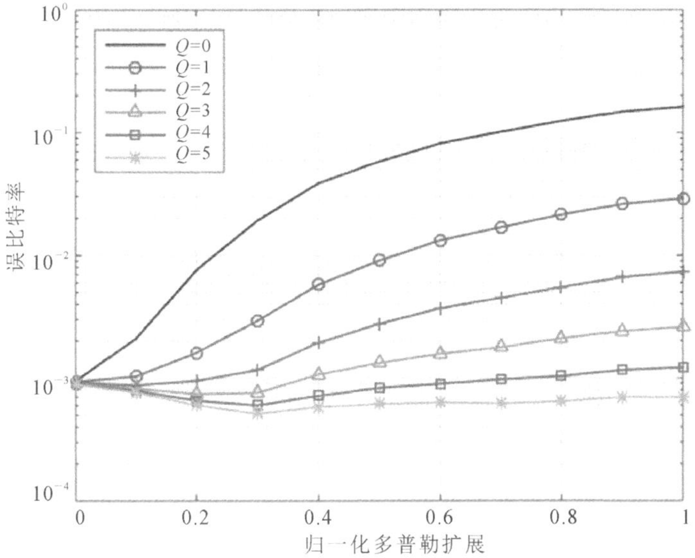

图 7-32　OSDM 串行均衡性能(不同 Q 值配置)

(3)信道估计误差的影响。图 7-33 比较了 OSDM 分块均衡算法在信道已知与信道估计条件下的误比特率性能。此处性能评估基于归一化多普勒扩展 $f_{\mathrm{d}}T=0.4$ 的时变(TV)信道，但与此同时也给出了时不变(TI)信道即 $f_{\mathrm{d}}T=0$ 的情况作为性能基准。仿真中，OSDM 矢量长度 M 被固定为 4，且选择导频矢量数 $P=8$，因此总共使用 $MP=32$ 个导频符号进行信道估计。可以观察到，除过时不变信道情况，由于 CE-BEM 的带状近似，所有时变信道情况下均出现了误码平底(Error Floor)。为了减小近似误差并提高误比特率性能，当信道已知时可采用的一种简单方法是增加 Q 值。然而，当采用实际信道估计时，情况并不总是这样。从图 7－33 中可以看到，系统性能受不完美的信道估计参数影响，在低信噪比下甚至逆转了设置 $Q>0$ 所带来的性能优势。

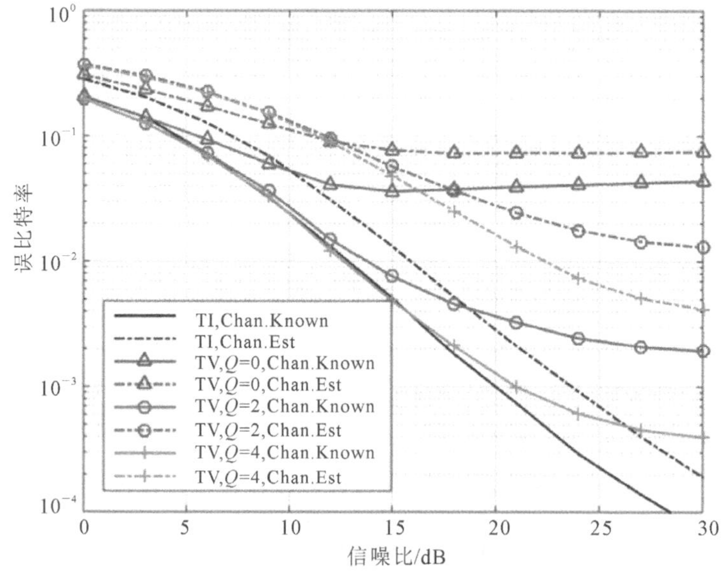

图 7－33　信道估计对 OSDM 分块均衡性能的影响

为了更清楚起见，图 7－34 进一步以归一化均方误差(NMSE)为指标给出信道估计性能。此仿真使用与图 7－33 中相同的 OSDM 系统配置，并考虑 $f_d T=0.4$ 和 0.8 两种信道时变情况(以及时不变信道基准)。正如预期的那样，NMSE 会随着 $f_d T$ 的增加而增加。然而，此时不能简单得到 NMSE 随 Q 值减小而减小的结论。实际上，可以看到，虽然在信道时变条件下更大的 Q 值意味着可利用更多的 CE－BEM 系数进行建模，但是在低信噪比下，这些参数的估计是不可靠的，因此导致了更高的 NMSE。

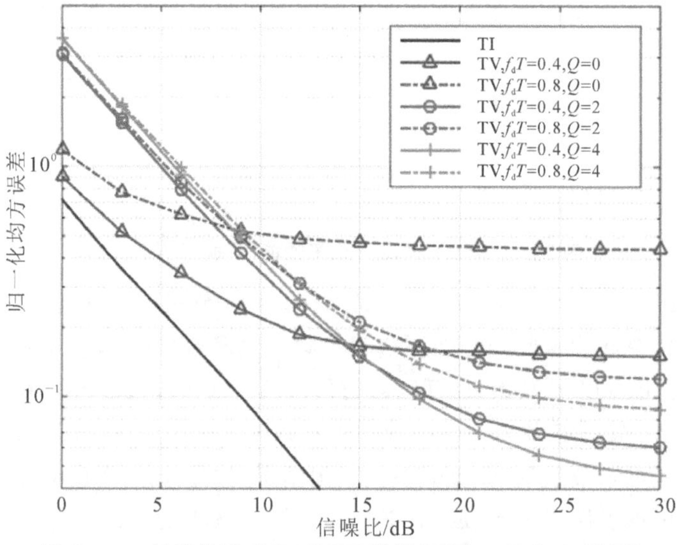

图 7－34　信道估计对应 NMSE 性能(不同 $f_d T$ 与 Q 配置)

此外，还可通过在接收端进行加窗设计改进 CE - BEM 的信道近似性能，本节对此问题不再赘述，具体可参考本章参考文献[21]。

(4)与 D - OSDM 均衡的比较。由于本章参考文献[17]中的 D - OSDM 均衡是在整个数据分块上进行的，所以其也可被归类为分块均衡，此处将其与本节介绍的低复杂度 OSDM 分块均衡算法进行比较。为了公平起见，鉴于 D - OSDM 接收机只支持单导频矢量信道估计方案，选择 $P=1$，并在这里使用更大的矢量长度 $M=32$，以确保 $MP>L$。此外，在仿真中，将信噪比设置为 20 dB，同时将信道归一化多普勒扩展固定为 $f_d T=0.4$。从图 7 - 35 中可以看到，虽然在 $Q=0$ 时可产生相同的误比特率，但随着 Q 的增加，所介绍的 OSDM 分块均衡相比于 D - OSDM 均衡性能提升略慢。并且，当 Q 值较大，特别是在接收机信道已知时，前者性能劣势更为明显。造成这种现象的原因是，与充分利用所有 N 个解调矢量的 D - OSDM 均衡不同，此处如式(7 - 126)所示，分块均衡算法只使用了由 $\underline{N}=N-2Q$ 个解调矢量组成的截短分块。尽管如此，可以看到，当考虑到信道估计因素时，这两种均衡算法之间的性能差距实际是相当窄的。更重要的是，本节介绍的 OSDM 分块均衡算法具有低复杂度特性，例如当 $Q=5$ 时，其计算复杂度仅为对应 D - OSDM 均衡算法的 0.02%。

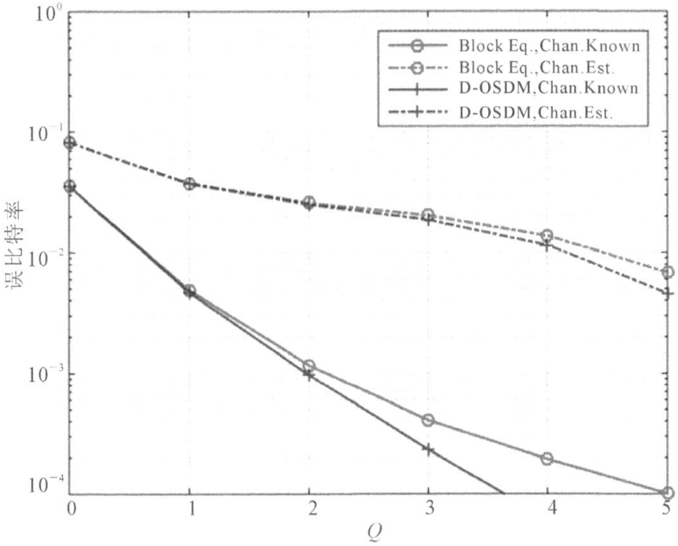

图 7 - 35 此处 OSDM 分块均衡与本章参考文献[17]中 D - OSDM 均衡算法性能比较

7.5 空间分集 MIMO - OSDM

在对 SISO 与 SIMO 配置下的 OSDM 系统研究基础上，本节开始将 MIMO 技术应用到 OSDM 通信系统中。如同在第 5 章中对 MIMO - OFDM 系统的讨论，此处也将分别对基于空间分集与空间复用 MIMO - OSDM 系统的信号模型结构与接收处理方法进行介绍。

具体而言，本节将首先考虑采用空时与空频分组编码的两种空间分集 MIMO - OSDM 方案，即 STBC - OSDM 和 SFBC - OSDM[22]。这两种 Alamouti 类分集方案是 OSDM 通信技术在 MIMO 配置下的重要扩展，其目的在于通过发射分集来提升 OSDM 水声通信的可靠性。此外，类似于之前对 SISO - OSDM 系统的描述，这里的 MIMO - OSDM 方案事实上也是提供了一个更为灵活的泛化框架，其通过改变 OSDM 分块的符号矢量长度即可在对应的 OFDM 或 SCBT 系统之间取得折中。本节将给出一些简单的仿真与实验结果。

7.5.1 系统模型

空时与空频分组编码 OSDM 系统结构如图 7 - 36 所示，首先建立其数学模型。此处，仍简单考虑发射阵元数 $U=2$，接收阵元数 $V=1$，即 2×1 配置的情况。假设发射端的第 i 个信源分块为 $\boldsymbol{b}_i$，其包含 $K=MN$ 个符号，则 OSDM 系统首先将其划分为 N 个符号矢量，即

$$\boldsymbol{b}_i=[\boldsymbol{b}_{i,0}^{\mathrm{T}},\boldsymbol{b}_{i,1}^{\mathrm{T}},\cdots,\boldsymbol{b}_{i,N-1}^{\mathrm{T}}]^{\mathrm{T}} \tag{7-155}$$

式中：下标 i 表示分块索引；$\{\boldsymbol{b}_{i,n}\}$ 为长度为 M 的各个信源符号矢量。随后，在每个发射阵元 $u\in\{1,2\}$ 处，空时或空频分组编码施加在这些符号矢量上，从而得到编码符号矢量 $\{\boldsymbol{d}_{i,n}^{(u)}\}$。在此基础上，OSDM 调制进行长度为 N 的向量 IDFT 操作，得到阵元 u 上的发射信号向量为

$$\boldsymbol{s}_i^{(u)}=(\boldsymbol{F}_N^{\mathrm{H}}\otimes\boldsymbol{I}_M)\boldsymbol{d}_i^{(u)} \tag{7-156}$$

式中：$\boldsymbol{d}_i^{(u)}=[\boldsymbol{d}_{i,0}^{(u)\mathrm{T}},\boldsymbol{d}_{i,1}^{(u)\mathrm{T}},\cdots,\boldsymbol{d}_{i,N-1}^{(u)\mathrm{T}}]^{\mathrm{T}}$。最后，该信号前端加入循环前缀并将其发射到阵元 u 所对应的信道中。

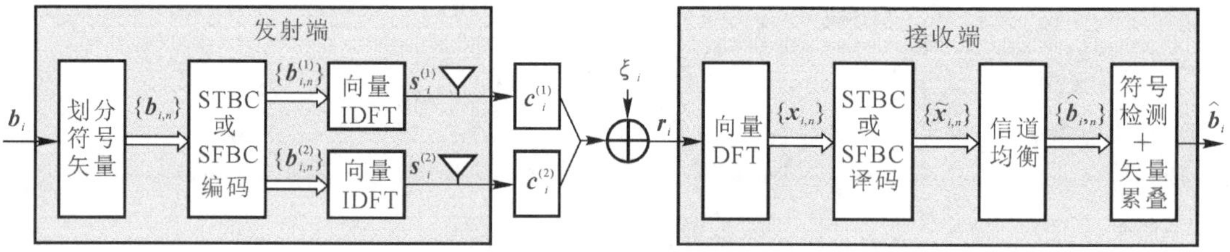

图 7 - 36 STBC/SFBC - OSDM **通信系统结构图**

先简单假设 OSDM 信号分块 i 所在时段内信道保持时不变，即仅存在频率选择性衰落，且信道阶数为 L，对应冲激响应向量 $\boldsymbol{c}_i^{(u)}=[c_{i,0}^{(u)},c_{i,1}^{(u)},\cdots,c_{i,L}^{(u)}]^{\mathrm{T}}$。则在接收端，去除信号的循环前缀之后，基带接收信号向量可表示为

$$\boldsymbol{r}_i=\widetilde{\boldsymbol{C}}_i^{(1)}\boldsymbol{s}_i^{(1)}+\widetilde{\boldsymbol{C}}_i^{(2)}\boldsymbol{s}_i^{(2)}+\boldsymbol{\xi}_i \tag{7-157}$$

式中：$\widetilde{\boldsymbol{C}}_i^{(u)}$ 为 $K\times K$ 维时域循环信道矩阵，其第一列为 $\boldsymbol{c}_i^{(u)}$ 后随 $K-L-1$ 个零元素；$\boldsymbol{\xi}_i$ 为复数高斯白噪声向量，假设其元素均值为 0，方差为 σ^2。随后，OSDM 调制执行长度为 N 的向量的 DFT 变换操作，由此可得

$$\boldsymbol{x}_i=(\boldsymbol{F}_N\otimes\boldsymbol{I}_M)\boldsymbol{r}_i \tag{7-158}$$

类似于 7.1.2 小节中对 SISO 配置系统的分析，此处若将解调分块 $\boldsymbol{x}_i$ 同样划分为矢量，即 $\boldsymbol{x}_i=[\boldsymbol{x}_{i,0}^{\mathrm{T}},\boldsymbol{x}_{i,1}^{\mathrm{T}},\cdots,\boldsymbol{x}_{i,N-1}^{\mathrm{T}}]^{\mathrm{T}}$，则可知各矢量之间相互正交，有

$$\boldsymbol{x}_{i,n}=\boldsymbol{H}_{i,n}^{(1)}\boldsymbol{d}_{i,n}^{(1)}+\boldsymbol{H}_{i,n}^{(2)}\boldsymbol{d}_{i,n}^{(2)}+\boldsymbol{z}_{i,n} \tag{7-159}$$

式中：$\boldsymbol{z}_{i,n}$ 为噪声向量；同时，与式(7 - 19)和式(7 - 20)类似，这里信道矩阵可写为

$$\boldsymbol{H}_{i,n}^{(u)}=\boldsymbol{\Lambda}_M^{n\mathrm{H}}\boldsymbol{F}_M^{\mathrm{H}}\overline{\boldsymbol{H}}_{i,n}^{(u)}\boldsymbol{F}_M\boldsymbol{\Lambda}_M^n \tag{7-160}$$

$$\overline{\boldsymbol{H}}_{i,n}^{(u)}=\mathrm{diag}\{[H_{i,n}^{(u)},H_{i,N+n}^{(u)},\cdots,H_{i,(M-1)N+n}^{(u)}]^{\mathrm{T}}\} \tag{7-161}$$

且可知

$$H_{i,k}^{(u)}=\sum\nolimits_{l=0}^{L}c_{i,l}^{(u)}\mathrm{e}^{-\mathrm{j}2\pi lk/K},\quad k=0,1,\cdots,K-1 \tag{7-162}$$

为了能在式(7－159)基础上解耦出发射端的两个信源矢量，下面给出空时与空频分组编码的方案。

7.5.2　空时与空频分组编码

7.5.2.1　空时分组编码

STBC－OSDM 空间分集方案的结构图如图 7－37 所示，其中空时分组编码在相邻两分块的同索引符号矢量间进行，产生的编码矢量为

$$\begin{bmatrix}\boldsymbol{d}_{i,n}^{(1)} & \boldsymbol{d}_{i+1,n}^{(1)}\\ \boldsymbol{d}_{i,n}^{(2)} & \boldsymbol{d}_{i+1,n}^{(2)}\end{bmatrix}=\begin{bmatrix}\boldsymbol{\Lambda}_M^{n\mathrm{H}}\boldsymbol{b}_{i,n} & -\boldsymbol{\Lambda}_M^{n\mathrm{H}}\boldsymbol{P}_M\boldsymbol{b}_{i+1,n}^{*}\\ \boldsymbol{\Lambda}_M^{n\mathrm{H}}\boldsymbol{b}_{i+1,n} & \boldsymbol{\Lambda}_M^{n\mathrm{H}}\boldsymbol{P}_M\boldsymbol{b}_{i,n}^{*}\end{bmatrix} \tag{7-163}$$

式中：$n=0,1,\cdots,N-1$；$\boldsymbol{P}_M$ 为 $M\times M$ 维度排序矩阵，其形式为

$$\boldsymbol{P}_M=\begin{bmatrix}1 & & & & 0\\ & & & 0 & 1\\ & & \iddots & \iddots & \\ & 0 & 1 & & \\ 0 & 1 & & & \end{bmatrix} \tag{7-164}$$

即对于 $M\times1$ 维向量 $\boldsymbol{b}$，可有$[\boldsymbol{P}_M\boldsymbol{b}]_m=[\boldsymbol{b}]_{(-m)\bmod M}$。

此处假定信道为准静态，即在相邻两个 OSDM 分块之间保持恒定，即$\overline{\boldsymbol{H}}_{i,n}^{(u)}=\overline{\boldsymbol{H}}_{i+1,n}^{(u)}=\overline{\boldsymbol{H}}_n^{(u)}$，$u\in\{1,2\}$。此情况下，将式(7－163)代入式(7－159)，同时定义$\overline{\boldsymbol{b}}_{i,n}=\boldsymbol{F}_M\boldsymbol{b}_{i,n}$、$\overline{\boldsymbol{x}}_{i,n}=\boldsymbol{F}_M\boldsymbol{\Lambda}_M^n\boldsymbol{x}_{i,n}$ 与$\overline{\boldsymbol{z}}_{i,n}=\boldsymbol{F}_M\boldsymbol{\Lambda}_M^n\boldsymbol{z}_{i,n}$，则有

$$\overline{\boldsymbol{x}}_n=\begin{bmatrix}\overline{\boldsymbol{x}}_{i,n}\\ \overline{\boldsymbol{x}}_{i+1,n}^{*}\end{bmatrix}=\begin{bmatrix}\overline{\boldsymbol{H}}_n^{(1)} & \overline{\boldsymbol{H}}_n^{(2)}\\ \overline{\boldsymbol{H}}_n^{(2)*} & -\overline{\boldsymbol{H}}_n^{(1)*}\end{bmatrix}\begin{bmatrix}\overline{\boldsymbol{b}}_{i,n}\\ \overline{\boldsymbol{b}}_{i+1,n}\end{bmatrix}+\begin{bmatrix}\overline{\boldsymbol{z}}_{i,n}\\ \overline{\boldsymbol{z}}_{i+1,n}^{*}\end{bmatrix}=\overline{\boldsymbol{H}}_n\overline{\boldsymbol{b}}_n+\overline{\boldsymbol{z}}_n \tag{7-165}$$

式中：$n=0,1,\cdots,N-1$。

进一步进行逐矢量空时译码，即$\tilde{\boldsymbol{x}}_n=\overline{\boldsymbol{H}}_n^{\mathrm{H}}\overline{\boldsymbol{x}}_n$，可得

$$\tilde{\boldsymbol{x}}_n=\begin{bmatrix}\tilde{\boldsymbol{x}}_{i,n}\\ \tilde{\boldsymbol{x}}_{i+1,n}\end{bmatrix}=\begin{bmatrix}\widetilde{\boldsymbol{H}}_n & 0\\ 0 & \widetilde{\boldsymbol{H}}_n\end{bmatrix}\begin{bmatrix}\overline{\boldsymbol{b}}_{i,n}\\ \overline{\boldsymbol{b}}_{i+1,n}\end{bmatrix}+\begin{bmatrix}\tilde{\boldsymbol{z}}_{i,n}\\ \tilde{\boldsymbol{z}}_{i+1,n}\end{bmatrix} \tag{7-166}$$

式中

$$\widetilde{\boldsymbol{H}}_n=\overline{\boldsymbol{H}}_n^{(1)\mathrm{H}}\overline{\boldsymbol{H}}_n^{(1)}+\overline{\boldsymbol{H}}_n^{(2)\mathrm{H}}\overline{\boldsymbol{H}}_n^{(2)} \tag{7-167}$$

为一个 $M\times M$ 维 Alamouti 类型对角矩阵；$\tilde{\boldsymbol{z}}_{i,n}$ 与$\tilde{\boldsymbol{z}}_{i+1,n}$ 为空时译码后的噪声项，且其自相关矩阵均为 $\sigma^2\widetilde{\boldsymbol{H}}_n$。

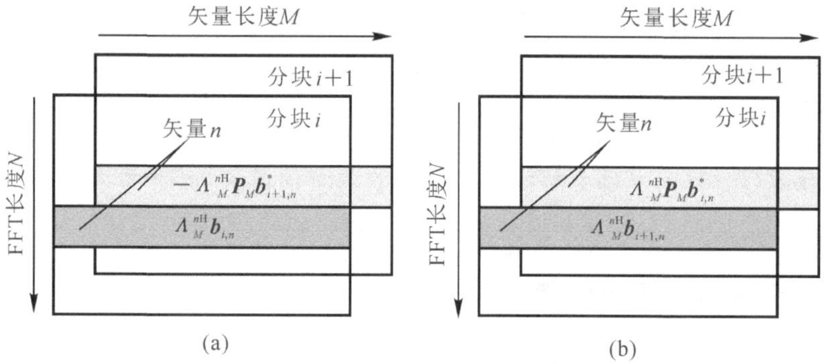

图 7-37　STBC - OSDM **空间分集方案发射分块结构**

(a)发射阵元 1;(b)发射阵元 2

7.5.2.2　空频分组编码

类似地,SFBC - OSDM 空间分集方案的结构图如图 7 - 38 所示,其中空频分组编码在同一分块内的相邻索引两符号矢量间进行,产生的编码矢量为

$$\begin{bmatrix} \boldsymbol{d}_{i,n}^{(1)} & \boldsymbol{d}_{i,n+1}^{(1)} \\ \boldsymbol{d}_{i,n}^{(2)} & \boldsymbol{d}_{i,n+1}^{(2)} \end{bmatrix} = \begin{bmatrix} \boldsymbol{\Lambda}_M^{nH}\boldsymbol{b}_{i,n} & \boldsymbol{\Lambda}_M^{(n+1)H}\boldsymbol{b}_{i,n+1} \\ -\boldsymbol{\Lambda}_M^{nH}\boldsymbol{P}_M\boldsymbol{b}_{i,n+1}^{*} & \boldsymbol{\Lambda}_M^{(n+1)H}\boldsymbol{P}_M\boldsymbol{b}_{i,n}^{*} \end{bmatrix} \tag{7 - 168}$$

式中:$n=0,2,\cdots,N-2$。

与前述 STBC 系统不同,在 SFBC 系统中假定信道响应在相邻两个符号矢量之间保持恒定,即$\overline{\boldsymbol{H}}_{i,n}^{(u)}=\overline{\boldsymbol{H}}_{i,n+1}^{(u)}=\overline{\boldsymbol{H}}_n^{(u)}$,$u\in\{1,2\}$。此时,将式(7 - 168)代入式(7 - 159),可得

$$\bar{\boldsymbol{x}}_n'=\begin{bmatrix} \bar{\boldsymbol{x}}_{i,n} \\ \bar{\boldsymbol{x}}_{i,n+1}^{*} \end{bmatrix}=\begin{bmatrix} \overline{\boldsymbol{H}}_n^{(1)} & -\overline{\boldsymbol{H}}_n^{(2)} \\ \overline{\boldsymbol{H}}_n^{(2)*} & \overline{\boldsymbol{H}}_n^{(1)*} \end{bmatrix}\begin{bmatrix} \bar{\boldsymbol{b}}_{i,n} \\ \bar{\boldsymbol{b}}_{i,n+1}^{*} \end{bmatrix}+\begin{bmatrix} \bar{\boldsymbol{z}}_{i,n} \\ \bar{\boldsymbol{z}}_{i,n+1}^{*} \end{bmatrix}=\overline{\boldsymbol{H}}_n'\bar{\boldsymbol{b}}_n'+\bar{\boldsymbol{z}}_n' \tag{7 - 169}$$

类似地,进而执行空频译码,即$\tilde{\boldsymbol{x}}_n'=(\overline{\boldsymbol{H}}_n')^H\bar{\boldsymbol{x}}_n'$,则有

$$\tilde{\boldsymbol{x}}_n'\triangleq\begin{bmatrix} \tilde{\boldsymbol{x}}_{i,n} \\ \tilde{\boldsymbol{x}}_{i,n+1} \end{bmatrix}=\begin{bmatrix} \widetilde{\boldsymbol{H}}_n & 0 \\ 0 & \widetilde{\boldsymbol{H}}_n \end{bmatrix}\begin{bmatrix} \bar{\boldsymbol{b}}_{i,n} \\ \bar{\boldsymbol{b}}_{i,n+1}^{*} \end{bmatrix}+\begin{bmatrix} \tilde{\boldsymbol{z}}_{i,n} \\ \tilde{\boldsymbol{z}}_{i,n+1} \end{bmatrix} \tag{7 - 170}$$

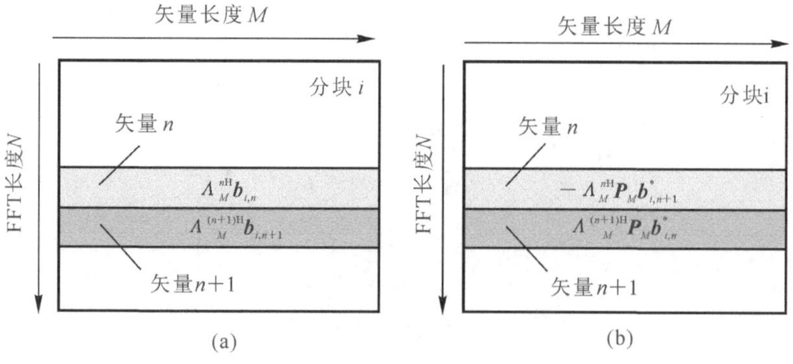

图 7 - 38　SFBC - OSDM **空间分集方案发射分块结构**

(a)发射阵元(1);(b)发射阵元(2)

7.5.3 信道均衡与方案比较

由式(7－166)与式(7－170)可知，空间分集 MIMO－OSDM 系统在经过空时或空频译码后，发射信源符号矢量可以相似的方式解耦。因此，ZF 或 MMSE 准则均衡器可针对每一个符号矢量以相同的结构形式展开。以 STBC－OSDM 系统为例，其信道均衡输出的第 i 个分块的第 n 个符号矢量估计为

$$\hat{\boldsymbol{b}}_{i,n}=\boldsymbol{F}_M^H\hat{\bar{\boldsymbol{b}}}_{i,n}=\boldsymbol{F}_M^H\boldsymbol{W}_n\tilde{\boldsymbol{x}}_{i,n} \tag{7-171}$$

其中，信道均衡系数矩阵 $\boldsymbol{W}_n$ 的具体形式为

$$\boldsymbol{W}_n^{\mathrm{ZF}}=\widetilde{\boldsymbol{H}}_n^{-1} \tag{7-172}$$

$$\boldsymbol{W}_n^{\mathrm{MMSE}}=(\widetilde{\boldsymbol{H}}_n+\sigma^2\boldsymbol{I}_M)^{-1} \tag{7-173}$$

与之前 5.4.1 小节 OFDM 系统的载波级编码不同，式(7－163)与式(7－168)给出的 OSDM 空时与空频编码均是在符号矢量一级实现的，且需插入各矢量特定的$\{\boldsymbol{\Lambda}_M^{n\mathrm{H}}\}$频移处理以确保式(7－166)与式(7－170)中的译码去耦。此外，可以证明，对于 2×1 的 STBC/SFBC－OSDM 系统，假设所有信道中各分支响应服从 i. i. d. 复数高斯分布，则采用 ZF 均衡所得的分集阶数始终为 2，而通过 MMSE 均衡可望实现较之对应 OFDM 系统更高的分集阶数，即

$$2(\min\{\lfloor M2^{-R}\rfloor,L\}+1) \tag{7-174}$$

对比式(7－41)，可发现此处分集阶数是其两倍，这是由于 Alamouti 类空间分集系统中设置了两个发射阵元所促成的。关于 STBC/SFBC－OSDM 分集性能的具体分析见参考本章参考文献[22]。

另外，容易验证，本节所介绍的 STBC－OSDM 与 SFBC－OSDM 方案实际提供了空时与空频编码更为泛化的形式。具体来讲，STBC－OSDM 当 $M=1$ 与 $M=K$ 时将分别退化为传统 STBC－OFDM 系统[23]与 STBC－SC－FDE 系统[24]。同样地，SFBC－OSDM 当 $M=1$ 与 $M=K/2$ 时也将分别等效为 SFBC－OFDM 系统[25]与 SFBC－SC－FDE 系统[26]。这里唯一的区别仅在于，当 $M=K/2$ 时，SFBC－OSDM 使用分块的前半部分与后半部分作为两个矢量，而本章参考文献[26]中的 SFBC－SC－FDE 是将分块划分为奇数符号与偶数符号两部分。

7.5.4　算法性能仿真

本小节的简单仿真给出 2×1 配置下 STBC 与 SFBC 两种空间分集编码方案所对应的 OSDM 系统误符号率性能。此处仿真中采用 QPSK 符号，同时设置信道阶数为 $L=32$。首先，假设信道为时不变，其对应空间分集 OSDM 系统误符号率性能如图 7－39 所示。可以看到，一方面，在相同矢量长度 M 情况下，空间分集系统显著优于单阵元系统，且接收端采用 MMSE 均衡较之 ZF 均衡可获得更好的性能，这些均是因具有更大的分集阶数所造成的。另一方面，当 M 值改变时，MMSE 均衡的误符号率曲线斜率随着 M 值的变大而增加，这一观察也可由式(7－174)给出的分集阶数做出解释。

同时，由于频率选择性衰落信道相干带宽的限制，空频分组编码所对应的 Alamouti 假设事实上并不能完美满足。正因如此，导致图 7－39 中 SFBC 系统性能普遍略低于 STBC

系统。但另一方面，如图 7－40 所示，固定 $M=64$，在具有不同归一化多普勒频率 f_dT 的时变信道中，STBC 系统展现出明显的误码平底，而相比起来 SFBC 系统对信道时变具有更好的耐受性。不过需指出的是，即使 SFBC 系统具备了这样的耐受性，通常对于水声信道严重的多普勒环境仍是不足够的，事实上在图 7－40 中也已能看出其性能随 f_dT 值的增加而快速恶化。为更有效地补偿信道多普勒，此处需采用类似于 SISO 配置下的各种 IVI 抑制技术，例如本章参考文献[27]中给出一种类似于之前 7.2 节的 CFO 补偿方法。为避免重复，此处我们不再针对空间分集系统再次展开相关处理技术的描述。

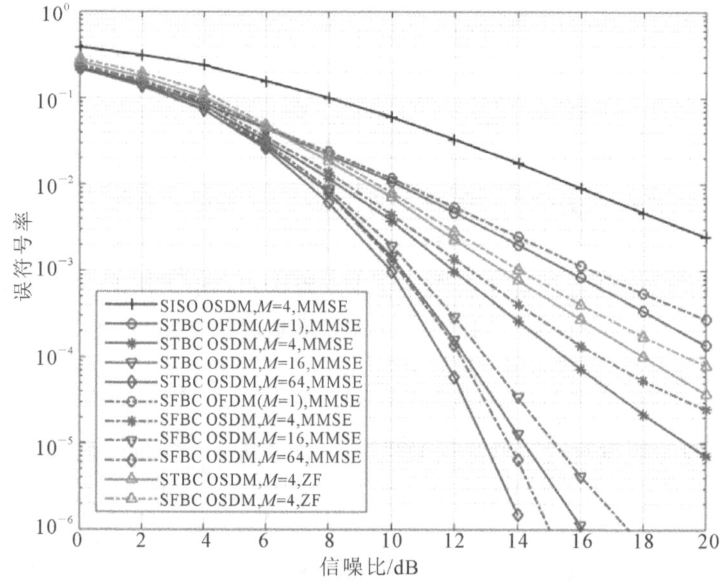

图 7－39　时不变信道条件下的空间分集 OSDM 系统误符号率性能

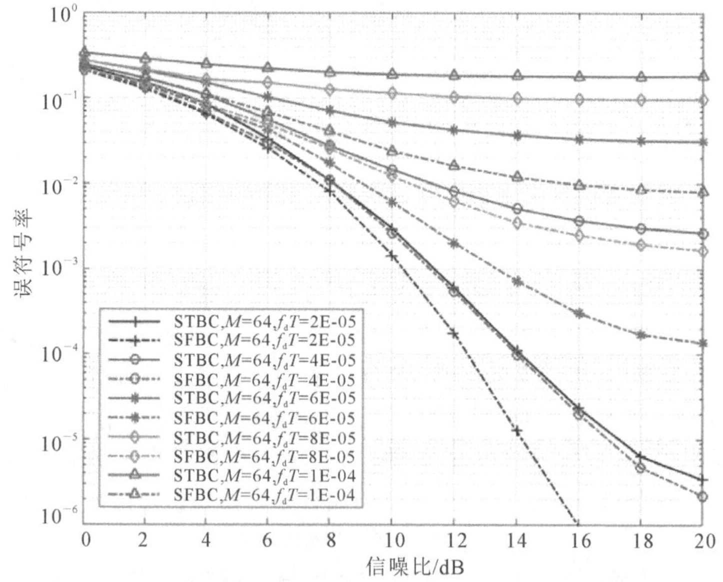

图 7－40　时变信道条件下的空间分集 OSDM 系统误符号率性能

7.6　空间复用 MIMO - OSDM

7.5 节对空间分集 MIMO - OSDM 系统进行了说明，事实上 MIMO 技术除了可实现空间分集，其还可用于空间复用以提高系统带宽利用率，即在不增加频带资源占用的情况下提高通信传输速率。为此，本节将分别针对时不变与时变信道条件，具体介绍空间复用 MIMO - OSDM 系统的信道均衡算法[28]。

本节中的算法可被视为是 7.1 节与 7.4 节中相应 SISO - OSDM 均衡算法在 MIMO 场景下的扩展。然而需关注的是，不同于简单的维度增加，此处的 MIMO 均衡还涉及一种特殊的交织预处理。该交织操作可以在时不变信道情况下产生子块对角信道矩阵结构，而在时变信道情况下基于 CE - BEM 可实现子块带状信道矩阵近似。这些矩阵结构将使均衡算法在变换域中具有线性复杂度。

7.6.1　时不变信道均衡

对于时不变信道均衡，先考虑一个具有 U 个发射阵元和 V 个接收阵元的空间复用 MIMO - OSDM 系统。其中，第 u 个发射阵元处的符号分块用 $\boldsymbol{d}^{(u)}$ 表示，且符号来自于 PSK 或 QAM 星座，分块长度为 $K = MN$。如前文所述，与使用单个 K 长度 IDFT 的 OFDM 调制不同，OSDM 调制可以被表示为

$$\boldsymbol{s}^{(u)} = (\boldsymbol{F}_N^{\mathrm{H}} \otimes \boldsymbol{I}_M)\boldsymbol{d}^{(u)} \tag{7-175}$$

式中：$u=1,2,\cdots,U$。因为 OSDM 调制是在 N 个符号矢量

$$\boldsymbol{d}_n^{(u)} = [\boldsymbol{d}^{(u)}]_{nM:nM+M-1}, \quad n=0,1,\cdots,N-1 \tag{7-176}$$

之间进行 M 个(长度更短的)IDFT，所以可实现信号峰平功率比的降低。所生成的 OSDM 调制信号分块 $\boldsymbol{s}^{(u)}$ 随后插入 CP 并上变频发送进入信道。

简单起见，在本小节中首先假设 MIMO 系统中所有信道都是时不变的，并将发射阵元 u 与接收阵元 v 间的信道响应表示为 $\boldsymbol{c}^{(v,u)} = [c_0^{(v,u)}, c_1^{(v,u)}, \cdots, c_L^{(v,u)}]^{\mathrm{T}}$，其中 L 是信道阶数。在此情况下，第 v 个接收阵元经 CP 去除后，其对应的基带接收信号分块形式为

$$\boldsymbol{r}^{(v)} = \sum_{u=1}^{U} \widetilde{\boldsymbol{C}}^{(v,u)} \boldsymbol{s}^{(u)} + \boldsymbol{\xi}^{(v)} \tag{7-177}$$

式中：$v=1,2,\cdots;V$，$\widetilde{\boldsymbol{C}}^{(v,u)}$ 是 $K \times K$ 维时域循环信道矩阵，且其第一列取值为 $[\boldsymbol{c}^{(v,u)\mathrm{T}}, 0_{K-L-1}^{\mathrm{T}}]^{\mathrm{T}}$；$\boldsymbol{\xi}^{(v)}$ 是 $K \times 1$ 维阵元接收噪声。

随后，类似于 SISO 系统式(7 - 5)与式(7 - 12)，MIMO - OSDM 各阵元解调得到

$$\boldsymbol{x}^{(v)} = (\boldsymbol{F}_N \otimes \boldsymbol{I}_M)\boldsymbol{r}^{(v)} = \sum_{u=1}^{U} \boldsymbol{C}^{(v,u)} \boldsymbol{d}^{(u)} + \boldsymbol{z}^{(v)} \tag{7-178}$$

式中：$\boldsymbol{z}^{(v)}$ 是 $K \times 1$ 维解调后噪声向量；$\boldsymbol{C}^{(v,u)} = (\boldsymbol{F}_N \otimes \boldsymbol{I}_M)\widetilde{\boldsymbol{C}}^{(v,u)}(\boldsymbol{F}_N^H \otimes \boldsymbol{I}_M)$ 为 $K \times K$ 维信道频响矩阵。进一步，类似于 SISO 配置下的式(7 - 18)～式(7 - 20)，此处有

$$\boldsymbol{C}^{(v,u)} = \begin{bmatrix} \boldsymbol{H}_0^{(v,u)} & & & \\ & \boldsymbol{H}_1^{(v,u)} & & \\ & & \ddots & \\ & & & \boldsymbol{H}_{N-1}^{(v,u)} \end{bmatrix} \tag{7-179}$$

其中

$$\boldsymbol{H}_n^{(v,u)}=\boldsymbol{\Lambda}_M^{n\mathrm{H}}\boldsymbol{F}_M^{\mathrm{H}}\overline{\boldsymbol{H}}_n^{(v,u)}\boldsymbol{F}_M\boldsymbol{\Lambda}_M^n \tag{7-180}$$

$$\overline{\boldsymbol{H}}_n^{(v,u)}=\mathrm{diag}\{[H_n^{(v,u)},H_{n+N}^{(v,u)},\cdots,H_{n+(M-1)N}^{(v,u)}]^{\mathrm{T}}\} \tag{7-181}$$

且

$$H_k^{(v,u)}=\sum\nolimits_{l=0}^{L}c_l^{(v,u)}\mathrm{e}^{-\mathrm{j}2\pi lk/K} \tag{7-182}$$

基于式(7-179)的信道矩阵结构$\boldsymbol{C}^{(v,u)}$，MIMO-OSDM系统信道均衡同样可在其各矢量上实现解耦。具体而言，若定义$\boldsymbol{x}_n^{(v)}=[\boldsymbol{x}^{(v)}]_{nM:nM+M-1}$和$\boldsymbol{z}_n^{(v)}=[\boldsymbol{z}^{(v)}]_{nM:nM+M-1}$分别为接收阵元$v$上的第$n$个解调矢量和噪声矢量，则MIMO-OSDM系统针对第n个矢量的输入/输出关系可写作

$$\boldsymbol{x}_n=\boldsymbol{H}_n\boldsymbol{d}_n+\boldsymbol{z}_n \tag{7-183}$$

此处，实际上对所有阵元上的矢量进行了累叠，即$\boldsymbol{d}_n=[\boldsymbol{d}_n^{(1)\mathrm{T}},\boldsymbol{d}_n^{(2)\mathrm{T}},\cdots,\boldsymbol{d}_n^{(U)\mathrm{T}}]^{\mathrm{T}}$，$\boldsymbol{x}_n=[\boldsymbol{x}_n^{(1)\mathrm{T}},\boldsymbol{x}_n^{(2)\mathrm{T}},\cdots,\boldsymbol{x}_n^{(V)\mathrm{T}}]^{\mathrm{T}}$，$\boldsymbol{z}_n=[\boldsymbol{z}_n^{(1)\mathrm{T}},\boldsymbol{z}_n^{(2)\mathrm{T}},\cdots,\boldsymbol{z}_n^{(V)\mathrm{T}}]^{\mathrm{T}}$，且

$$\boldsymbol{H}_n=\begin{bmatrix}\boldsymbol{H}_n^{(1,1)} & \boldsymbol{H}_n^{(1,2)} & \cdots & \boldsymbol{H}_n^{(1,U)}\\ \boldsymbol{H}_n^{(2,1)} & \boldsymbol{H}_n^{(2,2)} & \cdots & \boldsymbol{H}_n^{(2,U)}\\ \vdots & \vdots & & \vdots\\ \boldsymbol{H}_n^{(V,1)} & \boldsymbol{H}_n^{(V,2)} & \cdots & \boldsymbol{H}_n^{(V,U)}\end{bmatrix} \tag{7-184}$$

在本节中，始终假定所有发射阵元上的符号都具有单位功率且独立同分布，此外不同接收阵元上的噪声样本具有零均值和相同的方差σ^2。由此，基于式(7-183)，MMSE准则的MIMO-OSDM均衡对应表达式为

$$\hat{\boldsymbol{d}}_n=(\boldsymbol{R}_n^{-1}\boldsymbol{H}_n^{\mathrm{H}})\boldsymbol{x}_n \tag{7-185}$$

式中：$\boldsymbol{R}_n=\boldsymbol{H}_n^{\mathrm{H}}\boldsymbol{H}_n+\sigma^2\boldsymbol{I}_{UM}$是一个$UM\times UM$的矩阵。由于直接计算$\boldsymbol{R}_n^{-1}$会导致$\mathcal{O}(U^3M^3)$的复杂度，为了减轻计算负担，将式(7-180)代入式(7-184)，有

$$\boldsymbol{H}_n=\boldsymbol{\Phi}_{n,V}^{\mathrm{H}}\overline{\boldsymbol{H}}_n\boldsymbol{\Phi}_{n,U} \tag{7-186}$$

式中：$\boldsymbol{\Phi}_{n,i}=\boldsymbol{I}_i\otimes(\boldsymbol{F}_M\boldsymbol{\Lambda}_M^n)$；矩阵$\overline{\boldsymbol{H}}_n$与式(7-184)中的矩阵$\boldsymbol{H}_n$具有相似的结构，但其子块被对角矩阵$\{\overline{\boldsymbol{H}}_n^{(v,u)}\}$所替代。进一步，如图7-41所示，矩阵$\overline{\boldsymbol{H}}_n$实际上还可被交织成为子块对角矩阵形式，即

$$\overline{\boldsymbol{G}}_n=\boldsymbol{P}_{V,M}\overline{\boldsymbol{H}}_n\boldsymbol{P}_{U,M}^{\mathrm{H}}=\begin{bmatrix}\overline{\boldsymbol{G}}_{n,0} & & & \\ & \overline{\boldsymbol{G}}_{n,1} & & \\ & & \ddots & \\ & & & \overline{\boldsymbol{G}}_{n,M-1}\end{bmatrix} \tag{7-187}$$

式中：$\overline{\boldsymbol{G}}_{n,m}$是大小为$V\times U$维的子块；$\boldsymbol{P}_{V,M}$与$\boldsymbol{P}_{U,M}$为交织矩阵，它们的定义类似于式(7-3)。

基于式(7-186)和式(7-187)给出的矩阵分解，式(7-185)中信道均衡输出的符号估计可被重写为

$$\hat{\boldsymbol{d}}_n=\boldsymbol{\Phi}_{n,U}^{\mathrm{H}}\boldsymbol{P}_{U,M}^{\mathrm{H}}(\overline{\boldsymbol{R}}_n^{-1}\overline{\boldsymbol{G}}_n^{\mathrm{H}})\boldsymbol{P}_{V,M}\boldsymbol{\Phi}_{n,V}\boldsymbol{x}_n \tag{7-188}$$

式中：$\overline{\boldsymbol{R}}_n=\overline{\boldsymbol{G}}_n^{\mathrm{H}}\overline{\boldsymbol{G}}_n+\sigma^2\boldsymbol{I}_{UM}$。如图7-42(a)所示，式(7-188)实际上对应于时不变信道中

MIMO－OSDM 均衡的一个低复杂度算法实现，其由以下 5 个步骤组成：①通过 $\boldsymbol{\Phi}_{n,V}$ 变换解调矢量 $\boldsymbol{x}_n$；②采用 $\boldsymbol{P}_{V,M}$ 对变换后的矢量进行交织操作；③对交织后的矢量（表示为 $\boldsymbol{y}_n$）进行均衡以获得变换域内的符号估计（表示为$\hat{\boldsymbol{a}}_n$），即

$$\hat{\boldsymbol{a}}_n = (\overline{\boldsymbol{R}}_n^{-1}\overline{\boldsymbol{G}}_n^{\mathrm{H}})\boldsymbol{y}_n \tag{7-189}$$

④采用 $\boldsymbol{P}_{U,M}^{\mathrm{H}}$ 对均衡器的输出进行解交织操作；⑤执行反变换 $\boldsymbol{\Phi}_{n,U}^{\mathrm{H}}$ 以得到最终的符号估计$\hat{\boldsymbol{d}}_n$。

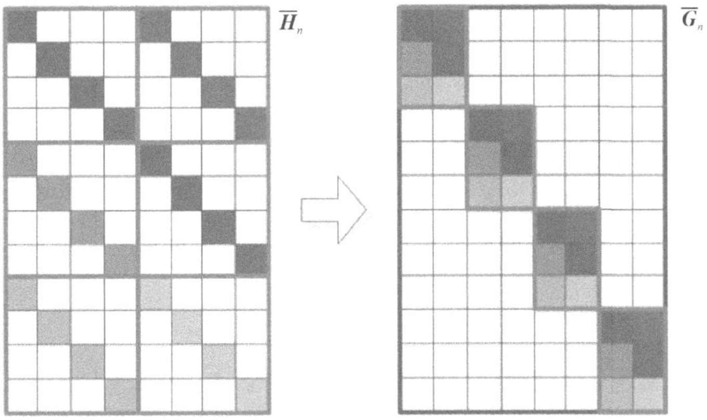

图 7-41　时不变信道下的信道矩阵结构示意图($U=2,V=3,M=4$)

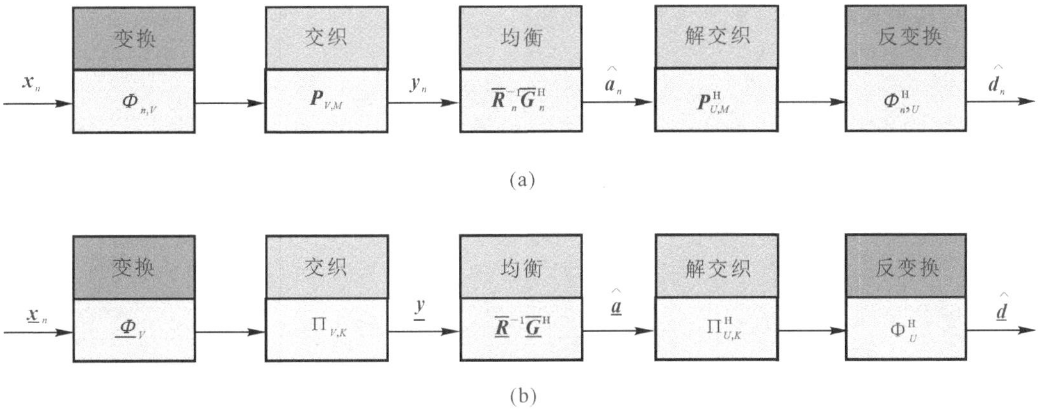

图 7－42　空间复用 *MIMO*－OSDM 系统低复杂度信道均衡方案

(a)时不变情况；(b)时变情况

在此均衡算法的实现过程中，步骤①和②分别包括 V 个长度为 M 的 DFT 和 U 个长度为 M 的 IDFT，对应计算复杂度在 $O((U+V)M\log_2 M)$ 量级。至于步骤③，虽然式(7－189)中的变换域均衡可能看起来与式(7－185)形式类似，但其计算实际将是更为容易的。具体来讲，可以看出$\overline{\boldsymbol{R}}_n$ 是一个子块对角矩阵，其对角线上是 M 个大小为 $U\times U$ 的子块，因此，式(7－189)中的矩阵求逆操作只涉及 $O(U^3M)$的复杂度，其关于矢量长度 M 是线性的。考虑到传统 MIMO 系统中 U 和 V 的取值不会很大，式(7－188)信道均衡的总体复杂度会很容易处理。

7.6.2 时变信道均衡

进而考虑时变信道中 MIMO－OSDM 系统的均衡。此时，第 u 个发射阵元和第 v 个接收阵元之间的信道冲激响应被表示为 $\{c_{k,l}^{(v,u)}\}$，其中添加索引 k 以体现信道响应的时间依赖性。在这种情况下，$\{\boldsymbol{C}^{(v,u)}\}$ 将不再具有像式(7－179)中那样的子块对角结构；相反，它们通常是满矩阵。因此，OSDM 系统中将出现 IVI，其与 OFDM 中的 ICI 相对应。

简单起见，此处仍使用 CE－BEM 去近似 MIMO 时变信道冲激响应。此模型使用复指数基去表示每个 OSDM 分块内的信道时变，类似于式(5－88)，此处有

$$c_{k,l}^{(v,u)}=\sum_{q=-Q}^{Q}b_{q,l}^{(v,u)}\mathrm{e}^{\mathrm{j}\frac{2\pi}{K}qk} \tag{7-190}$$

式中：$k=0,1,\cdots,K-1$；Q 是离散多普勒扩展；$\{b_{q,l}^{(v,u)}\}$ 是 BEM 系数。通过该模型，每个延迟抽头 l 上的信道参数数目可从 K 减少到 $2Q+1$。另外，类似于式(5－89)，可进一步得到各收发阵元对的时变信道矩阵，有

$$\widetilde{\boldsymbol{C}}^{(v,u)}=\sum_{q=-Q}^{Q}\widetilde{\boldsymbol{\Gamma}}_K^q\widetilde{\boldsymbol{B}}_q^{(v,u)} \tag{7-191}$$

式中：$\widetilde{\boldsymbol{C}}_q^{(v,u)}$ 是一个 $K\times K$ 维循环矩阵，其第一列为 $\boldsymbol{b}_q^{(v,u)}=[b_{q,0}^{(v,u)},b_{q,1}^{(v,u)},\cdots,b_{q,L}^{(v,u)}]^T$ 附加 $K-L-1$ 个零。如 7.4.1 小节的推导，此处对应于式(7－191)的信道频响矩阵 $\boldsymbol{C}^{(v,u)}$ 将具有循环子块带状结构。其矩阵的详细结构如图 7－24 所示，本节为后续展开说明方便起见，也将一个 $\boldsymbol{C}^{(v,u)}$ 矩阵的示例以简单阴影图的形式重绘于图 7－43 左上部。应该说，正是这样的矩阵结构为本节中的低复杂度均衡算法设计奠定了基础。

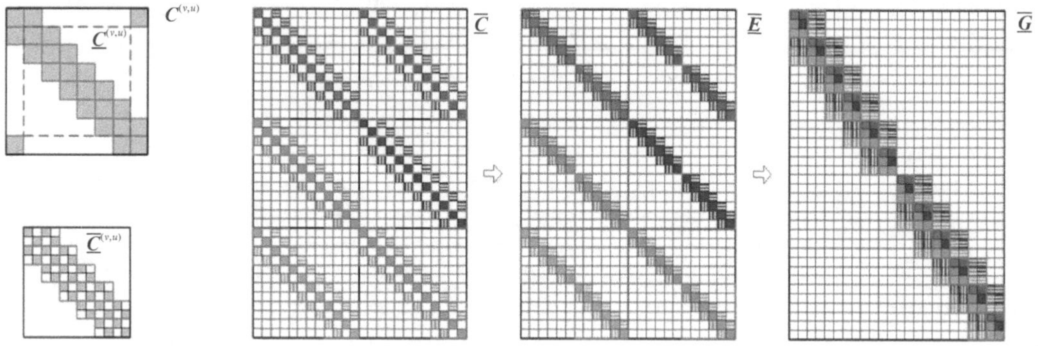

图 7－43　时变信道下的信道矩阵结构示意图($U=2,V=3,M=4,N=8,Q=1$)

更具体来说，IVI 的存在使得之前为时不变信道设计的逐矢量均衡算法无法直接使用。为此这里考虑类似于 7.4 节中的分块均衡算法，其在一个 OSDM 分块内联合估计所有符号矢量。另外，为了获得一个低复杂度的算法实现，这里再次利用 $\boldsymbol{C}^{(v,u)}$ 中子块的矩阵分解。如同式(7－120)，定义

$$\boldsymbol{C}_{n,n'}^{(v,u)}=[\boldsymbol{C}^{(v,u)}]_{nM:nM+M-1,n'M:n'M+M-1} \tag{7-192}$$

为矩阵 $\boldsymbol{C}^{(v,u)}$ 中第(n,n')个 $M\times M$ 维子块，则由式(7－128)与式(7－129)可知，只有矩阵 $\boldsymbol{C}^{(v,u)}$ 主带中的子块可以被对角化。更具体来说，仅当 $|n-n'|\leqslant Q$ 时，有

$$\boldsymbol{C}_{n,n'}^{(v,u)}=\boldsymbol{\Lambda}_M^{n\mathrm{H}}\boldsymbol{F}_M^{\mathrm{H}}\overline{\boldsymbol{H}}_{n-n',n'}^{(v,u)}\boldsymbol{F}_M\boldsymbol{\Lambda}_M^{n'} \tag{7-193}$$

式中

$$\overline{\boldsymbol{H}}_n^{(v,u)}=\mathrm{diag}\{[H_n^{(v,u)},H_{n+N}^{(v,u)},\cdots,H_{n+(M-1)N}^{(v,u)}]^{\mathrm{T}}\} \tag{7-194}$$

$$H_{q,k}^{(v,u)}=\sum\nolimits_{l=0}^{L}b_{q,l}^{(v,u)}\mathrm{e}^{-\mathrm{j}2\pi lk/K} \tag{7-195}$$

与 7.4 节中的思路相同，为消除 $\boldsymbol{C}^{(v,u)}$ 左下角和右上角不能被对角化的子块，在每个发射阵元，在符号分块的两个边缘位置插入 Q 个零矢量。即类似于式(7-123)，设置

$$\boldsymbol{d}^{(u)}=[\boldsymbol{0}_{1\times MQ},\underline{\boldsymbol{d}}^{(u)\mathrm{T}},\boldsymbol{0}_{1\times MQ}]^{\mathrm{T}} \tag{7-196}$$

式中：$\underline{\boldsymbol{d}}^{(u)}=\boldsymbol{T}\boldsymbol{d}^{(u)}$ 包含中间 $\underline{N}=N-2Q$ 个有效载荷矢量。对应地，在每个接收阵元，解调分块同样被截断为 $\underline{\boldsymbol{x}}^{(v)}=\boldsymbol{T}\boldsymbol{x}^{(v)}$。于是有

$$\underline{\boldsymbol{x}}^{(v)}=\sum_{u=1}^{U}\underline{\boldsymbol{C}}^{(v,u)}\underline{\boldsymbol{d}}^{(u)}+\underline{\boldsymbol{x}}^{(v)} \tag{7-197}$$

其中：$\underline{\boldsymbol{C}}^{(v,u)}=\boldsymbol{T}\boldsymbol{C}^{(v,u)}\boldsymbol{T}^{\mathrm{H}}$；$\underline{\boldsymbol{x}}^{(v)}$ 是噪声项。如图 7-43 所示，截取后的 $\underline{\boldsymbol{C}}^{(v,u)}$ 是标准(非循环)子块带状矩阵。基于式(7-193)，其可被进一步分解为

$$\underline{\boldsymbol{C}}^{(v,u)}=\underline{\boldsymbol{\Omega}}^{\mathrm{H}}\overline{\underline{\boldsymbol{C}}}^{(v,u)}\underline{\boldsymbol{\Omega}} \tag{7-198}$$

式中：$\underline{\boldsymbol{\Omega}}=(\boldsymbol{I}_{\underline{N}}\otimes\boldsymbol{F}_M)\underline{\boldsymbol{\Lambda}}$，且 $\underline{\boldsymbol{\Lambda}}$ 的定义见式(7-134)；矩阵 $\overline{\underline{\boldsymbol{C}}}^{(v,u)}$ 具有与矩阵 $\underline{\boldsymbol{C}}^{(v,u)}$ 相似的矩阵结构，但不同在于其所有的非零子块都是对角的(见图 7-43)。

至此，将这些长度为 $\underline{K}=M\underline{N}$ 的截短 OSDM 子块累叠在一起，并定义 $\underline{\boldsymbol{d}}=[\underline{\boldsymbol{d}}^{(1)\mathrm{T}},\underline{\boldsymbol{d}}^{(2)\mathrm{T}},\cdots,\underline{\boldsymbol{d}}^{(U)\mathrm{T}}]^{\mathrm{T}}$，$\underline{\boldsymbol{x}}=[\underline{\boldsymbol{x}}^{(1)\mathrm{T}},\underline{\boldsymbol{x}}^{(2)\mathrm{T}},\cdots,\underline{\boldsymbol{x}}^{(V)\mathrm{T}}]^{\mathrm{T}}$，$\underline{\boldsymbol{x}}=[\underline{\boldsymbol{x}}^{(1)\mathrm{T}},\underline{\boldsymbol{x}}^{(2)\mathrm{T}},\cdots,\underline{\boldsymbol{x}}^{(V)\mathrm{T}}]^{\mathrm{T}}$。由式(7-197)和式(7-198)可以得到 MIMO-OSDM 信号模型为

$$\underline{\boldsymbol{x}}=\underline{\boldsymbol{C}}\underline{\boldsymbol{d}}+\underline{\boldsymbol{x}} \tag{7-199}$$

式中：$\underline{\boldsymbol{C}}=\underline{\boldsymbol{\Phi}}_V^H\overline{\underline{\boldsymbol{C}}}\,\underline{\boldsymbol{\Phi}}_U$，$\underline{\boldsymbol{\Phi}}_i=\boldsymbol{I}_i\otimes\underline{\boldsymbol{\Omega}}$，而

$$\overline{\underline{\boldsymbol{C}}}=\begin{bmatrix}\overline{\underline{\boldsymbol{C}}}^{(1,1)} & \overline{\underline{\boldsymbol{C}}}^{(1,2)} & \cdots & \overline{\underline{\boldsymbol{C}}}^{(1,U)}\\ \overline{\underline{\boldsymbol{C}}}^{(2,1)} & \overline{\underline{\boldsymbol{C}}}^{(2,2)} & \cdots & \overline{\underline{\boldsymbol{C}}}^{(2,U)}\\ \vdots & \vdots & & \vdots\\ \overline{\underline{\boldsymbol{C}}}^{(V,1)} & \overline{\underline{\boldsymbol{C}}}^{(V,2)} & \cdots & \overline{\underline{\boldsymbol{C}}}^{(V,U)}\end{bmatrix} \tag{7-200}$$

如图 7-43 右侧所示，以上 $\overline{\underline{\boldsymbol{C}}}$ 矩阵结构可以通过交织进一步简化，则有

$$\overline{\underline{\boldsymbol{G}}}=\boldsymbol{P}_{V,\underline{K}}\overline{\underline{\boldsymbol{E}}}\boldsymbol{P}_{U,\underline{K}}^{\mathrm{H}}=\boldsymbol{\Pi}_{V,\underline{K}}\overline{\underline{\boldsymbol{C}}}\boldsymbol{\Pi}_{U,\underline{K}}^{\mathrm{H}} \tag{7-201}$$

式中

$$\boldsymbol{\Pi}_{i,\underline{K}}=\boldsymbol{P}_{i,\underline{K}}(\boldsymbol{I}_i\otimes\boldsymbol{P}_{\underline{N},M}) \tag{7-202}$$

而得到的最终矩阵 $\overline{\underline{\boldsymbol{G}}}$ 具有子块带状结构，其子块大小为 $V\times U$，块半带宽为 Q。

因此，时变信道中 MIMO-OSDM 系统的 MMSE 均衡可以被写作

$$\begin{aligned}\underline{\boldsymbol{d}}&=(\underline{\boldsymbol{R}}^{-1}\underline{\boldsymbol{C}}^{\mathrm{H}})\underline{\boldsymbol{x}}=\\&\underline{\boldsymbol{\Phi}}_U^{\mathrm{H}}\boldsymbol{\Pi}_{U,\underline{K}}^{\mathrm{H}}(\overline{\underline{\boldsymbol{R}}}^{-1}\,\overline{\underline{\boldsymbol{G}}}^{\mathrm{H}})\boldsymbol{\Pi}_{V,\underline{K}}\,\underline{\boldsymbol{\Phi}}_V\underline{\boldsymbol{x}}\end{aligned} \tag{7-203}$$

式中：$\underline{\boldsymbol{R}}=\underline{\boldsymbol{C}}^{\mathrm{H}}\underline{\boldsymbol{C}}+\sigma^2\boldsymbol{I}_{U\underline{K}}$，且 $\overline{\underline{\boldsymbol{R}}}=\overline{\underline{\boldsymbol{G}}}^{H}\overline{\underline{\boldsymbol{G}}}+\sigma^2\boldsymbol{I}_{U\underline{K}}$。

式(7－203)的第一与第二行等式分别对应信道均衡器的直接实现和低复杂度实现。不难理解，直接均衡实现将导致 $O\{U^3\underline{K}^3\}$ 的立方复杂度；而如图 7－42(b)所示，低复杂度均衡实现实际利用了与式(7－188)相同的策略来减轻计算负荷。具体而言，这里 $\underline{\boldsymbol{x}}$ 首先被变换和交织为 $\underline{\boldsymbol{y}}=\boldsymbol{\Pi}_{V,\underline{K}}\underline{\boldsymbol{\Phi}}_V\underline{\boldsymbol{x}}$；然后进行时变信道均衡，有

$$\hat{\underline{\boldsymbol{a}}}=(\overline{\underline{\boldsymbol{R}}}^{-1}\overline{\underline{\boldsymbol{G}}}^{\mathrm{H}})\underline{\boldsymbol{y}} \tag{7-204}$$

符号分块的估计由 $\hat{\underline{\boldsymbol{d}}}=\underline{\boldsymbol{\Phi}}_U^{\mathrm{H}}\boldsymbol{\Pi}_{U,\underline{K}}^{\mathrm{H}}\hat{\underline{\boldsymbol{a}}}$ 产生。容易看出，由于 $\overline{\underline{\boldsymbol{R}}}$ 是子块带状矩阵，其子块大小为 $U\times U$ 维，块半带宽为 $2Q$。因此，这里可以使用 7.4 节表 7－5 中的子块带状 $\mathrm{LDL^H}$ 矩阵分解算法去计算式(7－204)中的逆矩阵，其对应复杂度仅为 $\mathcal{O}\{U^3Q^2\underline{K}\}$。

7.6.3 算法性能仿真

本节通过数值仿真对空间复用 MIMO－OSDM 均衡算法的误比特率性能进行评估。此处先考虑一个水声通信的场景。其中，每个发射阵元处 OSDM 分块由 $K=1\ 024$ 个 QPSK 符号组成，且符号周期为 $T_s=0.25$ ms，即整个分块的时间宽度为 $T=KT_s=256$ ms。假设 MIMO 信道的阶数为 $L=24$，其对应的多径时延扩展为 $\tau_{\max}=LT_s=6$ms，同时所有抽头均服从瑞利分布且由均匀功率延迟剖面生成。首先在图 7－44 中关注时不变信道均衡，其考查采用不同符号矢量长度 $M=1$(即 OFDM)、4、16 的 2×3 与 2×4 收发配置 MIMO 系统。此外，图 7－44 中也包含基于本章参考文献[6]中均衡算法的 SISO 传输性能以便于比较。正如所预期的那样，当采用更大的 V 值即接收阵元数目越多时，由于空间分集的增强，系统输出的误比特率也越低。此外，仿真结果也表明，在收发配置及 U 和 V 值固定的情况下，随着矢量长度的延长，系统性能同样有所改善，这可归因于之前多次提到过的 OSDM 系统固有的矢量内频率分集增益。

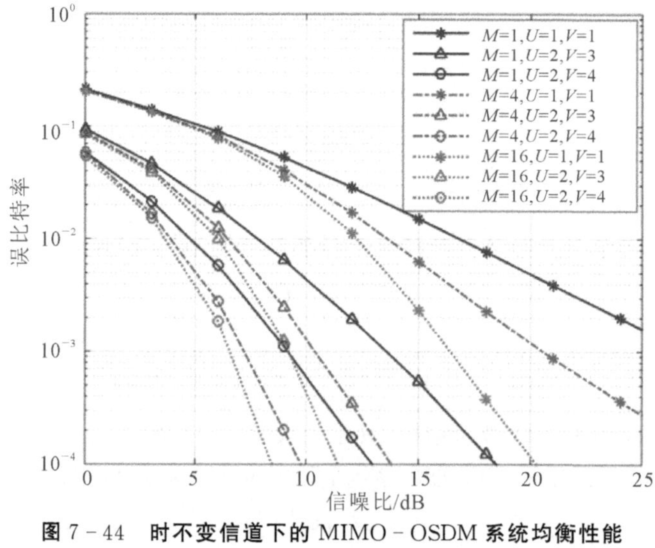

图 7－44　时不变信道下的 MIMO－OSDM 系统均衡性能

图 7－45 与图 7－46 进一步给出了时变信道均衡的性能，此处采用 U 型多普勒频谱仿真信道时变特性。具体来说，在图 7－45 中，设置归一化多普勒扩展为 $f_dT=0.25$，并设置

CE - BEM 参数为 $Q=2$。易知 SISO 性能在此情况下对应于本章参考文献[18]中的均衡算法。由此可以看出，与图 7 - 44 中的信道时不变情况不同，此时 CE - BEM 的信道近似误差引起了误码平底。进一步，在图 7 - 46 中，转而固定参数 $U=2$，$V=3$ 和 $M=16$，并将本节低复杂度均衡算法的性能与使用全信道矩阵的直接均衡算法相比较。图 7 - 46 中可以得出类似结论，即基于 CE - BEM 的子块带状信道矩阵近似将最终导致一定的系统性能差距。然而，仿真结果同时表明，通过增加 Q 值可以显著降低其系统性能损失。更为重要的是，所提出的空间复用 MIMO - OSDM 均衡器可大大降低接收处理的计算复杂度。例如，当 $M=16$ 且 $Q=4$ 时，本节均衡算法的复杂度仅为直接均衡算法的 0.008%。

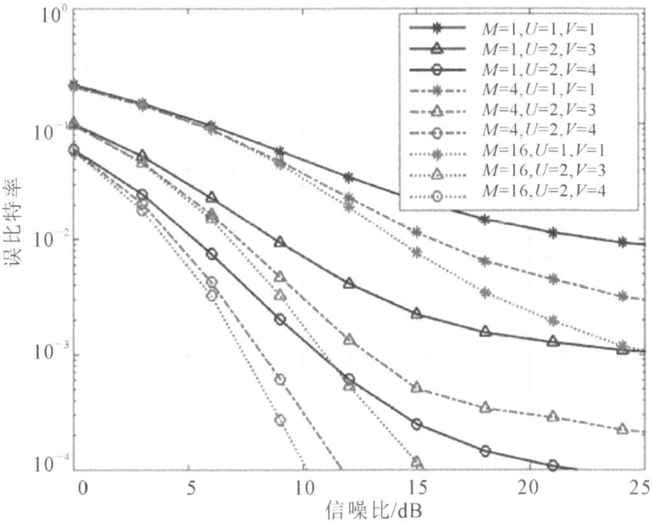

图 7 - 45　时变信道下的 MIMO - OSDM 系统均衡性能(固定 $f_dT=0.25$ 与 $Q=2$)

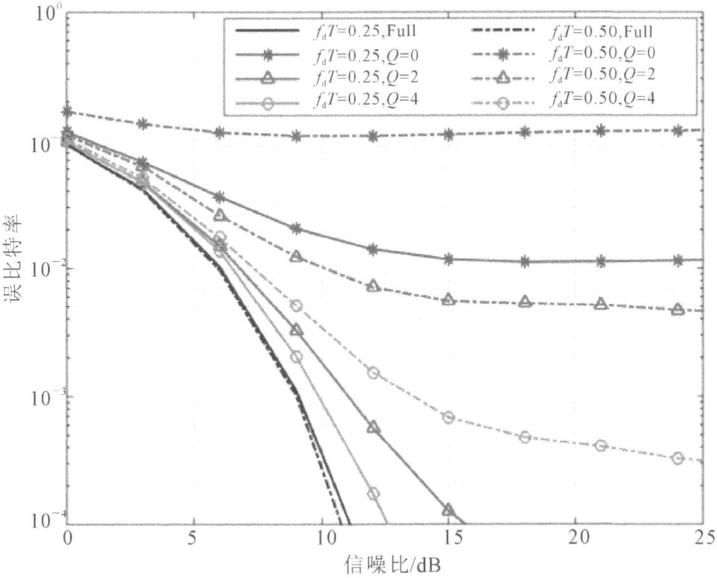

图 7 - 46　时变信道下的 MIMO - OSDM 系统均衡性能(固定 $M=16$，$U=2$ 与 $V=3$)

参 考 文 献

[1] XIA X G. Precoded and vector OFDM robust to channel spectral nulls and with reduced cyclic prefix length in single transmit antenna systems[J]. IEEE Transactions on Communications,2001,49(8):1363－1374.

[2] EBIHARA T,MIZUTANI K. Underwater acoustic communication with an orthogonal signal division multiplexing scheme in doubly spread channels[J]. IEEE Journal of Oceanic Engineering,2014,39(1):47－58.

[3] DUHAMEL P,VETTERLI M. Fast Fourier Transforms:a tutorial review and a state of the art[J]. Signal Processing,1990,19(4):259－299.

[4] CHU D. Polyphase codes with good periodic correlation properties[J]. IEEE Transactions on Information Theory,1972,18(4):531－532.

[5] BENVENUTO N,DINIS R,FALCONER D,et al. Single carrier modulation with nonlinear frequency domain equalization: an idea whose time has come-again[J]. Proceedings of the IEEE,2010,98(1):69－96.

[6] LI Y,NGEBANI I,XIA X G,et al. On performance of vector ofdm with linear receivers[J]. IEEE Transactions on Signal Processing,2012,60(10):5268－5280.

[7] LI B,ZHOU S,STOJANOVIC M,et al. Multicarrier communication over underwater acoustic channels with nonuniform doppler shifts[J]. IEEE Journal Oceanic Engineering,2008,33(2):198－209.

[8] HAN J,WANG Y,ZHANG L,et al. Time-domain oversampled orthogonal signal-division multiplexing underwater acoustic communications[J]. Journal of the Acoustical Society of America,2019,145(1):292－300.

[9] SHARIF B S,NEASHAM J,HINTON O R,et al. A computationally efficient doppler compensation system for underwater acoustic communications[J]. IEEE Journal of Oceanic Engineering,2000,25(1):52－61.

[10] TEPEDELENLIOGLU C,CHALLAGULLA R. Low-complexity multipath diversity through fractional sampling in OFDM[J]. IEEE Transactions on Signal Processing,2004,52(11),3104－3116.

[11] HAN J,CHEPURI S P,ZHANG Q,et al. Iterative per-vector equalization for orthogonal signal-division multiplexing over time-varying underwater acoustic channels [J]. IEEE Journal Oceanic Engineering,2019,44 (1):240－255.

[12] NGEBANI I,LI Y,XIA X G,et al. Analysis and compensation of Phase noise in vector ofdm systems[J]. IEEE Transactions on Signal Processing,2014,62(23):6143－6157.

[13] TUCHLER M, SINGER A, KOETTER R. Minimum mean squared error equalization using a priori information[J]. IEEE Transactions on Signal Processing, 2002, 50(3): 673 - 683.

[14] VAN WALREE P, LEUS G. Robust underwater telemetry with adaptive turbo multiband equalization[J]. IEEE Journal of Oceanic Engineering, 2009, 34(4): 645 - 655.

[15] CHOI J W, RIEDL T, KIM K, et al. Adaptive linear turbo equalization over doubly selective channels[J]. IEEE Journal of Oceanic Engineering, 2011, 36(4): 473-489.

[16] BAHL L, COCKE J, JELINEK F, et al. Optimal decoding of linear codes for minimizing symbol error rate[J]. IEEE Transactions on Information Theory, 1974, 20(2): 284 - 287.

[17] EBIHARA T, LEUS G. Doppler-resilient orthogonal signal-division multiplexing for underwater acoustic communication[J]. IEEE Journal of Oceanic Engineering, 2016, 41(2): 408 - 427.

[18] HAN J, ZHANG L, ZHANG Q, et al. Low-complexity equalization of orthogonal signal-division multiplexing in doubly - selective channels[J]. IEEE Transactions on Signal Processing, 2019, 67(4): 915 - 929.

[19] RUGINI L, BANELLI P, LEUS G. Simple equalization of time-varying channels for OFDM[J]. IEEE Communications Letters, 2005, 9(7): 619 - 621.

[20] CAI X, GIANNAKIS G B. Bounding performance and suppressing intercarrier interference in wireless mobile OFDM[J]. IEEE Transactions on Communications, 2003, 51(12): 2047 - 2056.

[21] HAN J, WANG Y, GONG Z, et al. Equalization of OSDM Over time-varying channels based on diagonal-block-banded matrix enhancement[J]. Signal Processing, 2020, 168(4): 107333.

[22] HAN J, LEUS G. Space-time and space-frequency block coded vector OFDM Modulation[J]. IEEE Communications Letters, 2017, 21(1): 204 - 207.

[23] LEE K, WILLIAMSV D. A Space-time coded transmitter diversity technique for frequency selective fading channels[J]. Proc IEEE Sensor Array and Multichannel Signal Processing Workshop (SAM), 2000, 149 - 152.

[24] AL-DHAHIR N. Single-carrier frequency-domain equalization for space-time block-coded transmissions over frequency-selective fading channels[J]. IEEE Communications Letters, 2001, 5(7): 304 - 306.

[25] LEE K, WILLIAMS D. A space-frequency transmitter diversity technique for OFDM systems[J]. Proc IEEE Global Telecommunications Conference (Globalcom), 2000,

3:1473 - 1477.

[26] JANG J H, WON H C, IM G H. Cyclic prefixed single carrier transmission with SFBC over mobile wireless channels[J]. IEEE Signal Processing Letters, 2006, 13(5):261 - 264.

[27] HAN J, SHI W, LEUS G. Space-frequency coded orthogonal signal-division multiplexing over underwater acoustic channels[J]. Journal of the Acoustical Society of America, 2017, 141(6):EL513 - EL518.

[28] HAN J, MA S, WANG Y, et al. Low-complexity equalization of MIMO - OSDM[J]. IEEE Transactions on Vehicular Technology, 2020, 69(2):2301 - 2305.

第 8 章　水声通信网络设计

随着水声通信技术的快速发展，水声通信网络设计正逐渐成为水声通信领域的一个研究热点，其在未来海洋产业开发中有着广泛的应用前景。相比于简单的点对点水声通信链路而言，水声通信网络中包含有多个节点，这些节点基于一套统一的网络协议规范进行中继与互联操作，从而实现在更长时间、更远距离与更广范围内的水声通信传输与数据共享。在此网络技术架构下，本书第 3～7 章的内容事实上仅集中讨论了物理层的调制解调与信号处理技术，其位于协议栈的最底层，目的在于为高层通信链路提供可靠的介质连接。在物理层之上，水声通信网络设计其实还必须提供各层网络协议。应该说，水声通信网络研究的主要内容即在于针对水声信道环境与链路特点设计相应协议，以保证整个网络中各类数据信息传输的协调与高效。

但应注意的是，即使对水声通信网络上层协议设计而言，前述的物理层通信信号处理技术也将产生至关重要的影响。常常为实现网络性能的整体优化，需将物理层信号处理与其上各层协议设计进行联合考虑。举例而言，水声通信网络对数据包冲突较为敏感，这是由于水声信道传输延迟很大，其所引起的重发操作会导致网络端对端时延显著增加。如何克服或尽可能减少数据包冲突是水声通信网络设计中的一个典型问题，其不应仅寄望于数据链路层协议解决，而需更高效的跨层考虑，即在物理层同时寻找合适的信号处理方法以配合应对。为此，在第 4 章对扩频水声通信物理层技术研究的基础上，本章将对水声通信网络中冲突处理的一个简单机制进行原理性说明。

具体来说，本章将首先介绍水声通信网络的主要特点与基本概念，然后通过 OPNET 仿真平台对水声通信网络协议进行简单实现，同时仿真分析采用单用户与多用户检测水声扩频通信解调处理技术对水声通信网络吞吐量、端对端时延以及能量消耗等方面的影响。

8.1　水声通信网络特点

水声通信网络用于实现水下数据采集和远程感知等任务，一般由海底传感器、无人航行器、指控舰艇与海面网关等类型的节点组成，其一个示例系统如图 8－1 所示。其中，海底传感器与无人航行器作为信息终端将收集到的数据发送给指控舰艇或海面网关节点，由指控舰艇完成数据集成处理同时发射相应的控制指令，或由海面网关节点负责将数据上传到岸基控制中心。各网络节点内置一个水声通信调制解调器用以实现水声信道中的数据传输。

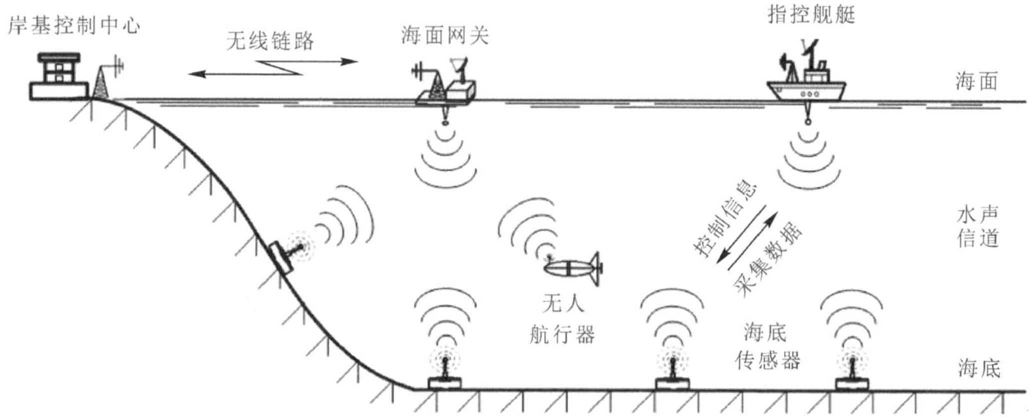

图 8-1　水声通信网络示意图

水声通信网络设计的目的在于为各网络节点间建立通信链路,并实现信息的协调高效传输。然而受到水声信道环境的影响,水声通信网络具有其自身的一些特点,具体来讲主要包含以下几方面。

(1)传输延迟限制。在水声信道中,信号的传播速度为 1 500 $m \cdot s^{-1}$,其对应的传播延迟约为 0.67 $s \cdot km^{-1}$,相比于空中无线传输高出 5 个数量级,这将会导致整个网络系统的吞吐量受到严重影响。

(2)传输带宽限制。在水声信道中,通信带宽典型在 1～10 kHz 量级,而对应的通信数据传输率通常不高于 1 $kb \cdot s^{-1}$ 量级,这使得水声通信网络的链路容量受到严重影响,其远低于空中无线网络的链路容量。

(3)节点能量限制。水声通信网络中各传感器节点与无人航行器节点通常以电池供电,是一个能源受限系统。为延长节点工作时间,必须尽可能减少通信数据重发次数,并进行相应的能源管理。

8.2　水声通信网络原理

本节将对水声通信网络的拓扑结构与分层协议体系进行原理性介绍,为随后的系统仿真实现提供基础[1]。

8.2.1　网络拓扑结构

网络拓扑结构的选择是网络设计中首先需要考虑的问题,也是实现各种网络协议的基础,对整个通信网络的性能有着重大的影响。网络中各节点的位置与链路的连接方式直接决定了信息通过网络的传输时间以及可靠性,同时路由选择等诸多协议设计问题都在很大程度上倚赖于网络的拓扑结构。

如同空中无线传感器网络,水声通信网络的基本拓扑结构一般来讲可分为三种,分别为集中式、分布式与多跳式。其具体特点如下。

(1)集中式网络。集中式网络中存在一个中心节点即 Hub 节点，各节点都与中心节点直接连接，且通过中心节点的存贮转发实现相互数据传输。这种网络拓扑结构适用于深海监控型水声通信网络，其主要优点是结构简单，便于维护，但是网络存在单一故障点，即一旦中心节点故障，整个网络将发生瘫痪，系统可靠性完全由中心节点承担。并且中心节点信息传输负担重，容易成为系统性能瓶颈。同时，由于所有节点都要与中心节点直接通信，因此整个网络将无法覆盖更大面积。

(2)分布式网络。分布式网络具有完全的点对点连接结构，指网络中的所有节点之间都可以实现直接通信，因而不再需要路由。但是为了实现网络中远距离节点间的通信，需要的输出功率很大，这对以电池供电的节点来说是不利的，同时还将会产生“远近效应”，即当前节点向其远程节点的数据发送将会对其临近节点的数据接收造成严重干扰。

(3)多跳式网络。多跳式网络仅在临近节点间建立通信链路，信息由源节点到目的节点的传输是通过信息在节点间的跳转实现的。因此，多跳式网络能够实现更大的覆盖面积。此时，一方面，网络的覆盖面积将取决于节点数目而不是节点调制解调器的发射声源级，正因为如此，目前水声通信网络大多采用多跳式结构[2]。但是另一方面，多跳式网络协议设计必须包含路由算法，同时，随着跳转数目的增加，数据包的传输延迟也将相应增加。

8.2.2　分层协议模型

为了减少协议设计的复杂性，水声通信网络设计同样采用分层结构，且与当前互联网国际标准所定义的开放系统互联(OSI)协议分层模型[3]相类似，水声通信网络协议分层结构中由下至上的前三层分别定义为物理层、数据链路层与网络层。其中每一层的目的都是向它的上一层提供一定的服务，而将服务的实现细节对上一层加以屏蔽。

具体来说，在水声通信网络协议栈中，各层的功能如下。

(1)物理层。物理层是网络协议的最底层，主要负责在发射端将由 0 与 1 组成的逻辑信息转换为相应的通信信号，经过调制后发射到水声信道中，而在接收端进行解调，进而采用适当的处理算法对经过水声信道多径、多普勒效应以及噪声环境影响的接收信号进行恢复及检测，将其重新还原成原始的逻辑信息。因此，物理层的主要设计目标在于以相对低的能量消耗，克服信道畸变与干扰，获得较大的链路容量。为了达到这个目标，必须适当的设定系统的调制制式，同时采取一些关键的处理技术，如自适应均衡、RAKE 接收与多用户检测等，以提高通信传输性能，降低系统误码率。事实上，本书之前各章的内容正在于此。

(2)数据链路层。数据链路层位于物理层之上，主要负责组帧与纠错控制，在两个节点间的通信链路上实现以帧为单位的无差错传输。一方面，在发射端，当收到来自网络层的数据时，数据链路层负责将其与相应的同步信息与控制信息以一定的结构封装成帧，而在接收端，数据链路层通常借助于循环冗余校验(CRC)实现纠错控制，对接收数据包进行错误检测。当 CRC 失败时，节点可以要求重新发射这个数据包，此过程被称为自动重传请求(ARQ)。上述功能构成了数据链路层的逻辑链路控制(LLC)子层。另一方面，如果水声信道中存在多于两个节点进行通信时，那么数据链路层还必须包含介质接入控制(MAC)子层，以实现对广播式信道访问的控制，在相互竞争的用户间公平地分配信道资源。

(3)网络层。网络层位于数据链路层之上，主要负责在源节点和目的节点间进行路由搜索，同时分发路由维护信息。网络层的交换方式包括虚电路交换与数据报交换，所谓虚电路交换，即同一条消息所包含的所有数据包都沿着相同的路径传送，而数据报交换是指每个数据包沿着各自的路径传送。另外，网络层进行路由搜索通常需要依据一定的最优化准则，如可采用以时延或跳数等测度的路径距离作为参量，使其最短。具体来说，依据最短路径距离的静态路由算法包含 Dijkstra 算法与 Bellman-Ford 算法。但是对实际水声通信网络而言，受到水声信道时变环境的影响，仅采用上述静态路由算法是不够的，应该采用动态路由算法以根据时变水声信道条件实现自适应更新。

8.2.3 介质接入控制

如前文所述，介质接入控制(MAC)是水声通信网络中的关键技术，用以在竞争用户间公平地分配信道资源，同时尽可能提高网络的吞吐量。但是受到水声信道环境的影响，MAC 协议的设计中存在着许多难点。首先，水声信道传输延迟等因素将导致水声通信网络的吞吐量很低；其次，水声通信网络还存在隐蔽终端与暴露终端的问题，如图 8-2 所示。其中，隐蔽终端是指当节点 A 向节点 B 发送报文时，由于节点 C 位于节点 B 的覆盖范围之内而在节点 A 的覆盖范围之外，此时节点 C 将可能因听不到节点 A 的发送而同样向节点 B 发送报文，造成报文在节点 B 处冲突。相比而言，暴露终端是指当节点 B 向节点 A 发送报文时，节点 C 处于节点 B 的覆盖范围之内而在 A 节点的覆盖范围之外，它的发送实际上不会造成冲突，因此采用延迟发送是不必要的，这会导致信道利用率的降低。

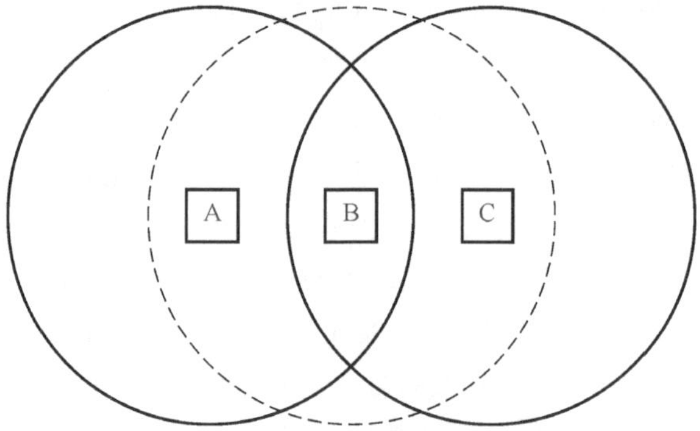

图 8-2 隐蔽终端与暴露终端[1]

下面具体介绍几种典型的 MAC 协议在水声通信网络中的应用问题。

(1)ALOHA 协议。ALOHA 是一种最简单的无线网络 MAC 协议[4]，ALOHA 协议在发射节点产生数据时立即进行发送，而不检测信道的忙闲状态。相应地，接收节点在正确收到数据时发送 ACK 确认帧；若引文数据碰撞而造成丢帧，则发射节点就将随机等待一段时间后重发。此协议在网络负载较小时，具有时延小、网络吞吐量高等特点，但当网络负载增大时，由于数据冲突频繁，所以网络的利用率将会降低。

(2)载波侦听多址接入(CSMA)协议。CSMA 协议采用载波监听策略，即发射端在数据发送前，首先对信道进行载波监听，确定临近节点是否正在进行数据发送。若是，则延迟发射以避免出现数据碰撞[5]。一方面，由于存在隐蔽终端的问题，所以这种协议不能直接避免发生在接收端的数据碰撞；另一方面，由于存在暴露终端的问题，所以 CSMA 协议同样也有可能导致不必要的发送延迟。

(3)多址接入冲突避免(MACA)协议。与 CSMA 协议不同，MACA 协议采用 RTS－CTS－DATA 信道握手机制以避免数据冲突[6]。发射节点在发送数据帧之前，首先向接收节点发送一个“请求发送(RTS)”帧，当接收节点收到 RTS 帧后，将回送“允许发送(CTS)”帧，发送节点在收到 CTS 帧后进行 DATA 实际数据帧发送，否则进行延迟重发。在上述 RTS 帧与 CTS 帧中需要包含待发数据长度等信息(以便获知其信道占用时间)，使得发射接收端临近节点实施退避，从而避免冲突的发生。MACA 协议能够在一定程度上解决隐蔽终端与暴露终端的问题，尽管额外的 RTS－CTS 握手增加了系统开销，但是当网络负载较大时，这一过程将可以有效地减少数据重发次数，因此在很多情况下总体而言仍具有积极意义。

(4)无线多址接入冲突避免(MACAW)协议。MACAW 协议是对 MACA 协议的改进，它在原来 MACA 协议的基础上增加了数据帧确认，即采用 RTS－CTS－DATA－ACK 信道握手机制避免数据冲突[7]。其中，增加 ACK 确认帧，可以使得整个通信网络在信道传输误码率相对较高的情况下提高吞吐量。

综上比较可知，对水声通信网络而言，由于隐蔽终端与暴露终端的问题，CSMA 协议并不适合于直接使用。相比而言，ALOHA 协议相对简单，只适宜于在网络负载相对较低的情况下使用；而 MACA 协议与其改进的 MACAW 协议包含较为完整的握手机制，但也由此造成额外传输延迟，通常更适宜于在环境复杂且网络负载相对较高的情况下使用。

8.2.4　网络路由方式

水声通信网络是一种 Ad Hoc(即自组织)网络，其中各个终端需要兼具主机与路由器两种功能。因此对水声通信网络而言，一个关键问题即在于获得网络中各通信链路的最新状态，从而决定数据包传送的最佳路由。然而，由于浅海水声信道的快速时变特性，所以网络必须进行频繁的路由更新，这将增大系统开销且降低吞吐量。为此，网络路由协议设计需要进行适当的折中。

一些典型的 Ad Hoc 网络路由协议包括目标序列距离向量(DSDV)[8]、临时按序路由算法(TORA)[9]、动态源路由(DSR)[10]与自组按需距离向量(AODV)[11]等。具体来说，DSDV 为表驱动路由协议，各网络节点都需要维护一个路由表以记录到达其他各目的节点的最优路由，同时各网络节点周期性的与相邻节点交换路由信息以完成路由表更新。后三种路由协议为按需路由协议，其中 TORA 采用分布式路由算法，可以迅速找到从源节点到目的节点的多条路由；DSR 采用源路由方式，即在每个数据包的头部包含相应的路由信息，各中间节点仅依照接收数据包中的路由信息进行转发，无须维护额外的路由；AODV 以 DSDV 为基础，结合 DSR 的按需路由并加以改进，它综合了 DSR 的路由发现与路由维护以及 DSDV 的逐跳路由方式与周期性更新机制。相比而言，空中无线环境采用 DSR 路由协议能够在获取最优路径的同时，实现最好的可靠性与最小的系统开销[12]。但是，对于水声通信网络，路由协议设计还应当解决好信号在信道中的长传输延时与由节点功率控制造成的非对称信道等问题。

8.3 水声通信网络建模

本节将基于 OPNET 平台对水声通信网络进行建模，包括创建水声通信信道的管道阶段，具体实现水声通信网络相关协议，其中重点在于设计并实现数据链路层的 MAC 协议。

8.3.1 OPNET 仿真平台

OPNET 为实现水声通信网络提供了强大的建模仿真研究平台。它由美国 OPNET Technologies 公司开发，支持面向对象的建模方式，集成了调试环境和分析工具，可用于网络协议开发、网络规划设计以及网络性能预测[13]。

OPNET 采用离散事件驱动，同时提供图形编辑器支持进程(Process)、节点(Node)和网络(Network)三级建模机制，能够直观地反映实际网络系统结构。其中，进程编辑器采用有限状态机形式建立协议规范与相关算法模型；有限状态机结构由多个状态(State)组成，在事件驱动下在各状态间实现相互转移，同时 OPNET 提供一种 Proto-C 语言与相应的函数库用以开发状态机中的状态和状态转换逻辑。节点编辑器采用模块形式建立网络节点功能，一个网络节点由多个模块组成，每个模块基于相应的进程模型，用以完成特定的协议功能或物理行为，并以包流(Packet Stream)与统计线(Statistic Wire)连接，用以在节点内部实现数据包传递以及事件通知。项目编辑器采用分层图形化形式建立通信网络的拓扑结构，各网络由多个节点组成，每个节点基于相应的节点模型，并以链路相互连接，这些对象支持从面板上拖放，并可以通过对话框来进行相应的配置。

在完成模型编辑后，OPNET 支持对所创建的网络进行仿真运行，同时提供了相应的图形化工具实现对仿真结果的收集、查看、导出以及发布，从而为网络的性能分析与规划设计提供了客观、可靠的定量依据，使用户能够缩短网络协议的开发周期，并提高网络构建中各项决策的科学性。

8.3.2 水声通信信道模型设计

OPNET 仿真平台内置提供了无线通信信道的仿真模型。由于无线通信信道具有广播特性，所以对存在于无线通信信道中的所有节点来说，信号在从每个发射端至接收端的整个传输过程中，对应的处理涉及一系列的参数计算。这些参数与计算彼此互为因果，或在时间上存在先后顺序，为尽量真实地模拟数据帧在信道中的传输过程，OPNET 平台的无线通信信道仿真采用了 14 个首尾相接的管道阶段(Pipeline Stage)模型来实现。

具体来说，OPNET 无线通信信道仿真管道阶段流程如图 8－3 所示。首先，在传输开始之前确定不能成为接收端的节点(stage 0)并计算发射时延(stage 1)；其次为每个接收端复制数据包，判断物理可达性(stage 2)，检查信道是否匹配(stage 3)，若匹配，则当作有效信号，否则，当作噪声处理；最后，数据包通过天线发送到信道(stage 4)，经历信道传输时延

(stage 5)并到达接收端，由接收机完成一系列相关处理(stage 6～stage 13)，以获得接收信噪比与相应误码率。由于数据包在接收持续时间内可能分别存在不同程度的干扰，因此接收信噪比与误码率计算需要逐段进行并被调用多次。

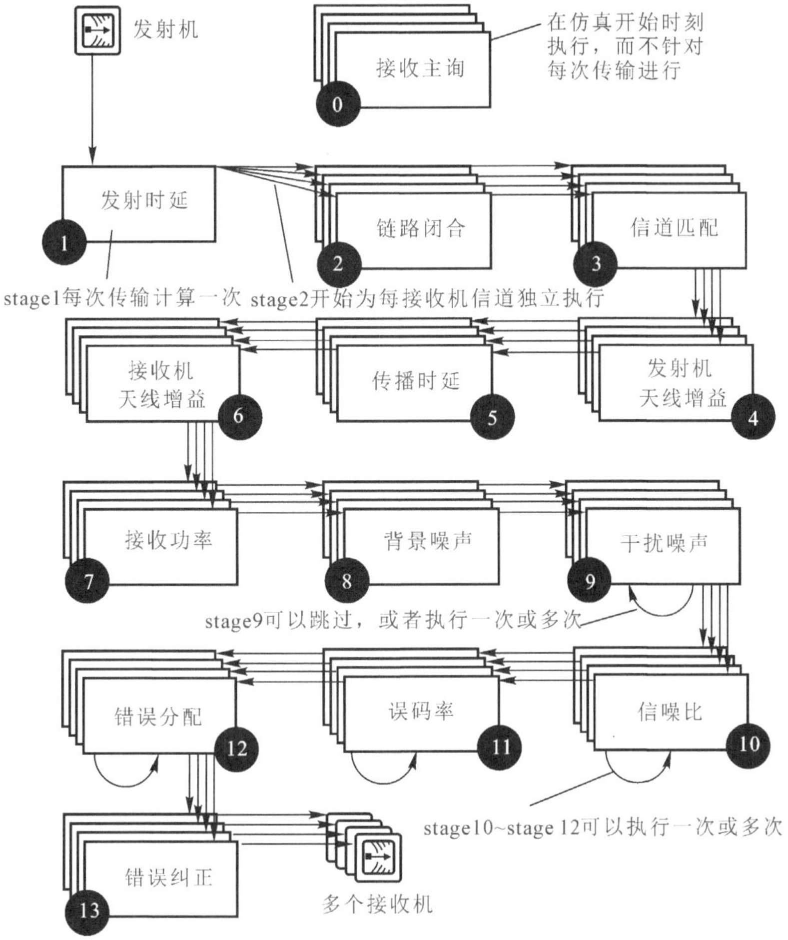

图 8-3　OPNET 无线通信信道仿真管道阶段流程

上述各管道阶段的解算模型可通过设置节点发射机与接收机模块属性完成，其中发射机属性配置 stage 0～stage 5，发射机属性配置 stage 6～stage 13。OPNET 为各管道阶段提供了默认模型，其主要针对简单的空中无线信道，而对水声信道并不适用，因此需要进行相应的自定义。具体来说，本书中的水声通信信道模型设计主要需对如下几个管道阶段进行自定义。

(1)传播时延(stage 5)。水声通信网络的一个主要特点在于传播时延大，为此，本阶段需要将传播速度设置为水下信道中的声波传播速度，即 1 500 $\mathrm{m \cdot s^{-1}}$。

(2)接收功率(stage 7)。本阶段需要对水声信道中的传播损失进行仿真解算，以得到数据包经过信道传播后在接收端对应的接收功率。关于水声信道中传播损失的计算方法已经在第 2 章给出，具体公式采用式(2-6)与式(2-7)。

(3)背景噪声(stage 8)。本阶段需要对水声信道中的背景噪声级进行仿真解算，以进一步得到数据包在接收端对应的接收信噪比。关于水声信道中背景噪声级计算的 Wenz 模型已经在第 2 章给出，具体可见式(2－8)与式(2－9)。

通过上述接收功率与背景噪声管道阶段的仿真，可以得到数据包的接收信噪比，OPNET 据此计算对应的传输误码率。但是需要说明的是，在水声信道中，接收端的误码率性能将不仅取决于信噪比，还受到信道特性如多径与多普勒等因素的严重影响，对此仿真可通过 OPNET 与 MATLAB 等其他软件的外部接口实现。本章简单起见对其不再进行介绍。

8.3.3 水声通信节点模型设计

水声通信网络包括多种节点类型，如主控节点与传感器节点等，它们的功能虽不完全相同，但可采用相同的节点模型进行仿真。图 8－4 给出了水声通信网络的节点模型结构，其中共包含 8 个功能模块：数据包发生器模块、数据包接收器模块、网络层模块、介质接入控制层模块、物理层模块、发射机模块、接收机模块与换能机模块。

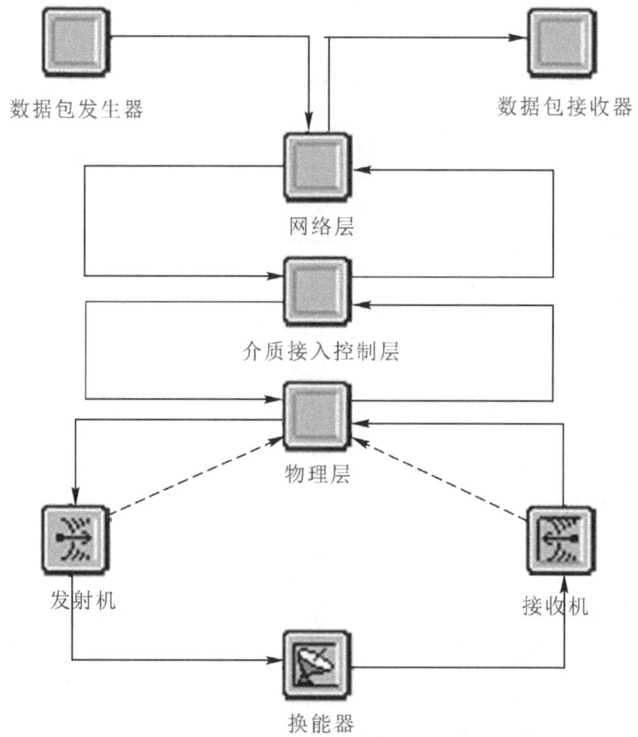

图 8－4 水声通信网络节点模型

数据包发生器(Packet Source)模块与数据包接收器(Packet Sink)模块负责模拟水声通信网络节点应用层的数据生成与数据处理，可分别采用 OPNET 内置提供的 simple_source 与 sink 进程模型。同时，通过设置发射机模块的“Packet Interarrival Time”与“Start Time”属性，可分别实现对水声通信网络的负载与起始运行时间进行控制。

网络层(Network Layer)、介质接入控制层(MAC Layer)与物理层(Physical Layer)3 个模块负责实现水声通信网络的三级分层协议，其对应进程模型的具体仿真实现见 8.3.4 小节。

另外，发射机(Transmitter)、接收机(Receiver)与换能器(Hydrophone)3 个模块用以实现水声通信信道中网络数据包的发送、传输与接收。具体来说，发射机与接收机模块用以进行信道各管道阶段的解算，换能器模块用以实现具有特定指向性的水声换能器(阵)。

上述各模块间通过包流进行单向或双向连接以实现数据包传递，同时，在发射机、接收机与物理层模块间还存在着统计线连接，以分别传递"radio transmitter. busy"与"radio receiver. received power"统计信息，通知仿真程序，并设置相关状态标志。

8.3.4　水声通信分层协议设计

本节将在进程域内给出对水声通信网络各层协议的仿真设计，包括物理层、数据链路层以及网络层，其中重点在于设计实现介质接入控制协议。

8.3.4.1　物理层协议设计

物理层协议设计在于实现水声通信网络节点内物理层模块对应的进程模型。具体来说，物理层对应的状态转移图如图 8－5 所示，其包含以下 4 个状态。

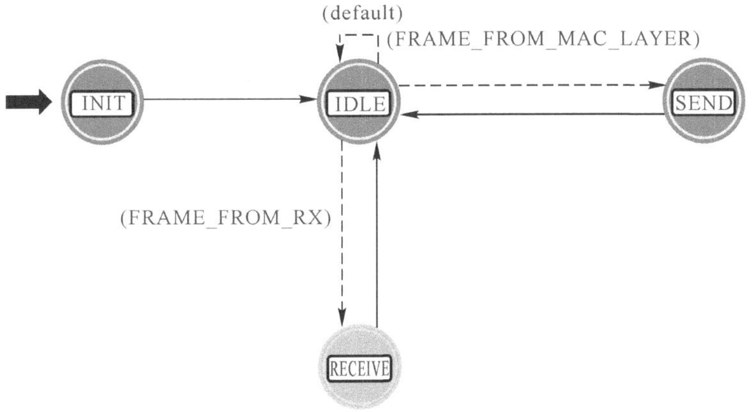

图 8－5　水声通信网络节点物理层进程模型

(1)INIT 状态。此状态用以完成物理层初始化，即根据节点物理层模块属性设置各仿真参数，同时完成相关统计量的注册。

(2)IDLE 状态。此状态用以模拟水声通信机的低功耗空闲状态，此时，如果节点接收到来自数据链路层或水声换能器端的一个数据帧，通信机将被唤醒(wake-up)以进行相关的发送与接收操作。

(3)SEND 状态。此状态为强制状态(Forced State)，用以完成通信机的数据发送操作，即将来自节点数据链路层的数据包与控制包发送到水声信道中。

(4)RECEIVE 状态。此状态为强制状态(Forced State)，用以完成通信机的数据接收操作，即对到达水声换能器端的数据包进行解调检测与误码纠错，将正确接收的数据包传递给数据链路层，同时舍弃错误接收的数据包。由于水声信道是共享信道，所以来自不同用户的数据包可能同时到达而导致冲突。在本书第 4 章研究的基础上，此处物理层技术分别采用单用户与多用户检测水声扩频通信接收机，其中后者相比于前者具有更强的多址干扰抑制能力，因而可以更好地克服冲突，提高水声通信网络吞吐量，减少因为数据包重发所造成的传输延时以及能量消耗。具体仿真研究与结果分析将在 8.4 节中给出。

8.4.3.2 数据链路层协议设计

本节对水声通信网络数据链路层的介质接入控制(MAC)协议进行设计,其主要框架基于 OPNET 内置的无线局域网 wlan_mac 进程模型[14],但是考虑到水声通信信道的特点,本节给出的水声通信网络 MAC 协议进行了相应的改进。具体来说,主要包含以下 3 个方面。

(1)水声通信网络借助 RTS - CTS - DATA - ACK 信道握手机制以尽量避免数据冲突,但是为了在快速时变水声信道中提高网络吞吐量,水声通信网络 MAC 协议采用多帧确认方式,即一次握手期间进行多帧数据传输,其信息流程如图 8 - 6 所示。图中,DIFS 用以表示确认信道是否处于空闲状态的时间,SIFS 用以表示节点 MAC 层与物理层间的操作时延。网络节点在发送数据之前首先进行信道检测,若信道处于空闲状态,则向目的节点发送 RTS 请求,同时进入等待状态。在收到来自目的节点的 CTS 响应后,节点将对数据分帧并逐 DATA 帧发送出去,目的节点在收到所有的数据帧后,向发送节点回复 ACK 确认,整个通信过程结束。若发送节点发送数据之前信道不处于空闲状态,或发送节点在等待超时(Timeout)前未收到响应,则需要进行退避操作。

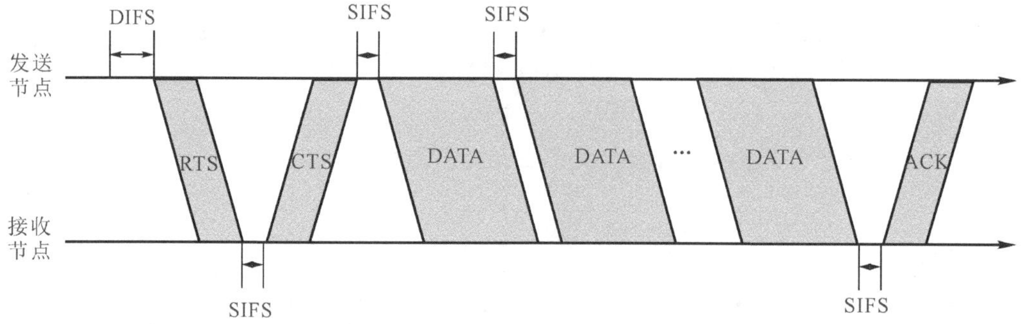

图 8 - 6 水声通信网络节点 MAC 层信息交互

(2)水声通信网络 MAC 协议采用网络分配向量(NAV)机制进行信道预留,即发送节点与目的节点对当前通信过程占用信道时间进行估计,并将其写入生成的控制帧与数据帧中以实现冲突避免。但是,与无线网络不同的是水声信道的传输时延很大,因此水声通信网络 NAV 机制中包含了对通信距离与传输时延的估计。具体来说,对于 RTS 与 CTS 帧,节点基于最大有效通信距离计算信道占用时间,而对于 DATA 与 ACK 帧,节点对实际通信距离进行估计,从而对信道占用时间进行更新。通过上述 NAV 机制,发送节点与对应目的节点可以实现对信道的预留,其他附近节点会根据此信息延迟自身的数据发送,以避免同当前通信过程发生冲突。

(3)借助于本书第 4 章给出的各种 DS - CDMA 多用户检测处理算法,水声通信网络节点有能力在发生数据包冲突时完成可靠接收。为此,水声通信网络 MAC 协议按照优先级或到达时间顺序对当前节点接收到的所有冲突数据帧进行排队并依次回复。通过这种方法可以减少节点因为数据包重发所造成的传输延时以及能量消耗,从而进一步提高水声通信网络的吞吐量。

水声通信网络 MAC 协议进程模型的状态转移图如图 8 - 7 所示,共包含 8 个状态,下面将分别进行说明。

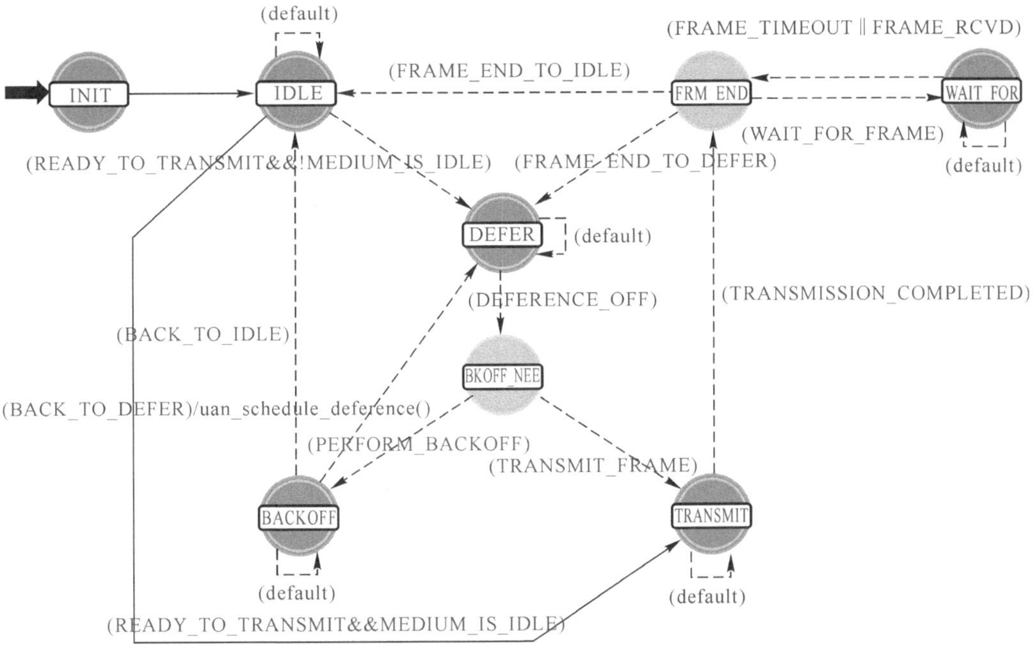

图 8-7　水声通信网络节点 MAC 层进程模型

(1)INIT 状态。此状态用以完成 MAC 层初始化，即根据节点 MAC 层模块属性设置各仿真参数，完成相关统计量的注册，同时为节点设置唯一的 MAC 地址。

(2)IDLE 状态。此状态用以表示 MAC 层的空闲状态。此时，若接收到来自物理层的数据帧，则 MAC 层将根据具体的帧类型进行相应的处理；而若接收到来自网络层的数据包，则 MAC 层会将其置入节点数据发送队列，检测信道的空闲状态，若空闲，则立即发送 RTS 请求，否则进行延迟与退避。

(3)DEFER 状态。此状态用以实现 MAC 层的延迟，直至其他节点的信道保留时间结束。此时，若收到来自物理层的数据帧，则 MAC 层将暂停延迟并进行响应；若延迟过程结束，则 MAC 层将根据需要进入退避状态或发送操作。

(4)BKOFF_NEEDED 状态。此状态为强制状态，用以判断 MAC 层当前是否需要进行退避，若需要，则进行退避时间计算。此处采用二进制指数退避，其计算公式如下：

$$T_{\text{bkoff}} = T_{\text{slot}} \cdot \text{rand}\{0,\ CW\} \tag{8-1}$$

$$CW = (CW_{\min} + 1) \cdot 2^{i} - 1,\quad i = \min\{r, m\} \tag{8-1}$$

$$m = \log_2 \frac{CW_{\max} + 1}{CW_{\min} + 1} \tag{8-3}$$

式中：T_{bkoff} 与 T_{slot} 分别为退避时间与时槽长度；CW、$CW_{\min}$ 与 $CW_{\max}$ 分别为当前、最小与最大竞争窗口；r 表示帧重传次数；$\text{rand}\{a, b\}$ 表示求区间$[a, b]$内均匀分布随机整数；$\min\{\cdot\}$ 表示求最小值。

(5)BACKOFF 状态。此状态用以根据 BKOFF_NEEDED 状态计算得到的退避时间进行实际退避操作。与 DEFER 状态类似，此时若收到来自物理层的数据帧，则 MAC 层将暂停退避并进行响应;若退避过程结束,则 MAC 层将根据具体情况决定重新准备帧发送或转入空闲状态。

(6)TRANSMIT 状态。此状态用以实现 MAC 层在延迟与退避结束后信道空闲情况下的帧发送。具体操作包括从节点数据发送队列中取出一个数据包,对数据包进行分帧,为当前发送帧加上目的地址、源地址、信道保留时间等控制字段,之后将数据包传递给物理层进行实际发送,并在发送结束后转移到 FRM_END 状态。若在发送过程中收到来自物理层的数据帧,则表明节点出现冲突, 收到的数据帧将被丢弃。

(7)FRM_END 状态。此状态为强制状态,用以判断当前 MAC 层是否需要对方节点进行帧回复,若是,则会相应的设定回复超时时间,并进一步转移到 WAIT_FOR_RESPONSE 状态进行等待,否则将重新回到空闲状态。

(8)WAIT_FOR_RESPONSE 状态。此状态用以实现 MAC 层的帧回复等待,包括源节点对目的节点的 CTS 帧与 ACK 帧的等待,以及目的节点对源节点 DATA 帧的等待。若在等待超时结束前收到回复帧,则表明发送正确,可以继续进行下一步处理;否则将对数据帧进行重发,如果重发次数超过上限,当前通信过程将被终止,数据包将被丢弃。

8.4.3 网络层协议设计

本书对水声通信网络层协议进行简化设计,即假设水声通信网络已经实现初始化,路由信息已经根据网络拓扑结构创建完成,并不再进行动态路由维护。在此情况下,网络层对应的状态转移图如图 8-8 所示,其包含以下 4 个状态。

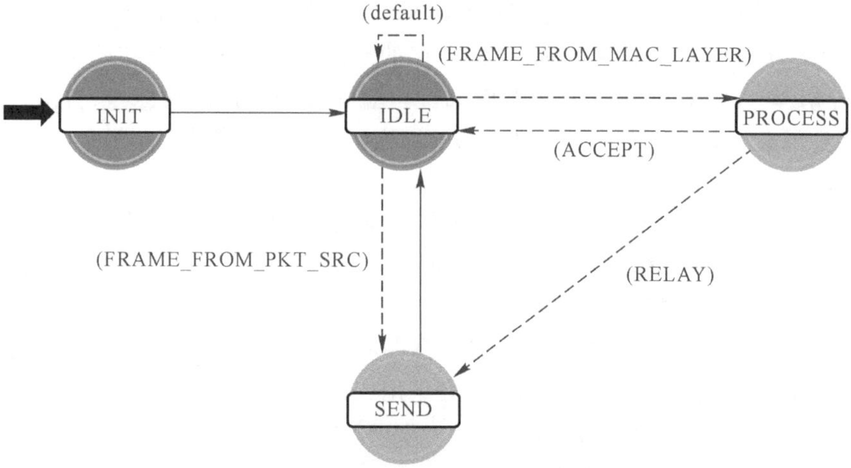

图 8-8 水声通信网络节点网络层进程模型

(1)INIT 状态。此状态用以完成网络层初始化,即根据节点网络层模块属性设置各仿真参数,完成相关统计量的注册,同时初始化创建网络路由表。

(2)IDLE 状态。此状态用以表示网络层的空闲状态,此时,如果接收到来自节点数据包发生器或 MAC 层的一个数据包,网络层将分别转移至 SEND 状态与 PROCESS 状态进行相应的处理。

(3)SEND 状态。此状态为强制状态,用以根据网络层路由表设置各发送数据包对应的目的节点地址，并将数据包传递给 MAC 层。具体来说，此处处理的数据包可分为两类，其中既有来自于本节点数据包发生器的数据包，也有来自于 MAC 层需要中继转发的数据包。

(4)PROCESS 状态。此状态为强制状态，用以对来自 MAC 层的数据包进行网络层处理操作，即判断接收到数据包的目的地址是否为本节点地址，若是，则将数据包转发给节点的数据包接收器，并相应记录相关的统计信息，否则，需要进一步转移至 SEND 状态，以实现对此数据包的中继转发。

8.4　水声通信网络仿真

在 8.3 节对水声通信网络节点设计实现的基础上，本节将进一步对具体的水声通信网络进行配置与仿真，以分析采用第 4 章中给出的单用户与多用户检测水声扩频通信技术对水声通信网络吞吐量、端对端时延以及能量消耗等性能参数的影响。

8.4.1　仿真配置

水声通信网络仿真采用的网络结构如图 8 - 9 所示，坐标单位为 km，包含 1 个主节点与 5 个传感器节点，传感器节点负责采集信息并传输给主节点。假设各网络节点静止不动，并且已经完成初始化拓扑创建与路由搜索。其中，传感器节点 2,3,4,5 与主节点相距 10 km，进行直接通信；传感器节点 1 通过节点 2 中继与主节点进行通信。

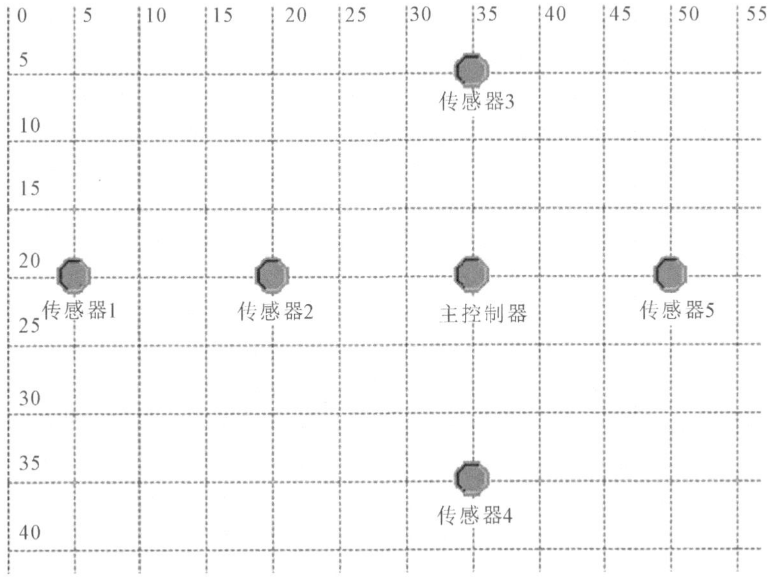

图 8 - 9　仿真水声通信网络结构

水声通信网络仿真采用的一些主要参数设置见表 8 - 1。需要说明的是，此处的参数设置仅以仿真为目的，并未进行最优化。另外，考虑到电源供给能力与相关算法实际实现的可能性，仿真仅在主节点一端同时实现了单用户与多用户通信处理能力，其他各传感器节点统一采用单用户处理方式。

表 8-1 仿真水声通信网络参数设置

参 数	值
网络部署时间	7 d
数据加载量	指数分布(100:100:2 000) s
信息帧长度	200 bits, 2 000 bits
信息传输率	100 bps, 1 000 bps
最大重发次数	5
最小竞争窗口	7
最大竞争窗口	15
SIFS	0.01 s
DIFS	50 s

8.4.2 仿真结果

水声通信网络仿真采用端对端时延、通信总量、吞吐量、能量消耗等参数作为性能衡量指标。其中,端对端时延是指数据传输由发送端提出 RTS 请求开始至接收端完成 ACK 确认为止的总时延,单位为 s;通信总量是指在单位时间内网络传输完成的全部信息量,其中既包括有效的数据信息也包括相关的控制信息,单位为 bits · s^{-1};吞吐量是指在单位时间内网络传输完成的有效数据信息量,单位为 bits · s^{-1};能量消耗是指网络为完成 1 位数据信息传输所实际发送的信息总位数,单位为 bit。

水声通信网络仿真结果由图 8-10 给出。具体来说,图 8-10(a)(b)分别给出了不同数据加载量时仿真网络实现传输的数据包数与对应的网络平均吞吐量。首先,可以看到,无论主节点采用单用户处理或多用户处理方式,网络都呈现出相同的性能特点,即一方面当数据加载间隔较大时,对应网络负荷较小,传输数据量随加载间隔的增大而逐渐下降;而另一方面,当数据加载间隔较小时,对应网络负荷较大,此时受 NAV 机制的影响,网络不能完成对所有加载数据的传输,新到的数据包将因缓冲队列溢出而被丢弃,网络传输能力趋于饱和,传输的数据包数与平均吞吐量达到极限值。其次,对比单用户处理与多用户处理的网络仿真结果,可以发现,物理层采用多用户处理方式能够在网络负荷较大的情况下,更好地克服数据冲突,避免网络吞吐量损失;而当网络负荷较小时,数据冲突概率下降,因此多用户处理方式对应的网络性能逐渐趋近于单用户处理方式。

图 8-10(c)(d)分别给出了不同数据加载量时仿真网络有效数据包传输的平均重发次数与平均端对端时延。可以看到,受到水声信道特性的影响,水声通信网络的传输时延很大。但相比而言,由于多用户处理方式能够更好地在数据冲突情况下实现检测,减少重发次数以及由此导致的退避等待时间,因此可以获得较之单用户处理方式更小的网络端对端时延。

图 8-10(e)给出了不同数据加载量时仿真网络的通信总量。对比于图 8-10(b)中给出的仿真网络有效数据吞吐量,可以看到,在网络负荷较大时,由于大量的数据冲突的存在,水声通信网络的主要通信量消耗在于传输控制信息。进一步图 8-10(f)具体给出了不同数据加载量时仿真网络的能量消耗值。可以看到,由于相比于单用户处理方式,多用户处理方

式完成数据传输所需要的重发次数较小，因此相应的能量消耗也较小。

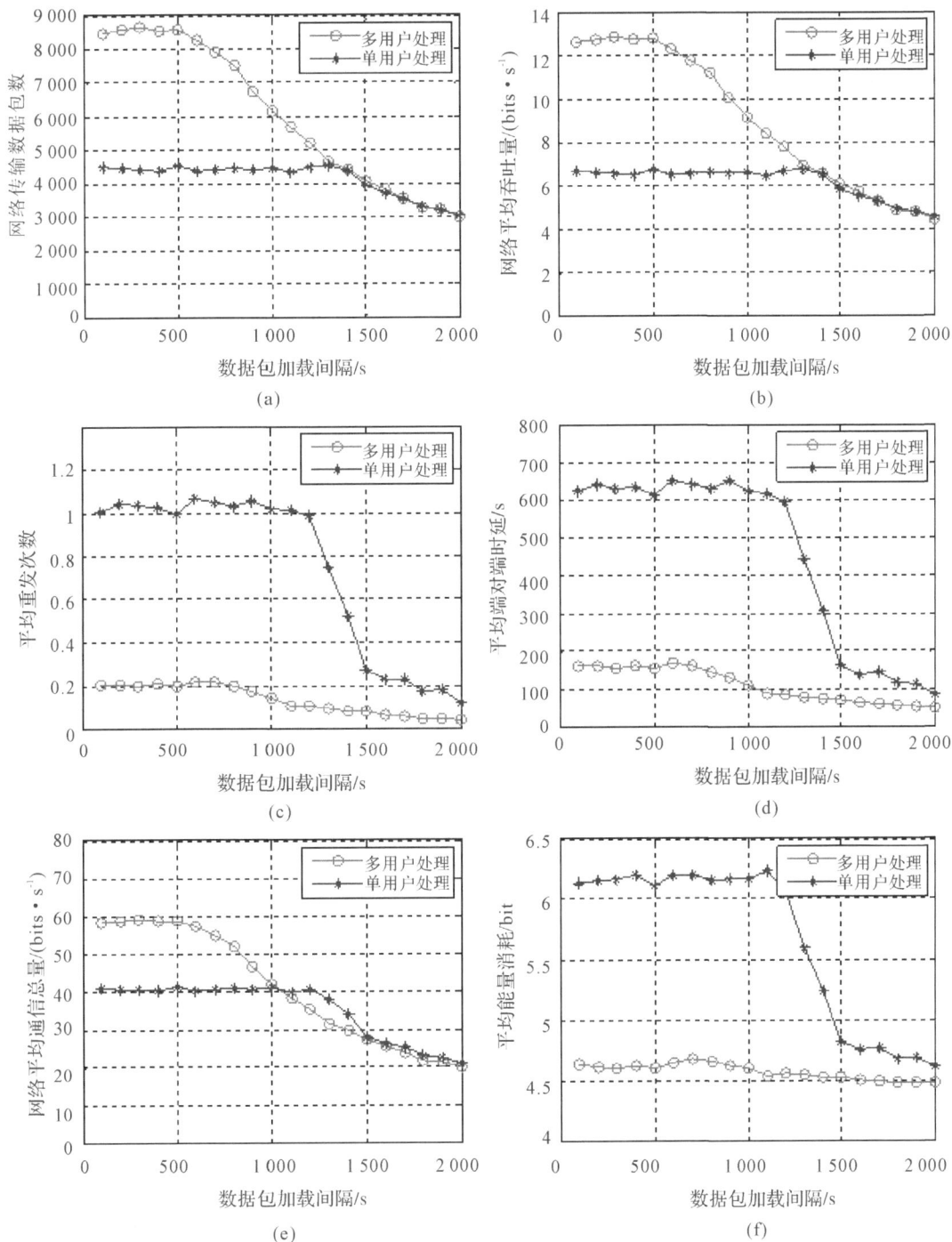

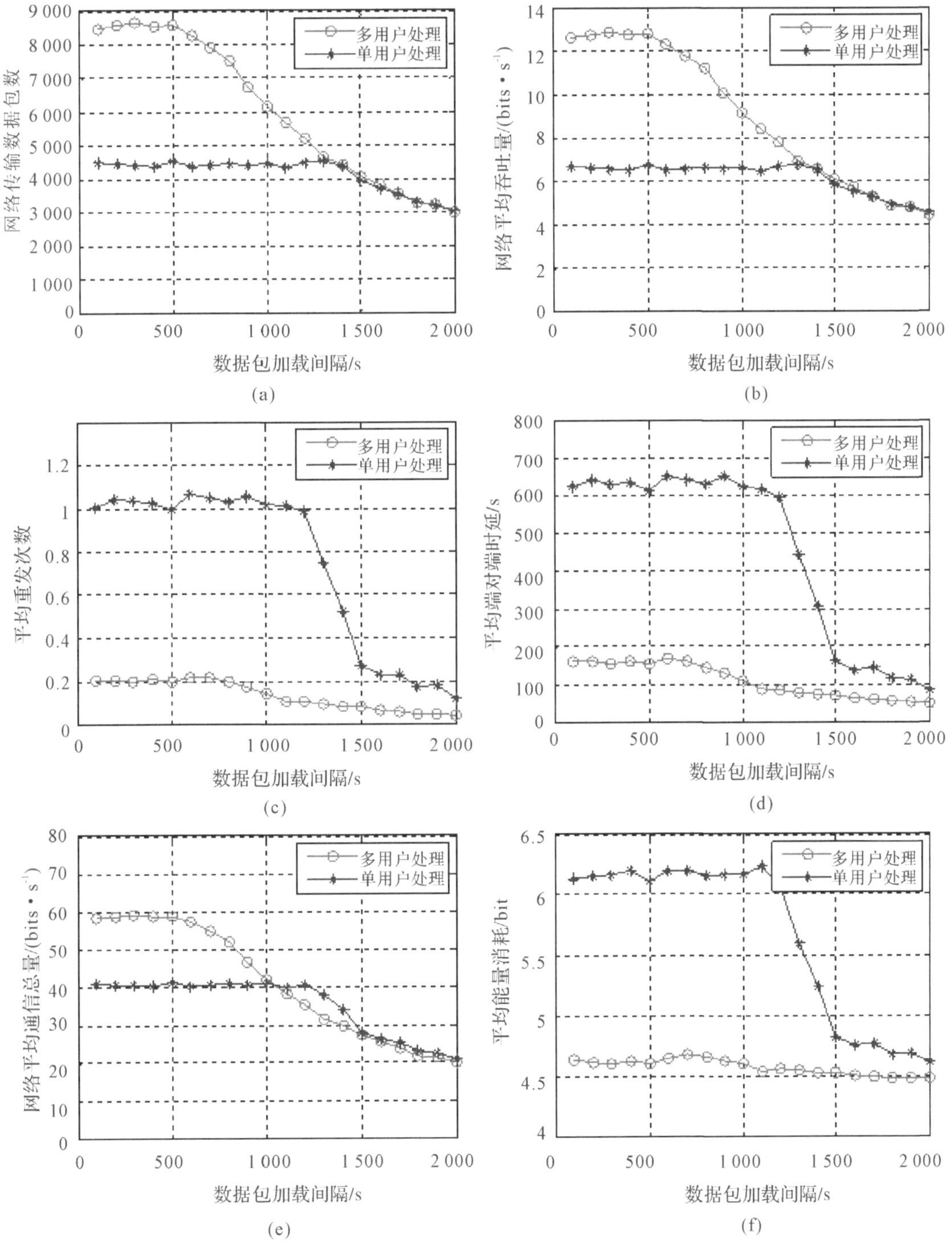

图 8-10　水声通信网络仿真结果

(a)网络传输数据包数；(b)网络平均吞吐量；(c)平均重发次数；

(d)平均端对端时延；(e)网络平均通信总量；(f)平均能量消耗

通过以上仿真结果可以知道,多用户处理相对于单用户处理具有更强的多址干扰抑制能力,能够更好地克服冲突,实现数据检测,因此水声通信网络物理层可采用本书第 4 章研究给出的各种多用户接收机结构与处理技术,以提高水声通信网络的吞吐量,减少因为数据包重发所造成的传输延时以及能量消耗。

参考文献

[1] SOZER E M,STOJANOVIC M,PROAKIS J G. Underwater acoustic networks[J]. IEEE Journal of Oceanic Engineering,2000,25(1): 72 - 83.

[2] RICE J,CREBER B,FLETCHER C,et al. Evolution of seaweb underwater acoustic networking[J]. Proc MTS IEEE Oceans Conference,2000,3: 2007 - 2017.

[3] TANNENBAUM A. Computer networks[M]. 3rd ed. Englewood Cliffs,NJ,USA: Prentice Hall,1996.

[4] ABRAMSON N. The ALOHA system-another alternative for computer communications[J]. Proc Fall Joint Computer Conference,1970,37: 281 - 285.

[5] KLEINROCK L,TOBAGI F. Packet switching in radio channels: part Ⅰ - carrier sense multiple-access modes and their throughput-delay characteristic [J]. IEEE Transactions on Communications,1975,23(12): 1400 - 1416.

[6] KARN P. MACA - a new channel access method for packet radio[R]. Proc ARRL/CRRL Amateur Radio 9th Computer Networking Conference,1990.

[7] BHARGHAVAN V,DEMERS A,SHENKER S,et al. MACAW:a media access protocol for wireless LAN's[J]. Proc ACM SIGCOMM Conference,1994,212 - 225.

[8] PERKINS C E,BHAGWAT P. Highly dynamic destination sequence distance vector routing (DSDV) for Mobile Computers[J]. Proc ACM SIGCOMM conference,1994,234 - 244.

[9] PARK V D,CORSON M S. A Highly adaptive distributed routing algorithm for mobile wireless networks[J]. Proc INFOCOM Conference,1997,1405 - 1413.

[10] JOHNSON D B,MALTZ D A,BROCH J. DSR: the dynamic source routing protocol for multihop wireless ad hoc networks[J]. Ad Hoc Networking,2001,139 - 172.

[11] PERKINSC E,ROYER E M. Ad-hoc on-demand distance vector routing[J]. Proc IEEE Workshop on Mobile Computing Systems and Applications,1999,90 - 100.

[12] BROCH J,MALTZ D A,JOHNSON D B,et al. A performance comparison of multihop wireless ad hoc network routing protocols[J]. Proc ACM IEEE Mobile Computing and Networking Conference,1998,85 - 97.

[13] 陈敏. OPNET 网络仿真[M]. 北京: 清华大学出版社,2004.

[14] COELHO J M D S. Underwater acoustic networks: evaluation of the impact of media access control on latency,in a delay constrained network[Z]. Monterey. California: Naval Postgraduate School,2005.

附　录

附录1　英文缩写汇总表

缩　写	全　称	含　义
ALS	Alternating Least Squares	交替最小二乘
AODV	Ad hoc On-demand Distance Vector	自组按需距离向量
ARQ	Automatic Repeatre Quest	自动重传请求
AWGN	Additive White Gaussian Noise	加性高斯白噪声
BEM	Basis Expansion Model	基扩展模型
BER	Bit Error Rate	误比特率
CCI	Co-Channel Interference	同信道干扰
CDMA	Code-Division Multiple Access	码分多址
CE - BEM	Complex Exponential Basis Expansion Model	复指数基扩展模型
CFO	Carrier Frequency Offset	载波频率偏移
CHFE	Chip Hypothesis-Feedback Equalization	码片假设反馈均衡
CP	Cyclic Prefix	循环前缀
CP - SC	Cyclic Prefix Single Carrier	循环前缀单载波
CRC	Cyclic Redundancy Check	循环冗余校验
CSMA	Carrier Sense Multiple Access	载波侦听多址接入
CTS	Clear To Send	允许发送
DBB	Diagonal-Block-Banded	对角子块带状
DFE	Decision Feedback Equalization	判决反馈均衡
DFT	Discrete Fourier Transform	离散傅里叶变换
DS - CDMA	Direct-Sequence Code-Division Multiple Access	直接序列码分多址
DSDV	Destination Sequence Distance Vector	目标序列距离向量
DSR	Dynamic Source Routing	动态源路由
DSSS	Direct-Sequence Spread Spectrum	直接序列扩频
DT	Doppler Tracking	多普勒跟踪

续 表

缩 写	全 称	含 义
FDMA	Frequency-Division Multiple Access	频分多址
FFT	Fast Fourier Transform	快速傅里叶变换
FHSS	Frequency-Hopped Spread Spectrum	跳频扩频
FSK	Frequency Shift Keying	频移键控
IBI	Inter-Block Interference	块间干扰
ICI	Inter-Carrier Interference	载波间干扰
IDFT	Inverse Discrete Fourier Transform	离散反傅里叶变换
IFFT	Inverse Fast Fourier Transform	快速反傅里叶变换
ISI	Inter-Symbol Interference	码间干扰
IVI	Inter-Vector Interference	矢量间干扰
LFM	Linear Frequency Modulation	线性调频
LLC	Logical Link Control	逻辑链路控制
LLR	Log-Likelihood Ratio	对数似然比
LMS	Least Mean-Square	最小均方
LS	Least Squares	最小二乘
MAC	Media Access Control	介质接入控制
MACA	Multiple Access with Collision Avoidance	多址接入冲突避免
MACAW	Multiple Access with Collision Avoidance for Wireless	无线多址接入冲突避免
MAI	Multiple Access Interference	多址干扰
MIMO	Multiple-Input Multiple-Output	多输入多输出
ML	Maximum Likelihood	最大似然
MLSE	Maximum Likelihood Sequence Estimation	最大似然序列估计
MMSE	Minimum Mean-Square Error	最小均方误差
MSE	Mean-Square Error	均方误差
MSML	Multi-Scale Multi-Lag	多尺度多延迟
NAV	Network Allocation Vector	网络分配向量
NMSE	Normalized Mean-Square Error	归一化均方误差
OA	Overlap-Add	重叠相加
OFDM	Orthogonal Frequency-Division Multiplexing	正交频分复用
OSDM	Orthogonal Signal-Division Multiplexing	正交信分复用
OSI	Open System Interconnection	开放系统互联
PAPR	Peak-to-Average Power Ratio	峰平功率比
PC	Phase Compensation	相位补偿
PIC	Parallel Interference Cancellation	并行干扰抵消

续表

缩　写	全　称	含　义
PID	ParallelIterative Detection	并行迭代检测
PLL	Phase-Locked Loop	锁相环
PSK	Phase Shift Keying	相移键控
QAM	Quadrature Amplitude Modulation	正交振幅调制
QPSK	Quadrature Phase Shift Keying	正交相移键控
RLS	Recursive Least Square	递归最小二乘
RTS	RequestTo Send	请求发送
SBF	SpatialBeamForming	空间波束形成
SCBT	Single-Carrier Block Transmission	单载波分块传输
SC - FDE	Single-Carrier Frequency-Domain Equalization	单载波频域均衡
SC - HDE	Single-CarrierHybrid-Domain Equalization	单载波混合域均衡
SC - TDE	Single-CarrierTime-Domain Equalization	单载波时域均衡
SD	Spatial Diversity	空间分集
SDFE	Symbol Decision-Feedback Equalization	符号判决反馈均衡
SFBC	Space-Frequency Block Coding	空频分组编码
SIC	Successive Interference Cancellation	串行干扰抵消
SID	Successive Iterative Detection	串行迭代检测
SIMO	Single-Input Multiple-Output	单输入多输出
SIR	Signal—to-Interference Ratio	信干比
SISO	Single-Input Single-Output	单输入单输出
SNR	Signal-to-Noise Ratio	信噪比
SoftIC	Soft Interference Cancellation	软干扰抵消
SS	Spread Spectrum	扩频
ST	Space-Time	空时(二维)
STBC	Space-Time Block Coding	空时分组编码
TDMA	Time-Division Multiple Access	时分多址
TI	Time-Invariant	时不变
TORA	Temporally Ordered Routing Algorithm	临时按序路由算法
TV	Time-Varying	时变
UW	Unique Word	独特字
UW - SC	Unique Word Single Carrier	独特字单载波
ZF	Zero Forcing	迫零
ZP	Zero Padding	补零后缀
ZP - SC	Zero Padding Single Carrier	补零后缀单载波

附录2 常用符号汇总表

符　号	含　义
x	标量(斜体小写)
$\boldsymbol{x}$	向量(黑体小写)
$\boldsymbol{X}$	矩阵(黑体大写)
$(\cdot)^*$	共轭
$(\cdot)^{\mathrm{T}}$	转置
$(\cdot)^{\mathrm{H}}$	共轭转置(Hermitian 转置)
$(\cdot)^{\dagger}$	Moore-Penrose 伪逆
$[\boldsymbol{x}]_n$	向量 $\boldsymbol{x}$ 的第 n 个元素(索引从 0 开始)
$[\boldsymbol{X}]_{m,n}$	矩阵 $\boldsymbol{X}$ 的第(m,n)个元素(各索引从 0 开始)
$[\boldsymbol{x}]_{m:n}$	向量 $\boldsymbol{x}$ 中由第 m 元素至第 n 元素构成的子向量
$[\boldsymbol{X}]_{m:n,p:q}$	矩阵 $\boldsymbol{X}$ 中由第 m 行至第 n 行且第 p 列至第 q 列元素构成的子矩阵; 当行(列)索引位置仅保留“:”时表示包含所有行(列)
$\otimes$	Kronecker 积
$\lvert\cdot\rvert$	标量模值
$\lVert\cdot\rVert$	向量矩阵范数
$E\{\cdot\}$	数学期望
$\mathrm{Re}\{\cdot\}$	复数实部
$\mathrm{Im}\{\cdot\}$	复数虚部
$\mathrm{diag}\{\boldsymbol{x}\}$	以 $\boldsymbol{x}$ 为对角线元素的对角矩阵
$\boldsymbol{0}_{M\times N}$	$M\times N$ 维全 0 矩阵
$\boldsymbol{1}_{M\times N}$	$M\times N$ 维全 1 矩阵
$\boldsymbol{I}_N$	$N\times N$ 维单位矩阵
$\boldsymbol{i}_N(n)$	第 n 元素为 1 的 $N\times 1$ 维单位向量(即矩阵$\boldsymbol{I}_N$ 第 n 列)
$\boldsymbol{F}_N$	$N\times N$ 维 DFT 酉矩阵,即$[\boldsymbol{F}_N]_{p,q}=N^{-1/2}\mathrm{e}^{-\mathrm{j}2\pi pq/N}$